AF066544

Dieter Radaj

Wärmewirkungen des Schweißens

Temperaturfeld, Eigenspannungen, Verzug

Mit 222 Abbildungen

Springer-Verlag
Berlin Heidelberg New York
London Paris Tokyo 1988

Dr.-Ing. habil. **Dieter Radaj**
apl. Professor der Festigkeitslehre an der Technischen Universität Braunschweig,
leitender Mitarbeiter im Bereich „Forschung und Technik" der Daimler Benz AG,
Stuttgart

ISBN 978-3-540-18695-3   ISBN 978-3-642-52297-0 (eBook)
DOI 10.1007/978-3-642-52297-0

CIP-Kurztitelaufnahme der Deutschen Bibliothek
Radaj, Dieter: Wärmewirkungen des Schweißens: Temperaturfeld, Eigenspannungen, Verzug /
Dieter Radaj. – Berlin; Heidelberg; New York; London; Paris; Tokyo: Springer, 1988

Dieses Werk ist urheberrechtlich geschützt. Die dadurch begründeten Rechte, insbesondere die
der Übersetzung, des Nachdrucks, des Vortrags, der Entnahme von Abbildungen und Tabellen,
der Funksendung, der Mikroverfilmung oder der Vervielfältigung auf anderen Wegen und der
Speicherung in Datenverarbeitungsanlagen, bleiben, auch bei nur auszugsweiser Verwertung,
vorbehalten. Eine Vervielfältigung dieses Werkes oder von Teilen dieses Werkes ist auch im
Einzelfall nur in den Grenzen der gesetzlichen Bestimmungen des Urheberrechtsgesetzes der
Bundesrepublik Deutschland vom 9. September 1965 in der Fassung vom 24. Juni 1985 zulässig.
Sie ist grundsätzlich vergütungspflichtig. Zuwiderhandlungen unterliegen den Strafbestimmungen des Urheberrechtsgesetzes.

© by Springer-Verlag Berlin Heidelberg 1988

Die Wiedergabe von Gebrauchsnamen, Handelsnamen, Warenbezeichnungen usw. in diesem
Werk berechtigt auch ohne besondere Kennzeichnung nicht zu der Annahme, daß solche Namen
im Sinne der Warenzeichen- und Markenschutz-Gesetzgebung als frei zu betrachten wären und
daher von jedermann benutzt werden dürften.

Sollte in diesem Werk direkt oder indirekt auf Gesetze, Vorschriften oder Richtlinien (z. B. DIN,
VDI, VDE) Bezug genommen oder aus ihnen zitiert worden sein, so kann der Verlag keine
Gewähr für Richtigkeit, Vollständigkeit oder Aktualität übernehmen. Es empfiehlt sich,
gegebenenfalls für die eigenen Arbeiten die vollständigen Vorschriften oder Richtlinien in der
jeweils gültigen Fassung hinzuzuziehen.

Texterfassung: Mit einem System der Springer Produktions-Gesellschaft, Berlin
Datenkonvertierung: Brühlsche Universitätsdruckerei, Gießen

Vorwort

Die Wärmewirkungen des Schweißens bilden den technologischen Kern dieses in Industrie und Handwerk verbreiteten Fügeverfahrens. Die hier behandelte Thematik entspricht damit einem dringenden Informationsbedürfnis in Entwicklung, Forschung und Lehre. Das Fachbuch ist Lehrbuch und Nachschlagewerk zugleich und wendet sich an Konstrukteure, Berechnungs- und Fertigungsingenieure sowie Werkstoff-Fachleute.

Ausgehend von den Temperaturfeldern werden Gefügeänderungen, Eigenspannungen und Verzug dargestellt, die zugehörigen Berechnungs- und Meßverfahren erläutert, die Maßnahmen zur Verminderung der Eigenspannungen und des Verzugs erörtert und die Festigkeitsauswirkungen betrachtet.

Das Buch unterscheidet sich von thematisch vergleichbaren älteren Publikationen durch die konsequente Systematisierung auf theoretischer Basis ohne Vernachlässigung der Anwendungsgesichtspunkte, durch die integrierte Darstellung unterschiedlicher Entwicklungen beispielsweise in Europa, in der Sowjetunion und in Japan, sowie durch die Berücksichtigung auch neuester Forschungsergebnisse beispielsweise bei den Finit-Element-Verfahren. Die wegweisenden Arbeiten der bedeutenden russischen Wissenschaftler N. N. Rykalin und V. A. Vinokurov haben den Inhalt in besonderem Maße mitgeprägt.

Das Manuskript basiert im übrigen auf meiner Vorlesung über Festigkeit der Schweißkonstruktionen an der Technischen Universität Braunschweig, auf fachlichen Anregungen aus meiner Tätigkeit als leitender Mitarbeiter des Daimler-Benz-Konzerns in Stuttgart sowie auf kleineren eigenen Forschungsarbeiten zum Thema. Meine vielfältigen organisatorischen und gutachterlichen Aktivitäten in Fachausschüssen der industriellen Gemeinschaftsforschung trugen zur Aktualisierung des dargebotenen Stoffes bei.

Während die inhaltliche Gestaltung des Buches allein bei mir selbst ohne fachliche Assistenz von anderer Seite lag — ein im Hinblick auf die Breite des Themas nicht risikoloses Unternehmen —, war ich bei der drucktechnischen und grafischen Verwirklichung der Publikation auf Unterstützung und Zulieferung von verschiedenen Seiten angewiesen. Die Reinschrift des Manuskripts besorgte Frl. G. Schwehr bei Daimler-Benz. Die Reinzeichnung der Bilder oblag Herrn M. Osswald und Frau H. Schmidt, ebenfalls bei Daimler-Benz. Die Bildbeschriftung per Fotosatz führte die Firma H. Rettstatt durch. Das Manuskript wurde von Frau B. Herud beim DVS-Verlag hinsichtlich Rechtschreibung und sprachlichem Ausdruck durchgesehen. Textverarbeitung, Umbruch und Herstellung lagen bei der Springer Produktions-Gesellschaft. Allen, die so auf jeweils spezifische Weise zum Gelingen des Werkes beigetragen haben, gilt mein besonderer Dank. Gerne erinnere ich mich auch an den vorangegangenen Kontakt zum Springer-Verlag Ende 1986 in München, bei dem die Publikation des von mir geplanten Werkes vereinbart wurde. Der damals angeschlagene gute Ton hat das Vorhaben bis zu seiner Vollendung begleitet. Ich habe auch dafür zu danken.

Stuttgart, im Januar 1988 Dieter Radaj

Inhaltsverzeichnis

Liste der Formelzeichen XI

1 Einführung 1
1.1 Phänomene, Begriffe, Einflußgrößen 1
1.2 Entstehung, Veränderung, Beseitigung von Schweißeigenspannungen 4
1.3 Arten von Schweißeigenspannungsfeldern 6
1.4 Arten von Schweißformänderungen 11
1.5 Fachbuchhinweise und Darstellungsgesichtspunkte 12

2 Temperaturfelder beim Schweißen 15
2.1 Grundlagen 15
2.1.1 Schweißwärmequellen 15
2.1.1.1 Bedeutung des Schweißtemperaturfeldes 15
2.1.1.2 Arten von Schweißwärmequellen 15
2.1.1.3 Leistung der Schweißwärmequellen 17
2.1.2 Wärmeausbreitungsgesetze 18
2.1.2.1 Wärmeleitungsgesetz 18
2.1.2.2 Wärmeübergangsgesetz 19
2.1.2.3 Wärmestrahlungsgesetz 19
2.1.2.4 Feldgleichung der Wärmeleitung 20
2.1.2.5 Anfangs- und Randbedingungen 21
2.1.2.6 Thermische Werkstoffkennwerte 21
2.1.3 Modellvereinfachungen zur Geometrie und Wärmeführung 24
2.1.3.1 Notwendigkeit der Vereinfachungen 24
2.1.3.2 Vereinfachungen der Geometrie 24
2.1.3.3 Räumliche Vereinfachungen der Wärmequelle 25
2.1.3.4 Zeitliche Vereinfachungen der Wärmequelle 29
2.1.3.5 Anwenderfragen an Schweißtemperaturfelder 29
2.1.3.6 Numerische Lösung und experimentelle Kontrolle 30
2.2 Globale Temperaturfelder 31
2.2.1 Momentane stillstehende Quellen 31
2.2.1.1 Momentane Punktquelle auf Halbkörper 31
2.2.1.2 Momentane Linienquelle in Scheibe 32
2.2.1.3 Momentane Flächenquelle im Stab 32

2.2.2	Kontinuierliche stillstehende und wandernde Quellen	33
2.2.2.1	Wandernde Punktquelle auf Halbkörper	33
2.2.2.2	Wandernde Linienquelle in Scheibe	36
2.2.2.3	Wandernde Flächenquelle im Stab	38
2.2.3	Normalverteilte Quellen	38
2.2.3.1	Stillstehende und wandernde Kreisquelle auf Halbkörper	38
2.2.3.2	Stillstehende und wandernde Kreisquelle in Scheibe	39
2.2.3.3	Stillstehende Streifenquelle in Scheibe	40
2.2.4	Schnellwandernde Hochleistungsquellen	40
2.2.4.1	Schnellwandernde Hochleistungsquelle auf Halbkörper	40
2.2.4.2	Schnellwandernde Hochleistungsquelle in Scheibe	41
2.2.5	Wärmesättigung und Temperaturausgleich	42
2.2.6	Einfluß begrenzter Körperabmessungen	44
2.2.7	Finit-Element-Lösungen	46
2.3	Lokale Wärmewirkung auf Schmelzzone	49
2.3.1	Schweißlichtbogen als Wärmequelle	49
2.3.1.1	Physikalisch-technische Grundlagen	49
2.3.1.2	Wärmebilanz und Wärmestromdichte	51
2.3.1.3	Abschmelzen der Elektrode	54
2.3.1.4	Aufschmelzen des Grundwerkstoffes	58
2.3.1.5	Zusammenwirken von Abschmelzen und Aufschmelzen	62
2.3.2	Schweißflamme als Wärmequelle	63
2.3.2.1	Physikalisch-technische Grundlagen	63
2.3.2.2	Wärmebilanz und Wärmestromdichte	65
2.3.3	Widerstandserwärmung des Schweißpunkts	67
2.4	Wärmewirkung auf Wärmeeinflußzone	69
2.4.1	Gefügeänderung in Wärmeeinflußzone	69
2.4.2	Abkühlgeschwindigkeit, Abkühlzeit, Verweilzeit beim Einlagenschweißen	75
2.4.3	Temperaturablauf beim Mehrlagenschweißen	83
3	**Eigenspannungen und Verzug beim Schweißen**	86
3.1	Grundlagen	86
3.1.1	Ausgangsbasis Temperaturfeld	86
3.1.2	Elastisches Wärmespannungsfeld	87
3.1.3	Elastoplastisches Wärmespannungsfeld	90
3.1.4	Grundgleichungen der Thermomechanik	91
3.1.5	Thermomechanische Werkstoffkennwerte	94
3.2	Finit-Element-Modelle	101
3.2.1	Intelligente Lösung	101
3.2.2	Stabelementmodell	103
3.2.3	Ringelementmodell	110
3.2.4	Scheibenelementmodell in Plattenebene	119
3.2.5	Scheibenelementmodell quer zur Plattenebene	123
3.3	Schrumpfkraft- und Eigenspannungsquellmodelle	127
3.3.1	Längsschrumpfkraftmodell	127

3.3.2	Querschrumpfkraftmodell	133
3.3.3	Anwendung auf Zylinder- und Kugelschale	137
3.3.4	Eigenspannungsquellmodell	140
3.4	Praxisrelevante Übersicht zu Schweißeigenspannungen	142
3.4.1	Allgemeine Aussagen	142
3.4.2	Nahtlängseigenspannungen	143
3.4.3	Nahtquereigenspannungen	146
3.4.4	Eigenspannungen nach Punktschweißen, Plattieren, Brennschneiden	149
3.5	Schweißverzug	151
3.5.1	Modellvereinfachungen	151
3.5.2	Querschrumpfung und Fugenquerbewegung	152
3.5.3	Längs- und Biegeschrumpfung	156
3.5.4	Winkelschrumpfung und Torsionsverzug	158
3.5.5	Verwerfung dünnwandiger geschweißter Bauteile	161
3.6	Eigenspannungs- und Verzugsmessung, Modellgesetze	165
3.6.1	Bedeutung von Versuch und Messung	165
3.6.2	Dehnungs- und Verschiebungsmessung während des Schweißens	165
3.6.3	Zerstörende Eigenspannungsmessung	167
3.6.3.1	Messung einachsiger Schweißeigenspannungen	168
3.6.3.2	Messung zweiachsiger Schweißeigenspannungen	169
3.6.3.3	Messung dreiachsiger Schweißeigenspannungen	175
3.6.4	Zerstörungsfreie Eigenspannungsmessung	177
3.6.5	Verzugsmessung	178
3.6.6	Modellgesetze	179
4	**Verminderung von Schweißeigenspannungen und Schweißverzug**	**182**
4.1	Notwendigkeit und Art der Maßnahmen	182
4.2	Konstruktive Maßnahmen	183
4.3	Werkstofftechnische Maßnahmen	187
4.3.1	Ausgangslage	187
4.3.2	Werkstoffkennwerte in den Feldgleichungen	187
4.3.3	Herkömmliche Betrachtung des Werkstoffeinflusses	188
4.3.4	Ableitung neuartiger Schweißeignungszahlen	189
4.4	Fertigungstechnische Maßnahmen	191
4.4.1	Ausgangslage	191
4.4.2	Maßnahmen vor und während des Schweißens	192
4.4.2.1	Übersicht	192
4.4.2.2	Allgemeine Maßnahmen	193
4.4.2.3	Nahtspezifische Maßnahmen	193
4.4.2.4	Thermische Maßnahmen	196
4.4.2.5	Mechanische Maßnahmen	197
4.4.2.6	Anwendungsbeispiele	199
4.4.3	Maßnahmen nach dem Schweißen	203

4.4.3.1	Übersicht	203
4.4.3.2	Warmentspannen (Spannungsarmglühen)	204
4.4.3.2.1	Praxis des Warmentspannens und Regelwerk	204
4.4.3.2.2	Spannungsrelaxationsversuche	206
4.4.3.2.3	Gefügeänderung beim Warmentspannen	211
4.4.3.2.4	Gleichwertigkeit von Glühtemperatur und Glühzeit	212
4.4.3.2.5	Kriechgesetz und Kriechtheorien zum Warmentspannen	214
4.4.3.2.6	Berechnungsbeispiele zum Warmentspannen	217
4.4.3.3	Kaltentspannen (Kaltrecken, Flamm- und Vibrationsentspannen)	221
4.4.3.3.1	Stabelementmodelle für Kaltrecken	221
4.4.3.3.2	Kerb- und Rißmechanik beim Kaltrecken	225
4.4.3.3.3	Praxis des Kaltreckens	227
4.4.3.3.4	Flammentspannen	231
4.4.3.3.5	Vibrationsentspannen	233
4.4.3.4	Hämmern, Walzen, Preß- und Wärmepunkten	234
4.4.3.5	Warm-, Kalt- und Flammrichten	236
5	**Festigkeitsauswirkungen des Schweißens (Übersicht)**	240
Literaturverzeichnis		246
Sachverzeichnis		260

Liste der Formelzeichen

Die Liste der Formelzeichen in Gleichungen, im Text und in den Bildern folgt erst dem lateinischen, dann dem griechischen Alphabet. Bei den einzelnen Buchstaben wird zuerst die Großschreibung, dann die Kleinschreibung aufgelistet. Innerhalb der jeweiligen Groß- oder Kleinbuchstabengruppen sind die Größen mit gleicher Dimension benachbart. Weitere Ordnungsgesichtspunkte sind nicht eingeführt.

Da in dem vorliegenden Werk unterschiedliche Wissensgebiete mit unterschiedlichen Formelzeichenkonventionen in unterschiedlichen Sprachräumen zusammengebracht wurden − von der Thermodynamik über die Kontinuumsmechanik bis zur Schweißtechnologie, vorzugsweise aus dem russischen, deutschen und englischen Sprachraum − stieß das Streben nach Einheitlichkeit, Eindeutigkeit und Plausibilität (für den deutschen Leser) der Bezeichnungen auf enge Grenzen, zumal der „Originalton" zumindest der bedeutsameren Publikationen des Fachgebiets erhalten bleiben sollte.

So sind einzelne Formelzeichen mehrfach vergeben, wenn Verwechslungen ausgeschlossen werden können. Das ist dann der Fall, wenn im Text ein bestimmter Sachverhalt nur an einer Stelle ohne Rückverweise von anderer Stelle dargestellt ist, oder wenn an der Dimension der Größe die Zugehörigkeit erkenntlich ist. Derartige Mehrfachverwendungen sind bei stärker unterschiedlichem Bedeutungsinhalt in getrennten Zeilen aufgeführt, bei weniger unterschiedlichem Bedeutungsinhalt in einer Zeile mit „oder" verbunden.

Alle Dimensionsgrößen hinter dem Schrägbruchstrich sind dem Nenner zuzuordnen.

Die historisch ältere Schreibweise σ_F, $\sigma_{0,1}$, σ_Z wird anstelle der neueren genormten Schreibweise R_e, $R_{p0,1}$, R_m beibehalten, weil sie konsistent mit dem Spannungsbegriff und daher anschaulicher ist.

A	$[s^{1/2}K]$	Größe in Gl. (27)
A	$[mm^2/N]$	Größe in Bild 76
A	$[mm^2/N]$	Größe nach Gl. (180)
A^*	$[mm^2/N]$	Größe A nach Gl. (180), modifiziert für Dehnungsmeßstreifen
A	$[mm^2/N]$	Werkstoffkonstante für Kriechen in Gl. (221)
a, a^*	$[mm^2/s]$	Temperaturleitzahl, Stern für Vergleichswerkstoff
a, a_0	$[mm]$	Nahtdicke, Index 0 für Wurzellage
a, a^*	$[mm]$	Ovaloidhalbmesser in positiver bzw. negativer x-Richtung
a	$[mm]$	Probe-Film-Abstand
a	$[mm^2/N]$	Werkstoffkonstante für Kriechen in Gl. (220)
B	$[sK]$	Größe in Gl. (25)
B	$[mm^2/N]$	Größe nach Gl. (181)
B^*	$[mm^2/N]$	Größe B nach Gl. (181), modifiziert für Dehnungsmeßstreifen
B	$[(mm^2/N)^n]$	Werkstoffkonstante in Gl (214)
b, b^*	$[1/s]$	Wärmeaustauschzahl an Scheibe bzw. Stab
b	$[mm]$	Plattenbreite
b	$[mm]$	Ovaloidhalbmesser in y-Richtung
b_s	$[mm]$	Schmelzzonen- oder Schweißbadbreite
b_s^*	$[mm]$	Größe b_s bei tiefer Naht nach Bild 49 und 50
Δb_s	$[mm]$	Nahtquerverformung
b_{pl}	$[mm]$	ganze oder halbe Breite der plastischen Zone
b_z	$[mm]$	Breite der Zugzone mit $0 \leq \sigma_z \leq \sigma_F$
b_{zF}	$[mm]$	Breite der Zugzone mit $\sigma_z = \sigma_F$
b_{z0}	$[mm]$	Größe b_z bei sehr breiter Platte
b_0	$[mm]$	Breite der spannungsfreien Hochtemperaturzone

Liste der Formelzeichen

Symbol	Einheit	Bedeutung
b_f	[mm]	Schweißfugenbreite
b_g	[mm]	Glühzonenbreite
b_w	[mm]	Walzenbreite
b_u	[mm]	Breite der Umwandlungszone
C	[s$^{3/2}$K]	Größe in Gl. (23)
C_0	[J/mm^{2}sK^4]	Strahlungszahl
$[C_T]$	[J/K]	Wärmekapazitätsmatrix
dC^*	[–]	Größe in Gl. (217)
C	[N/mm^2]	Werkstoffkonstante für Verfestigung in Gl. (115)
C	[–]	Werkstoffkonstante für Kriechen in Gl. (217)
c	[J/gK]	spezifische Wärmekapazität
c	[mm]	Ovaloidhalbmesser in z-Richtung
c	[–]	Kohlenstoffgehalt
D	[mmN]	Plattensteifigkeit in Bild 158
D	[1/s]	Werkstoffkonstante für Kriechen in Gl. (216)
d	[mm]	Durchmesser
d_0	[mm]	Durchmesser von Konstantquelle oder Bohrloch
d_n	[mm]	Durchmesser der Normalquelle
d_e	[mm]	Stabdurchmesser der Elektrode
d_u	[mm]	Umhüllungsdurchmesser der Elektrode
d_{150}	[mm]	Durchmesser von Ringfläche mit $T \geq 150\,°C$
d	[Å]	Netzebenenabstand des Raumgitters der Atome
d_w	[mm]	Walzendurchmesser
E, E^*	[N/mm^2]	Elastizitätsmodul, Stern für Vergleichswerkstoff
E_0, E_{20}	[N/mm^2]	Wert von E bei 0 bzw. 20 °C
E_T	[N/mm^2]	Wert von E bei Temperatur T
e	[mm]	Exzentrizität, Abstand vom Schwerpunkt
e^*	[mm]	Heftpunkt- oder Schweißpunktabstand
e	[–]	Eulersche Zahl (e = 2,7183)
F	[mm^2]	Träger-, Stab- oder Plattenquerschnittsfläche
F_n	[mm^2]	Nahtquerschnittsfläche
F_{nm}	[mm^2]	Nahtquerschnittsfläche im Modell
F_f	[mm^2]	Flanschquerschnittsfläche
F_e	[mm^2]	Elektrodenquerschnittsfläche ohne Umhüllung
F_a, F_s	[mm^2]	Auftrag- bzw. Aufschmelzquerschnittsfläche
F	[1/s^m]	Werkstoffkonstante für Kriechen in Gl. (215)
$f(\sigma)$	[–]	Kriechfunktion (spannungsabhängig)
G	[N/mm^2]	Gleitmodul
G	[–]	Werkstoffkonstante für Kriechen in Gl. (216)
g_e	[g/s]	Abschmelzleistung an Elektrode
g_a	[g/s]	Schweißraupenauftragleistung am Werkstück
$g(t)$	[–]	Kriechfunktion (zeitabhängig)
H	[N/mm^2]	Verfestigungsmodul
ΔH	[J/kmol]	Kriechaktivierungsenergie
H_p	[–]	Holloman-Jaffe-Zahl nach Gl. (210) (T_g [K], t_g [h])
h	[mm]	Naht-, Platten- oder (halbe) Stabhöhe, auch Schweißlagenhöhe
h_0	[mm]	Stabanfangshöhe
Δh	[mm]	Höhe der entspannten Schicht
h_a	[mm]	Schweißraupenauftraghöhe
h_s	[mm]	Aufschmelztiefe
h_s^*	[mm]	Größe h_s bei tiefer Naht nach Bild 49 und 50
h_f	[mm]	Flanschabstand von Biegenullinie
h_z	[mm]	Höhe der Zugzone
$h(T)$	[–]	Kriechfunktion (temperaturabhängig)

Liste der Formelzeichen

h_1, h_2	[mm]	Lagengesamthöhen nach Bild 154
h'_1, h'_2	[mm]	Lagengesamthöhen nach Bild 154
I	[mm^4]	Flächenträgheitsmoment
I_y, I_z	[mm^4]	Flächenträgheitsmomente um y- bzw. x-Achse
I	[A]	elektrische Stromstärke
i_s	[J/g]	spezifischer Wärmeinhalt der Aufschmelzmasse
Δi	[J/g]	spezifische Wärmeinhaltsänderung
i	[−]	Zahlenfolge i = 1, 2, 3 bei Tensorindizierung
i	[−]	Schweißlagenzahl in Bild 154
j	[−]	Zahlenfolge j = 1, 2, 3 bei Tensorindizierung
j	[−]	Schweißlagenzahl in Bild 154
j	[A/mm^2]	Stromdichte in Elektrodenquerschnitt
K	[N/mm^2]	Kompressionsmodul
K	[−]	Werkstoffkonstante für Kriechen nach Gl. (218)
$[K_T]$	[J/sK]	Wärmeleitmatrix
K_{Ic}, K^*_{Ic}	[N/mm$^{3/2}$]	Rißzähigkeit, Stern für Vergleichswerkstoff
k	[1/mm^2]	Konzentrationszahl der Normalquelle (auch k_1, k_2, k_3)
k	[J/mm^3]	Proportionalitätsfaktor, Streckenenergie durch Nahtquerschnittsfläche
k^*	[−]	Geometriekorrekturfaktor zu $\Delta t_{8/5}$
k_l	[−]	Faktor für Lichtbogenwirkzeit in Gl. (97)
k_m	[−]	Korrekturfaktor aus Messung in Gl. (97)
k	[−]	Abmessungsfaktor für Beulen
k	[−]	Rückdrehfaktor in Gl. (163)
k_n, k_{st}	[−]	Korrekturfaktor für Mehrlagen- bzw. Strichschweißen
l	[mm]	Naht-, Einspann-, Platten- oder Zylinderlänge
Δl	[mm]	Plattenlängung oder Stabelementlänge
l_{pl}	[mm]	Länge der plastischen Zone
l_{st}, l_{zw}	[mm]	Länge bzw. Zwischenlänge der Strichnaht
l_s, l'_s	[mm]	Schweißnaht- bzw. Schweißbadlänge
l_k	[mm]	Flammkernlänge
l_e	[mm]	Elektrodeneinspannlänge
l^*	[mm]	Länge des Wärmestrichs
l_u	[mm]	Abstand der Umwandlungszone von der Wärmequelle
l_e, l_m	[mm]	Nahtenden- bzw. Nahtmittenlänge an Schlitzschweißnaht nach [188]
M_1, M_2	[N]	Biegemomente je Randlängeneinheit in Bild 104
M^*	[N/mm^2]	Größe in Gl. (117)
ΔM_z	[mmN]	Inkrement des resultierenden Moments um z-Achse
M_{sq}	[mmN]	Querschrumpfmoment
M_{sl}	[mmN]	Längsschrumpfmoment
M^*_{sq}	[N]	Querschrumpfmoment je Nahtlängeneinheit
m	[−]	Verfestigungsexponent in Gl. (115)
m	[−]	Werkstoffkonstante für Kriechen in Gl. (215)
m	[−]	Beulwellenzahl
m_i, m_j	[−]	Winkelschrumpfkorrekturfaktor, Lagennummer i bzw. j
n	[−]	Werkstoffkonstante für Kriechen in Gl. (214)
n	[−]	Plattenzahl, Lagenzahl oder Interferenzlinienordnung
n^*	[−]	Geometriefaktor zu $\Delta t_{8/5}$
P	[N]	Zugkraft
$P_s, \bar{P}_s$	[N]	Längsschrumpfkraft bzw. aktive Längsschrumpfkraft
P_{sq}	[N]	Querschrumpfkraft
P^*_{sq}	[N/mm]	Querschrumpfkraft je Nahtlängeneinheit
P_w	[N]	Walzenanpreßkraft
ΔP	[N]	Lastschwingbreite

p	$[-]$		Korrekturfaktor zu η_s
p_0	$[N/mm^2]$		Radialdruck zu σ_0 in Zylinderschale
p^*	$[N/mm]$		Druckintensität in Umfangslinie von Zylinderschale
Q	$[J]$		Wärmemenge (netto, effektiv), Wärmeenergie, Wärmeinhalt
$\bar{Q}$	$[J]$		Wärmemenge (brutto)
Q_{gr}	$[J]$		Grenzwert des Wärmeinhalts
Q_v	$[J/mm^3]$		volumenspezifische Wärmemenge
$\dot{Q}_v$	$[J/mm^3 s]$		volumenspezifischer Wärmestrom ($\dot{Q}_v = q^{**}$)
$\{Q\}$	$[J/s]$		Spaltenvektor der Knotenpunktswärmequellen
q	$[J/s]$		Wärmestrom, Wärmeleistung (netto, effektiv)
$\bar{q}$	$[J/s]$		Wärmestrom, Wärmeleistung (brutto)
q_0, q_{gr}	$[J/s]$		Ausgangs- bzw. Grenzwert des Wärmestroms
q_m	$[J/s]$		Wärmestrom, Wärmeleistung im Modell
q_e	$[J/s]$		Wärmeleistung an Elektrode (effektiv)
q_h	$[J/s]$		unterer Heizwert der Gaszufuhr
q_l	$[J/mms]$		Wärmeleistung je (Naht-)Längeneinheit
q^*	$[J/mm^2 s]$		Wärmestromdichte, Wärmestromquelldichte (flächenspezifisch)
q^*_{max}, q^*_{min}	$[J/mm^2 s]$		Größt- bzw. Kleinstwert der Wärmestromdichte
q^*_k	$[J/mm^2 s]$		Wärmestromdichte der Konvektion
q^*_s	$[J/mm^2 s]$		Wärmestromdichte der Strahlung
$q^*_{i,i}$	$[J/mm^3 s]$		Tensor der Wärmestromdichteableitungen
q^{**}	$[J/mm^3 s]$		Wärmequelldichte (volumenspezifisch)
q^{**}_{max}	$[J/mm^3 s]$		Größtwert der Wärmequelldichte
$q_s, \bar{q}_s$	$[J/mm]$		Streckenenergie, netto bzw. brutto
q_m	$[J/g]$		Wärmemenge je Abschmelzmasseneinheit
Δq	$[mm]$		Querschrumpfung
$q_f, q_{f\,max}$	$[mm]$		Fugenquerverschiebung bzw. deren Größtwert
Δq_{st}	$[mm]$		Querschrumpfung beim Strichschweißen
$\Delta q_1, \Delta q_2$	$[mm]$		Querschrumpfung in Phase 1 bzw. 2
Δq^*	$[mm]$		Querexpansion in Bild 147
q	$[1/s]$		Werkstoffkonstante für Kriechen in Gl. (216)
R, R_m	$[mm]$		Mittenabstand im Raum bzw. im Modellraum
R	$[mm]$		Zylinderschalen-, Ring-, Rundstab- oder Schweißpunktdurchmesser
R_i, R_a	$[mm]$		Innen- bzw. Außenradius
ΔR_x	$[N]$		Inkrement der Kraftresultierenden in x-Richtung
R	$[N/mm]$		Quersteifigkeit, Einspanngrad
R	$[\Omega]$		elektrischer Widerstand
R	$[J/kmolK]$		Gaskonstante
r, r_m	$[mm]$		Mittenabstand in Ebene bzw. in Modellebene
Δr	$[mm]$		Nahtmittenabstand in Ringplatte
r_0	$[mm]$		Radius der Konstantquelle
r_s	$[mm]$		Radius des Schweißbadhalbzylinders
r	$[mm]$		Interferenzringradius
Δr_x	$[mm]$		Verschiebungsinkrement in x-Richtung
S	$[mm^3]$		Querschnittsflächenmoment
T	$[K]$		Temperatur(erhöhung), Oberflächen- oder Körpertemperatur
T_0	$[K]$		Ausgangs-, Umgebungs- oder Arbeitstemperatur
T_{max}	$[K]$		Höchsttemperatur, Spitzentemperatur
T_o	$[K]$		Obertemperatur
T_a	$[K]$		Austenitisierungstemperatur
$T_{a\,max}$	$[K]$		Austenitspitzentemperatur
T_s, T_s^*	$[K]$		Schmelztemperatur, Stern für Vergleichswerkstoff
T_s^{**}	$[K]$		Schmelztropfentemperatur
T_1	$[K]$		Abkühltemperatur der ersten Lage
T_v	$[K]$		Vorwärmtemperatur

Liste der Formelzeichen

$T_w, T_{w\,max}$	[K]	Temperatur durch Widerstandserwärmung bzw. deren Größtwert
$T_a(t)$	[K]	Temperatur in Temperaturausgleichszeit
T_{gr}	[K]	Grenztemperatur in Quellmitte
T_g	[K]	Glühtemperatur
T_{u1}, T_{u2}	[K]	untere bzw. obere Umwandlungstemperatur
T_m	[K]	Nahttemperatur bei Querschrumpfbeginn
T_{NDT}	[K]	Übergangstemperatur im Drop Weight Test
$\{T\}$	[K]	Spaltenvektor der Knotenpunktstemperaturen
$\{\dot{T}\}$	[K/s]	Spaltenvektor der zeitlichen Ableitungen der Knotenpunktstemperaturen
ΔT	[K]	Temperaturdifferenz, Temperaturinkrement
ΔT_{el}	[K]	elastisch aufnehmbare Temperaturdifferenz
ΔT_0	[K]	globale Temperaturerhöhung, Aufwärmung
$\partial T/\partial n$	[K/mm]	Temperaturgradient normal zur isothermischen Fläche
t	[s]	Zeitkoordinate
t_e	[s]	Zeit nach Schweißende
t_s	[s]	Zeit nach Schweißbeginn
t_q	[s]	Zeit nach Schrumpfbeginn
t_{cM}, t_{cF}	[s]	Abkühlzeit: Bereichsende 100%-Martensit bzw. Bereichsbeginn Ferrit
Δt	[s]	Zeitdifferenz, Stromwirkzeit, Verweilzeit
Δt_0	[s]	Zeitvorlauf (Linien- vor Normalquelle)
$\Delta t_{8/5}$	[s]	Abkühlzeit von 800 auf 500 °C
Δt_a	[s]	Austenitverweilzeit
Δt_{ai}	[s]	Austenitverweilzeit für i-dimensionale Wärmeableitung (i=1, 2, 3)
Δt_1	[s]	Verweilzeit über T_1
Δt_1^*	[s]	Abkühlzeit von A_{c3} auf M_s in Bild 74
Δt_m	[s]	Verweilzeit im Modell
t_k	[s]	Abschaltzeitpunkt der Wärmequelle
Δt_g	[h]	Glühzeit
t_g^*	[h]	Erwärmungs- und Glühzeit
t	[mm]	Sacklochtiefe
U	[V]	elektrische Spannung
U	[mm]	Stabumfang
u, u_m	[mm]	Verschiebung bzw. Verschiebung im Modell
u_r	[mm]	Radialverschiebung
u	[−]	Variable in $E_i(u)$ und $\Phi(u)$
V, V_0	[N/mm²]	Verfestigungsmodul bzw. dessen Wert bei 0 °C
$\dot{V}_{Ac}$	[l/h]	Gasverbrauch (Acetylen)
v, v_s	[mm/s]	Schweißgeschwindigkeit
v_m	[mm/s]	Schweißgeschwindigkeit im Modell
v_e	[mm/s]	Abschmelz- oder Vorschubgeschwindigkeit der Elektrode
v_{em}	[mm/s]	Wert von v_e im Modell
w	[mm]	Durchbiegung, Beulhöhe, Beultiefe
w_0	[mm]	Anfangsdurchbiegung bzw. Einschnürung im Mittelschnitt
x	[mm]	Raumkoordinate, Schweißrichtung, Rißspitzenabstand
x_m	[mm]	Wert von x im Modell
Δx	[mm]	x-Abstand, Fugenlängsversatz, x-Verschiebung
y	[mm]	Raumkoordinate, Schweißquerrichtung, Nahtmittenabstand
y_m	[mm]	Wert von y im Modell
y_1	[mm]	Meridionalkoordinate in Bild 108
y_0	[mm]	Wärmestrichabstand von Schwerpunktsachse z
Δy	[mm]	Fugenquerverschiebung, y-Verschiebung
z	[mm]	Raumkoordinate, Plattendickenrichtung, Elektrodenrichtung
z_m	[mm]	Wert von z im Modell

Liste der Formelzeichen

z_0	[mm]	Wärmestrichabstand von Schwerpunktsachse y
Δz	[mm]	Fugenquerversatz
α, α^*	[1/K]	Wärmeausdehnungszahl, Stern für Vergleichswerkstoff
α_m	[1/K]	Mittelwert von α im Temperaturbereich
α_1	[1/K]	Größtwert von α bei der $\gamma\alpha$-Gefügeumwandlung
α_m	[−]	Maßstabsfaktor des Modells
α	[°]	Meßrichtung am Bohrloch
α	[−]	Fugenöffnungswinkel zu k^*
α_k	[J/mm²sK]	Wärmeübergangszahl (Konvektion)
α_s	[J/mm²sK]	Wärmeabstrahlungszahl
α_u	[J/mm²sK]	Wärmeübergangszahl vom Elektrodenstab zur Umgebung
α_e	[g/Ah]	Abschmelzzahl
α_a	[g/Ah]	Auftragzahl
β	[−]	Hauptspannungsrichtung
$\Delta\beta$	[−]	Winkelschrumpfung, Schrumpfwinkel
$\Delta\beta^*$	[−]	Kippschrumpfung, Kippwinkel
$\Delta\beta_r^*$	[−]	Rückkippschrumpfung, Rückkippwinkel
δ	[mm]	Platten-, Scheiben-, Schalen-, Wand- oder Blechdicke
δ_m	[mm]	Wert von δ im Modell
$\delta_ü$	[mm]	Übergangsdicke
δ_{ges}	[mm]	Gesamtplattendicke
δ_{st}	[mm]	Stegdicke
δ_{fl}	[mm]	Flanschdicke
δ_c	[mm]	kritische Rißöffnungsverschiebung
$E_i(-u)$	[−]	Integralexponentialfunktion
ε	[−]	Dehnung
ε	[−]	Schwärzegrad
$\{d\varepsilon\}$	[−]	Spaltenvektor des differentiellen Dehnungstensors
ε_{ij}	[−]	Dehnungstensor
ε_{ges}	[−]	Gesamtdehnung
ε_T	[−]	Wärmedehnung
$\varepsilon_{T\,ii}$	[−]	Wärmedehnungstensor
$\{d\varepsilon_T\}$	[−]	Spaltenvektor des differentiellen Wärmedehnungstensors
ε_T^*	[−]	Schrumpfdehnung nach Gl. (133)
$\varepsilon_t, \varepsilon_1$	[−]	Tangential- bzw. Längsdehnung
ε_{max}	[−]	Größtdehnung beim Sacklochverfahren
$\varepsilon_{T\,max}$	[−]	Größtwert der Wärmedehnung
$\Delta\varepsilon_{nt}$	[−]	nicht-thermische Hochtemperaturquerdehnung
ε_{el}	[−]	elastische Dehnung
$\varepsilon_{e\,ij}$	[−]	elastischer Dehnungstensor
ε_p^*	[−]	effektive plastische Dehnung nach Gl. (114)
$\varepsilon_{p\,ij}$	[−]	plastischer Dehnungstensor
ε_k	[−]	Kriechdehnung
$\varepsilon_{k\,ij}$	[−]	Kriechdehnungstensor
$\varepsilon_{d\,ij}$	[−]	deviatorischer Dehnungstensor
$\varepsilon_{v\,ii}$	[−]	volumetrischer Dehnungstensor
ε_u	[−]	Umwandlungsdehnung
ε_v	[−]	Vergleichsdehnung
ε_F	[−]	Fließgrenzendehnung, Dehnung bei Fließbeginn
ε_0	[−]	Extradehnung in Nahtlängsrichtung
$\varepsilon_{0\,max}$	[−]	Größtwert von ε_0 in Nahtmitte
ε_{0q}	[−]	Extradehnung in Nahtquerrichtung, Querversetzung
ε_0	[−]	Rückdehnung bei tiefenkonstanter Spannung (Sackloch)
ε_r	[−]	Radialdehnung
ε_R	[−]	Restdehnung

Liste der Formelzeichen

$\varepsilon_x, \varepsilon_y, \varepsilon_z$	[−]	Dehnung in x-, y- bzw. z-Richtung
$\varepsilon_{xz}, \varepsilon_{yz}$	[−]	Dehnung unter 45° zur x- und z- bzw. y- und z-Achse
$\varepsilon_{00}, \varepsilon_{45}$	[−]	Dehnung unter $\alpha=0$° bzw. 45° am Bohrloch
$\varepsilon_{90}, \varepsilon_{135}$	[−]	Dehnung unter $\alpha=90$° bzw. 135° am Bohrloch
$\dot{\varepsilon}_{e\,ii}$	[1/s]	elastischer volumetrischer Dehngeschwindigkeitstensor
$\dot{\varepsilon}_{vp\,ij}$	[1/s]	viskoplastischer Dehngeschwindigkeitstensor
η_w	[−]	Wärmewirkungsgrad am Schweißbad
η_e	[−]	Wärmewirkungsgrad an Elektrode
η_s	[−]	Schmelzwirkungsgrad des Schweißprozesses
η_t	[−]	thermischer Wirkungsgrad des Grundwerkstoffschmelzens
η^*	[−]	Geometriefaktor der Quernahtprobe in Gl. (137.1)
θ	[−]	Steigungswinkel der Last-Verschiebung-Linie
θ	[−]	Neigungswinkel der Dilatometerkurve gegen die T-Achse
θ	[−]	Meridionalwinkel in Bild 108
θ	[−]	dimensionslose Temperatur nach Gl. (93)
θ_a	[−]	dimensionslose Austenitisierungstemperatur
θ	[−]	dimensionslose Plattendicke nach Gl. (88)
ϑ	[−]	Glanzwinkel
λ	[J/mmsK]	Wärmeleitzahl
λ	[1/mm]	Zylinderschalenparameter nach Gl. (142)
λ	[Å]	Wellenlänge der Röntgenstrahlung
$d\lambda$	[mm^2/N]	Skalarfaktor in Gl. (112)
λ_σ	[−]	Schweißeignungszahl hinsichtlich Eigenspannung
λ_ε	[−]	Schweißeignungszahl hinsichtlich Verzug
μ	[−]	Völligkeitsgrad der Aufschmelzquerschnittsfläche
μ_q	[−]	Quersteifigkeitsfaktor in Gl. (148)
μ_l	[−]	Längssteifigkeitsfaktor in Gl. (133)
ξ	[−]	Wärmedissipationsfaktor in Gl. (105)
ξ_2, ξ_3	[−]	Wärmeflußfaktor für zwei- bzw. dreidimensionale Wärmeleitung
π	[−]	Archimedische Zahl ($\pi=3{,}14159$)
ϱ	[mm]	Krümmungsradius
ϱ	[g/mm^3]	Dichte
$\varrho_1, \varrho_2, \varrho_3$	[−]	Mittenabstand bei ein-, zwei- bzw. dreidimensionaler Wärmeleitung
ϱ^*	[mmΩ]	spezifischer elektrischer Widerstand
σ	[N/mm^2]	Normalspannung
$\{d\sigma\}$	[N/mm^2]	Spaltenvektor des differentiellen Spannungstensors
σ_x, σ_y	[N/mm^2]	Normalspannung in x- bzw. y-Richtung
σ_x, σ_{x0}	[N/mm^2]	Eigenspannung in x-Richtung, Index 0 für deren Oberflächenwert
ϱ_r, σ_t	[N/mm^2]	Radial- bzw. Tantgentialeigenspannung
σ_{r1}, σ_{t1}	[N/mm^2]	Werte von σ_r bzw. σ_t im Punkt A_1 von Bild 157
$\sigma_{d\,ij}$	[N/mm^2]	deviatorischer Spannungstensor
$\sigma_{v\,ii}$	[N/mm^2]	volumetrischer Spannungstensor
σ_l, σ_q	[N/mm^2]	Nahtlängs- bzw. Nahtquereigenspannung
σ_{lv}, σ_{ln}	[N/mm^2]	Längseigenspannung vor bzw. nach Glühbehandlung
σ_{qv}, σ_{qn}	[N/mm^2]	Quereigenspannung vor bzw. nach Glühbehandlung
$\sigma_{l\,max}$	[N/mm^2]	Größtwert von σ_l
σ_{q0}	[N/mm^2]	Oberflächenwert von σ_q beim Mehrlagenschweißen
σ_q^*	[N/mm^2]	Quereigenspannung in Naht, wenn von σ_q in Platte abweichend
σ_z, σ_d	[N/mm^2]	Zug- bzw. Druckeigenspannung in Gl. (121)
σ_z^*, σ_d^*	[N/mm^2]	Zug- bzw. Druckeigenspannung nach Spannungsabbau
σ_1, σ_2	[N/mm^2]	erste bzw. zweite Hauptspannung

Liste der Formelzeichen

$\sigma^I, \sigma^{II}, \sigma^{III}$	[N/mm²]	Eigenspannung erster, zweiter bzw. dritter Art
$\sigma_I, \sigma_{II}, \sigma_{III}$	[N/mm²]	überlagerte Lastspannung in Bild 209
$\Delta\sigma_I, \Delta\sigma_{II}, \Delta\sigma_{III}$	[N/mm²]	Spannungserhöhung durch Fließen in Bild 209
$\sigma_\parallel, \sigma_\perp$	[N/mm²]	Eigenspannung in Walzrichtung bzw. senkrecht dazu
$\sigma_a, \sigma_{u0}, \sigma_{mer}$	[N/mm²]	Axial-, Umfangs- bzw. Meridionaleigenspannung
σ_{uZ}, σ_{aZ}	[N/mm²]	Umfangs- bzw. Axialeigenspannung in Zylinderschale
$\sigma_{uK}, \sigma_{merK}$	[N/mm²]	Umfangs- bzw. Meridionaleigenspannung in Kugelschale
σ_{a0}, σ_u	[N/mm²]	Axial- bzw. Umfangseigenspannung im Zylindermittenschnitt
σ_E, σ_L	[N/mm²]	Eigen- bzw. Lastspannung
σ_E^*	[N/mm²]	Eigenspannung nach Entlastung
σ_{EL}	[N/mm²]	Eigen- und Lastspannung unter Fließen überlagert
$\sigma_{E\,max}$	[N/mm²]	Größtwert von σ_E
σ_Z, σ_R	[N/mm²]	Zwängungs- bzw. Reaktionsspannung
σ_0	[N/mm²]	Anfangsspannung in Umfangsrichtung in Gl. (140)
σ_0	[N/mm²]	Ausgangsspannung in Gl. (208) und in Bild 192
σ_{0l}	[N/mm²]	Anfangsspannung in Nahtrichtung, Längseigenspannungsquelle
σ_m	[N/mm²]	Spannung im Modell
σ_{kr}	[N/mm²]	kritische Radialspannung, Beulspannung
σ_s	[N/mm²]	Schrumpfspannung
σ_v	[N/mm²]	Vergleichsspannung
σ_{GEH}	[N/mm²]	Vergleichsspannung nach Gestaltsänderungsenergiehypothese
σ_h	[N/mm²]	eben-hydrostatische Eigenspannung
σ_F	[N/mm²]	Fließgrenze oder Fließspannung
σ_F^*	[N/mm²]	Wert von σ_F für Vergleichswerkstoff
$\sigma_{F\,max}$	[N/mm²]	Größtwert von σ_F (gleich Zugfestigkeit σ_Z)
σ_Z, σ_B	[N/mm²]	Zugfestigkeit bzw. Bruchfestigkeit ($<\sigma_{F\,max}$)
$\sigma_{0,1}, \sigma_{0,2}$	[N/mm²]	0,1- bzw. 0,2-Dehngrenze
$\sigma_{F\,0,1}$	[N/mm²]	Fließgrenze, ersatzweise 0,1-Dehngrenze
$\sigma_{0,1\,0}$	[N/mm²]	Wert von $\sigma_{0,1}$ bei 0 °C
σ_{F450}	[N/mm²]	Wert von σ_F bei 450 °C
σ_{FG}, σ_{FN}	[N/mm²]	Wert von σ_F für Grund- bzw. Nahtwerkstoff
σ_T	[N/mm²]	Wärmespannung bei elastischer Unterdrückung von ε_T
τ_{xy}	[N/mm²]	Schubspannung in x- und y-Richtung
τ_{max}	[N/mm²]	Größtwert der Schubspannung
τ^*	[N/mm²]	Oktaederschubspannung
τ_E	[N/mm²]	Schubeigenspannung
τ_F	[N/mm²]	Schubfließgrenze oder Fließschubspannung
$\tau_{0,4}$	[N/mm²]	0,4-Schubdehngrenze
τ_1, τ_2, τ_3	[−]	Zeit bei ein-, zwei- bzw. dreidimensionaler Wärmeleitung
$\Delta\tau_{a1}, \Delta\tau_{a2}, \Delta\tau_{a3}$	[−]	Austenitverweilzeit bei ein-, zwei- bzw. dreidimensionaler Wärmeleitung
$Y_0(u), Y_1(u)$	[−]	Besselfunktion zweiter Art und nullter bzw. erster Ordnung
$\Phi(u)$	[−]	Gaußsches Wahrscheinlichkeitsintegral
Φ, Φ^*	[−]	Anstiegswinkel für Nahtquersteifigkeit in Bild 130
φ	[−]	Biegewinkel
$\Delta\varphi$	[−]	Biegewinkel am I-Träger durch Flanschquernaht
φ	[−]	Azimutwinkel
$\Delta\varphi_z$	[−]	Verdrehungsinkrement um z-Achse
ψ	[−]	Einstrahlwinkel gegen Oberflächennormale
ψ	[−]	Wärmesättigungsfunktion
ψ_1, ψ_2, ψ_3	[−]	Wärmesättigung bei ein-, zwei- bzw. dreidimensionaler Wärmeleitung
ψ_a	[−]	Gewichtsverlustzahl beim Auftragschweißen
ω	[−]	Abkühlgeschwindigkeit

1 Einführung

1.1 Phänomene, Begriffe, Einflußgrößen

Die nachfolgende Abhandlung über Wärmewirkungen des Schweißens bezieht sich auf Temperaturfelder, Eigenspannungen und Verzug beim Schweißen und thermischen Schneiden. Schweißen ist das unlösbare Verbinden oder Beschichten von Bauteilen oder Grundwerkstoff unter (meist lokaler) Anwendung von Wärme oder Druck, ohne oder mit Zusatzwerkstoff (siehe DIN 1910 [251]). Das Verbinden geschieht vorzugsweise im plastischen oder flüssigen Zustand der Schweißzone. Thermisches Schneiden ist das Trennen von Bauteilen oder Grundwerkstoff unter lokaler Wärmewirkung. Die nachfolgende Abhandlung bezieht sich vornehmlich auf (Gas- und Lichtbogen-)Schmelzschweißverbindungen (Schweißnähte) sowie auf (Widerstands-)Preßschweißverbindungen (Schweißpunkte). Daneben sind Reib- und Bolzenschweißverbindungen, Plattierungen und Brennschnitte berücksichtigt.

Während und nach dem Schweißen oder Schneiden treten infolge der stark lokalisierten, transienten Wärmeeinbringung erhebliche Eigenspannungen (Schweißeigenspannungen) und Formänderungen (Schweißverzug, Schweißschrumpfung, Schweißverwerfung) auf. Eigenspannungen sind im Unterschied zu Lastspannungen innere Kräfte ohne Wirkung äußerer Kräfte. Nachfolgend werden in erster Linie die ingenieursrelevanten und kontinuumsmechanisch beschreibbaren „makroskopischen" Eigenspannungen betrachtet, während die „mikroskopischen" Eigenspannungen zwischen oder in den Kristalliten unberücksichtigt bleiben. Verwerfungen sind Instabilitätserscheinungen infolge von Schrumpfung und Verzug.

Schweißeigenspannungen und Schweißverzug können die Fertigung und die Festigkeit stark beeinträchtigen. Es werden daher Maßnahmen ergriffen, die Schweißeigenspannungen und den Schweißverzug klein zu halten bzw. nachträglich zu beseitigen. In der Fertigung wird durch Schweißformänderungen die Einhaltung der Form- und Maßtoleranzen in Frage gestellt. Durch Fugenversatz oder Fugenklaffen wird die Fertigung direkt erschwert. Durch die Eigenspannungen während des Schweißens können Nähte, besonders Heftnähte anreißen oder abreißen. Beim Bearbeiten ausgelöste Eigenspannungen bewirken ein störendes Verziehen des Werkstücks. In der fertiggestellten Konstruktion können die Schweißeigenspannungen Sprödbrüche auslösen. Zugeigenspannungen vermindern die Ermüdungs- und Korrosionsfestigkeit. Druckeigenspannungen setzen die Instabilitätsgrenze herab. Demgegenüber treten die positiven Wirkungen von Schweißeigenspannungen – Druck ist vorteilhaft bei Ermüdung und Korrosion, Zug vorteilhaft bei Instabilität – in ihrer praktischen Bedeutsamkeit zurück.

Aus dem insgesamt beschriebenen Sachverhalt ergibt sich die Strukturierung des Stoffs in folgende Hauptabschnitte:

– Temperaturfeldanalyse,
– Schweißeigenspannungs- und Schweißformänderungsanalyse,

- Eigenspannungs- und Verzugsminderung,
- Festigkeitsauswirkungen.

Schweißeigenspannungs- und Schweißformänderungsanalyse sind historisch gesehen weitgehend unabhängig voneinander entstanden, obwohl sie physikalisch gesehen denkbar eng zusammenhängen. Das beruht zunächst darauf, daß die Schweißeigenspannungen in erster Linie als Grundlage einer Festigkeitsbeurteilung interessieren, die Schweißformänderungen dagegen als störende Begleiterscheinung der Fertigung auftreten. Aber auch hinsichtlich der Physik ist ein methodischer Unterschied dadurch gegeben, daß zur Abschätzung der Schweißeigenspannungen im allgemeinen ein finit approximiertes Kontinuumsmodell entwickelt werden muß, während zur Abschätzung der Schweißformänderungen einfachere Ansätze im Rahmen gängiger technischer Tragwerkstheorien vielfach ausreichen. Die im letzteren Fall einzuführenden Annahmen betreffen insbesondere die Größe der Nahtschrumpfkraft bzw. die Ausdehnung der plastischen Zone. Dazu können allerdings Schweißeigenspannungsuntersuchungen Anhaltswerte liefern. Wird andererseits meßtechnisch vorgegangen, dann ist für Schweißeigenspannungen eine aufwendige Labormeßtechnik erforderlich, während die Schweißformänderungen der Messung unter Werkstattbedingungen mit einfachen Geräten zugängig sind.

Die Vielzahl der Einflußgrößen und ihre nichtlineare, transiente und temperaturabhängige Wirkung erschweren gültige Aussagen zu Schweißeigenspannungen und Schweißformänderungen im Einzelfall und machen Allgemeinaussagen anfechtbar. Der Praktiker hat sich über die genormte Begriffsfestlegung zur Schweißbarkeit ein auch bei Schweißeigenspannungen und Schweißformänderungen brauchbares (obwohl mehr sprachliches als wissenschaftliches) Ordnungsschema geschaffen. Der wissenschaftliche Analytiker konnte andererseits durch die Entkopplung in thermodynamische, mechanische und gefügeverändernde Vorgänge die Komplexität der Phänomene vermindern.

Die Schweißbarkeit des Bauteils wird nach DIN 8528 [252] in die Komponenten Schweißeignung des Werkstoffs, Schweißsicherheit der Konstruktion und Schweißmöglichkeit der Fertigung unterteilt, Bild 1. Die Schweißeigenspannungen und Schweißformänderungen sind ein wichtiger Teilaspekt der Schweißbarkeit. Sie können Heißrisse, Kaltrisse, Sprödbrüche, vorzeitige Instabilität auslösen, durch Verzug oder Verwerfung die Gebrauchs-

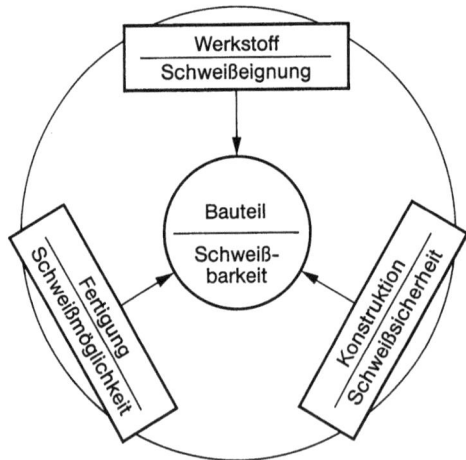

Bild 1. Begriffsfestlegung „Schweißbarkeit" nach DIN 8528

1.1 Phänomene, Begriffe, Einflußgrößen

fähigkeit in Frage stellen und beispielsweise durch Fugenquerbewegung die Fertigung beeinträchtigen. Für die relative Schweißeignung des Werkstoffs aus Sicht der Schweißeigenspannungen und Schweißformänderungen werden in diesem Buch neuartige Schweißeignungzahlen angegeben, die sich aus gängigen thermischen und mechanischen Werkstoffkennwerten zusammensetzen. Der Beurteilung der Schweißsicherheit der Konstruktion dienen vorzugsweise Schweißeigenspannungsanalysen, der Beurteilung der Schweißmöglichkeiten der Fertigung andererseits Schweißformänderungsanalysen. Das Ergebnis solcher Analysen ist mit entsprechenden Grenzwerten (Festigkeiten und Maßtoleranzen) zu vergleichen, woraus sich Verbesserungsvorschläge ergeben und Optimierungsmöglichkeiten ableiten.

Entsprechend vorstehender Aufteilung lassen sich die Einflußgrößen praxisnah wie folgt zuordnen:

- werkstoffbedingte Einflußgrößen, unter anderem Art, (chemische) Zusammensetzung und Gefüge von Grund- und Zusatzwerkstoff,
- konstruktionsbedingte Einflußgrößen, unter anderem Form, Abmessungen, Lagerung, Belastung des Bauteils und Art, Dicke, Anordnung der Schweißnähte,
- fertigungsbedingte Einflußgrößen, unter anderem Schweißverfahren, Schweißgeschwindigkeit, Schweißleistung, Fugenform, Schweißfolge, Mehrlagigkeit, Heften, Aufspannen, Vorwärmen, Wärmenachbehandlung.

Für die rechnerisch-analytische Behandlung der Schweißeigenspannungen und Schweißformänderungen hat sich andererseits die in Bild 2 dargestellte Entkopplung der Vorgänge

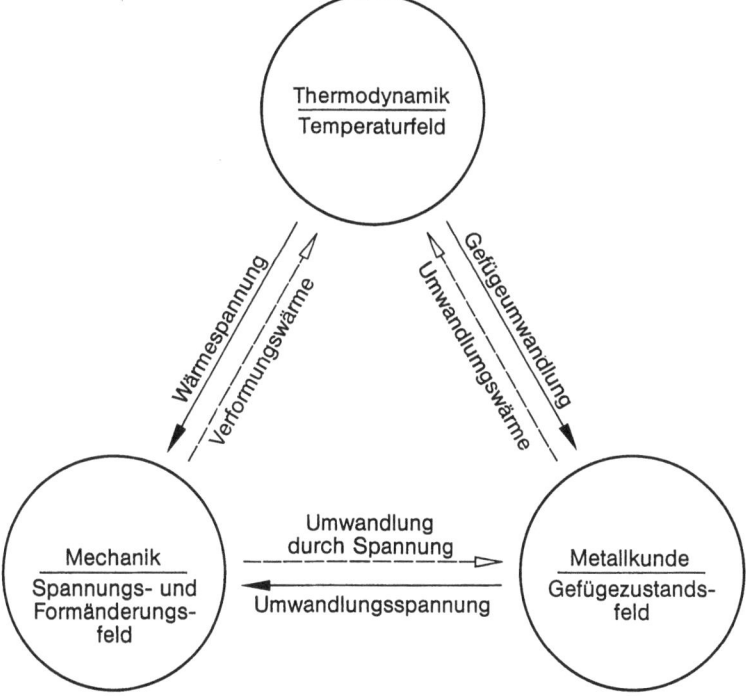

Bild 2. Entkopplung und wechselseitige Beeinflussung von Temperaturfeld, Spannungs- und Formänderungsfeld und Gefügezustandsfeld, nach [107]

nach Temperaturfeld, Spannungs- bzw. Formänderungsfeld und Gefügezustand bewährt. Die wechselseitige Beeinflussung ist durch Pfeile erfaßt, durch ausgezogene Pfeile für starke Beeinflussung und gestrichelte Pfeile für schwache (ingenieursmäßig vernachlässigbare) Beeinflussung. Hervorzuheben ist die notwendige Einbeziehung der Gefügeumwandlungen in die Analysen, die außer von der chemischen Zusammensetzung des Werkstoffs von dessen thermischer Vorgeschichte (insbesondere von der schweißbedingten Vorgeschichte) abhängen. Der Gefügeeinfluß macht sich vor allem im Bereich der Wärmeeinflußzone (unter Einschluß der Schmelzzone) der Schweißverbindung bemerkbar.

1.2 Entstehung, Veränderung, Beseitigung von Schweißeigenspannungen

Eigenspannungen sind innere Kräfte ohne Wirkung äußerer Kräfte. Sie stehen als Zwängungsspannungen nur mit sich selbst im Gleichgewicht. Reaktionsspannungen aus Lagerwirkung können sich den Zwängungsspannungen superponieren. Die Eigenspannungen insgesamt superponieren sich den Spannungen aus äußerer Belastung, den Lastspannungen. Eigenspannungen wirken vorübergehend oder bleibend.

Es wird zwischen Eigenspannungen erster, zweiter und dritter Art unterschieden, Bild 3. Eigenspannungen erster Art σ^I erstrecken sich über makroskopische Bereiche, sind über mehrere Kristallite gemittelt. Eigenspannungen zweiter Art σ^{II} wirken zwischen Kristalliten oder Kristallitteilbereichen (etwa 1...0,01 mm), sind innerhalb dieser Bereiche gemittelt

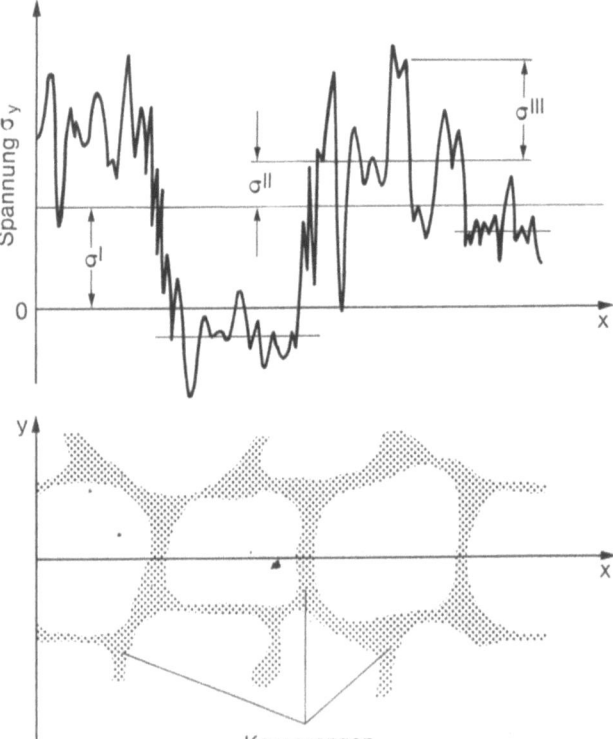

Bild 3. Eigenspannungen erster, zweiter und dritter Art (σ^I, σ^{II}, σ^{III}) in Kristallitstruktur, in Richtung y wirkend, über Koordinate x aufgetragen, σ^{II} als Kristallitmittelwert aufgefaßt; nach [15] (dort Bd. 1, S. 11)

1.2 Entstehung, Veränderung, Beseitigung von Schweißeigenspannungen

(beispielsweise die Eigenspannungen um Versetzungsstaus oder Zweitphasen). Eigenspannungen dritter Art σ^{III} wirken zwischen atomaren Bereichen (etwa $10^{-2}\ldots10^{-6}$ mm, beispielsweise die Eigenspannungen um Einzelversetzungen). Die nachfolgenden Darstellungen beziehen sich ausschließlich auf die anwendungstechnisch besonders wichtigen Eigenspannungen erster Art, die makroskopischen Eigenspannungen.

Eigenspannungen entstehen durch ungleichmäßige bleibende Formänderung, die am Werkstoffelement folgendermaßen unterteilbar ist:
- Volumenänderung durch Wärmedehnung, chemische Umsetzung, Gefügeumwandlung oder Zustandsänderung
- Gestaltänderung (oder Scherung) durch (zeitunabhängig) plastische, sowie (zeitabhängig) viskoplastische Formänderung.

Derartige bleibende Formänderung am Werkstoffelement relativ zu einem kompatiblen Ausgangszustand werden auch als „Anfangsformänderungen", „Eigendeformationen", „Restdeformationen" oder „Extradehnungen" bezeichnet und in Berechnungen eingeführt. Ihnen lassen sich alternativ „Anfangsspannungen" oder „Eigenspannungsquellen" zuordnen.

Eigenspannungen können auch durch Änderung der Stoffschlüssigkeit, also durch (Makro-)Versetzungen entstehen, darstellbar am aufgeschnittenen, gekürzten und wieder geschlossenen Ring.

Die durch ungleichmäßige Wärmedehnung hervorgerufenen Eigenspannungen werden Wärmespannungen (auch thermische Eigenspannungen) genannt. Elastische Wärmespannungen verschwinden nach Wegfall der Temperaturänderung, die sie hervorgerufen haben. Sie werden deshalb von vielen Autoren nicht den Eigenspannungen zugerechnet. Bei großer Temperaturdifferenz treten infolge der Wärmespannungen plastische Formänderungen auf. Nach Wegfall der Temperaturänderung bleiben dann Eigenspannungen zurück. Die durch Gefügeumwandlung hervorgerufenen Eigenspannungen werden Umwandlungsspannungen genannt.

Schweißeigenspannungen und Eigenspannungen an Brennschnittkanten sind Wärmespannungen (und zwar primär Abkühlspannungen) mit möglicherweise überlagerten Umwandlungsspannungen. Beim Kaltpreßschweißen, Diffusionsschweißen, Walz- und Sprengplattieren ist die Umformkraft ausschließlich (unter Wegfall von Wärmewirkungen) oder zusätzlich maßgebend.

Beim Schweißvorgang wird der Schweißbereich gegenüber der Umgebung stark erwärmt, Bild 4, und lokal aufgeschmolzen. Der Werkstoff dehnt sich infolge der Erwärmung aus. Die Wärmedehnung wird durch die kältere Umgebung behindert, es treten (elastische) Wärmespannungen auf. Die Wärmespannungen überschreiten teilweise die Fließgrenze, die bei erhöhter Temperatur erniedrigt ist. Dadurch wird der Schweißbereich plastisch gestaucht und ist nach Abkühlung gegenüber der Umgebung zu kurz, zu schmal oder zu klein. Er weist dadurch Zugeigenspannungen auf, die Umgebung Druckeigenspannungen. Gefügeumwandlung während der Abkühlung (beispielsweise die nachfolgend beschriebene $\gamma\alpha$-Umwandlung) ist mit Volumenvergrößerung verbunden. Tritt sie bei einer (niedrigen) Temperatur auf, bei der die (Warm-)Fließgrenze genügend hoch ist, entsteht Druck im wärmeren Nahtbereich und Zug in der kälteren Umgebung.

Als Merkregel gilt, daß in den zuletzt erkalteten Bereichen des Bauteils bei dominierender Wärmedehung Zug, bei dominierender Umwandlungsdehnung Druck auftritt.

Schweißeigenspannungen werden in Bauteilen erzeugt, die im allgemeinen schon eigenspannungsbehaftet sind, und sie verändern sich bei Weiterverarbeitung des Bauteils und im

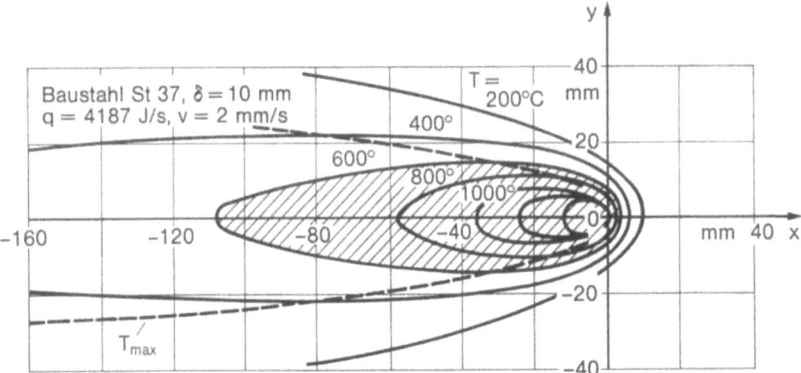

Bild 4. Temperaturfeldisothermen um gleichförmig und geradlinig in unendlich ausgedehnter Scheibe bewegter Schweißwärmequelle, simuliert als Linienquelle senkrecht zur Scheibenebene, quasistationäres Feld im mitbewegten Koordinatensystem xy, schraffiert der Bereich vernachlässigbarer Fließspannung, gestrichelt der Ort der örtlichen Höchsttemperatur; nach [1]

Betrieb. Eigenspannungsverursachende Herstellverfahren sind das Gießen, das Warm- und Kaltumformen, das Bearbeiten, Beschichten, Oberflächenbehandeln sowie das Wärmebehandeln und Aushärten. Auch durch Verspannen während der Montage entstehen Eigenspannungen. Eigenspannungsverändernd wirkt lokales oder globales Fließen unter einmaliger (statischer oder dynamischer) oder wiederholter (beispielsweise schwingender) Beanspruchung.

Wärme- und Umwandlungsspannungen entstehen im homogenen Werkstoff nicht, wenn sich alle Bauteilbereiche gleichartig erwärmen bzw. abkühlen, also zu keinem Zeitpunkt Temperaturunterschiede aufweisen. Vorhandene Eigenspannungen lassen sich in Nähe und über der Rekristallisationstemperatur (etwa halbe Schmelztemperatur in [K]) durch die Verminderung von Fließspannung und Elastizitätsmodul sowie durch Spannungsrelaxation (Kriechen) sehr stark abbauen (Warmentspannen, Spannungsarmglühen). Danach muß das Bauteil langsam und gleichmäßig abgekühlt werden. Die Rekristallisation ist mit einer teils günstigen, teils ungünstigen Veränderung der mechanischen Werkstoffkennwerte verbunden. Im inhomogenen Werkstoff (beispielsweise in Verbindungen artfremder Werkstoffe) entstehen Eigenspannungen auch schon beim gleichmäßigen Erwärmen bzw. Abkühlen.

Vorhandene Eigenspannungen werden auch abgebaut, wenn Lastspannungen den Eigenspannungen so überlagert werden, daß die Fließgrenze örtlich vorzeitig überschritten wird, wodurch ein Spannungsausgleich stattfindet (mechanisches oder thermisches Kaltentspannen: Kaltrecken, Flamm- und Vibrationsentspannen).

1.3 Arten von Schweißeigenspannungsfeldern

Die Eigenspannungen in Nahtlängsrichtung, Nahtquerrichtung und Nahtdickenrichtung entstehen nach unterschiedlichen Mechanismen.

Nahtlängsspannungen bilden sich nach dem Mechanismus „zu kurze Naht" so aus, daß die Zugspannungen auf den engen Nahtbereich begrenzt sind, mit ihrem Größtwert aber an oder

1.3 Arten von Schweißeigenspannungsfeldern

über der Fließgrenze liegen. In der weiteren Umgebung herrschen niedrigere Druckspannungen, die mit der Entfernung von der Naht rasch abklingen.

Nahtquerspannungen in Plattenebene bilden sich nach dem Mechanismus „zu schmale Naht" besonders bei eingespannter Platte aus. Sie sind nicht auf einen engen Nahtbereich beschränkt, sondern erfassen auch die weitere Umgebung. Sie stützen sich ähnlich wie äußere Lasten ab und liegen bei hinreichender Nachgiebigkeit der Abstützung unterhalb der Fließgrenze.

Nahtquerspannungen in Naht- und Plattendickenrichtung können sich zumindest dann ausbilden, wenn die Plattendicke hinreichend groß ist. Sie erzeugen den gefährlichen dreiachsigen Zugspannungszustand.

Bei mehrlagigem Nahtschweißen werden die Eigenspannungen in den überschweißten Lagen thermisch und mechanisch abgebaut.

Der Eigenspannungszustand um Schweißpunkte bildet sich nach dem Mechanismus „zu kleiner Punkt" rotationssymmetrisch aus.

Die beschriebenen Schweißeigenspannungen werden bei den ferritischen Stählen durch die $\gamma\alpha$-Gefügeumwandlung (kubisch-flächenzentrierter γ-Mischkristall Austenit, kubisch-raumzentrierter α-Mischkristall Ferrit), also durch die Umwandlung von Austenit in Perlit, Bainit oder Martensit verändert. Diese Stähle erfahren in bestimmten, von erreichter Höchsttemperatur und mittlerer Abkühlgeschwindigkeit abhängigen Temperaturbereichen Gefügeumwandlungen die mit einer Volumenvergrößerung verbunden sind. Bei unlegierten Baustählen ist dieser Einfluß von geringer Bedeutung, weil die Umwandlung größtenteils bei einer Temperatur erfolgt, bei der die (Warm-)Fließgrenze niedrig liegt. Bei höher legierten Stählen wird dieser Einfluß bedeutsam, weil bei Ihnen der Temperaturbereich der Umwandlung bei üblichen Abkühlgeschwindigkeiten zu verhältnismäßig niedrigen Temperaturen mit relativ hoher Fließgrenze verschoben sein kann. Eine besonders ausgeprägte Form der $\gamma\alpha$-Umwandlung bei niedriger Temperatur ist die Martensitbildung, die Aufhärtung bei unlegierten und niedrig legierten Stählen in der Schmelz- und Wärmeeinflußzone. Die Wärmespannungsgrößtwerte in Nahtmitte werden durch die Überlagerung der Umwandlungsspannungen abgebaut und möglicherweise in Druckspannungen umgekehrt. Austenitische Stähle sind umwandlungsfrei im betrachteten Bereich.

Die Eigenspannungen in Brennschnittflächen werden durch die Martensitumwandlung bestimmt. Bei hinreichender Höhe von Aufkohlung und Abkühlgeschwindigkeit treten hohe Druckeigenspannungen auf.

Die Eigenspannungen an (Spreng- oder Walz-)Plattierungen bilden sich unter örtlicher plastischer Druckumformung.

Eigenspannungen ohne Abstützeffekte nach außen werden Zwängungsspannungen genannt, Eigenspannungen durch Abstützeffekte Reaktionsspannungen (im Sonderfall auch Umlagerungsspannungen). Die Zwängungsspannungen stehen mit sich selbst im Gleichgewicht. Die Reaktionsspannungen stehen mit den Reaktionskräften an den Lagerstellen im Gleichgewicht. Bei allseitig verschiebungsfrei gelagerten Bauteilen treten nur Zwängungsspannungen auf. Bei verschiebungsbehindernd gelagerten Bauteilen überlagern sich Reaktionsspannungen. In Bild 5 ist diese Überlagerung für die zentrische Quer- bzw. Längsnaht schematisch dargestellt.

Es werden die zeitweiligen Schweißeigenspannungen während des Schweißens von den bleibenden Schweißeigenspannungen nach vollständigem Temperaturausgleich unterschieden. Erstere bestimmen die Schweißbarkeit mit, letztere interessieren hinsichtlich der Festigkeit der Konstruktion.

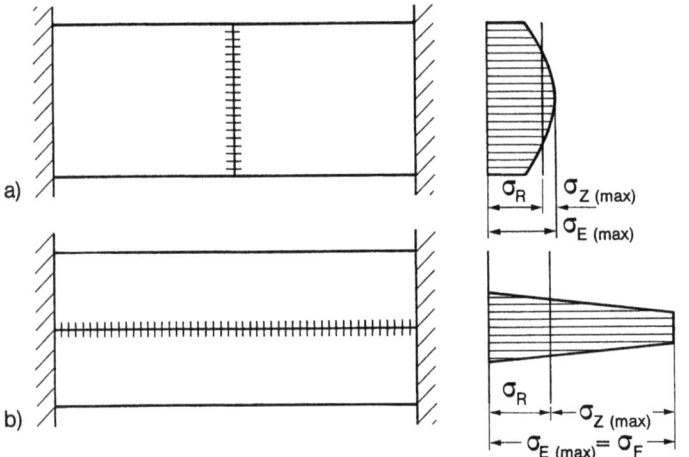

Bild 5. Reaktionsspannungen σ_R (infolge Einspannung der Stabenden) und Zwängungsspannungen σ_Z bei Quernaht (**a**) und bei Längsnaht (**b**)

Zur Veranschaulichung der bisherigen Angaben werden nachfolgend einige Typbeispiele von gemessenen Schweißeigenspannungsfeldern gebracht.

Eine häufig untersuchte Bauform ist die Rechteckplatte mit zentrischer Verbindungsnaht, die (freigelagert) schnell und billig herstellbar ist. Die publizierten Meßergebnisse (und Parallelrechnungen) legen meist ein über die Plattendicke gleichbleibendes zweidimensionales Feld zugrunde, was bei einseitiger Schweißung infolge überlagerter Biegewirkung der Wirklichkeit nur unzureichend entspricht. In Bild 6 ist ein solches Ergebnis (Zerlegeverfahren und Differenzenrechnung) dargestellt. Die Längsspannungen zeigen das für unlegierten Stahl

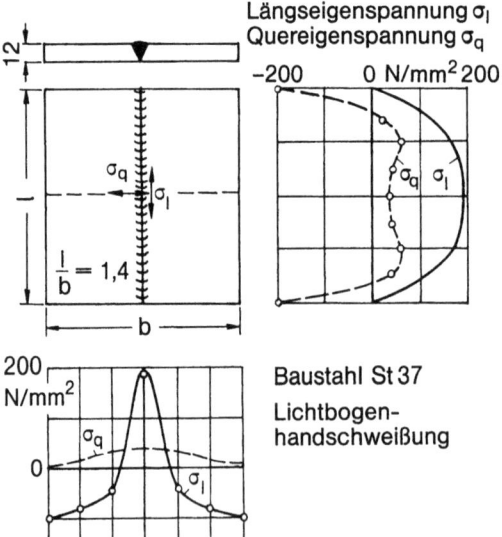

Bild 6. Längs- und Quereigenspannungen in Rechteckplatte mit zentrischer Verbindungsnaht; nach [193]

1.3 Arten von Schweißeigenspannungsfeldern

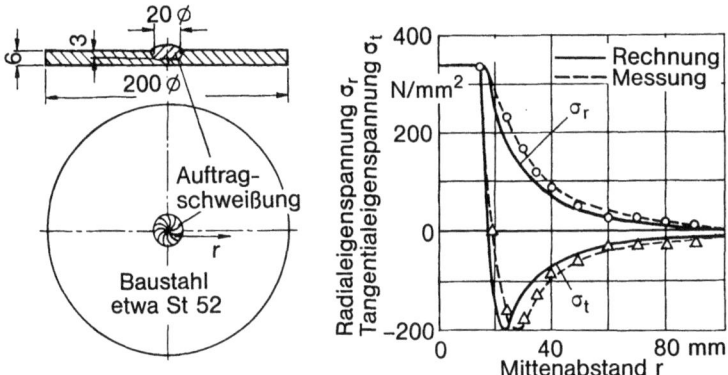

Bild 7. Radial- und Tangentialeigenspannungen in Kreisplatte mit Lochschweißung; nach [127]

typische Zugmaximum nahe der Fließgrenze in Nahtmitte und seitlich davon den Abfall auf Druckwerte. Die Querspannungen weisen hohe Druckwerte an den Nahtenden auf und niedrigen Zug in Nahtmitte. Die Symmetrie der Verteilung in Nahtlängsrichtung ist nur für augenblicklich aufgebrachte Nähte bzw. für relativ zur Abkühlung schnelles Schweißen, also kurze Nähte gültig. Die Gleichgewichtsbedingungen können durch Ausplanimetrieren der Kurven in geeigneten Schnitten überprüft werden. Sie werden offensichtlich für σ_l hier nur unzureichend erfüllt. Bei Verlängerung der Platte in Nahtlängsrichtung wird der Spannungszustand an den Plattenenden mitbewegt. Bei der vorliegenden relativ kurzen Rechteckplatte kommen in erster Linie die Plattenendeffekte zur Geltung. Bei niedrigerer Schweißgeschwindigkeit bzw. längerer Naht stellt sich eine Unsymmetrie der Spannungsverläufe in Nahtlängsrichtung ein. Am Nahtende tritt Querzug auf.

Die Kreisplatte mit einseitiger Lochschweißung, Bild 7, kann hinsichtlich der Eigenspannungen als Grundtyp auch für Punktpreßschweiß- und Bolzenstumpfschweißverbindungen

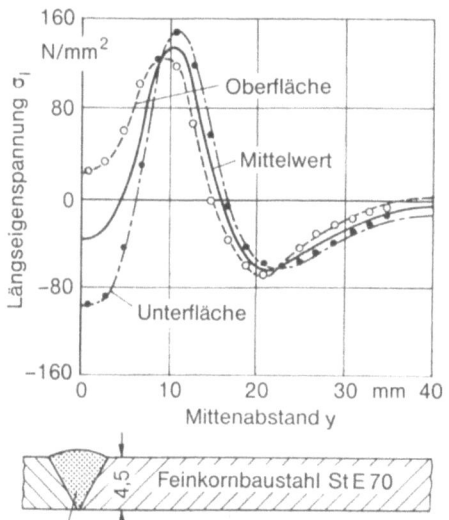

Bild 8. Längseigenspannungen aus Wärme- und Umwandlungsdehnung, hochfester Feinkornbaustahl mit artähnlicher Elektrode; nach [195]

gelten. Die Eigenspannungen wurden näherungsweise berechnet und mit Meßergebnissen nach dem Ausbohr- bzw. Abdrehverfahren verglichen. Im Schweißbereich tritt zweiachsig hoher Zug auf, der außerhalb auf Null abfällt, die Radialspannung direkt, die Tangentialspannung über ein Druckmaximum. Der Radialzug im Innenbereich stützt sich gegen Tangentialdruck im Außenbereich ab („Gewölbewirkung"). Die in Wirklichkeit überlagerte Plattenbiegewirkung ist auch hier nicht erfaßt. Das beschriebene Eigenspannungsfeld tritt dem Typus nach auch einseitig vor Schweißnahtenden auf.

Infolge der zu tieferen Temperaturen verschobenen γα-Umwandlung mit zugehöriger Umwandlungsdehnung (Aufweitung) ergeben sich bei legierten Stählen erhebliche Abweichungen in der Eigenspannungsausbildung. Am auffälligsten ist der Druckbereich am Maximum der Wärmeeigenspannungen. In Bild 8 ist dies für die Längseigenspannungen in der Ober- und Unterfläche einer längsnahtgeschweißten Platte aus hochfestem Stahl dargestellt. Die Längseigenspannungen wurden nach dem Zerlegeverfahren mit Dehnungsmeßstreifen bestimmt.

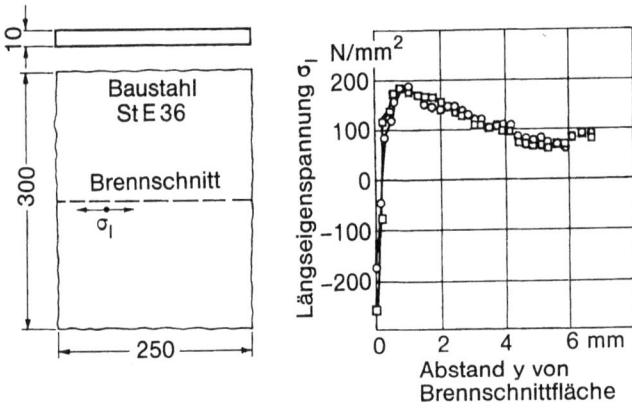

Bild 9. Längseigenspannungen am Brennschnitt von unlegiertem Baustahl; nach [208]

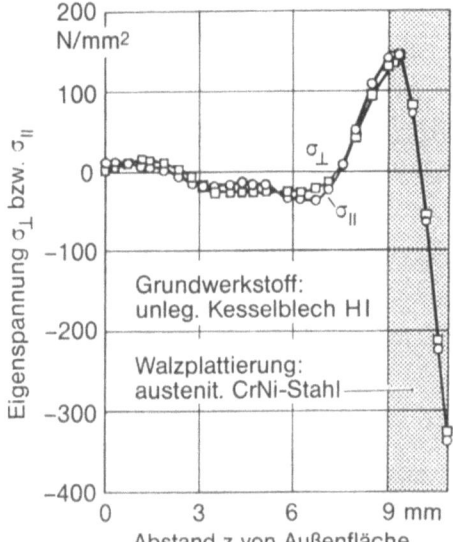

Bild 10. Eigenspannungen in ferritischem Kesselblech mit austenitischer Walzplattierung senkrecht und parallel zur Walzrichtung; nach [204]

Besonders ausgeprägte Umwandlungsspannungen treten an Brennschnitten auf, Bild 9. Hier sollte aufgrund der Wärmedehnung ebenso wie in Schweißnähten ein Zugmaximum zu erwarten sein, das aber durch die Umwandlungsdehnung in ein Druckmaximum verwandelt wurde. Diese „Druckhaut" erklärt die hohe Ermüdungsfestigkeit von Brennschnittflächen und deren Verschlechterung durch Überschleifen. Die dargestellten Eigenspannungen wurden aus der Rückfederung bei schichtenweiser Abtragung der Brennschnittfläche bestimmt.

Die durch (Kalt-)Walzplattieren in ebenen Platten unter lokaler (Walz-) Druckeinwirkung hervorgerufenen zweiachsigen Eigenspannungen sind in Bild 10 dargestellt. Sie wurden aus der Rückfederung bei schichtweiser Abtragung bestimmt. An der Oberfläche der austenitischen Plattierung tritt hoher Druck auf, in der Bindeschicht herrscht Zug. Der Spannungszustand ist (eben-hydrostatisch) zweiachsig. Der Unterschied der Spannungen in Walzrichtung $\sigma_\parallel$ und quer dazu $\sigma_\perp$ ist vernachlässigbar klein.

1.4 Arten von Schweißformänderungen

Mit den Schweißeigenspannungen treten (zeitweilig oder auch dauerhaft) Schweißformänderungen (Verschiebungen und Verdrehungen) auf, „Schrumpfung", „Verzug" oder „Verwerfung" genannt. Spannung und Formänderung sind weitgehend gegenläufig. Hohe Spannungen treten bei behinderter Formänderung auf, niedrigere Spannungen bei unbehinderter Formänderung. In der Praxis stellt sich dennoch die Aufgabe, hohe Formgenauigkeit bei gleichzeitig niedrigen Schweißeigenspannungen zu erzielen.

Die Längsschrumpfung der Schweißnähte, verursacht durch die Längsstauchung beim Schweißen, bedingt eine Längsverkürzung des Bauteils besonders im Nahtbereich. Bei exzentrischer Nahtanordnung ruft dies das störende Krümmen von Trägern und Platten (Biegeschrumpfung) hervor. Die Querschrumpfung der Schweißnähte, verursacht durch die Querstauchung der Naht beim Schweißen, verstärkt durch das Zusammengehen offener Nahtfugen, bedingt eine Querverkürzung des Bauteils. Bei einseitigem Schweißen führt das zur

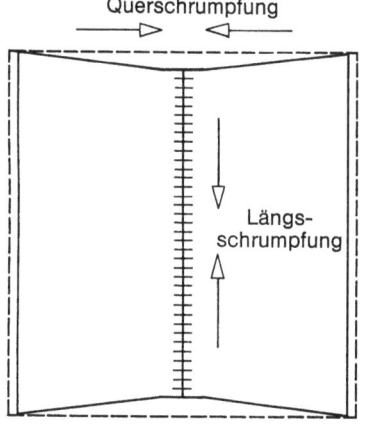
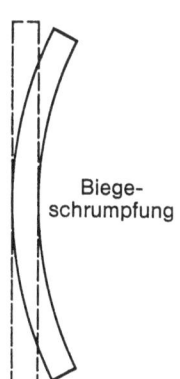

Bild 11. Längs- und Querschrumpfung, Winkel- und Biegeschrumpfung an Rechteckplatte mit einseitig geschweißter, ansonsten zentrischer Verbindungsnaht

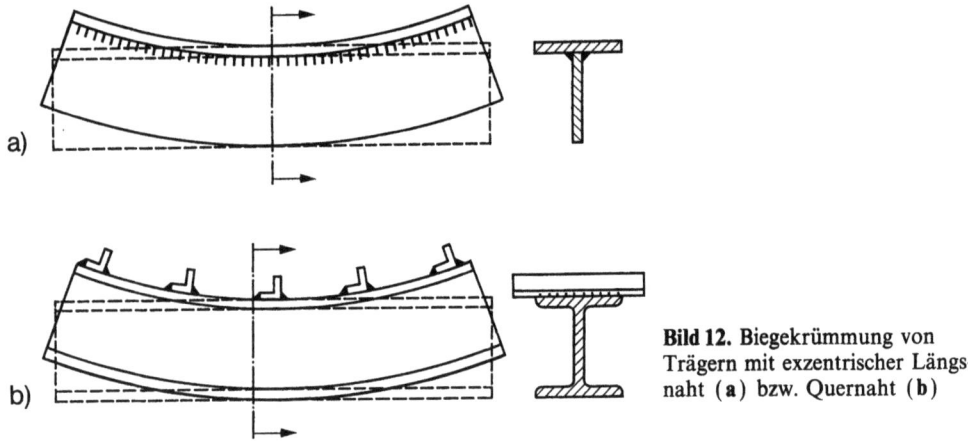

Bild 12. Biegekrümmung von Trägern mit exzentrischer Längsnaht (a) bzw. Quernaht (b)

Winkelschrumpfung oder bei Behinderung der Winkelschrumpfung zu Biegeverformungen. Besonders ausgeprägt ist die Winkelschrumpfung bei einseitiger Mehrlagenschweißung.

Die durch Schrumpfkräfte verursachten Druckeigenspannungen können bei dünnen Platten ein instabiles Ausweichen des Bauteils verursachen (Beulen oder Krümmen). Diese „Verwerfungen" beinhalten große Formänderungen senkrecht zur Plattenebene bei nachhaltiger Verminderung der Schrumpfkräfte.

Beim Schweißen und Brennschneiden wird Verzug auch in Form des Öffnens oder Schließens der Schweiß- bzw. Schneidfuge beobachtet.

An der bereits zur Darstellung der Schweißeigenspannungen verwendeten Rechteckplatte mit zentrischer Verbindungsnaht lassen sich die vier Grundtypen von Schweißformänderungen demonstrieren, Bild 11. Im Gegensatz zur Schweißeigenspannungsdarstellung sind hier auch die zwei Biegemoden erfaßt, die durch die einseitig offene Nahtfuge entstehen. Die Schweißformänderung läßt sich in Längs- und Querschrumpfung, Winkel- und Biegeschrumpfung unterteilen. Ein weiteres Beispiel für in der Praxis störende Schweißformänderung ist die Biegekrümmung von Trägern mit exzentrischer Längs- oder Quernaht (gleichartige Wirkung durch aufgeschweißte Bolzen), Bild 12.

1.5 Fachbuchhinweise und Darstellungsgesichtspunkte

Zum Thema der Temperaturfelder, der Eigenspannungen und der Formänderungen beim Schweißen gibt es eine ganze Reihe deutsch- und englischsprachiger (zum Teil aus dem Russischen übersetzter) Monografien und Tagungsbände, die sich an Entwicklungs- und Fertigungsingenieure wenden. Sie vermitteln neben den Einzelpublikationen des Fachgebiets eine Fülle von Detailangaben. Die Monografien werden nachfolgend ungefähr in der Reihenfolge ihres Erscheinungsjahrs inhaltlich umrissen und gewertet.

Das Buch von Rykalin [1], erstmals 1951 in Moskau erschienen, ist das Grundlagenwerk zur Berechnung der Wärmevorgänge beim Schweißen, das auch heute noch volle Verbindlichkeit für sich beanspruchen kann. In der thermodynamischen Modellbildung sind seitdem keine wesentlichen Fortschritte erzielt worden, verbessert haben sich allerdings die numerischen Methoden und Rechenhilfsmittel.

1.5 Fachbuchhinweise und Darstellungsgesichtspunkte

Die Bücher von Okerblom [2, 3], erstmals 1947 in Moskau erschienen, umfassen Überlegungen zur Entstehung und Einteilung der Schweißeigenspannungen bzw. Schweißformänderungen, einfache Berechnungen und ältere Meßergebnisse. Dargestellt werden auch die Auswirkungen und die mögliche Beseitigung der Schweißeigenspannungen bzw. Schweißformänderungen. Diese Bücher sind heute in vieler Hinsicht veraltet.

Das Buch von Gunnert [4] (seine Dissertation) gruppiert sich um ein spezielles Eigenspannungsmeßverfahren, das Auslösen der Eigenspannungen durch Fräsen einer Ringnut um die sternförmig angeordneten Meßmarken, deren Abstandsänderung über einen mechanischen Setzdehnungsgeber erfaßt wird. Meßergebnisse werden mitgeteilt, der kontrollierte Eigenspannungsabbau dargestellt und die Auswirkung der Eigenspannungen auf die Festigkeit erörtert.

Malisius [5] behandelt vorzugsweise die Schweißformänderungen sowie deren physikalische und technische Entstehung und Auswirkung einschließlich konstruktiver und fertigungstechnischer Beeinflussung. Die Schweißeigenspannungen werden hinsichtlich möglicher Rißbildung diskutiert. Das Buch ist eher praxisnah als theoretisch fundiert geschrieben, die qualitativen Aussagen dominieren vor den quantitativen Angaben. Einzelfälle werden vertieft behandelt, darunter auch ganze Konstruktionen.

Hänsch und Krebs [6, 7] bringen physikalische und anschauliche Grundlagen der Entstehung von Schweißeigenspannungen und Schweißformänderungen, Rechenverfahren der Forschung und der Praxis, Längs- und Querbeanspruchungssysteme, Auswirkungen auf die Tragfähigkeit, konstruktive und fertigungstechnische Maßnahmen, den Kastenträger einer Eisenbahnbrücke als Berechnungsbeispiel für schweißbedingte Durchbiegung und eine Übersicht zugehöriger Berechnungsprogramme. Es handelt sich bei [7] um eine bezüglich stabartiger Bauteile hinreichend systematische, gründliche und gedrängte Darstellung mit detaillierten Zahlenangaben und einem Berechnungsbeispiel für die Praxis.

Vinokurov [8] bietet die bisher einzige umfassend theoretisch begründete Darstellung der Thematik unter Einbeziehung zahlreicher Meßergebnisse, fußend insbesondere auf den Arbeiten der Baumann-Fachhochschule in Moskau. Das Buch umfaßt Grundlagen und Anwendungen, Rechen- und Meßmethoden, Proben und Bauteile sowie die Beseitung der Spannungen und Formänderungen.

Neumann und Röbenack [9] stellen Literaturergebnisse und eigene Forschungsergebnisse katalogartig nach einheitlichen Gesichtspunkten zusammen. Der besondere Wert dieses Buches liegt in der Vielfalt und Konkretheit der Originalmeßergebnisse einschließlich Näherungsformeln.

Masubuchi [10] erfaßt in einem sehr weitläufigen, handbuchartigen Werk (624 Seiten, 1 511 Schrifttumsstellen) neben den transienten Temperaturfeldern und Wärmespannungen, den Schweißeigenspannungen und Schweißformänderungen auch die Festigkeit der Schweißkonstruktion (statische Festigkeit, Ermüdung, Korrosion, Instabilität, Schweißrissigkeit) aus Sicht der vorstehenden Phänomene. Auch Schweißfehler und Rißbruchmechanik sind angesprochen. Das Buch ist aufgrund seiner japanisch-amerikanischen Wissensbasis eine wertvolle Ergänzung zu den russisch bzw. westeuropäisch orientierten Büchern [2 bis 9]. Auf mehrere nur in russischer bzw. japanischer Sprache vorliegenden Monographien über Eigenspannungen und Verzug beim Schweißen (Zitate in [10]) kann hier nicht eingegangen werden.

Die vorstehende Übersicht wird schließlich durch den Hinweis auf die Tagungsbände [11 bis 17] abgerundet. Auf mehrere vorhandene Bücher bzw. Tagungsbände zu Eigenspannungen allgemein, unter Einschluß der Schweißeigenspannungen, wird hier nicht eingegangen.

Nach dieser Kommentierung der vorhandenen Fachbücher zum Thema interessieren die Darstellungsgesichtspunkte des vorliegenden neuen Buches, das sich unter dem Generalthema der Gestaltung, Berechnung und Fertigung von Schweißkonstruktionen an die Publikation [362] über deren Ermüdungsfestigkeit anschließt und andererseits der Publikation [363] über deren statische Festigkeit vorangeht.

Schweißeigenspannungen und Schweißverzug werden in der Praxis mehr schlecht als recht, ausgehend von mühsam erworbenem und oft unzureichend abgesichertem Erfahrungswissen, in ertragbarem Rahmen gehalten. Dementsprechend sind zumindest die älteren Publikationen zum Thema auch mehr Werkstattanweisung als Anleitung zu wissenschaftlich-technischem Handeln. Andererseits sind zunächst in Rußland besondere Anstrengungen unternommen worden, das Gebiet auch theoretisch zu erhellen. Im Westen eröffnete später die Finit-Element-Methode einen breit angelegten und dennoch anwendungsnahen theoretischen Zugang. Ausgehend von der Finit-Element-Methode könnte der Bereich der Temperaturfelder, Spannungen, Formänderungen und Gefügeänderungen beim Schweißen in mathematisierter Form fachbuchartig dargestellt werden. Es würde dies ein Spezialwerk über nichtlineare und transiente thermoelastoplastische Feldprobleme sein, dessen Anwendung keineswegs auf die Schweißtechnik zu beschränken wäre. Andererseits wäre aber der schweißtechnische Anwendungsbezug nur punktuell exemplarisch darstellbar. Die für die Finite-Element-Simulation benötigten zahlreichen Werkstoff- und Prozeßparameter sind im allgemeinen unzureichend bekannt. Aus den numerischen Ergebnissen zum Einzelfall lassen sich keine allgemeinen Schlüsse ziehen. Das Erfahrungswissen der Praxis ist nicht integrierbar.

Im vorliegenden Fachbuch wird die bisher erarbeitete theoretische Basis dahingehend genutzt, den Stoff überzeugend zu strukturieren, Berechnungs- und Versuchsergebnisse zu integrieren und das vorhandene Erfahrungswissen auf Schlüssigkeit zu überprüfen. Die physikalischen und technischen Grundlagen werden dargestellt, ebenso die Ergebnisse von Berechnungen und Versuchen, nicht aber die mathematischen Details der Berechnungsverfahren, soweit sie über Elementarformeln hinausgehen.

Die Eigenart der Schweißphänomene erzwingt die Dominanz der methodischen Gesichtspunkte bei der Strukturierung des Stoffes. Die Phänomene sind stark nichtlinear, inhomogen und transient. Sie werden von einer Vielzahl von Geometrie-, Werkstoff und Prozeßdaten determiniert. Allgemeinaussagen und Theoreme wie sie beispielsweise im Bereich des elastischen Strukturverhaltens existieren, sind aus vorstehenden Gründen hier ausgeschlossen. Jedes Ergebnis gilt nur für den jeweiligen Einzelfall definierter Bedingungen. Jeder Fall erfordert eine neue Detailanalyse. Dem Konstrukteur, Berechnungs-, Versuchs- und Fertigungsingenieur ist daher mit der Darstellung der methodischen Zugänge zu „seinem" Problem am besten gedient. Aber auch anwendungstechnische Gesichtspunkte fanden bei der Strukturierung des Stoffes Berücksichtigung. Das Buch ist daher nur teilweise nach Methoden gegliedert. Insgesamt mußte also, wie bei praktischen Aufgaben unumgänglich, ein Kompromiß eingegangen werden.

Die hier vollzogene Strukturierung ist über das didaktische Anliegen des Buches hinaus für die Planung der derzeit hochaktuellen schweißtechnischen Expertensysteme bedeutsam.

2 Temperaturfelder beim Schweißen

2.1 Grundlagen

2.1.1 Schweißwärmequellen

2.1.1.1 Bedeutung des Schweißtemperaturfeldes

Ursache der Schweißeigenspannungen und des Schweißverzuges ist die örtlich und zeitlich konzentriert eingebrachte Wärme, mit der an der Schweißstelle eine Schmelzzone erzeugt wird (Schmelzschweißen). Bei Hinzunahme örtlich plastifizierenden Druckes genügt auch Erwärmung bis knapp unterhalb der Schmelztemperatur (Preßschweißen). Nur in Sonderfällen wird allein unter örtlichem Druck kaltgeschweißt. Die hohe Wärmekonzentration ist notwendig, weil metallische Werkstoffe die Wärme rasch ableiten. Die Temperaturfelder beim Schweißen sind somit äußerst inhomogen und instationär. Die Grundtemperatur des Bauteils liegt im ungünstigsten Fall bei −40 °C (starker Frost), die örtliche Höchsttemperatur im Schweißbad bei der Verdampfungstemperatur des Werkstoffs (bei Stahl etwa 3 000 °C). In diesem Temperaturbereich schmelzen Grund- und Zusatzwerkstoff, verlaufen metallurgische Vorgänge im Schweißbad, erstarren und rekristallisieren Werkstoffbereiche und finden Gefügeumwandlungen während der Erwärmung und Abkühlung statt. Das Temperaturfeld bestimmt daher die Schweißeigenspannungen nicht nur direkt über die Wärmedehnungen, sondern auch indirekt über die Umwandlungsdehnungen der Zustands- und Gefügeänderungen, Bild 2. Das Temperaturfeld ist in beiderlei Hinsicht zu bewerten. Es ist darüber hinaus bei werkstoff- und verfahrenstechnischen Fragen von Interesse.

Die nachfolgenden Ausführungen zu den Temperaturfeldern beim Schweißen sind auf thermisch vergleichbare Prozesse prinzipiell übertragbar, beispielsweise auf das thermische Schneiden und auf die Oberflächenerwärmung mit der Flamme zum Zweck des Härtens, Lötens, Flammstrahlens, Entspannens oder Richtens.

2.1.1.2 Arten von Schweißwärmequellen

Die örtliche und zeitliche Wärmekonzentration wird über Schweißwärmequellen unterschiedlicher Art erreicht.

Beim Lichtbogenschweißen wird die Wärme durch elektrische Entladung am Anoden- und Katodenfleck sowie in der Gassäule (thermisches Plasma) erzeugt. Bei Schweißverfahren mit direktem Lichtbogen erwärmen Anoden- und Katodenfleck direkt den Grundwerkstoff und den abschmelzenden oder nicht abschmelzenden Elektrodenwerkstoff, unterstützt von indirekter Erwärmung durch Strahlung und Konvektion (Blaswirkung) ausgehend von der Lichtbogensäule, sowie durch vom Elektrodenfleck ausgehende Strahlung. Bei Schweißverfahren mit indirektem Lichtbogen (Plasmaschweißen) ist nur die indirekte Erwärmung mit bis zum Brennschnitt steigerbarer Geschwindigkeit des Plasmastrahls wirksam. Es handelt sich in allen Fällen um Oberflächenerwärmung. Das Lichtbogenschweißen wird mit feststoffumhüllter abschmelzender Elektrode, mit abschmelzender oder nicht abschmelzender Elektrode unter Schutzgas oder mit abschmelzender Elektrode unter schlackenbildendem Abdeckpulver durchgeführt. Schweißnähte und Schweißpunkte sind möglich. Ein Lichtbogenpreßschweißverfahren ist das Bolzenschweißen.

Beim Schweißen (und Spritzen) mit Gasflamme wird Acetylen C_2H_2 in der Reduktionszone am Flammkern (siehe Bild 51) mit reinem Sauerstoff O_2 zu Kohlenmonoxid CO und Wasserstoff H_2 teilverbrannt und anschließend in der Flammensäule mit Luftsauerstoff zu Kohlendioxid CO_2 und Wasserdampf H_2O vollverbrannt. Der Gasstrom der Flamme trifft mit hoher Geschwindigkeit auf die Oberfläche der Schweißstelle. Die Erwärmung erfolgt durch Konvektion und Strahlung. Das Verfahren ist ohne und mit Zusatzwerkstoff durchführbar. Naht- und Punktschmelzschweißen ist möglich, ebenso Gaspreßschweißen. Die Erwärmung mit Gasflamme kann außer dem Schweißen (und Spritzen) auch anderen Zwecken dienen (beispielsweise dem Flammstrahlen, Löten, Wärmebehandeln, Vorwärmen).

Die elektrische Widerstandserwärmung wird beim Widerstandspunktschweißen (einschließlich Buckel- und Rollennahtschweißen), beim Widerstandsstumpfschweißen (Preßstumpfschweißen, Abbrennstumpfschweißen, Hochfrequenzwiderstandsschweißen von Rohrlängsnähten und Rohrwendelnähten) und beim Elektroschlackeschweißen angewendet.

Beim Widerstandspunkt- und Widerstandsstumpfschweißen führt der zunächst dominante Übergangswiderstand in der Berührungsfläche der zu schweißenden Teile (und in der Elektrodenaufstandsfläche) zur Oberflächenerwärmung. Durch örtliches Anschmelzen bricht er zusammen (beim Abbrennstumpfschweißen durch das wiederholte Auseinanderziehen beschleunigt). Es dominiert daraufhin die stromdichteabhängige Volumenerwärmung. Beim Hochfrequenzwiderstandsschweißen mit konduktiver oder induktiver Energieübertragung wird durch Skineffekt und Übergangswiderstand vornehmlich eine dünne Oberflächenschicht erhitzt. Beim Elektroschlackeschweißen (an Dickblech mit senkrechter Naht) wird die flüssige, elektrisch leitende Schlackeschicht widerstandserwärmt, die ihrerseits dann den Grundwerkstoff anschmilzt und die kontinuierlich zugeführten Elektroden abschmilzt.

Beim Reibschweißen (von rotationssymmetrischen Teilen) werden die gegeneinander rotierenden Flächen durch Reibung erhitzt, von Fremdschichten befreit und schließlich bei einer Temperatur knapp unterhalb des Schmelzpunktes durch axiales Stauchen verbunden. Auch beim Vibrationsschweißen (mit Ultraschall) werden (hochfrequente) Reibeffekte genutzt, allerdings ohne Annäherung an die Schmelztemperatur.

Beim Elektronenstrahlschweißen (durchgeführt im Vakuum) werden Elektronen (erzeugt durch Glühkatode, gebündelt durch Elektronenoptik) in einer Oberflächenschicht von etwa 10 µm Dicke abgebremst, wodurch Wärme entsteht. Bei hinreichender Leistungsdichte läßt sich die Oberfläche anschmelzen und schließlich eine tief eindringende Dampfkapillare erzeugen. Die von Schmelze umgebene Dampfkapillare bildet die Schweißwärmequelle.

Beim Laserstrahlschweißen wird kohärent gebündeltes Licht auf die Schweißstelle gerichtet und hier in einer Oberflächenschicht von etwa 0,5 µm Dicke (teilweise) absorbiert. Bei hinreichender Leistungsdichte wird die Oberfläche angeschmolzen. Schließlich tritt ähnlich wie beim Elektronenstrahlschweißen eine Dampfkapillare als eigentliche Schweißwärmequelle auf. Daneben gibt es eine (ineffiziente) Verfahrensvariante, bei der die Wärme unter defokussiertem Strahl geringer Leistungsdichte allein an der Oberfläche entsteht und allein durch Wärmeleitung ins Innere der Schweißstelle dringt.

Beim aluminothermischen Schmelzschweißen (angewendet beim Schienenschweißen) wird das Schmelzbad durch chemische Umsetzung von Aluminiumpulver mit Metalloxiden gebildet. Es entstehen Aluminiumoxid (Schlacke), Füllmetall und Wärme. Die Wärme wird im Volumen erzeugt.

2.1 Grundlagen

Beim Brennschneiden mit Sauerstoffstrahl verbrennt der (metallische) Werkstoff an der Strahloberfläche, sobald die Zündtemperatur überschritten ist. Zündung tritt ein, wenn die freigesetzte Reaktionswärme die abführbare Wärme übersteigt.

Aus der vorstehenden Aufstellung der unterschiedlichen Schweißwärmequellen geht hervor, daß die Wärmeerzeugung teils an der Oberfläche stattfindet (und dann durch Leitung ins Innere übertragen werden muß), teils im Werkstoffinnern erzeugt wird. Kombiniert mit den unterschiedlichen Bauteil- und Fugengeometrien sowie dem variablen Verhalten der Schweißwärmequellen ergibt sich in der Praxis eine Vielzahl möglicher Varianten.

2.1.1.3 Leistung der Schweißwärmequellen

Die für das Temperaturfeld wichtigste Kenngröße der Schweißwärmequelle ist die in die Schweißstelle eingebrachte Wärme, bei momentan wirkenden Quellen die Wärmemenge (oder die Wärmeenergie) Q [J], bei kontinuierlich wirkenden Quellen der Wärmestrom (oder die Wärmeleistung) q [J/s]. In beiden Fällen sind die Netto- oder Effektivwerte Q bzw. q gemeint, die mit den Bruttowerten $\bar{Q}$ bzw. $\bar{q}$ durch den Wärmewirkungsgrad η_w des Schweißverfahrens verbunden sind. Die Bruttowerte $\bar{Q}$ bzw. $\bar{q}$ bezeichnen die an der Wärmequelle umgesetzte Gesamtenergie bzw. Gesamtleistung.

Beim Lichtbogenschweißen ist die Gesamtleistung das Produkt aus Stromstärke I [A] und Spannung U [V] am Lichtbogen. Beim Gasschweißen wird der Gasverbrauch $\dot{V}_{Ac}$ [l/h] an Acetylen zugrundegelegt. Zu den in η_w berücksichtigten Wärmeverlusten beim Schweißen gehören die Wärmestreuung in die Umgebung durch Konvektion und Strahlung, die Spritzverluste und die Verluste für Elektrodenerwärmung bei nicht abschmelzender Elektrode. Somit gilt beim kontinuierlichen Lichtbogen- bzw. Gasschweißen [1]:

$$q = \eta_w UI, \quad (1)$$

$$q = \eta_w 3{,}2 \dot{V}_{Ac}. \quad (2)$$

Die vom Schweißlichtbogen bzw. von der Schweißflamme auf das Schweißbad übertragene flächenspezifische Wärmestromdichte q^* [J/mm²s] bzw. volumenspezifische Wärmequelldichte q^{**} [J/mm³s] folgt näherungsweise einer Glockenform („Normalquelle", siehe Abschnitt 2.1.3.3). Bei gleicher Effektivleistung der Quelle ist die Glockenkurve beim Lichtbogen schmal und hoch, bei der Flamme breit und niedrig, Bild 13.

Anstelle der pro Zeiteinheit eingebrachten Wärmemenge q wird beim Nahtschweißen (mit Geschwindigkeit v [mm/s]) vorteilhaft die pro Streckeneinheit eingebrachte Wärmemenge verwendet, die Streckenenergie q_s [J/mm]:

$$q_s = \frac{q}{v}. \quad (3)$$

Das Temperaturfeld beim Nahtschweißen wird dominierend von der Streckenenergie (und von der Plattendicke bei durchgeschweißter Naht) bestimmt.

Anstelle von q bzw. q_s wird auch die Wärmemenge q_m je Einheit der Abschmelzmasse verfahrensabhängig angegeben [6, 54].

Beim Widerstandspunkt- bzw. Widerstandspreßschweißen ist die Gesamtenergie das Produkt aus effektiver Stromstärke I, effektiver Spannung U und Stromeinschaltdauer Δt:

$$Q = \eta_w UI \Delta t. \quad (4)$$

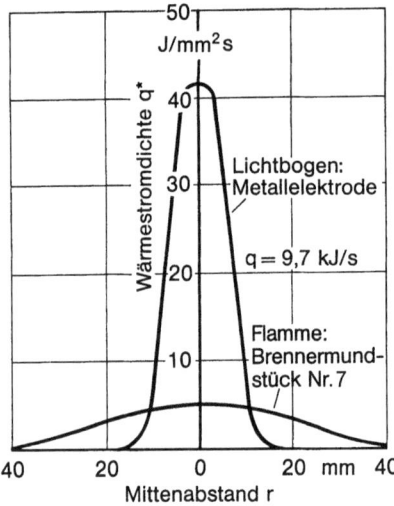

Bild 13. Wärmestromdichte q^* an Plattenoberfläche beim Schweißen mit Lichtbogen bzw. Flamme, gleiche effektive Wärmeleistung q; nach [1]

Tabelle 1. Leistungsdaten zu Schmelzschweißverfahren für Stahl und Aluminium; Werte nach [161, 56, 76]

Schweißverfahren	Wärme-leistung $\bar{q}$ [kJ/s]	Schweißge-schwindigkeit v [mm/s]	Strecken-energie $\bar{q}_s$ [kJ/mm]	Wirkungs-grad η_w [−]
Mantelelektrode	1 ... 20	... 5	... 3,5	0,65...0,90
Schutzgas MIG/MAG	5 ...100	... 15	... 2	0,65...0,90
Schutzgas WIG	1 ... 15	... 15	... 1	0,20...0,50
Unterpulver	5 ...250	... 25	...10	0,85...0,95
Elektronenstrahl	0,5... 10	...150	... 0,1	0,95...0,97
Laserstrahl	1 ... 5	...150	... 0,05	0,80...0,95
Acetylenflamme	1 ... 10	... 10	... 1	0,25...0,85

Die Wärmeleistungsdaten eines Schweißverfahrens bedürfen im Einzelfall detaillierter experimenteller und theoretischer Analysen (siehe [55] und Abschnitt 2.3). Die Unsicherheit von Schweißtemperaturfeld-Berechnungen läßt sich in hohem Maße auf Unsicherheiten hinsichtlich Q bzw. q zurückführen. Einen ersten Überblick zu den Leistungsdaten unterschiedlicher Schweißverfahren gibt Tabelle 1.

2.1.2 Wärmeausbreitungsgesetze

2.1.2.1 Wärmeleitungsgesetz

Die beim Schweißen örtlich und zeitlich konzentriert eingebrachte Wärme — benötigt für das Aufschmelzen der Schweißstelle — wird in den metallischen Werkstoffen unerwünscht rasch in entferntere Bauteilbereiche abgeleitet. Beim Einbringen der Wärme spielen andererseits Strahlung und Konvektion in den meisten Fällen eine wesentliche Rolle. Strahlung und Konvektion sind auch für die Wärmeverluste an der Bauteiloberfläche verantwortlich. Zunächst sei der gesetzliche Zusammenhang zwischen örtlichem momentanen Wärmestrom und momtentanem Temperaturfeld hergestellt.

2.1 Grundlagen

Das Fouriersche Wärmeleitungsgesetz besagt, daß die Wärmestromdichte q^* [J/mm²s] in der isothermischen Fläche über die Wärmeleitzahl λ [J/mmsK] dem negativen Temperaturgradienten $\partial T/\partial n$ [K/mm] senkrecht zu dieser Fläche proportional ist [21, 1]:

$$q^* = -\lambda \frac{\partial T}{\partial n}. \qquad (5)$$

Als isothermische Fläche bezeichnet man den geometrischen Ort aller temperaturgleichen Punkte eines Körpers (analog den Isothermen in der Fläche).

Die Wärmeleitzahl von Metallen hängt von der chemischen Zusammensetzung, dem Gefügezustand und der Temperatur ab (siehe Abschnitt 2.1.2.6). Da Wärmeleitung in Metallen ebenso wie Stromleitung auf der Bewegung freier Elektronen beruht, besteht ein einfacher gesetzlicher Zusammenhang zwischen Wärmeleitzahl und elektrischer Leitfähigkeit.

2.1.2.2 Wärmeübergangsgesetz

Wärme wird in Gasen und Flüssigkeiten bevorzugt durch die Teilchenbewegung transportiert. Natürliche Konvektion liegt vor, wenn diese Bewegung allein von den durch die Temperaturunterschiede hervorgerufenen Dichteunterschiede erzeugt wird. Erzwungene Konvektion liegt vor, wenn äußere (Strömungs-)Kräfte die Bewegung aufrecht erhalten (beispielsweise die Blaswirkung von Lichtbogen oder Flamme).

Für ein von Gas oder Flüssigkeit umströmtes Flächenelement eines festen Körpers ist nach dem Newtonschen Gesetz die Wärmestromdichte q_k^* über die Wärmeübergangszahl α_k [J/mm²sK] der Differenz zwischen Oberflächentemperatur T und Gas- bzw. Flüssigkeitstemperatur T_0 proportional [1]:

$$q_k^* = \alpha_k (T - T_0). \qquad (6)$$

Die Wärmeübergangszahl α_k hängt von den Strömungsverhältnissen an der Oberfläche (speziell Grenzschichtausbildung), von den Oberflächeneigenschaften, von den Eigenschaften des strömenden Mediums und (ungewollt) von der Temperaturdifferenz $T - T_0$ ab. Die Abhängigkeit wird durch empirische Formeln unter Verwendung dimensionsloser Kenngrößen dargestellt.

2.1.2.3 Wärmestrahlungsgesetz

Die Wärmestrahlung erwärmter Körper breitet sich als elektromagnetische Welle im Raum aus, durchdringt lichtdurchlässige Körper und wird von lichtundurchlässigen Körpern absorbiert und in Wärme zurückverwandelt. Die Körper stehen somit im Wärmeaustausch.

Die je Flächen- und Zeiteinheit von einem erwärmten Körper abgestrahlte Wärme, die Wärmestromdichte q_s^*, ist nach dem Stefan-Boltzmannschen Gesetz über die Strahlungszahl εC_0 [J/mm²sK⁴] der vierten Potenz der Oberflächentemperatur T [K] proportional [1]:

$$q_s^* = \varepsilon C_0 T^4. \qquad (7)$$

Für den „absolut schwarzen Körper" gilt die Strahlungszahl $C_0 = 5,67 \cdot 10^{-14}$ [J/mm²sK⁴]. Der „graue Körper" wird durch den Schwärzegrad $\varepsilon \leq 1,0$ erfaßt. Für polierte metallische Flächen ist $\varepsilon = 0,2 \ldots 0,4$. Für rauhe, oxidierte Flächen von Stahl ist $\varepsilon = 0,6 \ldots 0,9$. Der Schwärzegrad steigt mit der Temperatur, im Bereich der Schmelztemperatur ist $\varepsilon = 0,90 \ldots 0,95$.

Für den schweißtechnisch wichtigen Fall des Abkühlens eines relativ kleinen Körpers (Körpertemperatur T) in relativ weiträumiger Umgebung (Körpertemperatur T_0) erfolgt der Wärmeabfluß durch Strahlung (sie überwiegt gegenüber der Konvektion bei hoher Temperatur) gemäß

$$q_s^* = \varepsilon C_0 (T^4 - T_0^4). \tag{8}$$

Zur Linearisierung des entsprechenden Randwertproblems der Wärmeleitung wird auch die (scheinbar) linearisierte Form von Gl. (8) verwendet, in der die Wärmeabstrahlungszahl α_s [J/mm²sK] stark von T und T_0 abhängt:

$$q_s^* = \alpha_s (T - T_0). \tag{9}$$

2.1.2.4 Feldgleichung der Wärmeleitung

Nunmehr sei die Abhängigkeit der örtlichen Temperaturänderung vom Temperaturfeld in seiner Umgebung betrachtet. Örtlich zugeführte Wärme erhöht die örtliche Temperatur gemäß örtlicher volumenspezifischer Wärmekapazität $c\varrho$ [J/mm³K]. Es ist c [J/gK] die massespezifische Wärmekapazität und ϱ [g/mm³] die Dichte. Je ungleichmäßiger die Temperatur zu einem gegebenen Zeitpunkt ist, desto schneller ändert sich die Temperatur. Für das homogene und isotrope Kontinuum mit temperaturunabhängigen Werkstoffkennwerten gilt (im Einklang mit dem ersten Grundgesetz der Thermodynamik) die Feldgleichung der Wärmeleitung [21, 1]:

$$\frac{\partial T}{\partial t} = \frac{\lambda}{c\varrho} \left(\frac{\partial^2 T}{\partial x^2} + \frac{\partial^2 T}{\partial y^2} + \frac{\partial^2 T}{\partial z^2} \right) + \frac{1}{c\varrho} \frac{\partial Q_v}{\partial t}. \tag{10}$$

Es ist Q_v [J/mm³] die je Volumeneinheit freigesetzte bzw. verbrauchte Wärmeenergie. Die werkstoff- und temperaturabhängige Größe $\lambda/c\varrho$ wird zur Temperaturleitzahl a [mm²/s] zusammengefaßt:

$$a = \frac{\lambda}{c\varrho}. \tag{11}$$

Der Differentialausdruck in der Klammer wird mit dem Laplace-Operator ∇^2 auch zu $\nabla^2 T$ abgekürzt.

In Tensorschreibweise lautet Gl. (10):

$$\lambda T_{,ii} + \dot{Q}_v = c\varrho \dot{T}. \tag{12}$$

Während ϱ nur schwach temperaturabhängig ist, sind λ, c und a ausgeprägt temperaturabhängig (Bilder 14 bis 16). Die spezifische Wärmekapazität, ein Maß für die Temperaturänderung durch Wärme, wird außerdem an den Umwandlungspunkten des Werkstoffs unendlich groß (und die Temperaturleitzahl a entsprechend unendlich klein), weil an diesen (Temperatur-)Punkten Wärme verbraucht bzw. freigesetzt wird, ohne die Temperatur zu verändern. Umwandlungstemperaturen bei Stahl sind der Schmelzpunkt (1 528 °C bei Reineisen), die $\delta\gamma$-Umwandlungstemperatur (1 401 °C bei Reineisen) und die $\gamma\alpha$-Umwandlungstemperatur (906 °C bei Reineisen). Die Temperaturfeldanalyse beim Schweißen wird vielfach dadurch vereinfacht, daß die Temperaturleitzahl orts- und temperaturunabhängig als gemittelter Wert im betrachteten Bereich eingeführt wird.

Die Wärmeleitgleichung reduziert sich für die Scheibe auf zwei, für den Stab auf eine Koordinate. Im stationären Temperaturfeld ist die Temperatur in allen Punkten zeitkonstant, also $\partial T/\partial t = 0$. Gl. (10) vereinfacht sich dann zur werkstoffunabhängigen Laplaceschen

2.1 Grundlagen

Differentialgleichung:

$$\nabla^2 T = 0. \tag{13}$$

Das instationäre Temperaturfeld wird dagegen werkstoffseitig von der Temperaturleitzahl a bestimmt. Schweißtemperaturfelder sind hochgradig instationär.

2.1.2.5 Anfangs- und Randbedingungen

Im allgemeinen wird nach dem Temperaturfeld gefragt, das sich unter Wirkung der Schweißwärmequelle in der räumlich begrenzten Struktur, ausgehend von einem definierten Temperaturanfangszustand, einstellt. Damit ist die Aufgabe gestellt, die Wärmeleitgleichung (10) für vorgegebene Anfangs- und Randbedingungen zu lösen. Anfangsbedingung ist die ortskonstante Temperatur der Umgebung oder der Vorwärmung, in Sonderfällen auch eine bestimmte Temperaturverteilung, etwa beim Mehrlagenschweißen das Temperaturfeld der vorhergehenden Lage. Als Randbedingung sind die Bedingungen des Wärmeaustauschs in den Begrenzungsflächen der Struktur einzuführen.

Bei Anwendungsberechnungen treten drei Arten von Randbedingungen auf [1]. Erstens kann die Oberflächentemperatur vorgegeben sein, im einfachsten Fall als konstante Temperatur (isotherme Randbedingung). Zweitens kann die Wärmestromdichte an der Oberfläche vorgegeben sein, im einfachsten Fall als verschwindender Wärmestrom (adiabate Randbedingung). Nach Gl. (5) haben in diesem Fall die Temperaturkurven senkrecht zum Rand den Gradienten Null. Drittens kann Wärmeaustausch zur Umgebung gemäß Gln. (6) und (9) auftreten. Im einfachsten Fall konstanter Umgebungstemperatur ist dann der Temperaturgradient senkrecht zum Rand um so größer, je größer der örtliche Temperaturunterschied zur Umgebung ist. Durch Gleichsetzen von q^* nach Gl. (5) mit q_k^* nach Gln. (6) und (9) ergibt sich

$$(\alpha_k + \alpha_s)(T - T_0) = -\lambda \frac{\partial T}{\partial n}. \tag{14}$$

Die isotherme Randbedingung folgt mit $(\alpha_k + \alpha_s)/\lambda \to \infty$, das heißt hoher Wärmeaustausch bei schlechter Wärmeleitung, die adiabate Randbedingung mit $(\alpha_k + \alpha_s)/\lambda \to 0$, das heißt geringer Wärmeaustausch bei guter Wärmeleitung. Das Temperaturfeld beim Schweißen kann mit adiabater Randbedingung berechnet werden, soweit kurzzeitige Vorgänge an ruhender Luft außerhalb der Schweißstelle betrachtet werden.

2.1.2.6 Thermische Werkstoffkennwerte

Für Temperaturfeldberechnungen nach der Grundgleichung der Wärmeleitung werden die thermischen Werkstoffkennwerte

- Wärmeleitzahl λ [J/mmsK],
- spezifische Wärmekapazität c [J/gK],
- Dichte ϱ [g/mm³] und
- Temperaturleitzahl a [mm²/s]

benötigt. Bei funktionsanalytischen Lösungen wird die Grundgleichung linearisiert, das heißt die Werkstoffkennwerte λ, c, ϱ oder ihre Kombination in der Temperaturleitzahl a werden als Konstante eingeführt. Da die Kennwerte tatsächlich temperaturabhängig sind, wird als Konstante der Mittelwert im betrachteten Temperaturbereich gewählt. Bei Eigenspannungsanalysen ist das der Bereich relativ niedriger Temperatur, bei der die Fließgrenze relativ hohe Werte aufweist (zum Beispiel 20...500 °C bei unlegiertem Stahl). Bei Finit-Element-Lösungen kann dagegen die Temperaturabhängigkeit der Werkstoffkennwerte berücksichtigt werden.

Die Kenntnisse zur Größe und Temperaturabhängigkeit der thermischen Werkstoffkennwerte sind nicht immer ausreichend, so daß die rechnerischen Möglichkeiten allein dadurch begrenzt sind. Diesbezügliche Angaben in den Fachbüchern über Schweißeigenspannungen [1 bis 7] sind eher dürftig. Dagegen kann bei Eisenwerkstoffen auf eine ausgezeichnete Wertesammlung von Richter [22] zurückgegriffen werden.

Bei den Angaben zu den Werkstoffkennwerten ist zwischen temperaturabhängigen Momentanwerten und temperaturbereichsabhängigen Mittelwerten zu unterscheiden. Erstere sind für Finit-Element-Lösungen geeigneter, letztere für (linearisierte) funktionsanalytische Lösungen.

Einen ersten Überblick zu λ, $c\varrho$ und a (unter Miteinbeziehung der Wärmeausdehnungszahl α) bei Stahl, Aluminium und Titan aus russischer Quelle [8] gibt Tabelle 2. Für λ, $c\varrho$ und a sind offenbar die mittleren Werte zwischen Umgebungstemperatur und erwarteter Höchsttemperatur T_{max} angegeben (T_{max} ist in [8] nicht eindeutig definiert). Auffällig sind die besonders hohen Wärme- und Temperaturleitzahlen der Aluminiumlegierungen.

Die Kennwerte λ, c, ϱ für einen Feinkornbaustahl mit Umwandlung bei 700 °C (nach [157]), für eine Aluminiumlegierung (nach [10]) und für eine Titanlegierung (nach [129]) sind zusammen mit den mechanischen Werkstoffkennwerten in den Bildern 80 bis 82 dargestellt. Die Temperaturabhängigkeit der Kennwerte der Nickel-Chrom-Eisen-Legierung Inconel 600 ist in [176] dargestellt.

In den aus [22] abgeleiteten Bildern 14 bis 16 sind die Kennwerte λ, c und ϱ als Bereiche für Kurvenverläufe über der Temperatur dargestellt, einerseits für unlegierte (ferritische oder eutektoidische) und niedriglegierte Stähle, andererseits für hochlegierte (austenitische) Stähle, die die Einzelkurven von [22] eingrenzen. Die Unstetigkeit der Kurven für unlegierten und niedriglegierten Stahl bei 700 °C ist durch die hier beginnende $\alpha\gamma$-Umwandlung (A_{c1}-Temperatur) bedingt.

Die Wärmeleitzahl λ ist zusammen mit der Temperaturleitzahl a in Bild 14 dargestellt. Die Wärmeleitzahl wird aus dem spezifischen elektrischen Widerstand berechnet, der über Stromstärke- und Spannungsmessung ermittelt wird. Nach dem Lorenzschen Gesetz besteht ein eindeutiger quantitativer Zusammenhang zwischen Wärmeleitzahl und elektrischer Leitfähigkeit. Beide beruhen auf der Beweglichkeit freier Elektronen im metallischen Gitter. Wärme- und Temperaturleitzahl nehmen bei vorgegebener Temperatur mit zunehmendem

Tabelle 2. Thermische Werkstoffkennwerte für metallische Werkstoffe, die Größen λ, $c\varrho$, a gemittelt zwischen 0 °C und T_{max}; nach [8]

Werkstoff	α [K^{-1}]	λ [J/mmsK]	$c\varrho$ [J/mm^{3}K]	a [mm^2/s]	T_{max} [°C]
Unlegierte und niedriglegierte Stähle	12...16·10^{-6}	0,038...0,042	4,9...5,2·10^{-3}	7,5...9,0	500...600
Austenitische Chrom-Nickel-Stähle	16...20·10^{-6}	0,025...0,033	4,4...4,8·10^{-3}	5,3...7,0	600
Aluminiumlegierungen	23...27·10^{-6}	0,27	2,7·10^{-3}	100	300
Titanlegierungen	8,5·10^{-6}	0,017	2,8·10^{-3}	6	700

2.1 Grundlagen

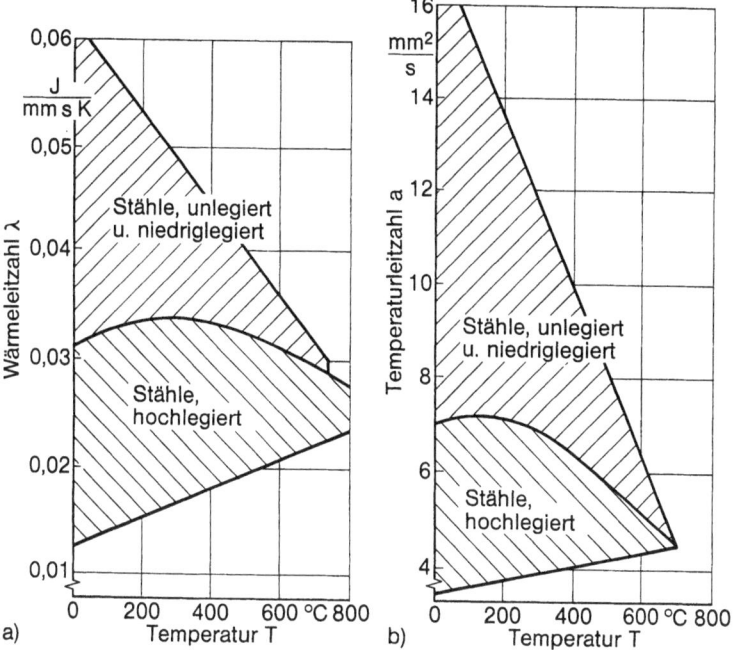

Bild 14. Wärmeleitzahl λ (**a**) und Temperaturleitzahl a (**b**) von Stählen, Temperaturabhängigkeit, Bereiche der Einzelkurven nach [22]

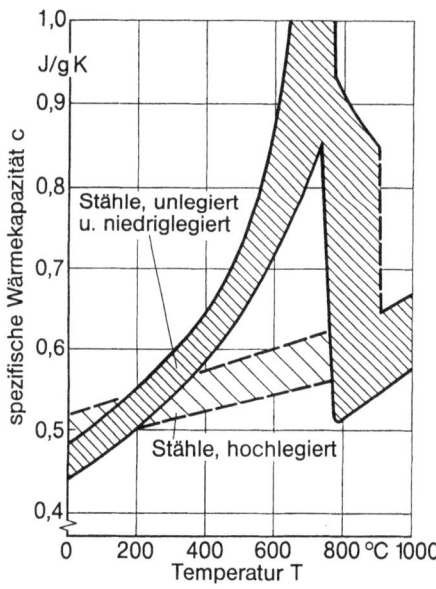

Bild 15. Gewichtsspezifische Wärmekapazität c von Stählen, Temperaturabhängigkeit, Umwandlungswärme bei 700 °C in c berücksichtigt, Bereiche der Einzelkurven nach [22]

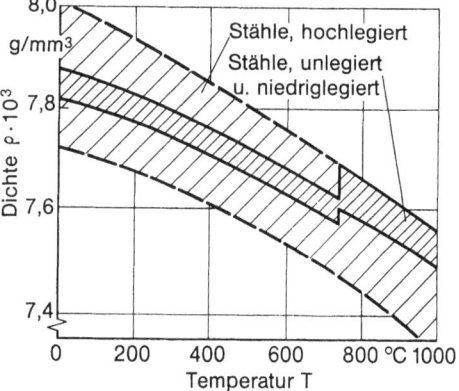

Bild 16. Dichte ϱ von Stählen, Temperaturabhängigkeit, Bereiche der Einzelkurven nach [22]

Legierungsgehalt ab. Bei unlegierten und niedriglegierten Stählen tritt ein Abfall über der Temperatur auf, bei hochlegierten Stählen geht dem Abfall ein Anstieg zu einem Maximum voraus.

Die momentane spezifische Wärmekapazität c nach Bild 15, temperaturabhängig gemessen im Mischkalorimeter, weist bei unlegierten und niedriglegierten Stählen in Nähe des Umwandlungspunktes eine Unendlichkeitsstelle auf, bedingt durch das Hinzutreten der Umwandlungswärme bei konstanter Temperatur. Bei hochlegierten Stählen steigt die Wärmekapazität stetig mit der Temperatur. Die Legierungselemente haben nur geringen Einfluß auf die Kurvenlage.

Die Dichte ϱ, bei Umgebungstemperatur nach dem Archimedischen Prinzip gemessen und über den mittleren linearen Wärmeausdehnungskoeffizienten auf erhöhte Temperatur umgerechnet, Bild 16, fällt mit der Temperatur. Die Unstetigkeit im Umwandlungspunkt der unlegierten und niedriglegierten Stähle ist durch die dichtere Atompackung des flächenzentrierten Austenits gegenüber dem raumzentrierten Ferrit bedingt.

Die Wärmeaustauschzahlen α_k und α_s für Konvektion und Strahlung an Stahlplatten sind in [175] temperaturabhängig dargestellt.

2.1.3 Modellvereinfachungen zur Geometrie und Wärmeführung

2.1.3.1 Notwendigkeit der Vereinfachungen

Vereinfachungen zur Geometrie und Wärmeführung im Rahmen des Berechnungsmodells sind für funktionsanalytische Lösungen mit kompakten Ergebnisformeln zwingend (zusätzlich zur Linearisierung des Berechnungsansatzes in Form der orts- und temperaturunabhängigen Temperaturleitzahl und der adiabaten Randbedingungen). Finit-Element-Lösungen andererseits lassen zwar die Berücksichtigung nahezu beliebiger Komplexität grundsätzlich zu, praktisch setzen aber auch hier Wirtschaftlichkeitsforderungen eine Grenze. Die nachfolgenden Vereinfachungen sind auf funktionsanalytische Lösungen zugeschnitten.

Allen Modellen gemeinsam ist das Übergehen der komplexen Vorgänge im Schweißbad, insbesondere der Schmelz- und Erstarrungsvorgänge mit Schmelzbewegung und Wärmeübertragung durch Konvektion und Strahlung. Lediglich die bei diesen Vorgängen auftretende Schmelz- bzw. Erstarrungswärme wird gelegentlich als scheinbare Erniedrigung bzw. Erhöhung der spezifischen Wärme berücksichtigt. Der komplexe Wärmeprozeß im Schweißbad wird durch Wärmequellen im wärmeleitenden Kontinuum angenähert.

2.1.3.2 Vereinfachungen der Geometrie

Zur Geometrie sind drei Grundkörper eingeführt, der unendlich ausgedehnte Halbkörper, die unendlich ausgedehnte Scheibe und der unendlich ausgedehnte Stab, Bild 17. Beim unendlich ausgedehnten Halbkörper breitet sich die Wärme dreidimensional aus. Die Wärmequelle wirkt im Zentrum der Oberfläche des Körpers. Für die Anwendung ist auch die ebene Körperschicht dieses Körpers als Modell für dicke Platten von Interesse. Bei der unendlich ausgedehnten (ebenen) Scheibe breitet sich die Wärme zweidimensional aus. Die Wärmestromdichte ist über die Scheibendicke konstant. Die ebenfalls dickenkonstante Wärmequelle wirkt im Zentrum der Scheibe. Beim unendlich ausgedehnten (geraden) Stab breitet sich die Wärme eindimensional aus. Die Wärmestromdichte ist über den Stabquerschnitt konstant. Die ebenfalls querschnittskonstante Wärmequelle wirkt im Mittenschnitt des Stabes. Eindimensionaler Wärmestrom ist auch als Sonderfall im unendlich ausgedehnten Halbkörper bzw. in der unendlich ausgedehnten Scheibe mit flächiger Wärmequelle möglich.

2.1 Grundlagen 25

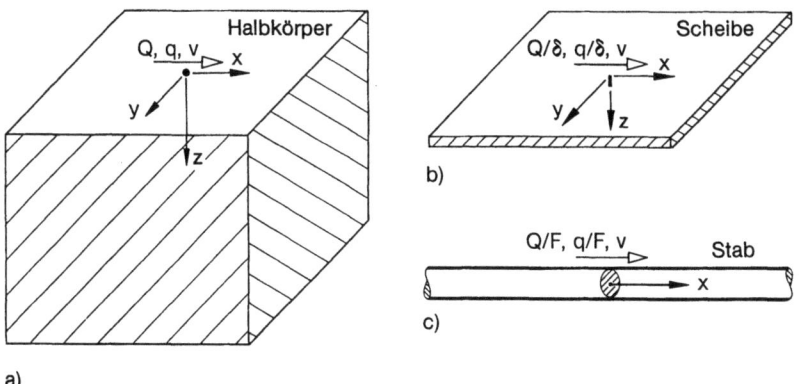

Bild 17. Grundkörper für funktionsanalytische Temperaturfeldberechnung: Halbkörper mit Punktquelle in Oberfläche (**a**), Scheibe mit Linienquelle (**b**) und Stab mit Flächenquelle (**c**); Körper senkrecht zu den Schnittflächen unendlich ausgedehnt

Die Vereinfachung unendlicher Ausdehnung statt endlicher Abmessungen ist um so gerechtfertigter, je größer die Abmessung des Bauteils in der entsprechenden Richtung, je kürzer der betrachtete Zeitraum der Wärmeausbreitung (Erwärmung und Abkühlung), je kleiner die Temperaturleitzahl, je weniger entfernt der betrachtete Bereich von der Wärmequelle und je größer die Wärmeübergangszahl ist.

Die Vereinfachung des zwei- bzw. eindimensionalen Wärmestroms ist andererseits um so gerechtfertigter, je kleiner die Scheibendicke bzw. der Stabquerschnitt, je zentrischer dazu die Wirkung der Wärmequelle, je länger der betrachtete Zeitraum der Wärmeausbreitung, je größer die Temperaturleitzahl, je entfernter der betrachtete Bereich von der Wärmequelle und je kleiner die Wärmeübergangszahl ist. Da die Anforderungen zu Scheibe und Stab denen zur unendlichen Ausdehnung weithin entgegengesetzt sind, besteht für unendliche Scheibe und unendlichen Stab ein unauflöslicher Modellierungswiderspruch. Nur die erstgenannten zwei Kriterien sprechen zugunsten von Scheibe und Stab unter Einschluß von deren unendlicher Ausdehnung.

2.1.3.3 Räumliche Vereinfachungen der Wärmequelle

Die örtliche Konzentration der eingebrachten Schweißwärme legt entsprechende Vereinfachungen der Wärmequelle zum Zwecke der Temperaturfeldberechnung nahe. Eine wesentliche Abhängigkeit des Temperaturfeldes von der Verteilung der Wärmestromdichte an der Wärmequelle besteht nur in Entfernungen von gleicher Größenordnung wie die Abmessungen der Wärmequelle. In größerer Entfernung tritt keine Veränderung des Temperaturfeldes ein, wenn die verteilte Quelle durch eine konzentrierte Quelle im Schwerpunkt ihrer Fläche bzw. ihres Volumens ersetzt wird. In unmittelbarer Nähe zur Quelle bestimmt die Stromdichteverteilung das Temperaturfeld, in größerer Entfernung sind die geometrischen Verhältnisse des Bauteils maßgebend.

Folgende konzentrierte Quellen werden in vereinfachten Modellen verwendet. Die punktförmige Quelle (Punktquelle) auf dem unendlich ausgedehnten Halbkörper (oder auf der ebenen Körperschicht) kann beispielsweise die Auftragschweißung auf massiven Körpern bzw. dicken Platten simulieren. Die linienförmige Quelle (Linienquelle) senkrecht zur Scheibenebene kann zum Beispiel das Stumpfnahtschweißen simulieren. Die flächenförmige

Quelle (Flächenquelle) im Stabquerschnitt kann zum Beispiel die Erwärmung der Elektrodenstirnfläche oder das Reibschweißen simulieren.

Bei Beschränkung auf konzentrierte Quellen wird die Temperaturverteilung in unmittelbarer Nähe der Schweißwärmequelle unzureichend wiedergegeben. Für genauere Untersuchungen in diesem Bereich haben sich hinsichtlich des Schweißens mit Lichtbogen oder Gasflamme Oberflächenquellen mit normal verteilter Wärmestromdichte q^* (Normalquellen) bewährt [1] (es ist die Gauß-Normalverteilung der Wahrscheinlichkeitsrechnung, die „Glockenkurve", gemeint):

$$q^* = q^*_{max} e^{-kr^2}, \qquad (15)$$

$$q^*_{max} = \frac{k}{\pi} q. \qquad (16)$$

Dabei ist q [J/s] die Effektivleistung der Wärmequelle und k [1/mm²] ein Maß für die Wärmestromkonzentration (Breite der Glockenkurve), Bild 18. Mit r [mm] ist im allgemeinen der Mittenabstand innerhalb einer kreisförmigen Quelle bezeichnet. Es kann damit aber auch der Mittenabstand in Querrichtung innerhalb einer streifenförmigen Quelle gemeint sein. Die beschriebene Kreis- und Streifenquelle ist in Bild 19 veranschaulicht.

Da die durch Gl. (15) beschriebene Glockenkurve erst im Unendlichen gegen Null läuft, ist eine Vereinbarung notwendig, welche kleinen q^*-Werte der Glockenkurve als vernachlässig-

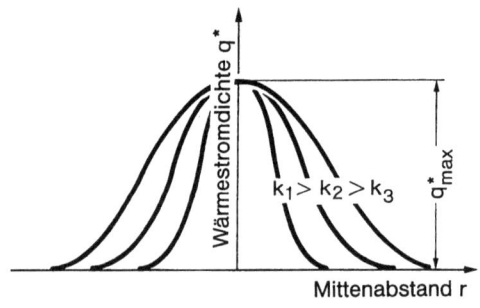

Bild 18. Wärmestromdichteverteilung q^* über Mittenabstand r in Normalquelle; gleicher Maximalwert q^*_{max}, unterschiedliche Konzentrationszahlen k_1, k_2, k_3

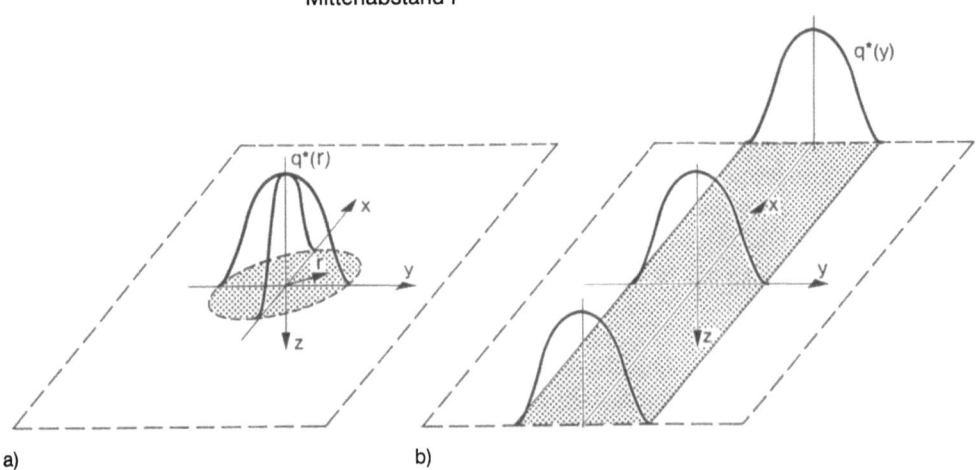

Bild 19. Kreisquelle (a) und Streifenquelle (b) mit Normalverteilung der Wärmestromdichte q^*

2.1 Grundlagen

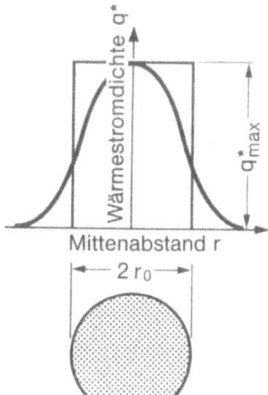

Bild 20. Kreisquelle mit Normalverteilung der Wärmestromdichte q^* und leistungsgleiche Kreisquelle mit konstanter Größe der Wärmestromdichte q^*_{max}

bar gelten können. Nach [1] (dort S. 70) wird $q^*_{min} = 0{,}05 q^*_{max}$ eingeführt. Hieraus folgt der Außendurchmesser d_n der Normalquelle („Erwärmungsfleck"):

$$d_n = \frac{2\sqrt{3}}{\sqrt{k}}. \tag{17}$$

Andererseits kann die Leistung der Normalquelle auf eine fiktive Quelle mit konstanter Wärmestromdichte in Höhe des Maximalwerts der Normalquelle umgerechnet werden, Bild 20. Der Durchmesser d_0 dieses fiktiven Wärmeflecks ergibt sich zu

$$d_0 = \frac{2}{\sqrt{k}}. \tag{18}$$

Nach Angaben in [1] (dort S. 71 u. 145) wurde $d_n = 14 \ldots 35$ mm für Lichtbogen mit einem Elektrodenfleckdurchmesser von rund 5 mm gemessen. Schweißbrenner mit Gasflamme ergaben andererseits $d_n = 55 \ldots 84$ mm je nach Brennermundstück.

Da die Struktur der Temperaturfeldgleichung zur runden Normalquelle in der Scheibe (unter Annahme konstanter Quellverteilung über die Scheibendicke) mit der Struktur der Temperaturfeldgleichung zur Linienquelle in der Scheibe übereinstimmt, läßt sich das Temperaturfeld der Normalquelle auf das Temperaturfeld der im Zeitabstand Δt_0 früher einsetzenden Linienquelle zurückführen, [1] (dort S. 164–166):

$$\Delta t_0 = \frac{1}{4ak}. \tag{19}$$

Die Zeitkonstante Δt_0 gibt an, um wieviel früher die Linienquelle einsetzen muß, um das Temperaturfeld der Normalquelle zu erzeugen, Bild 21. Sie ist von der Wärmekonzentration der Normalquelle und (über a) vom Werkstoff abhängig. Nach Angaben für Stahl in [1] (dort S. 71 u. 145) wurde $\Delta t_0 = 0{,}6 \ldots 3{,}1$ s beim Lichtbogenschweißen und $\Delta t_0 = 8 \ldots 19$ s beim Gasschweißen ermittelt. Mit wachsender Konzentrationszahl k strebt Δt_0 gegen Null.

Die über die Normalquelle einzubringende Wärmemenge qdt wird als Wärmemenge der Linienquelle dQ um Δt_0 vorverlegt:

$$dQ = qdt. \tag{20}$$

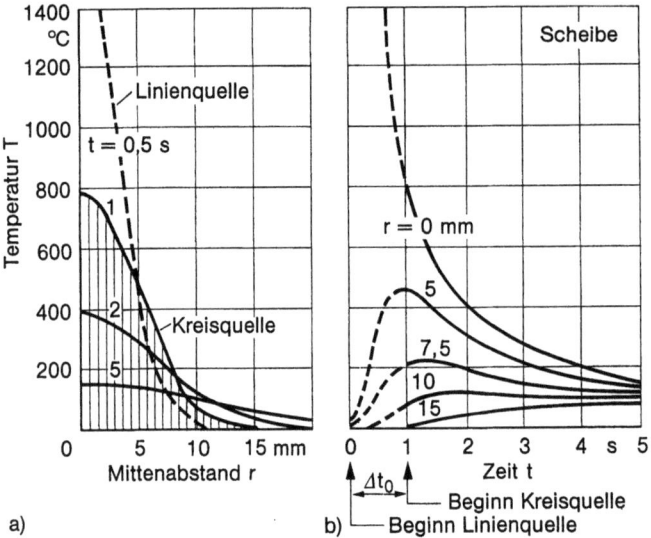

Bild 21. Temperaturfeld um momentane Kreisquelle in Scheibe (durchgehende Kurven) als Teil des Temperaturfeldes einer zeitlich vorverlegten (Δt_0) momentanen Linienquelle (gestrichelte Kurven); Temperatur T über Mittenabstand r (**a**) und über Zeit t (**b**); nach [1]

Das vorstehend erläuterte Prinzip der zeitlich vorverlegten konzentrierten Quelle in der Scheibe ist beim Halbkörper in eingeschränkter Form (siehe Abschnitt 2.2.3.1) gültig.

Für die wandernde Schweißwärmequelle tiefeinbrennender Auftrag- oder Stumpfnähte wird auch eine halbovaloide Anordnung volumetrischer Wärmequellen etwa in Form und Größe des Schweißbades verwendet [31, 37, 27], Bild 22. Im Ovaloid wird die volumenspezifische Wärmequelldichte q^{**} Gauß-normalverteilt angenommen (auch eine entsprechende flächenspezifische Wärmequelldichte in der Oberfläche ist möglich [175]). Die Wärmequelldichte fällt von einem Höchstwert im Zentrum des Ovaloids exponentiell zu den Rändern hin

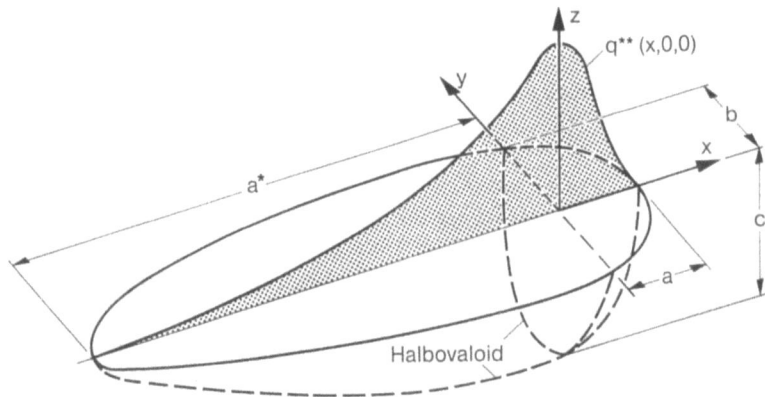

Bild 22. Wandernde Ovaloidquelle mit Normalverteilung der volumenspezifischen Wärmequelldichte q^{**}; nach [27, 37]

2.1 Grundlagen

ab. Die Abmessungen des Ovaloids sollen etwa 10 % kleiner als die Schweißbadabmessungen gewählt werden. Die Gesamtwärmeleistung ist mit der Effektivleistung des Schweißvorgangs identisch. Eine abschließende Parameterkorrektur erfolgt aufgrund eines Vergleichs von gerechnetem und gemessenem Schweißbad bzw. Temperaturfeld.

2.1.3.4 Zeitliche Vereinfachungen der Wärmequelle

Eine weitere Modellvereinfachung betrifft die Dauer der Wärmequellwirkung. Die momentan wirkende Quelle ist durch die Wärmemenge Q [J] gekennzeichnet, die augenblicklich eingebracht wird. Diese Annahme gibt die Wirklichkeit um so besser wieder, je kurzzeitiger dort die Wärmequelle wirkt. Die kontinuierlich wirkende Quelle ist durch den Wärmestrom (oder die Wärmeleistung) q [J/s] gekennzeichnet, der mit gleichbleibender Stärke während der Wirkdauer eingebracht wird. Diese Annahme entspricht im allgemeinen der Wirklichkeit des Nahtschweißens.

Bei Scheibenmodellen mit Linienquelle wird Q bzw. q auf die Scheibendicke δ bezogen, bei Stabmodellen mit Flächenquelle auf die Querschnittsfläche F.

Schließlich werden Modellvereinfachungen hinsichtlich der Fortbewegung der Wärmequelle getroffen. Es wird zwischen ruhender, bewegter und schnellbewegter Quelle unterschieden, wobei die Bewegung als geradlinig und gleichförmig (konstante Geschwindigkeit) aufgefaßt wird. Die Schnelligkeit ist auf die Wärmeausbreitgeschwindigkeit in Richtung der Quellbewegung bezogen. Bei schneller Bewegung wird angenommen, daß die Wärmeableitung ausschließlich senkrecht zur Naht erfolgt. Dadurch vereinfachen sich die Temperaturfeldgleichungen wesentlich. Diese Vereinfachung ist zutreffend, wenn sich die Schweißwärmequelle tatsächlich schnell bewegt (Automatenschweißung) oder wenn nur nahtnahe Bereiche betrachtet werden.

Bei Finit-Element-Lösungen sind vorstehende Vereinfachungen weniger zwingend. Insbesondere können komplexe Geometrie und temperaturabhängige Werkstoffkennwerte zwanglos berücksichtigt werden. Das Ergebnis beinhaltet allerdings auch keine Allgemeinaussage.

2.1.3.5 Anwenderfragen an Schweißtemperaturfelder

Die Bewertung der verschiedenen Modellvereinfachungen richtet sich auch nach der jeweiligen Anwenderfrage, zu der über die Temperaturfeldberechnung eine Antwort erwartet wird.

Für die durch das Temperaturfeld über die Wärmedehnung direkt verursachten Schweißeigenspannungen und Schweißformänderungen, plastischen Dehnungen und möglicherweise ausgelösten Kaltrisse genügt eine relativ grobe Modellierung des thermischen Vorgangs, die auf den Auflösungsgrad des kontinuumsmechanischen Modells abgestimmt wird. In Bereichen hoher Temperatur mit sehr kleiner bzw. verschwindender Fließgrenze wird gar keine Detailinformation benötigt, weil die inneren Kräfte hier verschwinden. Die feinere Modellierung wird allerdings benötigt, sobald Abkühl- und Umwandlungsspannungen bei niedriger Temperatur eine wesentliche Rolle spielen.

Eine feinere Modellierung wird zu den thermodynamischen Prozessen im Bereich der Schweißstelle benötigt (unter Einschluß der Umwandlungsvorgänge):

— Abschmelzen der Elektrode und Aufschmelzen des Grundwerkstoffs mit Bildung der Schmelzzone (Abschmelzleistung, Form und Größe der Schmelzzone, Raupenauftragshöhe und Aufschmelztiefe);
— Kristallisation der Schmelzzone und anschließende Gefügeumwandlungen;

- Gefügeveränderungen in der Übergangszone des Grundwerkstoffs bei Erwärmung und Abkühlung im Hochtemperaturbereich (beispielsweise Grobkornbildung und Aufhärtung), Schichtung der Wärmeeinflußzone;
- Heißrißbildung in Schweißgut und Übergangszone durch hohe Verformungsgrade im Hochtemperaturbereich verminderter Warmverformungsfähigkeit

2.1.3.6 Numerische Lösung und experimentelle Kontrolle

Die funktionsanalytische Lösung (und auch die früher häufige Lösung nach Differenzenverfahren) der Feldgleichung der Wärmeleitung setzt die vorstehend beschriebenen Modellvereinfachungen voraus. Durch Einführung einer konstanten Temperaturleitzahl (konstant als gemittelte Größe im betrachteten Temperaturbereich) entsteht ein linearisiertes Feldproblem. Bei bewegten Quellen wird nur der eingefahrene, quasistationäre Zustand der gleichförmigen und geradlinigen Bewegung betrachtet. Differentialgleichungslösungen für derart vereinfachte Problemstellungen bietet besonders Rykalin [1]. Bedeutsame weitere Beiträge stammen von Greenwood [38], Rosenthal [28, 29], Christensen/Davies/Gjermundsen [30], Myers/Uyehara/Borman [76] und Carslaw/Jaeger [21].

Funktionsanalytische Lösungen zu Wärmeleitvorgängen beim Schweißen sind in den Abschnitten 2.2.1 bis 2.2.5 dargestellt (siehe auch [42]).

Die Finit-Element-Lösung der Wärmeleitung geht von einer Integralgleichung aus, die den Differentialgleichungen (10) bzw. (12) entspricht. Das Feld wird in einfach berandete Elemente diskretisiert. Das führt auf ein System nichtlinearer gewöhnlicher Differentialgleichungen erster Ordnung für die unbekannten Knotenpunkttemperaturen T (siehe [25, 26, 106, 107]), die Wärmestromgleichung:

$$[C_T]\{\dot{T}\} + [K_T]\{T\} = \{\dot{Q}\} . \tag{21}$$

Es ist $[C_T]$ die Wärmekapazitätsmatrix, $[K_T]$ die Wärmeleitmatrix, $\{T\}$ bzw. $\{\dot{T}\}$ der Spaltenvektor der Knotenpunktstemperaturen bzw. deren zeitliche Ableitungen und $[\dot{Q}]$ der Spaltenvektor der Knotenpunktswärmequellen. $[C_T]$ und $[K_T]$ sind (nichtlinear) temperaturabhängig. Das transiente Temperaturfeld wird mittels spezieller (meist impliziter) Zeitschrittverfahren gelöst. Derartige Finit-Element-Lösungen sind in Abschnitt 2.2.7 dargestellt.

Für Schweißvorgänge berechnete Temperaturfelder bedürfen der Kontrolle durch Temperaturmessungen. Die Unsicherheiten der Berechnung rühren von den Näherungsannahmen her hinsichtlich Größe und Verteilung der effektiven Schweißwärme, Wärmeübergangs- und Wärmestrahlungsverlusten, Größe und Temperaturabhängigkeit der Werkstoffkennwerte sowie geometrischer Gegebenheiten. Die Temperaturmessungen werden meist mit Thermoelementen durchgeführt, die an der Bauteiloberfläche und mittels Sackbohrungen auch im Innern angebracht werden. Messungen werden auch im Bereich der Schmelzzone vorgenommen, wobei die Thermoelemente mittels spezieller Techniken im Schmelzbad justiert werden. Neben der Temperaturmessung kann die Gesamtwärmeaufnahme des Bauteils durch das Schweißen gemessen werden. Dazu dienen Kalorimeter, in denen das Bauteil großflächig mit wärmeableitender Flüssigkeit in Berührung steht.

2.2 Globale Temperaturfelder

2.2.1 Momentane stillstehende Quellen

2.2.1.1 Momentane Punktquelle auf Halbkörper

Die momentane ruhende Quelle ist eine mögliche Modellvereinfachung für Schweißverfahren mit kurzzeitiger Erwärmung und darauffolgender Abkühlung (zum Beispiel Punktschweißen). Die entsprechenden mathematischen Lösungen sind aber vor allem als Ausgangsbasis für Schweißverfahren mit kontinuierlicher und bewegter Wärmequelle bedeutsam.

Die Wärmemenge Q wirke zur Zeit $t=0$ momentan im Zentrum der Oberfläche des unendlich ausgedehnten Halbkörpers, Bild 17a. Die Wärmeausbreitung erfolgt dreidimensional. Die Temperaturerhöhung $T-T_0$ im (beliebig gerichteten) Abstand R von der Punktquelle zur Zeit t (ab Quellwirkung) beträgt (Gl. (60) in [1]):

$$T - T_0 = \frac{2Q}{c\varrho(4\pi at)^{3/2}} e^{-R^2/4at}. \tag{22}$$

Im Quellpunkt selbst ($R=0$) ist

$$T - T_0 = \frac{2Q}{c\varrho(4\pi at)^{3/2}} = \frac{C}{t^{3/2}}. \tag{23}$$

Zu Beginn des Vorgangs ($t=0$) ist die Temperatur in $R=0$ unendlich hoch und fällt dann hyperbelförmig mit $1/t^{3/2}$ ab. Die Höhenlage der Hyperbel ist Q proportional. Die unendlich hohe Temperatur tritt beim Schweißen tatsächlich nicht auf (Lichtbogenschweißen: $T_{max} \approx 2500\,°C$). Sie ist eine Folge der Vereinfachung als Punktquelle (siehe Abschnitt

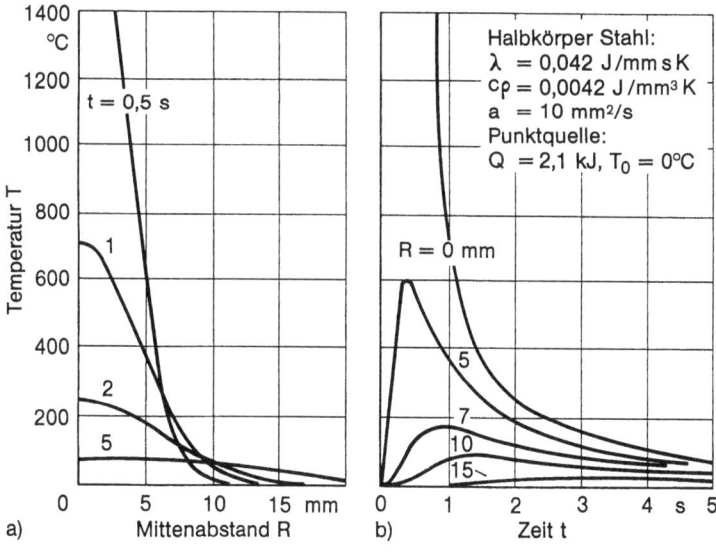

Bild 23. Temperaturfeld um momentane Punktquelle auf Halbkörper; Temperatur T über Mittenabstand r (**a**) und über Zeit t (**b**); nach [1]

2.1.3.3). Über dem Mittenabstand R folgt die Temperatur zu unterschiedlichen Zeiten einer inversen Exponentialfunktion, deren Höchstwert in $R=0$ mit den erwähnten Hyperbelwerten identisch ist, Bild 23a. In Punkten neben dem Zentrum steigt die Temperatur über der Zeit zunächst an, erreicht ein Maximum und fällt mit $R\to\infty$ auf Null ab, Bild 23b. Der Anstieg ist um so steiler und das Maximum um so höher, je näher der Quelle der betrachtete Punkt liegt. Die mit R schnell abnehmende Folge der Temperaturmaxima kennzeichnet das Auslaufen einer Wärmewelle.

2.2.1.2 Momentane Linienquelle in Scheibe

Im zentralen Linienelement der unendlichen ausgedehnten Scheibe der Dicke δ wirke zur Zeit $t=0$ momentan die Wärmemenge Q, Bild 17b. Q ist über δ als Linienintensität Q/δ gleichmäßig verteilt. Die Wärmeausbreitung erfolgt zweidimensional. Wenn Ober- und Unterfläche der Scheibe als wärmeundurchlässig angenommen werden, ist die Temperatur in allen Punkten der Scheibe während des Wärmeausbreitvorgangs über die Scheibendicke konstant. Bei Wärmeaustausch mit der Umgebung ist die Temperatur in der Mitte der Scheibendicke etwas erhöht. Der Unterschied zur Oberfläche ist aber normalerweise vernachlässigbar gering. Die Temperaturerhöhung im (beliebig gerichteten) Abstand r von der Linienquelle zur Zeit t (ab Quellwirkung) beträgt (Gl. (62) in [1]):

$$T - T_0 = \frac{Q}{\delta c\varrho(4\pi at)} e^{(-r^2/4at - bt)}. \tag{24}$$

Mit $b = 2(\alpha_k + \alpha_s)/c\varrho\delta$ ist eine Wärmeaustauschzahl bezeichnet, die gemäß Gln. (6) und (9) auf Konvektion und Abstrahlung von Wärme zurückführbar ist. Der Wärmeübergang ist bei dünnen Scheiben und längerer Abkühlzeit nicht vernachlässigbar (relativ zur Wärmeleitung). Beim Halbkörper ist er vernachlässigbar (siehe Gl. (22)).

In der Quellinie selbst ($r=0$) ist

$$T - T_0 = \frac{Q}{\delta c\varrho(4\pi at)} e^{-bt} = \frac{B}{t} e^{-bt}. \tag{25}$$

Die Temperaturverläufe in der Scheibe ähneln denen in der Halbkörperoberfläche nach Bild 23. Der hyperbelförmige Abfall mit $1/t$ in $r=0$ ist schwächer als beim Halbkörper, weil der Wärmestrom auf die Scheibenebene eingeschränkt ist.

2.2.1.3 Momentane Flächenquelle im Stab

Im zentralen Querschnitt $x=0$ des unendlich ausgedehnten Stabes mit Querschnittsfläche F wirke zur Zeit $t=0$ momentan die Wärmemenge Q, Bild 17c. Q ist über F als Flächenintensität Q/F gleichmäßig verteilt. Die Wärmeausbreitung erfolgt eindimensional. Dem Stabmodell gleichwertig ist ein Scheibenmodell mit momentaner Flächenquelle, wie es gelegentlich für sehr schnell eingebrachte Schweißnähte verwendet wird. Für die Temperaturverteilung im Stab ergibt sich (Gl. (64) in [1]):

$$T - T_0 = \frac{Q}{Fc\varrho(4\pi at)^{1/2}} e^{(-x^2/4at - b^*t)}. \tag{26}$$

Als Wärmeaustauschzahl ist hier $b^* = (\alpha_k + \alpha_s) U/c\varrho F$ eingeführt, wobei mit U der Umfang und mit F die Fläche des Stabquerschnitts bezeichnet wird.

2.2 Globale Temperaturfelder

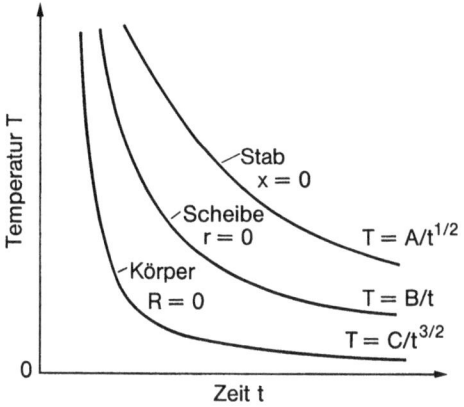

Bild 24. Temperaturverlauf im Quellpunkt einer momentanen Wärmequelle: Körper mit Punktquelle (Wärmeableitung dreidimensional), Scheibe mit Linienquelle (Wärmeableitung zweidimensional, $b=0$) und Stab mit Flächenquelle (Wärmeableitung eindimensional, $b^*=0$); nach [1]

In der Quellfläche selbst ($x=0$) ist

$$T - T_0 = \frac{Q}{Fc_\varrho (4\pi at)^{1/2}} e^{-b^*t} = \frac{A}{t^{1/2}} e^{-b^*t}. \tag{27}$$

Der hyperbelförmige Abfall mit $1/t^{1/2}$ in $x=0$ ist nochmals schwächer als bei der Scheibe, weil der Wärmestrom auf eine einzige Dimension eingeschränkt ist.

Der unterschiedlich steile Temperaturabfall im Zentrum von Körper, Scheibe und Stab ist in Bild 24 gegenübergestellt. Der Temperaturabfall ist um so stärker verzögert, je mehr der Ausbreitungsraum eingeengt ist. Die Schnelligkeit der Wärmeausbreitung nimmt also von Körper zur Scheibe und von der Scheibe zum Stab hin ab.

2.2.2 Kontinuierliche stillstehende und wandernde Quellen

2.2.2.1 Wandernde Punktquelle auf Halbkörper

Der mathematische Ausdruck für das Temperaturfeld um eine kontinuierlich wirkende und bewegte Wärmequelle wird nach dem Superpositionsprinzip gewonnen. Dieses Prinzip ist nur bei linearer Differentialgleichung gültig, was Temperaturunabhängigkeit der Werkstoffkennwerte voraussetzt. Die Linearisierung ist in vielen Fällen eine vertretbare Annahme.

Durch differentielle Unterteilung der Wirkungszeit der kontinuierlichen Quelle wird eine Folge differentieller Momentanquellen gewonnen. Bei bewegter Quelle ist damit auch der Wirkungsweg unterteilt, daß heißt, die differentiellen Momentanquellen sind in Bewegungsrichtung hintereinander angeordnet. Die Wirkung der differentiellen Momentanquellen in den einzelnen Punkten des wärmeleitenden Körpers ist nun unter Berücksichtigung von Zeit und Ort des Auftretens der Momentanquellen aufzuaddieren, also, mathematisch gesprochen, zu integrieren.

Das Temperaturfeld um eine gleichmäßig und geradlinig bewegte Quelle in einem unendlichen Körper, in einer unendlichen Scheibe oder in einem unendlichen Stab ist quasistationär, wenn man von Anlauf- und Auslaufvorgängen absieht. In einem mit der Quelle mitbewegten Koordinatensystem (nachfolgend x, y, z bzw. R, r) erscheint das Feld als stationär, das heißt mit ortskonstanten Feldgrößen.

Auf der Oberfläche des Halbkörpers wirke die gleichmäßig und geradlinig bewegte punktförmige Wärmequelle (Geschwindigkeit v, Wärmeleistung q). Die Temperaturerhöhung im (beliebig gerichteten) Abstand R von der bewegten Quelle (Koordinate x in Bewegungsrichtung) ergibt sich zu (Gl. (74) in [1], siehe auch [28]):

$$T - T_0 = \frac{q}{2\pi\lambda R} e^{-v(x+R)/2a}. \tag{28}$$

Im Sonderfall der feststehenden ($v=0$) kontinuierlichen Punktquelle gilt im Grenzzustand langanhaltender Erwärmung ($t \to \infty$):

$$T - T_0 = \frac{q}{2\pi\lambda R}. \tag{29}$$

Als isothermische Flächen ergeben sich konzentrische Halbkugelflächen. Die Temperatur fällt hyperbolisch mit $1/R$. Der hocherwärmte Bereich ist um so größer, je kleiner die Wärmeleitzahl $\lambda = ac\varrho$.

Für die bewegte Quelle gilt in der Bewegungslinie hinter der Quelle ($x = -R$) die mit Gl. (29) identische Temperaturverteilung unabhängig von der Geschwindigkeit v. Für Punkte in der Bewegungslinie vor der Quelle ($x = R$) gilt dagegen:

$$T - T_0 = \frac{q}{2\pi\lambda R} e^{-vR/a}. \tag{30}$$

Der Temperaturabfall vor der Quelle ist um so steiler, je größer v ist. Bei sehr großem v breitet sich die Wärme fast ausschließlich seitlich aus (Hochleistungsquellen, siehe Abschnitt 2.2.4.1). Der Veranschaulichung dient Bild 25.

Der Temperaturabfall neben der Quelle ($x = 0$) ist durch

$$T - T_0 = \frac{q}{2\pi\lambda R} e^{-vR/2a} \tag{31}$$

gegeben, das heißt durch den Abfall über der negativen Halbachse nach Gl. (29) multipliziert mit den Werten der inversen Exponentialfunktion (kleiner als 1,0).

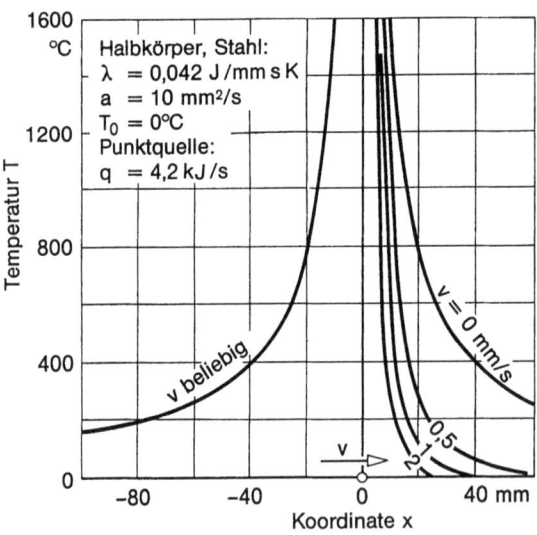

Bild 25. Temperaturverteilung vor und hinter wandernder Punktquelle auf Halbkörper, quasistationärer Grenzzustand; mitbewegte Koordinate x, unterschiedliche Geschwindigkeiten v; nach [1]

2.2 Globale Temperaturfelder

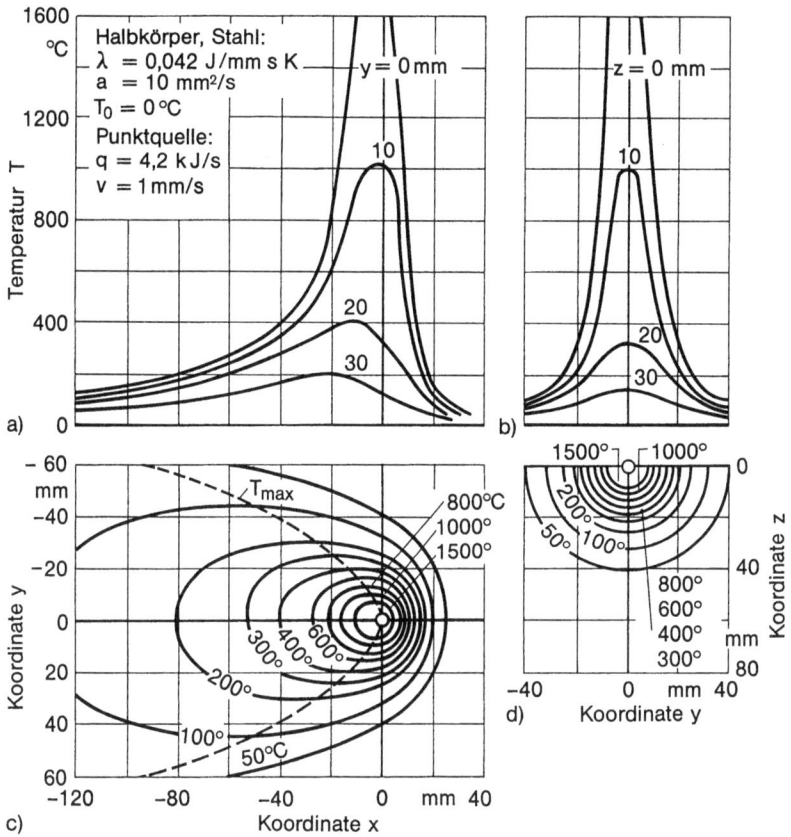

Bild 26. Temperaturfeld um wandernde Punktquelle auf Halbkörper, quasistationärer Grenzzustand im mitbewegten Koordinatensystem x, y, z; Temperatur T über x und y (**a, b**), Isothermen in Oberfläche und Querschnitt (**c, d**); nach [1]

Mit wachsender Entfernung von der Quelle fällt die Temperatur vor der Quelle am stärksten, hinter der Quelle am schwächsten und neben der Quelle mit mittlerer Stärke ab. Das vollständige Temperaturfeld ist in Bild 26 dargestellt (als Modell einer Auftragschweißnaht). Die Isothermen an der Oberfläche bilden oval-geschlossene Kurven mit großer Dichte vor und geringerer Dichte hinter der Quelle. Die Streckung der Isothermen wird durch die Größe vR/a bestimmt. Je schneller sich die Quelle bewegt (relativ zur Temperaturleitzahl), desto stärker ist die Streckung. Die Isothermen im Querschnitt bilden konzentrische Kreise. Die isothermischen Flächen sind demnach Rotationsflächen mit der Bewegungslinie der Quelle als Rotationsachse. Am Ort der Punktquelle ist die Temperatur unendlich groß.

In Punkten neben (und unter) der Bewegungslinie der Quelle wird das örtliche Temperaturmaximum verzögert gegenüber dem Durchgang der Quelle durch die zugehörige Querschnittsebene erreicht. Die Verzögerung ist um so größer und das Maximum um so kleiner, je größer die Entfernung von der Bewegungslinie der Quelle ist. In Bild 26 ist der Ort der Temperaturmaxima durch eine gestrichelte Kurve gekennzeichnet.

Zum Einfluß der Arbeitsgrößen beim Schweißen sowie der thermischen Werkstoffeigenschaften auf die Größe der über bestimmte Temperaturen erwärmten Bereiche wird auf Abschnitt 2.2.2.2 verwiesen.

2.2.2.2 Wandernde Linienquelle in Scheibe

Für die in der unendlich ausgedehnten Scheibe gleichmäßig und geradlinig bewegte linienförmige Wärmequelle (Geschwindigkeit v, dickenbezogene Wärmeleistung q/δ) gilt für die Temperatur T im (beliebig gerichteten) Abstand r von der bewegten Quelle (Koordinate x in Bewegungsrichtung, Gl. (80) in [1], siehe auch [28], Y_0 Besselfunktion zweiter Art und nullter Ordnung, $b = 2(\alpha_k + \alpha_s)/c\varrho\delta$ Wärmeaustauschzahl):

$$T - T_0 = \frac{q}{\delta 2\pi\lambda} e^{-vx/2a} Y_0\left(r\sqrt{\frac{v^2}{4a^2} + \frac{b}{a}}\right). \tag{32}$$

Das zugehörige Temperaturfeld ist in Bild 27 dargestellt (als Modell einer Stumpfschweißnaht). Die isothermischen Flächen sind hier Zylinderflächen (wegen der Temperaturkonstanz über die Scheibendicke). Die dargestellten oval-geschlossenen Isothermen sind im übrigen denen des Halbkörpers ähnlich. Sie sind großflächiger und länger gestreckt, weil die Wärme in der Scheibe langsamer abfließt als im Halbkörper.

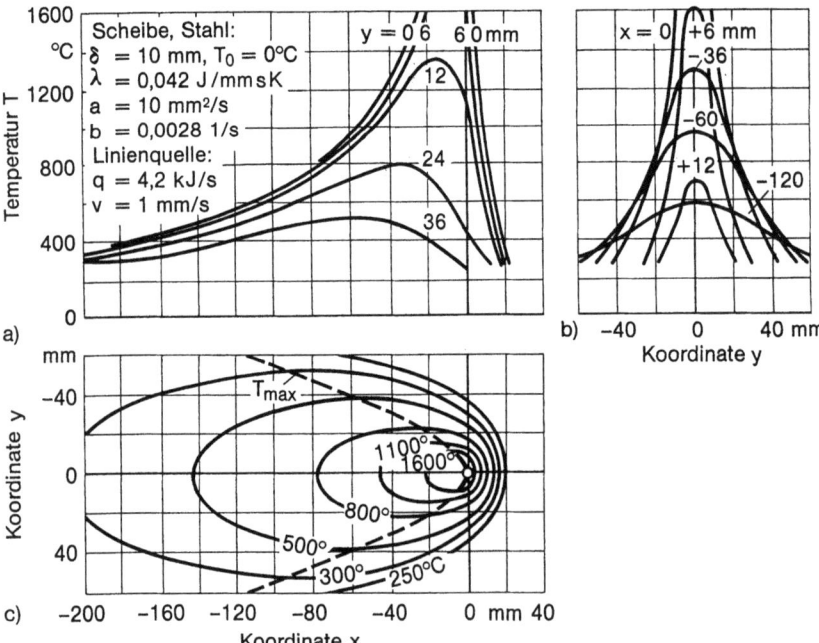

Bild 27. Temperaturfeld um wandernde Linienquelle in Scheibe, quasistationärer Grenzzustand im mitbewegten Koordinatensystem x, y; Temperatur T über x und y (**a**, **b**), Isothermen in Scheibenebene (**c**); nach [1]

2.2 Globale Temperaturfelder

Im Sonderfall der feststehenden ($v=0$) kontinuierlichen Linienquelle gilt im Grenzzustand langanhaltender Erwärmung ($t \to \infty$):

$$T - T_0 = \frac{q}{\delta 2\pi\lambda} Y_0\left(r\sqrt{\frac{b}{a}}\right). \tag{33}$$

Als isothermische Flächen ergeben sich konzentrische Kreiszylinder. Der Temperaturabfall über r ist schwächer als beim Halbkörper. Er hängt von $b/a = 2(\alpha_k + \alpha_s)/\delta\lambda$, also vom Verhältnis Wärmeaustausch zu Wärmeleitung ab.

Bei bewegter Linienquelle in der Scheibe ist der Temperaturabfall hinter der Quelle nicht von der Geschwindigkeit v unabhängig (im Gegensatz zur Punktquelle auf dem Halbkörper).

Zum Einfluß der Arbeitsgrößen beim Schweißen auf die Größe der über bestimmte Temperaturen (zum Beispiel 600 °C) erwärmten Bereiche läßt sich ausgehend von Gl. (32) feststellen (siehe [1]):

— Einfluß von wachsender Schweißgeschwindigkeit v bei konstanter Leistung q: die über bestimmte Temperaturen erwärmten Bereiche verkleinern sich, die Isothermen schrumpfen quer zur Nahtrichtung und kürzen sich in Nahtrichtung.

— Einfluß von wachsender Schweißleistung q bei konstanter Geschwindigkeit v: die über bestimmte Temperaturen erwärmten Bereiche vergrößern sich überproportional, die Isothermen bauchen quer zur Nahtrichtung aus und längen sich in Nahtrichtung.

— Einfluß von wachsender Leistung q und Geschwindigkeit v bei konstanter Streckenenergie $q_s = q/v$: die über bestimmte Temperaturen erwärmten Bereiche vergrößern sich etwa proportional zur Leistung bzw. Geschwindigkeit.

— Einfluß von wachsender Vorwärmtemperatur T_0 bei konstanter Leistung q und Geschwindigkeit v: die über bestimmte Temperaturen erwärmten Bereiche vergrößern sich.

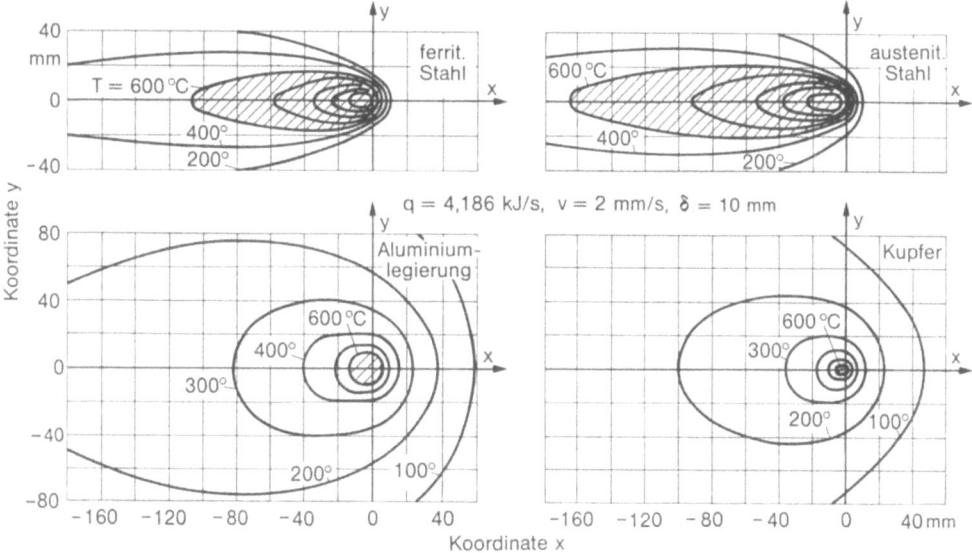

Bild 28. Temperaturfeld um wandernde Linienquelle, unterschiedliche Werkstoffe bei gleicher Wärmeleistung q und Geschwindigkeit v; nach [1]

Zum Einfluß der thermischen Werkstoffeigenschaften läßt sich andererseits feststellen:
- Für die Größe der über bestimmte Temperaturen erwärmten Bereiche ist die Wärmeleitzahl $\lambda = ac\varrho$ maßgebend, Bild 28. Bei kleinem λ genügt kleines q_s zum Schweißen, bei großem λ ist großes q_s erforderlich. Daher läßt sich austenitischer CrNi-Stahl (kleines λ) mit kleiner Streckenenergie schweißen, während Aluminium und Kupfer (großes λ) hohe Streckenenergie benötigen.

2.2.2.3 Wandernde Flächenquelle im Stab

Für die im unendlich ausgedehnten Stab gleichmäßig bewegte flächenförmige Wärmequelle (Geschindigkeit v, flächenbezogene Wärmeleistung q/F) gilt für die Temperaturerhöhung im Abstand x von der bewegten Quelle ($x > 0$ vor der Quelle, $x < 0$ hinter der Quelle, nach [28], U Umfang und F Fläche des Querschnitts):

$$T - T_0 = \frac{q}{Fc\varrho v} e^{-\left(\sqrt{\left(\frac{v}{2a}\right)^2 + \frac{U}{F}\frac{\alpha_k + \alpha_s}{\lambda}} + \frac{v}{2a}x\right)} \quad (x > 0), \tag{34}$$

$$T - T_0 = \frac{q}{Fc\varrho v} e^{\left(\sqrt{\left(\frac{v}{2a}\right)^2 + \frac{U}{F}\frac{\alpha_k + \alpha_s}{\lambda}} - \frac{v}{2a}x\right)} \quad (x < 0). \tag{35}$$

Der Ausdruck vor der Exponentialfunktion ist mit der am Ort der Quelle ($x = 0$) auftretenden Maximaltemperatur $T_{max} - T_0$ identisch:

$$T_{max} - T_0 = \frac{q}{Fc\varrho v} \quad (x = 0). \tag{36}$$

Diese Maximaltemperatur bleibt bei vernachlässigbarem Wärmeübergang $\alpha_k + \alpha_s = 0$ hinter der Quelle konstant erhalten. Bei nicht vernachlässigbarem Wärmeübergang tritt ein Abfall auf, der von der Größe $U(\alpha_k + \alpha_s)/F\lambda$ abhängt. Vor der Quelle tritt ein exponentieller Temperaturabfall auf, der bei vernachlässigbarem Wärmeübergang folgende einfache Form hat:

$$T - T_0 = (T_{max} - T_0) e^{-vx/a} \quad (x > 0). \tag{37}$$

Die in [1] angegebene Gl. (72) läßt nicht erkennen, daß sie auf die Form der vorstehenden Gln. (34) und (35) gebracht werden kann (obwohl im Sonderfall $\alpha_k + \alpha_s = 0$ Gl. (184) in [1] mit Gl. (37) hier übereinstimmt).

Die Beziehungen dieses Abschnitts lassen sich auf das Abschmelzen von Elektroden anwenden (siehe Abschnitt 2.3.1.3).

2.2.3 Normalverteilte Quellen

2.2.3.1 Stillstehende und wandernde Kreisquelle auf Halbkörper

Es wird die Wärmeleitung ausgehend von der in Abschnitt 2.1.3.3, Gln. (15) bis (20) eingeführten kreisförmigen Normalquelle betrachtet. Die Kreisquelle wirke ruhend oder bewegt in der Oberfläche des Halbkörpers.

Für die ruhende oberfliche Kreisquelle mit momentaner Wärmeabgabe qdt (Zusammenhang mit q^* siehe Gln. (15) und (16)) gilt (Gl. (146) in [1]):

$$dT = \frac{2qdt}{c\varrho} \frac{e^{-z^2/4at}}{(4\pi at)^{1/2}} \frac{e^{-r^2/4a(t+\Delta t_0)}}{4\pi a(t + \Delta t_0)}. \tag{38}$$

2.2 Globale Temperaturfelder

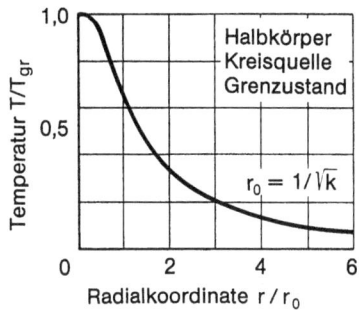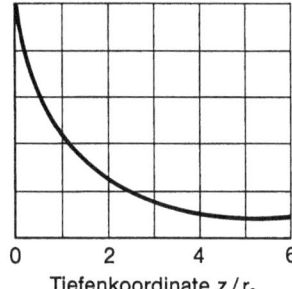

Bild 29. Temperaturfeld um stillstehende Kreisquelle auf Halbkörper, stationärer Grenzzustand; nach [1]

Der mittlere Ausdruck der rechten Seite dieser Gleichung kennzeichnet die Wärmeleitung von der Körperoberfläche in das Körperinnere gemäß der Beziehung für die momentane Flächenquelle (Gl. (26)). Der äußere Ausdruck kennzeichnet die Wärmeleitung in der Körperoberfläche (Abstand r von der Quelle) gemäß der Beziehung für die momentane Linienquelle in der Scheibe (Gl. (24)). Im letzteren Fall ist offensichtlich das Prinzip der zeitlich vorverlegten konzentrierten Quelle gültig.

Für die kontinuierlich bewegte Kreisquelle mit Wärmeleistung q ist der mathematische Ausdruck für die Temperatur T im mitbewegten Koordinatensystem nicht durch elementare Funktionen darstellbar (Gl. (148) in [1]). Näherungsweise ist Gl. (46) besonders in quellnahen Punkten gültig.

Im Sonderfall der feststehenden ($v=0$) kontinuierlichen Kreisquelle gilt im Grenzzustand langanhaltender Erwärmung ($t \to \infty$) ein Ausdruck (Gl. (153) in [1]), der in Bild 29 (mit $T_0 = 0$) ausgewertet wurde. Für die Grenztemperatur T_{gr} in Quellenmitte ergibt sich (Gl. (150) in [1]):

$$T_{gr} - T_0 = \frac{q}{2\lambda}\sqrt{\frac{k}{\pi}}. \tag{39}$$

Bei bewegter Kreisquelle wird die Grenztemperatur um so weniger erreicht, je größer die Geschwindigkeit der Quellbewegung ist. Außerdem verlagert sich der Ort des Temperaturhöchstwertes hinter die Kreisflächenmitte. Vor der Quelle tritt ein steiler Temperaturanstieg, hinter der Quelle ein flacherer Temperaturabfall auf (Bild 109 in [1]). Die Isothermen ähneln denen der bewegten Punktquelle. Die unendlich hohe Temperatur im Quellpunkt ist vermieden. In größerer Entfernung von der Quelle sind die Temperaturen praktisch identisch.

2.2.3.2 Stillstehende und wandernde Kreisquelle in Scheibe

Es wird die Wärmeleitung von der in Abschnitt 2.1.3.3, Gln. (15) bis (20) eingeführten kreisförmigen Normalquelle betrachtet. Die Kreisquelle wirke gleichmäßig verteilt über die Dicke δ der Scheibe.

Für die ruhende Kreisquelle mit momentaner Wärmeabgabe qdt (Zusammenhang mit q^* siehe Gln. (15) und (16)) ist nach dem Prinzip der um Δt_0 zeitlich vorverlegten Linienquelle (Gl. (124) in [1]):

$$dT = \frac{qdt}{\delta c\varrho 4\pi a(t + \Delta t_0)} e^{-r^2/4a(t+\Delta t_0)}. \tag{40}$$

Für die kontinuierlich bewegte Kreisquelle mit Wärmeleistung q ist keine Lösung in direkt auswertbaren Funktionen bekannt. Näherungsweise ist Gl. (49) besonders in quellnahen Punkten gültig. Lediglich für den Ort der vorlaufenden gedachten Linienquelle ist eine Lösung ohne Hochleistungsvereinfachung angegeben (Gl. (132) in [1]); es ist dies aber außer für $v=0$ nicht das Temperaturmaximum:

$$T - T_0 = \frac{q}{\delta 4\pi\lambda} e^{b\Delta t_0} \left\{ -E_i \left[-\left(b + \frac{v^2}{4a}\right) \Delta t_0 \right] \right\}. \tag{41}$$

Dabei ist $E_i(-u) = \int_u^\infty (e^{-u}/u) du$ für $u > 0$ die Integralexponentialfunktion und $b = 2(\alpha_k + \alpha_s)/c\varrho\delta$ die Wärmeaustauschzahl.

2.2.3.3 Stillstehende Streifenquelle in Scheibe

Es wird die Wärmeleitung von der in Abschnitt 2.1.3.3, Gln. (15) bis (20) eingeführten streifenförmigen Normalquelle (Wärmeleistung q_l je Längeneinheit in Streifenrichtung) betrachtet. Die Streifenquelle wirke ruhend über die Dicke δ der Scheibe. Der Streifen liegt auf der x-Achse (siehe Bild 19), die Wärmeleitung erfolgt also in Richtung der y-Achse.

Eine einfache Lösung ist nur für die Mitte der Streifenquelle ($y=0$) im Grenzzustand langanhaltender Erwärmung bekannt (Gl. (141) in [1]):

$$T_{gr} - T_0 = \frac{q_l}{2[2(\alpha_k + \alpha_s)\lambda\delta]^{1/2}} e^{b\Delta t_0} [1 - \Phi(b\Delta t_0)^{1/2}]. \tag{42}$$

Dabei ist $\Phi(u) = (2/\sqrt{\pi}) \int_0^u e^{-u^2} du$ das Gaußsche Wahrscheinlichkeitsintegral.

Im Sonderfall der auf die Streifenmitte $y=0$ konzentrierten Quelle ($k \to \infty$, $\Delta t_0 \to 0$) gilt:

$$T_{gr} - T_0 = \frac{q_l}{2[2(\alpha_k + \alpha_s)\lambda\delta]^{1/2}}. \tag{43}$$

2.2.4 Schnellwandernde Hochleistungsquellen

2.2.4.1 Schnellwandernde Hochleistungsquelle auf Halbkörper

Schnellwandernde Hochleistungsquellen sind durch hohe Wärmeleistung q bei hoher Quellgeschwindigkeit v gekennzeichnet. Die Arbeitsgrößen q und v werden bei möglicherweise konstanter Streckenenergie $q_s = q/v$ erhöht. Schnellwandernde Hochleistungsquellen verkürzen die Schweißzeit und haben daher große praktische Bedeutung.

Den Theoretiker interessieren die schnellwandernden Hochleistungsquellen wegen der Möglichkeit der Gleichungsvereinfachung. Bei konstantem q_s wird $q \to \infty$ und $v \to \infty$ eingeführt. Der durch diese Grenzwertbildung eintretende Fehler ist unmittelbar neben der Quelle relativ klein. Die vereinfachten Formeln eignen sich daher besonders für nahtnahe Bereiche.

Die Wärmeleitung um schnellwandernde Hochleistungsquellen läßt sich auch veranschaulichen. Mit zunehmender Quellgeschwindigkeit v und proportional vergrößerter Wärmeleistung q vergrößern sich die über bestimmte Temperaturen erwärmten Bereiche (siehe Abschnitt 2.2.2.2). Ihre Länge wächst proportional zur Geschwindigkeit und ihre Breite strebt einem Grenzwert zu. Bei sehr großer Geschwindigkeit breitet sich die Wärme hauptsächlich senkrecht zur Bewegungsrichtung der Quelle aus. Die Ausbreitung in Bewegungsrichtung ist

2.2 Globale Temperaturfelder

vernachlässigbar klein. Man kann sich den Halbkörper bzw. die Scheibe in eine große Zahl dünner ebener Schichten senkrecht zur Bewegungsrichtung der Quelle aufgeteilt denken. Die beim Durchgang der Wärmequelle durch die jeweilige Schicht zugeführte Wärme wird dann allein in dieser Schicht abgeführt, unabhängig vom Zustand der benachbarten Schichten. Das bewirkt die Vereinfachung der Gleichungen.

Für die schnellwandernde Hochleistungspunktquelle auf dem Halbkörper ist (mit Radiusvektor r in der Schicht, Gl. (82) in [1]):

$$T - T_0 = \frac{q}{v 2\pi \lambda t} e^{-r^2/4at}. \tag{44}$$

Daraus folgt die örtliche Maximaltemperatur in der Schicht senkrecht zur Quellbewegung (Gl. (87) in [1]):

$$T_{max} - T_0 = 0{,}234 \frac{q}{vc\varrho r^2}. \tag{45}$$

Die schnellwandernde Hochleistungskreisquelle läßt sich auf eine gleichwertige vorlaufende Linienquelle (Normalquelle auf Halbkörper über Linie senkrecht zur Bewegungsrichtung) umrechnen, deren Wärme sich nur senkrecht zur Bewegungsrichtung ausbreitet. Für das Temperaturfeld ergibt sich (mit Koordinate z in Tiefenrichtung und Koordinate y in Querrichtung, Gl. (157) in [1]):

$$T - T_0 = \frac{2q}{vc\varrho} \frac{e^{-z^2/4at}}{(4\pi at)^{1/2}} \frac{e^{-y^2/4a(t+\Delta t_0)}}{[4\pi a(t+\Delta t_0)]^{1/2}}. \tag{46}$$

Der Kommentar zu Gl. (38) gilt hier sinngemäß.

2.2.4.2 Schnellwandernde Hochleistungsquelle in Scheibe

Für die schnellwandernde Hochleistungslinienquelle in der Scheibe ist (Koordinate y in Querrichtung, Gl. (83) in [1]):

$$T - T_0 = \frac{q}{v\delta(4\pi\lambda c\varrho t)^{1/2}} e^{-[y^2/4at + bt]}. \tag{47}$$

Daraus folgt die örtliche Maximaltemperatur in der Schicht senkrecht zur Quellbewegung (Gl. (89) in [1]):

$$T_{max} - T_0 = 0{,}242 \frac{q}{vc\varrho \delta y}. \tag{48}$$

Die schnellwandernde Hochleistungskreisquelle läßt sich auf eine gleichwertige vorlaufende Streifenquelle (Normalquelle über Streifen senkrecht zur Bewegungsrichtung) umrechnen, deren Wärme sich nur senkrecht zur Bewegungsrichtung ausbreitet. Für das Temperaturfeld ergibt sich (mit Koordinate y in Querrichtung, Gl. (135) in [1]):

$$T - T_0 = \frac{q}{v\delta[4\pi\lambda c\varrho(t+\Delta t_0)]^{1/2}} e^{-[y^2/4a(t+\Delta t_0) + bt]}. \tag{49}$$

2.2.5 Wärmesättigung und Temperaturausgleich

In den vorangehenden Abschnitten 2.2.2 bis 2.2.4 wurde bei stillstehender und wandernder Quelle konstanter Leistung der Grenzzustand betrachtet, der sich nach längerer Wirkdauer einstellt. Bei der stillstehenden Quelle ist das zugehörige Temperaturfeld stationär, das heißt die örtlichen Temperaturen sind zeitunabhängig. Bei der wandernden Quelle ist das zugehörige Temperaturfeld quasistationär, das heißt in einem mitbewegten Koordinatensystem sind die örtlichen Temperaturen zeitunabhängig.

Der Grenzzustand kann nicht plötzlich entstehen. Vor Beginn der Wärmewirkung hat der betrachtete Körper in allen Punkten die konstante Temperatur der Umgebung oder der Vorwärmung. Durch die Wärmeeinbringung bildet sich örtlich eine erwärmte Zone aus, die sich zunehmend vergrößert und einem Grenzzustand zustrebt. Der Grenzzustand wird um so später erreicht, je weiter entfernt von der Quelle der betrachtete Punkt ist.

Der Zeitraum zwischen Beginn der Wärmeeinbringung und (praktischem) Erreichen des örtlichen Temperaturgrenzzustands T_{gr} wird als Wärmesättigungszeit bezeichnet. Zur Vereinfachung der Berechnungen bei wandernden Quellen wird der örtliche Temperaturübergang nach [1] durch eine allgemein anwendbare Wärmesättigungsfunktion $\psi(\varrho_i, \tau_i)$ beschrieben:

$$T(t) - T_0 = \psi(\varrho_i, \tau_i) T_{gr}. \tag{50}$$

Dabei ist τ_i eine dimensionslose Größe, die der Zeit t und ϱ_i eine dimensionslose Größe, die dem Abstand des betrachteten Punktes von der Wärmequelle proportional ist ($i = 1, 2, 3$).

Für die dreidimensionale (räumliche) Wärmeausbreitung von der wandernden Punktquelle in der Oberfläche des Halbkörpers ist

$$\varrho_3 = \frac{v}{2a} R, \quad \tau_3 = \frac{v^2}{4a} t. \tag{51}$$

Die zugehörigen Wärmesättigungsfunktionen ψ_3 zeigt Bild 30.

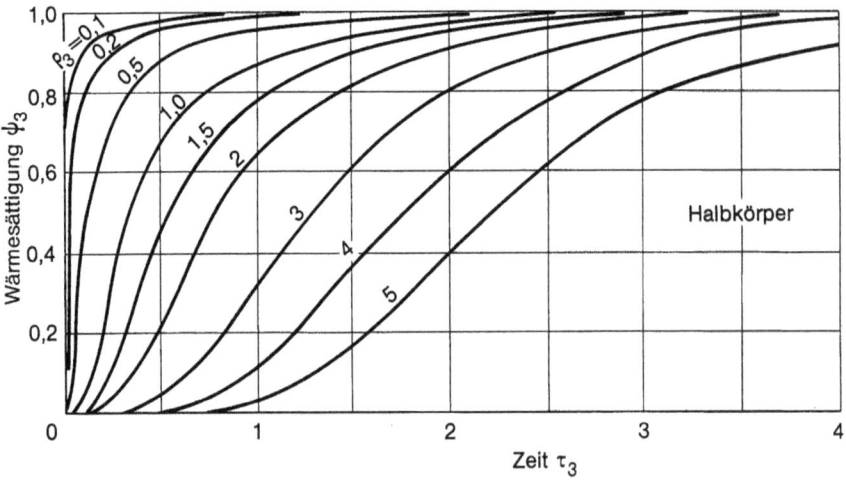

Bild 30. Wärmesättigung ψ_3 über Zeit τ_3 für Abstände ϱ_3, Punktquelle auf Halbkörper; nach [1]

2.2 Globale Temperaturfelder

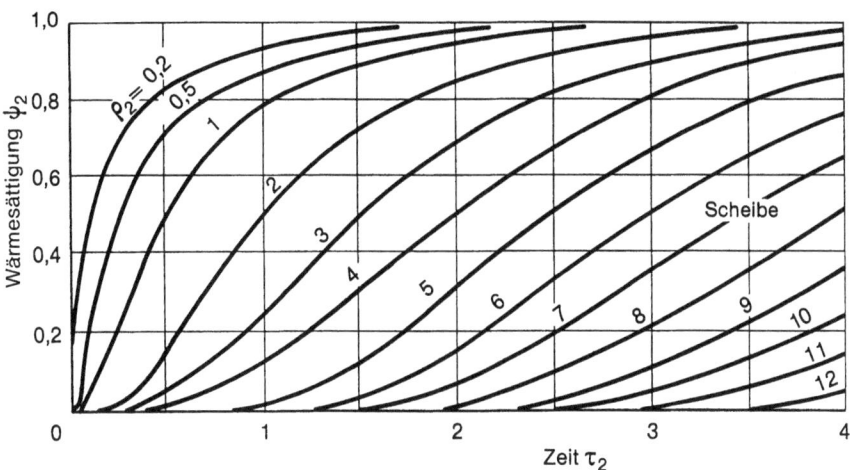

Bild 31. Wärmesättigung ψ_2 über Zeit τ_2 für Abstände ϱ_2, Linienquelle in Scheibe; nach [1]

Für die zweidimensionale (ebene) Wärmeausbreitung von der wandernden Linienquelle in der Scheibe ist

$$\varrho_2 = \left(\sqrt{\frac{v^2}{4a^2} + \frac{b}{a}}\right) r, \quad \tau_2 = \left(\frac{v^2}{4a} + b\right) t. \tag{52}$$

Die zugehörigen Wärmesättigungsfunktionen ψ_2 zeigt Bild 31.

Für die eindimensionale (lineare) Wärmeausbreitung von der wandernden Flächenquelle im Stab ist:

$$\varrho_1 = \left(\sqrt{\frac{v^2}{4a^2} + \frac{b^*}{a}}\right) |x|, \quad \tau_1 = \left(\frac{v^2}{4a} + b^*\right) t. \tag{53}$$

Die zugehörigen Wärmesättigungsfunktionen ψ_1 zeigt Bild 32.

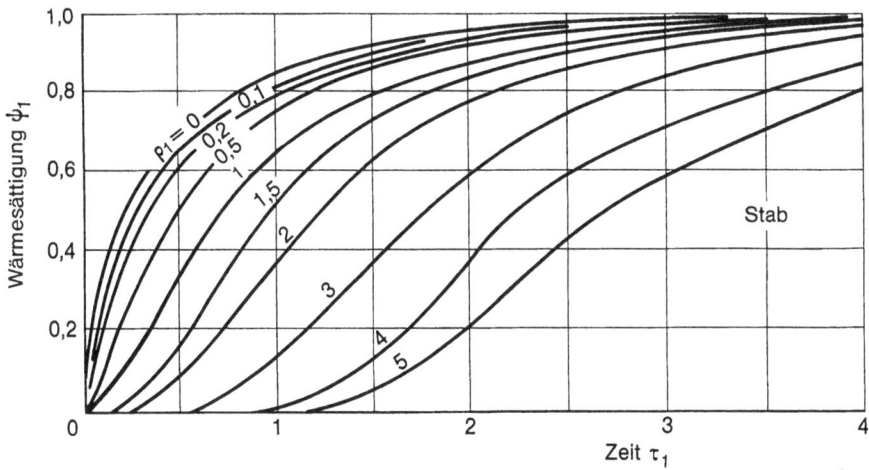

Bild 32. Wärmesättigung ψ_1 über Zeit τ_1 für Abstände ϱ_1, Flächenquelle im Stab; nach [1]

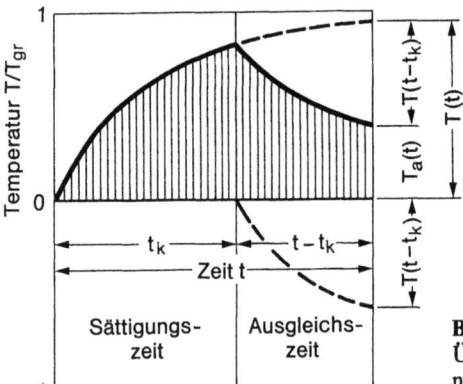

Bild 33. Simulation von Temperaturausgleich als Überlagerung positiver und negativer Wärmesättigung; nach [1]

Die Wärmesättigung verläuft um so langsamer, je stärker der räumliche Wärmestrom auf ebene oder lineare Verhältnisse eingeengt wird. Sie verläuft um so schneller, je näher die betrachteten Punkte an der Wärmequelle liegen.

Ein der Wärmesättigung entgegengerichteter Vorgang setzt ein, wenn eine stillstehende oder wandernde Quelle konstanter Leistung abgeschaltet wird. Die von der Quelle aufrechterhaltenen Ungleichmäßigkeiten des Temperaturfeldes beginnen sich dann auszugleichen, bis der Körper eine konstante, durch die Quellwirkung leicht erhöhte Temperatur erreicht hat. Die zugehörige Zeitspanne wird als Temperaturausgleichszeit bezeichnet.

Das Abschalten der Wärmequelle wird in der Temperaturfeldberechnung als das Zuschalten einer Wärmesenke (mit negativer Wärmeleistung) zur weiterlaufenden (also nicht abgeschalteten) Wärmequelle (mit positiver Wärmeleistung) simuliert (nach [1]).

In Bild 33 ist das für einen beliebigen Punkt des Körpers schematisch dargestellt. Von der positiven Wärmesättigungskurve wird vom Abschaltzeitpunkt t_k an die negative Wärmesättigungskurve abgezogen. Zu beachten ist, daß der Vorgang in dem mit der Quelle mitbewegten Koordinatensystem abläuft und daß sich mit der Quelle auch die überlagerte Senke fortbewegt. Die Temperatur T_a in der Ausgleichszeit wird also wie folgt berechnet:

$$T_a(t) = T_{gr}[\psi(t) - \psi(t - t_k)]. \tag{54}$$

2.2.6 Einfluß begrenzter Körperabmessungen

Die in den Abschnitten 2.2.1 bis 2.2.5 angegebenen Ausdrücke für das Temperaturfeld setzen unbegrenzte Ausdehnung des betrachteten Körpers voraus. Es wurde die momentane und kontinuierliche, stillstehende und wandernde Wärmequelle auf dem unendlich ausgedehnten Halbkörper, in der unendlich ausgedehnten Scheibe und im unendlich ausgedehnten Stab funktionstheoretisch beschrieben. In der Wirklichkeit sind die Abmessungen der Körper begrenzt. Der Einfluß der Körpergrenzen auf das Temperaturfeld ist um so stärker, je geringer ihr Abstand zur Quelle ist. Betrachtet man die Grenzflächen als wärmeundurchlässig, dann werden die für die unendlich ausgedehnten Körper errechneten Temperaturen erhöht.

Quellbewegungsparallele Grenzflächen lassen sich in vielen Fällen nach dem Verfahren der spiegelbildlichen Quellanordnung (siehe [1]) funktionsanalytisch erfassen (periodische Lösungen). In komplexeren Geometriefällen ist nur eine Finit-Element-Lösung des Wärmeleitproblems möglich.

2.2 Globale Temperaturfelder

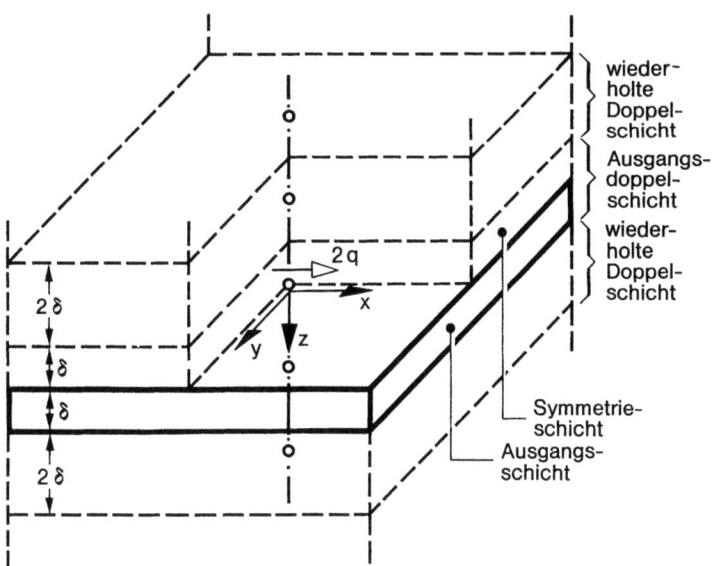

Bild 34. Periodisch wiederholte Punktquellen (Wärmeleistung $2q$) in unendlich ausgedehntem Körper als Modell für das Temperaturfeld in Körperschicht (Dicke δ) mit Punktquelle (Wärmeleistung q) einseitig auf Oberfläche

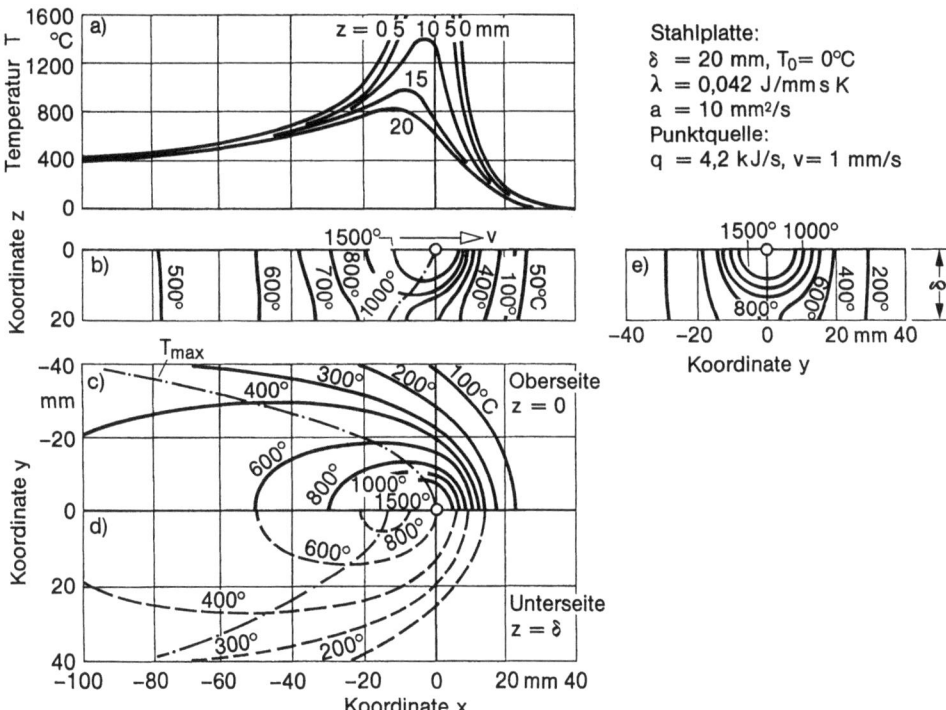

Stahlplatte:
δ = 20 mm, T_0 = 0°C
λ = 0,042 J/mm s K
a = 10 mm²/s
Punktquelle:
q = 4,2 kJ/s, v = 1 mm/s

Bild 35. Temperaturfeld um wandernde Punktquelle, einseitig auf dicker Platte, quasistationärer Grenzzustand im mitbewegten Koordinatensystem x, y, z; Temperatur T über x (**a**), Isothermen im Längsschnitt (**b**), auf Oberseite (**c**), auf Unterseite (**d**) und im Querschnitt (**e**); nach [1]

Wegen ihrer Anwendungsbedeutung für Auftragnähte, mehrlagige Nähte und Kehlnähte wird nachfolgend die Lösung aus [1] für die auf einer (dicken) ebenen Schicht wandernde Punktquelle veranschaulicht. Ober- und Unterfläche der Schicht sind als wärmeundurchlässig angenommen. Die Lösung wird über den unendlich ausgedehnten Körper mit im Abstand 2δ periodisch wiederholter Anordnung der wandernden Quelle mit gegenüber der Einzelschicht verdoppelter Leistung ($2q$) gewonnen, Bild 34. Wie man sich anschaulich klar macht, ist die Einzelschicht mit Oberflächenquelle in dieser Anordnung richtig wiedergegeben.

In der Oberfläche der Schicht werden höhere Temperaturen als in der Unterfläche festgestellt. Der Unterschied ist in Nähe der Quelle besonders groß. Im Abstand 4δ von der Quelle ist der Unterschied bereits kleiner als 5%. Die Temperatur in der Unterfläche der Schicht ist ein Mehrfaches der Temperatur im Halbkörper in vergleichbarer Ebene. Das Ergebnis der Berechnung ist in Bild 35 dargestellt.

2.2.7 Finit-Element-Lösung

Bei den vorstehend ausgewerteten funktionsanalytischen Lösungen sind temperaturunabhängige (mittlere) Werkstoffkennwerte angenommen. Wärmeübergang und Wärmeabstrahlung sind vielfach vernachlässigt. Die Bauteilränder werden im allgemeinen als unendlich entfernt angesehen. Nur in Sonderfällen sind Wärmeübergang bzw. Wärmeabstrahlung und endlich entfernte Ränder berücksichtigbar, letzteres durch Zurückführen auf eine periodische Lösung (Verfahren der spiegelbildlichen Quellanordnung).

In komplexeren Anwendungsfällen bieten sich Temperaturfeldlösungen nach der Finit-Element-Methode an [25, 26], in einfacheren (linearisierten) Fällen auch nach Differenzenverfahren. Entsprechend dem gegenwärtigen Entwicklungsstand der Schweißeigenspannungsanalyse mittels Finit-Element-Verfahren interessieren vor allem zweidimensionale Problemlösungen. Dazu gehören rotationssymmetrische und ebene Simulationen, letztere unterteilt nach Temperaturfeldern in Plattenebene und solchen im Plattenquerschnitt senkrecht zur Schweißnaht.

Kennzeichnend für die bei Schweißvorgängen benötigten Finit-Element-Netze sind die starken Unterschiede in der Netzteilung, sehr fein im Bereich der Schweißverbindung und sehr grob im übrigen Bauteil. Die damit gestellte Aufgabe der Netzfeinheitsabstufung kann

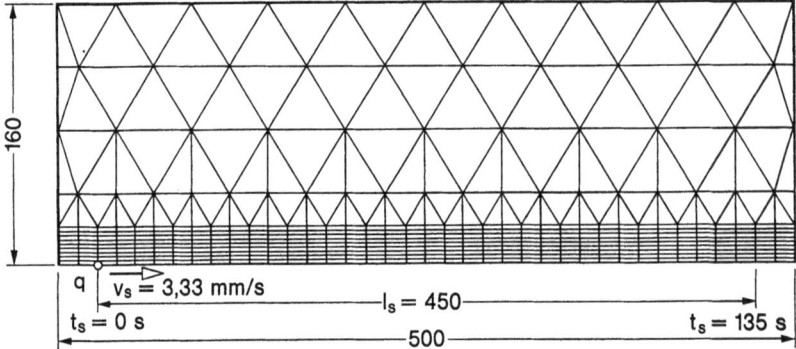

Bild 36. Finit-Element-Netz (Symmetriehälfte) für Temperaturfeldberechnung in Plattenebene beim Nahtschweißen (Nahtlänge l_s, Beginn und Ende der Naht in kleinem Abstand vom Plattenrand); nach [175]

2.2 Globale Temperaturfelder

unterschiedlich gelöst werden (siehe Bild 36 und 110). Besondere Netzstrategien für das Nahtschweißen mit wandernder Quelle bewegen ein feines Netz innerhalb eines groben Netzes mit der Quelle fort [1]. Derartige mitbewegte Netzverfeinerungen sind Voraussetzung für die zukünftige Lösung dreidimensionaler Problemstellungen.

Die auf zwei Dimensionen beschränkte, jedoch bei Berücksichtigung von Wärmeabstrahlung, Umwandlung und Temperaturabhängigkeit der Werkstoffkennwerte nichtlineare finite Wärmestromgleichung (21) ist orts- und zeitabhängig nach den Knotenpunktstemperaturen zu lösen. Schweißwärmequelle, Wärmeübergang und Wärmeabstrahlung werden durch oberflächige, gelegentlich auch innere Quellen an den Elementen, transformiert auf die Knotenpunkte, berücksichtigt. Die Wärmeabstrahlung wird nach Gl. (8) eingeführt. Wärmekapazitätsmatrix $[C_T]$ und Wärmeleitmatrix $[K_T]$ sind temperaturfeldabhängig. Die nichtlineare Wärmestromgleichung (21) wird zeitschrittweise durch (explizite bzw. implizite) Eulersche Vorwärts- oder Rückwärtsintegration gelöst [25, 26, 103].

Umwandlungsvorgänge in den Phasen fest-fest ebenso wie fest-flüssig sind, wenn sie bei bestimmter Temperatur (ohne Temperaturbereich) stattfinden, mit wandernden Umwandlungsfronten verbunden, in denen sich die Temperatur sprunghaft ändert. Der Temperaturursprung ist durch die anläßlich der Umwandlung freigesetzte latente Wärme verursacht. Auch die spezifische Wärme weist an dieser (Temperatur-) Stelle eine Unstetigkeit auf. Problemstellungen mit wandernden Fronten erfordern daher bei der Finit-Element-Modellierung adaptive Netze. Bei realen Werkstoffen findet die Umwandlung meist verteilt über einen Temperaturbereich statt, so daß die Unstetigkeit verwischt wird. Dementsprechend schlägt sich die Umwandlungswärme in einer scheinbaren Erhöhung der spezifischen Wärme nieder und kann in dieser Form ohne adaptive Netze allein mit entsprechend verfeinerter Netzteilung problemlos berücksichtigt werden [35, 137, 175].

Finit-Element-Lösungen (einschließlich Differenzenverfahren) für das Temperaturfeld beim Schweißen sind in den meisten Publikationen zur Finit-Element-Berechnung der Schweißeigenspannungen enthalten, aber auch separat in [33, 34, 44 bis 46] dargestellt. Bei Modellen zum Widerstandspunktschweißen kann die Finit-Element-Berechnung des elektrischen (Potential-) Feldes vorgeschaltet sein.

Als Beispiel für rotationssymmetrische Finit-Element-Lösungen (überwiegend in der einfacheren Form des Differenzenverfahrens) sind die Temperaturfeldberechnungen zum Punktschweißen zu nennen [38 bis 44, 47, 130, 131], Bild 52 und 95. In [38, 40] wird mit einem linearisierten Modell ohne Übergangswiderstand insbesondere die anfängliche Wärme- und Temperaturkonzentration am Schweißlinsenrand berechnet (Messungen in [39]). In [41] wird für das Widerstandsschweißen in der Halbleiterfertigung ein eindimensionales (Stab-) Modell mit axialer Werkstoffschichtung bei Stromstößen unterschiedlicher Form und Länge untersucht. In [42] wird das Temperaturfeld in einer Kreisscheibe aus Aluminium beim punktförmigen Anschmelzen mit dem Metallinertgas- bzw. Wolframinertgas-Schweißverfahren nach einem Ringmodell berechnet. In [43] wird die Ausbildung der Schweißlinse abhängig vom Verhältnis Stoffwiderstand zu Übergangswiderstand sowie von Anpreßkraft und Stromstärke für niedrig- und hochfesten Stahl im Vergleich dargestellt. In [44] werden das transiente elektrische und thermische Feld ausgehend von der elastisch simulierten Anpreßdruckverteilung dargestellt und daraus Form- und Größe der Schweißlinse abgeleitet. Das Finit-Element-Modell berücksichtigt Abheben, Schlupf und Widerstandsänderung in der Kontaktfläche, jedoch nicht das Fließen und Anschmelzen. Die Eignung des rotationssymmetrischen Modells für die geometrisch und physikalisch komplexere Problemstellung des Kollektorschweißens geht aus [45, 46] hervor.

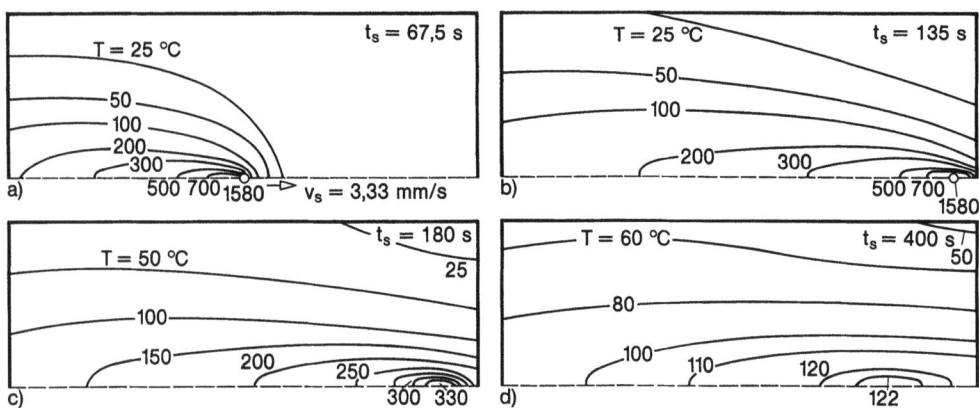

Bild 37. Temperaturfeld (Symmetriehälfte) in Rechteckplatte mit zentrischer Schweißnaht, während des Schweißens (**a**), bei Schweißende (**b**) und während der Abkühlung (**c**, **d**), Zeitspanne t_s nach Schweißbeginn; nach [175]

Das Beispiel einer Finit-Element-Berechnung [175] (mit hochwertigen Dreieck- und Viereckelementen) für das Temperaturfeld in der Ebene einer Rechteckplatte aus St 37 mit beidseitig simultan in X-Fuge gelegter Stumpfnaht zeigen die Bilder 36 und 37. Finit-Element-Berechnungen in dieser Ebene sind anstelle einer funktionsanalytischen Lösung notwendig, weil die Wirkung allseitig naher Plattenränder zu berücksichtigen ist und das Temperaturfeld

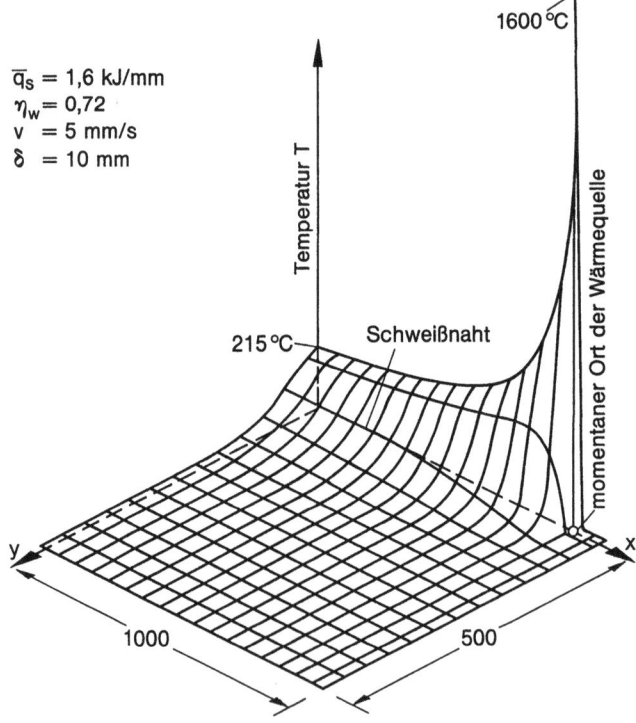

Bild 38. Temperaturfeld kurz vor Schweißende in Stahlplatte mit zentrischer MAG- oder MIG-Schweißnaht (Symmetriehälfte); nach [161]

2.3 Lokale Wärmewirkung auf Schmelzzone

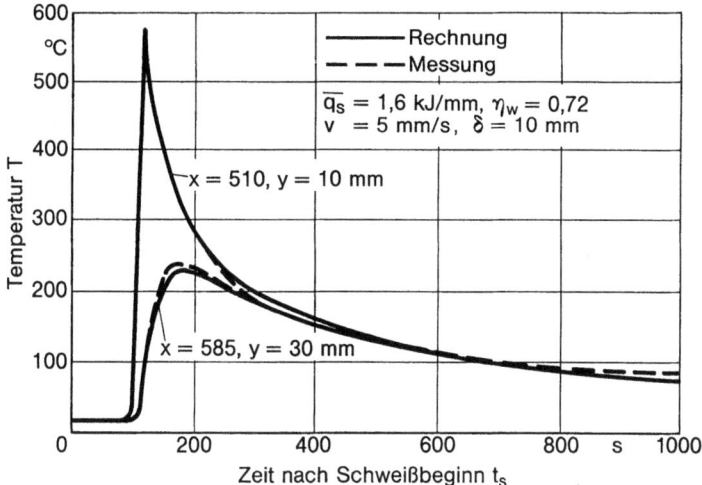

Bild 39. Zeitlicher Temperaturverlauf in Stahlplatte $1 \times 1 \times 0{,}01$ m^3 neben der zentrischen Schweißnaht, kleinerer und größerer Nahtmittenabstand y, Koordinate x nach Bild 38; nach [161]

nicht mehr als quasistationär aufgefaßt werden kann. Die Wärmestromdichte der wandernden Quelle ist oval Gauß-normalverteilt angenommen. Interessanterweise tritt das Temperaturmaximum während der Abkühlung dem Nahtende vorgelagert auf. Zu beachten ist, daß die Naht im vorliegenden Fall vor dem Plattenquerrand endet.

Als Beispiel einer Finit-Element-Berechnung [161] (mit einfachen Dreieckselementen) für Wärmeleitung allein in Ebenen quer zur schnellbewegten Hochleistungslinienquelle ist in Bild 38 das (symmetriehalbe) Temperaturfeld auf einer Feinkornbaustahlplatte $1 \times 1 \times 0{,}01$ m^3 mit Stumpfnaht (in der x-Achse) kurz vor Schweißende dargestellt. Die örtlichen Temperaturgradienten sind in Querrichtung größer als in Längsrichtung, mit Ausnahme eines kleinen Bereichs um die Wärmequelle. Das ist ein wichtiger Gesichtspunkt für die Finit-Element-Netzgestaltung im nachfolgenden mechanischen Modell, Bild 110. Den zeitlichen Temperaturverlauf für zwei Punkte in kleinerem bzw. größerem Abstand neben der Naht zeigt Bild 39. Der nahe der Naht sehr steile zeitliche Abkühlgradient bestimmt das Umwandlungs- und Aufhärteverhalten des Grundwerkstoffs („Wärmeeinflußzone"). Andere Temperaturfeldberechnungen in Ebenen quer zur Schweißnaht gehen von Wärmequellverläufen in der Nahtoberfläche gemäß wandernder Flächenquelle aus [176, 177] oder geben den Temperaturverlauf an der Außenkontur oder in Nahtmitte gemäß Temperaturfeldrechnung in Plattenebene als Führungsgröße vor [175, 178].

2.3 Lokale Wärmewirkung auf Schmelzzone

2.3.1 Schweißlichtbogen als Wärmequelle

2.3.1.1 Physikalisch-technische Grundlagen

Die am häufigsten verwendete Schweißwärmequelle ist der elektrische Lichtbogen. Er setzt elektrische Energie in Wärmeenergie um. Er besorgt das Abschmelzen des Zusatzwerkstoffs und das Aufschmelzen des Grundwerkstoffs. Er unterhält die im Lichtbogen ablaufenden endothermen und exothermen chemischen Vorgänge. Der Lichtbogen ist eine besondere Art der Gasentladung. Er beruht auf freibeweglichen Ladungsträgern (Elektronen und Ionen) in der Lichtbogenstrecke.

Voraussetzung für den Stromfluß im Gas zwischen zwei festen Polen (negative Katode und positive Anode) bei angelegter Spannung ist die Ionisation des Gases. Durch die Spannung des elektrischen Feldes zwischen den Polen werden die Elektronen in Richtung Anode beschleunigt. Sie stoßen dabei auf Gasmoleküle, die durch den Aufprall unter Freisetzung weitere Elektronen in positiv geladene Atome (Ionen) zerlegt werden. Die Gasionen werden in Richtung Katode beschleunigt. Der Vorgang der Stoßionisation wächst beim Aufbau des Lichtbogens lawinenartig an. Beim Auftreffen der Elektronen auf die Anode bzw. der Gasionen auf die Katode werden Anode und Katode örtlich hoch erhitzt, so daß Metallionen ausgedampft werden.

Metalle sind von einer dünnen Schicht freier Elektronen umgeben, die im elektrischen Feld Richtung Anode beschleunigt werden (Feldemission). Im kalten Zustand ist dabei eine Mindestarbeit zu leisten, die metallspezifische Austrittsarbeit. Die erzeugte Elektronenstromdichte erhöht sich mit steigender Temperatur. Bei etwa 3 500 °C tritt ein sprunghafter Anstieg auf (Thermoemission), der aber nur bei hochschmelzenden Metallen ohne vorherige Metallverdampfung realisiert werden kann.

Der Lichtbogen wird durch kurzzeitiges Berühren der beiden Pole gezündet. Beim Berühren fließt ein Kurzschlußstrom, der wesentlich höher als der normale Schweißstrom liegt. Wenn Berührungszündung unerwünscht ist, sind Zündhilfen in Form von Hochspannungsimpulsen anwendbar.

Der Spannungsabfall über die Lichtbogenstrecke besteht aus dem steilen „Katodenfall" und „Anodenfall" in sehr dünner Schicht und dem flacheren Abfall über die Plasmastrecke. Die Lichtbogenkennlinie besteht aus einem anfänglich steilen Abfall der Spannung mit der Stromstärke und einem darauffolgenden mäßigen Anstieg bei größerer Stromstärke. Nur der ansteigende „ohmsche" Bereich wird zum Schweißen verwendet und bildet mit der Spannung-Stromstärke-Kennlinie der Schweißstromquelle den Arbeitspunkt. Jeder Lichtbogen hat seine besondere Kennlinie.

Mit Gleichstrom läßt sich problemloser schweißen als mit Wechselstrom. Bei Gleichstrom sind beide Arten der Polung von Elektrode und Werkstück möglich, jedoch mit etwas unterschiedlichen Arbeitsergebnissen. Bei Wechselstrom spielt die Polung keine Rolle. Der Lichtbogen wird im 50-Hz-Rhythmus des Wechselstroms neu gezündet.

Der Lichtbogen ist als (beweglicher) elektrischer Leiter von einem Eigenmagnetfeld umgeben, das die Ladungsträger in Richtung Bogenachse beschleunigt. Dadurch schnürt sich der Lichtbogen ein und bildet auf Anode und Katode kleinflächige Ansatzstellen („Anodenfleck" bzw. „Katodenfleck"). Der Fleck auf der Elektrode ist polungsunabhängig immer kleiner als der im Schweißbad. Der Anodenfleck ist relativ ortsfest, der Katodenfleck relativ beweglich. Durch äußere Magnetkräfte kann der Lichtbogen leicht abgelenkt werden (Blaswirkung).

Anoden- und Katodenfleck werden durch den Aufprall der Elektronen bzw. Ionen hoch erhitzt (etwa 3 000 ... 4 000 °C je nach Werkstoff), der ortsfeste Anodenfleck höher als der bewegliche Katodenfleck. Die höchsten Temperaturen des Lichtbogens treten im Bogenplasma auf (bis 30 000 °C je nach Art und Zusammensetzung). Die entwickelte Wärme ist dem örtlichen Spannungsabfall proportional. Da das Spannungsgefälle an Anode und Katode besonders groß ist, entsteht hier ein großer Teil der Lichtbogenwärme.

2.3 Lokale Wärmewirkung auf Schmelzzone

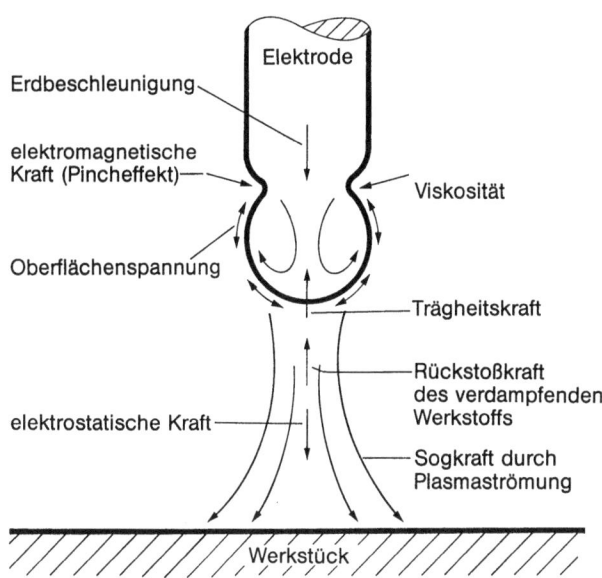

Bild 40. Kraftwirkungen bei tropfenförmig abschmelzender Elektrode; nach [52]

Der Lichtbogen sendet Strahlung im sichtbaren sowie im ultravioletten und ultraroten Bereich aus. Das steigert die Wärmewirkung und macht andererseits Schutzkleidung und Schutzgläser erforderlich.

Die wichtigsten Schweißverfahren arbeiten mit abschmelzender Elektrode. Der Zusatzwerkstoff geht in Tropfenform von der Elektrode zum Werkstück. Die dabei auftretenden sehr unterschiedlichen Kräfte sind in Bild 40 veranschaulicht: Viskosität und Oberflächenspannung, Erdbeschleunigung, Trägheitskräfte, Sogkräfte der Plasmaströmung, elektromagnetische und elektrostatische Kräfte. Für die Tropfenentstehung ist die elektromagnetische Einschnürung (Pinch-Effekt) wesentlich, für die Tropfenablösung expandierende Gase (verstärkt durch Kraterbildung bei umhüllter Elektrode).

Hinsichtlich der weiteren Zusammenhänge sei auf Killing [52], Ruge [51] und Schellhase [50] verwiesen.

2.3.1.2 Wärmebilanz und Wärmestromdichte

Aussagen zur Wärmebilanz des Schweißlichtbogens ermöglichen eine Abschätzung der Effektivleistung des Schweißlichtbogens, ohne auf die komplexen physikalischen Vorgänge genauer eingehen zu müssen. Mit zusätzlicher Angabe der Wärmestromdichteverteilung können relativ genaue Berechnungen der Wärmeausbreitung einschließlich Schmelzzone durchgeführt werden.

Der Zusammenhang zwischen elektrischer Bruttoleistung (am Lichtbogen) und effektiver Wärmeleistung (im Kalorimeter meßbar) wird durch den Wärmewirkungsgrad η_w vermittelt, Gl. (1) und Tabelle 1. Die beim Schweißen mit abschmelzender Elektrode auftretenden höheren Werte sind daraus zu erklären, daß ein Teil der zum Abschmelzen der Elektrode verbrauchten Wärme mit den Tropfen in das Schweißbad übergeht und zur Erwärmung des Grundwerkstoffs beiträgt. η_w hängt im übrigen bei vorgegebenem Schweißverfahren nur wenig von Art, Polarität und Stärke des Schweißstroms ab. η_w sinkt mit wachsender Lichtbogenlänge (bzw. Lichtbogenspannung). η_w erreicht bei ins Schweißbad eintauchendem Lichtbogen

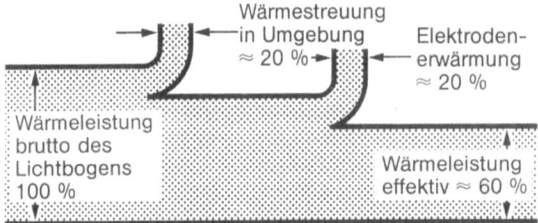

a) offener Lichtbogen, Kohleelektrode

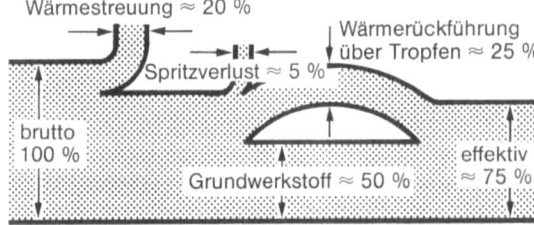

b) offener Lichtbogen, Metallelektrode

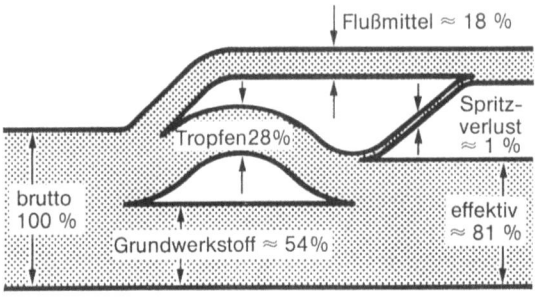

c) verdeckter Lichtbogen, Metallelektrode

Bild 41. Wärmebilanz des Schweißlichtbogens nach [1]. Kohleelektrode ($I=1000$ A, $U=40$ V) (**a**), abschmelzende blanke Metallelektrode ($I \leq 250$ A, $U \leq 25$ V) (**b**), abschmelzende Metallelektrode mit Flußmittel ($I=1000$ A, $U=36$ V, $v=6{,}7$ mm/s) (**c**)

besonders hohe Werte, die durch Abdeckung des Schweißbades mit Flußmittel nochmals verbessert werden.

Die Wärmebilanz dreier thermischer Verfahrensvarianten ist in Bild 41 grafisch veranschaulicht: Kohleelektrode, abschmelzende Metallelektrode und abschmelzende Metallelektrode unter Flußmittel.

Die Stromdichte ist auf den Anoden- bzw. Katodenfleck konzentriert. Der in diesem Bereich rechnerisch einzuführende Wärmestrom ist mit größerer Grundfläche anzusetzen (Erwärmungsfleck). Er wird durch die Gauß-Normalverteilung nach Gl. (15) angenähert. Im Zentrum des Erwärmungsflecks erfolgt die Erwärmung hauptsächlich durch die auftreffenden Ladungsteilchen. In der umgebenden Ringzone dominiert die Erwärmung durch Konvektion und Strahlung. Der Durchmesser des Anoden- bzw. Katodenflecks liegt im mm-Bereich, der des Wärmeflecks im cm-Bereich [1].

Mit wachsender Stromstärke erhöhen sich Höchstwert und Ausdehnung des Wärmestroms, Bild 42. Mit wachsender Spannung vermindert sich der Höchstwert bei vergrößerter Ausdehnung. Metallelektrode (offen) gegenüber Kohleelektrode zeigt höheren Wärmestrom bei gleicher Ausdehnung, Bild 43. Flußmittelabdeckung konzentriert den Wärmestrom erheblich.

2.3 Lokale Wärmewirkung auf Schmelzzone

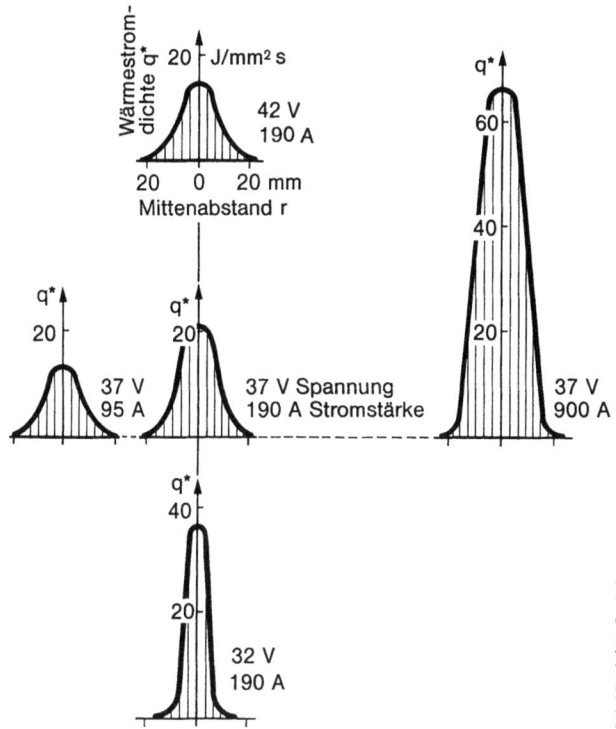

Bild 42. Wärmestromdichteverteilung q^* eines schnellwandernden Lichtbogens über Mittenabstand r, Kohleelektrode, Einfluß von Stromstärke I und Spannung U; nach Versuchen von Kulagin in [1]

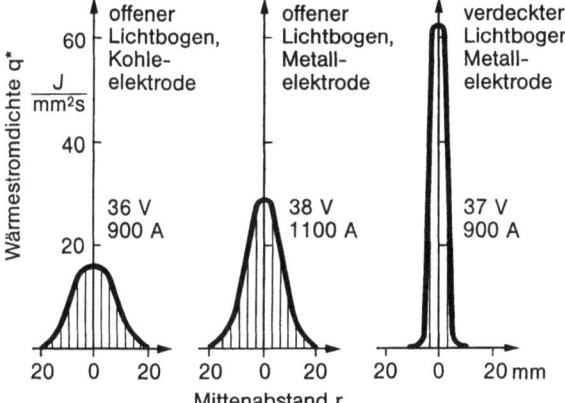

Bild 43. Wärmestromdichteverteilung q^* eines schnellwandernden Lichtbogens über Mittenabstand r, Kohleelektrode, blanke Metallelektrode und Metallelektrode mit Flußmittel; nach Versuchen von Kulagin in [1]

Die Frage nach der Parameterabhängigkeit von Wärmebilanz und Wärmestromdichte ist indirekt im Zusammenhang mit der Streckenenergie q_s, Gl. (3), gestellt. Das (rechnerische) Temperaturfeld wandernder Quellen ist von der effektiven Wärmeenergie je Nahtlängeneinheit abhängig. Es ist gleichgültig, ob mit niedriger Leistung langsam oder mit hoher Leistung schnell geschweißt wird. Es ist auch gleichgültig, ob die Leistung in der Kombination kleiner Stromstärke mit hoher Spannung oder umgekehrt erzeugt wird (vorausgesetzt, η_w bleibt gleich).

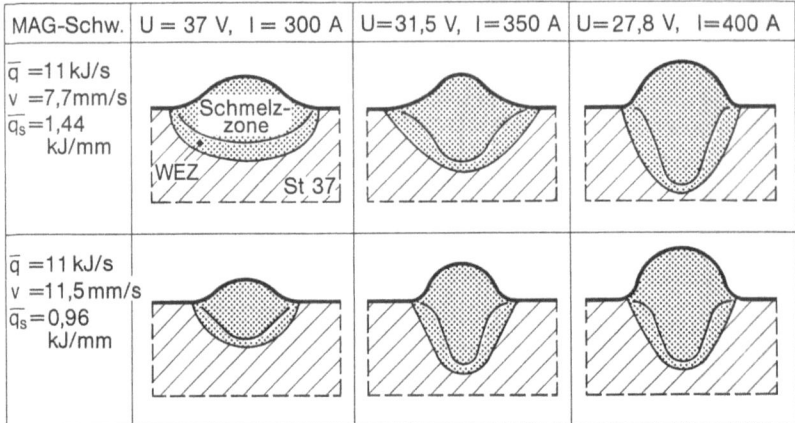

Bild 44. Schmelzzonenquerschnitt und Wärmeeinflußzone beim MAG-Auftragschweißen (Aktivgas CO_2) mit unterschiedlicher Einstellung von Spannung U und Stromstärke I bei gleicher elektrischer (Brutto-)Leistung $\bar{q}$ bzw. (Brutto-)Streckenenergie $\bar{q}_s$; nach [72]

Inwieweit diese Auffassung richtig ist, wurde von Eichhorn/Niederhoff [72] mittels Temperatur- und Wärmemengenmessungen (speziell Austenitverweilzeit Δt_a über 800 °C und Abkühlzeit $\Delta t_{8/5}$ von 800 auf 500 °C) für das Schutzgasschweißen mit abschmelzender Elektrode untersucht. Unter Konstanthaltung der (Brutto-)Streckenenergie wurden einerseits Strom und Spannung gegenläufig (bei konstanter Leistung und Schweißgeschwindigkeit) und andererseits Leistung und Schweißgeschwindigkeit gleichläufig (bei konstantem Verhältnis von Strom und Spannung) verändert. Bei relativ wenig veränderlichem Wärmewirkungsgrad $\eta_w = 0{,}8 \ldots 0{,}9$ wurden Veränderungen von Schmelzzonengröße und Abkühlzeit bis zum Faktor 2 festgestellt. Die unterschiedlichen Einstellwerte, besonders die von Strom und Spannung, führten auch zu deutlich unterschiedlicher Form und Größe des Querschnitts der Auftragschweißraupe, Bild 44. Einbrand und Aufwölbung sind flach bei kleiner Stromstärke und großer Spannung, sie sind überhöht im umgekehrten Fall. Die Größe des Raupenquerschnitts steigt offensichtlich mit der Stromstärke, was auf eine Verbesserung von η_w und η_t zurückzuführen ist. Die über die Streckenenergie erzielte Parameterreduktion kann daher im Einzelfall korrekturbedürftig sein [73, 74].

2.3.1.3 Abschmelzen der Elektrode

Das Abschmelzen der Elektrode (und damit das Auftragen des Zusatzwerkstoffs) ist eine wichtige Teilaufgabe des Schweißlichtbogens, die neben der eigentlichen Aufgabe des Aufschmelzens des Grundwerkstoffs steht.

Die Elektrode wird im gesamten stromdurchflossenen Volumen widerstandserwärmt. Im endnahen Bereich erzeugt der Wärmefleck einen zusätzlichen steilen Temperaturanstieg, der zum Abschmelzen der Elektrode führt. Die zunächst zu betrachtende Widerstandserwärmung nimmt mit der Stromdichte und der Dauer der Stromwirkung zu. Die zugehörige Temperaturerhöhung ist in jedem Moment im gesamten Volumen der Elektrode gleich groß. In der Elektrodenumhüllung tritt dagegen ein radiales Temperaturgefälle auf.

Die durch den Stromfluß widerstandserzeugte Wärme verteilt sich auf Elektrodenstab und Elektrodenumhüllung, ein kleinerer Teil wird in die Umgebung übertragen. Die Wärmebilanz

2.3 Lokale Wärmewirkung auf Schmelzzone

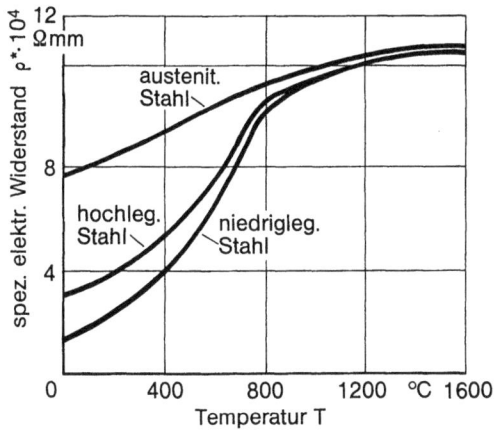

Bild 45. Spezifischer elektrischer Widerstand ϱ^* unterschiedlicher Elektrodenwerkstoffe; nach [1]

in einem beliebigen Augenblick des Erwärmungsprozesses führt zur Differentialgleichung der Elektrodenerwärmung (Gl. (167) in [1]):

$$\overline{c\varrho}\frac{dT}{dt} = \varrho^* j^2 - \alpha_u (T - T_0) \frac{4 d_u}{d_e^2}. \tag{55}$$

Es bedeuten: T Temperatur des Elektrodenstabs, $\overline{c\varrho}$ volumenspezifische Wärmekapazität (gemittelt über Stab und Umhüllung), ϱ^* spezifischer elektrischer Widerstand ($R = \varrho^* l/F$), j Stromdichte ($j = I/F$), F Stabquerschnittsfläche (ohne Umhüllung), l Stablänge, α_u Wärmeübergangszahl vom Stab zur Umgebung über die Umhüllung, T_0 Umgebungstemperatur, d_e Stabdurchmesser der Elektrode, d_u Umhüllungsdurchmesser.

Der spezifische elektrische Widerstand ϱ^* hängt vom Werkstoff und dessen Zusammensetzung ab, er steigt außerdem mit der Temperatur, Bild 45. Das Ergebnis einer Auswertung von Gl. (55) nach dem Differenzenverfahren zeigt den zeitlichen Temperaturanstieg bei unterschiedlichen Stromdichten für blanke und umhüllte Elektroden, Bild 46. Die Erwärmungsgeschwindigkeit steigt mit der Stromdichte. Umhüllte Elektroden erwärmen sich etwas langsamer als blanke Elektroden, weil die Umhüllung einen Teil der Wärme speichert.

In unmittelbarer Nähe des abschmelzenden Elektrodenendes (innerhalb von etwa 10 mm Länge) wirkt zusätzlich zur Widerstandserwärmung die Erwärmung durch den Lichtbogen. Der steile Temperaturabfall in diesem Bereich kann durch das Temperaturfeld der in einem Stab wandernden Flächenquelle angenähert werden (Gl. (37), latente Schmelzwärme vernachlässigt):

$$T = T_w + (T_s^{**} - T_w) e^{-v_e x/a}. \tag{56}$$

Es bedeuten: T Temperaturanstieg am Elektrodenstabende, T_w Temperaturerhöhung durch Widerstandserwärmung, T_s^{**} Temperatur der Schmelztropfen ($T_s^{**} > T_s$), v_e Abschmelz- bzw. Vorschubgeschwindigkeit der Elektrode, a Temperaturleitzahl, x Stablängskoordinate.

Lichtbogen- und Widerstandserwärmung sind überlagert. In Stabelektroden steigt T_w mit der Schweißzeit t_s im ganzen Stab gleichmäßig an. In Drahtelektroden mit automatischer stetiger Zuführung steigt T_w von der Stromeinleitstelle zum Drahtende linear an, Bild 47. In beiden Fällen überlagert sich der exponentielle Verlauf der Temperaturerhöhung durch den Lichtbogen. Beim automatischen Schweißen steigt die Höchsttemperatur $T_{w\,max}$ mit der

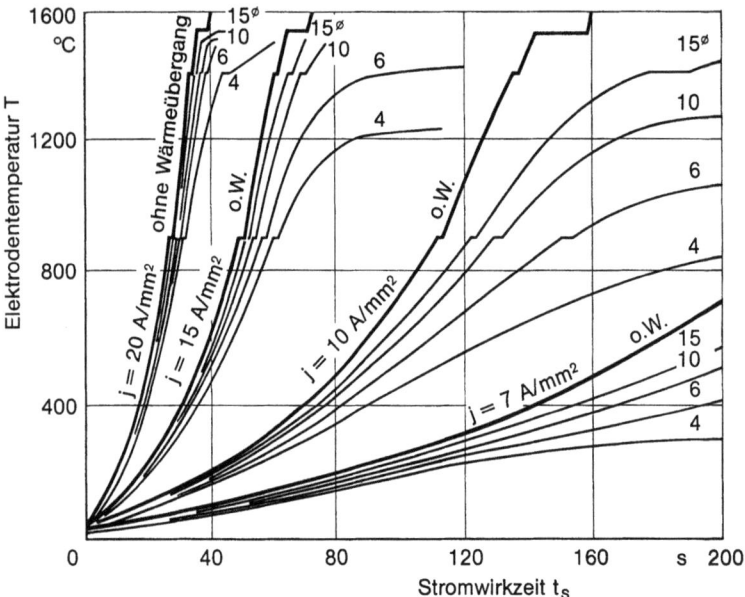

Bild 46. Temperaturanstieg in blanken Elektroden aus unlegiertem Stahl, Widerstandserwärmung ohne und mit Wärmeübergang, unterschiedliche Durchmesser und Stromdichten j; nach [1]

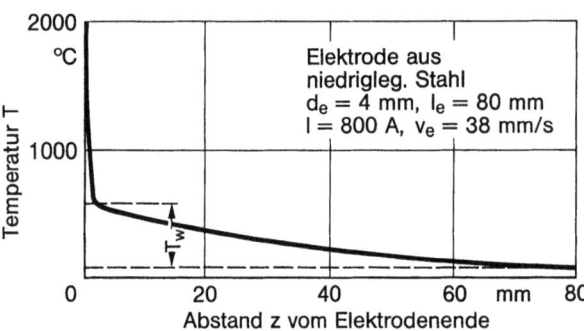

Bild 47. Temperaturverteilung in stetig zugeführtem Elektrodendraht aus unlegiertem Stahl, Widerstands- und Lichtbogenerwärmung; nach [1]

Einspannlänge des Schweißdrahtes, so daß mit höherer Einspannlänge höhere Abschmelzleistungen erzielt werden.

Die Abschmelzleistung von Elektroden kann, ausgehend von Wärmebilanz und Temperaturverteilung, allgemein beschrieben werden. Die effektive Wärmeleistung q_e des Lichtbogens an der Elektrode wird aus Spannung U (am Lichtbogen), Stromstärke I und Wärmewirkungsgrad η_e ($\eta_e \approx 0{,}1$) bestimmt:

$$q_e = \eta_e U I. \tag{57}$$

Die effektive Wärmeleistung erhitzt das mit Vorschubgeschwindigkeit v_e vorrückende und abschmelzende Elektrodenende auf $T_s^{**} > T_s$ (T_s Schmelztemperatur) gemäß:

$$q_e = v_e F_e \overline{c\varrho} (T_s^{**} - T_w). \tag{58}$$

2.3 Lokale Wärmewirkung auf Schmelzzone

In dieser Gleichung ist

$$g_e = v_e F_e \varrho \tag{59}$$

die Abschmelzleistung g_e [g/s] und

$$\Delta i = c(T_s^{**} - T_w) \tag{60}$$

die gewichtsspezifische Wärmeinhaltsänderung der Schmelztropfen durch den Lichtbogen gegenüber dem widerstandserwärmten Elektrodenende. Die in Wirklichkeit temperaturabhängigen Werkstoffkennwerte ϱ und c sind in Gl. (58) temperaturunabhängig, jedoch gemittelt im betrachteten Temperaturbereich und korrigiert um die latente Schmelzwärme, eingeführt (Querstrich über $c\varrho$).

Durch Gleichsetzen von q_e nach Gln. (57) und (58) unter Beachtung von Gl. (59) folgt für die Abschmelzleistung

$$g_e = \frac{\eta_e U I}{c(T_s^{**} - T_w)} \tag{61}$$

sowie für die Abschmelz- bzw. Vorschubgeschwindigkeit

$$v_e = \frac{\eta_e U I}{F_e \overline{c\varrho}(T_s^{**} - T_w)} . \tag{62}$$

In der Praxis werden Abschmelzleistung g_e bzw. Abschmelzgeschwindigkeit v_e vor allem über die Stromstärke I gesteuert. Die mögliche Stromstärke ist aber elektrodenabhängig begrenzt (Abschmelzinstabilitäten, Spritzverluste). Die Abschmelzleistung von Stabelektroden erhöht sich mit zunehmender Schweißdauer infolge der Temperaturerhöhung T_w. Die Temperaturerhöhung $T_{w\,max}$ nach Abschluß des Schweißvorgangs mit vorgegebener Elektrode andererseits ist um so größer, je langsamer geschweißt wurde, bei nackter Elektrode außerdem höher als bei umhüllter Elektrode.

Als verfahrens- und elektrodentypische Abschmelzzahl α_e wird das Verhältnis

$$\alpha_e = \frac{g_e}{I} \tag{63}$$

verwendet, das nach Gl. (61) bei nicht extrem hoher Abschmelzleistung annähernd konstant ist. Nach [1] ist beim Handschweißen $\alpha_e \approx 5 \ldots 14$ g/Ah, beim mechanisierten Unterpulverschweißen $\alpha_e \approx 13 \ldots 23$ g/Ah.

Die Abschmelzmasse g_e findet sich nach Abzug der Masseverluste in Lichtbogen und Schmelze (Spritz- und Verdampfungsverluste) in der Auftragmasse g_a wieder, die mit Schweißgeschwindigkeit v aufgebracht wird:

$$g_a = v F_a \varrho , \tag{64}$$

$$g_a = g_e(1 - \psi_a). \tag{65}$$

Die Verlustziffer ψ_a ist in [1] mit $\psi_a = 0{,}05 \ldots 0{,}2$ für gewöhnliche Schweißverfahren bzw. mit $\psi_a = 0{,}01 \ldots 0{,}02$ für das Unterpulverschweißen angegeben.

Als verfahrens- und elektrodentypische Auftragschweißzahl α_a wird das Verhältnis

$$\alpha_a = \frac{g_a}{I} \tag{66}$$

verwendet. Offensichtlich ist

$$\alpha_a = \alpha_e (1 - \psi_a). \tag{67}$$

Zu den Ausführungen dieses Abschnitts sind in [1] Rechenbeispiele angegeben, deren Nachvollzug dem Leser zur Vertiefung des Verständnisses empfohlen wird.

Die Ausführungen sind auf Schweißverfahren mit direktem Lichtbogen und nicht abschmelzender Elektrode sowie auf Verfahren mit indirektem Lichtbogen (Plasmaschweißen) sinngemäß übertragbar. Die Widerstandserwärmung des Zusatzwerkstoffs entfällt hier. Die Wärme wird allein durch Konvektion und Strahlung vom Lichtbogen auf den Zusatz- bzw. Grundwerkstoff übertragen. Abschmelzleistung und Abschmelzwirkungsgrad sind dadurch verringert.

2.3.1.4 Aufschmelzen des Grundwerkstoffs

Das Aufschmelzen des Grundwerkstoffs ohne oder mit Zusatzwerkstoff ist für die feste Verbindung der Fügeteile entscheidend. Theoretisch könnte dabei eine äußerst dünne Aufschmelzschicht ausreichen. Tatsächlich wird eine Schichtdicke von etwa 1 mm angestrebt, um geometrische, werkstoff- und verfahrenstechnische Sollwertabweichungen ohne Bindefehler zu überbrücken. Andererseits sollte aber auch nicht stärker als notwendig aufgeschmolzen werden, um Energieverschwendung, Kantenabbrand, Durchtropfen des Schweißbades und tiefe Nahtendkrater zu vermeiden.

Die nachfolgenden Angaben nehmen durchweg auf den Schweißlichtbogen Bezug. Sie sind auf das Schweißen mit der Flamme sinngemäß übertragbar.

Am Wärmefleck des Schweißlichtbogens auf der Grundwerkstoffoberfläche treten augenblicklich Schmelzen und Überhitzen der Schmelze auf. Die sich vergrößernde Schmelzzone bildet das Schweißbad. die Oberfläche des Schweißbades wird durch die Blaswirkung des Lichtbogens kraterförmig eingedrückt. Dadurch gewinnt der Lichtbogen neben der Beweglichkeit längs und quer (Pendeln) eine weitere in Tiefenrichtung.

Es wird zwischen oberflächigem und eintauchendem Lichtbogen unterschieden, Bild 48. Beim oberflächigen Lichtbogen, der durch niedrige Stromstärke begünstigt wird, liegt der Wärmefleck nur wenig tiefer als die Werkstückoberfläche, eine flüssige Schicht bleibt unter dem Wärmefleck immer erhalten, die Schmelztiefe ist relativ klein. Beim eintauchenden Lichtbogen, der durch hohe Stromstärke begünstigt wird, liegt der Wärmefleck (und damit auch ein Teil des Lichtbogens) tief unter der Werkstückoberfläche, die flüssige Schicht wird in Richtung der erstarrenden Naht weggedrückt, die Schmelztiefe ist groß. Beim eintauchenden Lichtbogen findet vorteilhaft auch intensive Wärmeübertragung an den Kraterwänden statt. Beim Unterpulverschweißen ist der eintauchende Lichtbogen außerdem nach oben durch das Schlackenpulver abgedeckt, was die Verlustwärme weiter reduziert.

Die Abmessungen des Schweißbades bzw. der Schmelzzone werden (bei Auftrag- und Stumpfnähten) durch folgende Größen gekennzeichnet (siehe auch Bild 48): l_s^* Schweißbadlänge, b_s Schweißbadbreite, h_s Schweißbadtiefe, h_a Schweißraupenauftraghöhe, F_s Aufschmelzfläche, F_a Auftragfläche. Die Größen b_s, h_s, h_a, F_s und F_a sind im Querschliff meßbar, wobei Schweißbad und Schmelzzone gleichgesetzt werden. Tatsächlich ist die Schmelzzone durch die Umhüllungsfläche des wandernden Schweißbades gegeben. Der Unterschied ist im Querschliff vernachlässigbar. F_s kennzeichnet den aufgeschmolzenen Grundwerkstoff, F_a dagegen den eingebrachten Zusatzwerkstoff. Die Größe l_s^* ist am erstarrten Nahtendkrater ausmeßbar. Die Endkratertiefe ist aber kein Maß für die Schweißbadtiefe, weil sich der Endkrater beim Abschalten des Lichtbogens auffüllt.

2.3 Lokale Wärmewirkung auf Schmelzzone

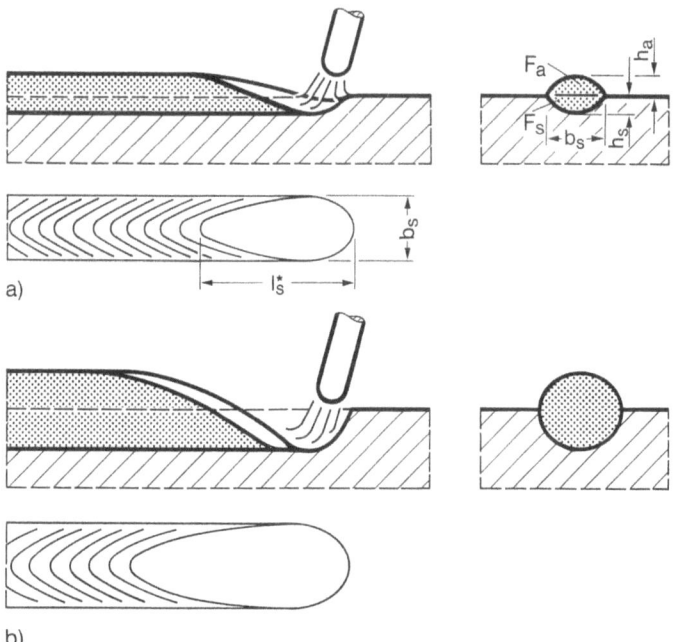

Bild 48. Schweißbad mit oberflächigem (a) und eintauchendem (b) Lichtbogen; nach [1]

Zusätzlich sind als dimensionslose geometrische Kenngrößen die bezogene Schmelztiefe h_s/b_s und der Völligkeitsgrad $\mu = F_s/(h_s b_s)$ eingeführt. Die bezogene Schmelztiefe ist je nach Schweißverfahren, Elektrode und Grundwerkstoff unterschiedlich groß. Demgegenüber ist der Völligkeitsgrad $\mu = 0{,}6 \ldots 0{,}8$ relativ gleichbleibend.

Für eine rechnerische Vorausbestimmung der geometrischen Kenngrößen der Schmelzzone (sie haben unter anderem für Eigenspannungen und Verzug erhebliche Bedeutung) bieten sich die Temperaturfeldgleichungen für Halbkörper und Scheibe mit Punkt- bzw. Linienquelle an (unter Vernachlässigung der Wärmeübertragung, $b=0$). Als Schmelzzone sei das Gebiet innerhalb der Schmelztemperatur-Isotherme angesehen. Damit wird der Einfluß der wichtigsten Parameter von Geometrie, Werkstoff und Verfahren erfaßt. Die Abweichungen zwischen Rechnung und Wirklichkeit sind jedoch groß, weil der Schmelzvorgang unzureichend modelliert ist.

Im Modell wird allein die Wärmeleitung, ausgehend von der Punkt- bzw. Linienquelle, berücksichtigt. In Wirklichkeit wird die Wärme über den flächigen Wärmefleck unter Mitwirkung von Konvektion und Strahlung an den Kraterwänden eingebracht. An der Kraterfrontwand wird Schmelzwärme verbraucht und an der Kraterrückwand beim Erstarren wieder freigesetzt. Der Zusatzwerkstoff der Elektrode wird über dem Schweißbad erschmolzen und erstarrt nach dem Abtropfen ebenfalls unter Wärmefreisetzung.

Gemäß [1] wird die rechnerische Vorausschätzung auf Basis der Temperaturfeldgleichungen über eine Wirkungsgradbeschreibung des Schweißprozesses durchgeführt.

Die Wärmeleistung q zum Schmelzen des Grundwerkstoffs (je Zeiteinheit) wird aus dem Aufschmelzvolumen $v F_s$ [mm³/s] und seinem volumenspezifischen Wärmeinhalt ϱi_s [J/mm³] (einschließlich latenter Schmelzwärme, aber ohne Überhitzung) bestimmt und über den

Schmelzwirkungsgrad η_s der elektrischen Lichtbogenleistung gleichgesetzt:

$$vF_s\varrho i_s = \eta_s UI. \tag{68}$$

Der Leistungsansatz bezieht sich auf das Aufschmelzen ohne Zusatzwerkstoff (Auftragquerschnittsfläche $F_a=0$). Anderenfalls wäre auf der linken Gleichungsseite statt F_s richtiger F_s+F_a zu setzen. Geschieht das nicht, dann tritt die Abschmelzleistung in η_s unrichtigerweise als Verlustfaktor auf. In [1] wurde das nicht beachtet.

Der Schmelzwirkungsgrad η_s wird in den Teilwirkungsgrad η_w der Wärmeentwicklung und Wärmeübertragung im Lichtbogenspalt, in den (rechnerisch ermittelten) thermischen Teilwirkungsgrad η_t des Grundwerkstoffschmelzens (ein wesentlicher Teil der effektiven Wärmeleistung des Lichtbogens geht durch Wärmeleitung in den Grundwerkstoff verloren) und in den Korrekturfaktor p für die Abweichungen der Rechnung von der Wirklichkeit aufgespalten:

$$\eta_s = p\eta_t\eta_w. \tag{69}$$

Der schweißverfahrensabhängige Wirkungsgrad η_w wird nach Tabelle 1 geschätzt oder durch Messung bestimmt. Für den oberflächigen Lichtbogen ist $p<1,0$ ($p\approx 0,5\ldots 1,0$), für den eintauchenden Lichtbogen ist $p>1,0$ ($p\approx 1,0\ldots 1,2$). Mit verbesserten Rechenverfahren für das Temperaturfeld (mit genauerer Berücksichtigung der Thermodynamik am Schweißbad) kann $p\approx 1,0$ erreicht werden. Der thermische Wirkungsgrad η_t wird aus der (rechnerischen) Aufschmelzfläche F_s der innerhalb der Isotherme T_s liegenden Zone, umgerechnet auf Wärmeleistung und gegenübergestellt der effektiven Wärmeleistung q, bestimmt.

Beim Halbkörper mit schnellwandernder Hochleistungspunktquelle wird (rechnerisch) ein Halbzylinder um die Quellbewegungslinie (Radius r_s) auf T_s erwärmt,

$$\eta_t = \frac{vc\varrho(T_s-T_0)\pi r_s^2}{2q}. \tag{70}$$

Mit Gl. (45) folgt $\eta_t=0,234\cdot\pi/2=0,368$. Nur 36,8 % der effektiv verfügbaren Wärmeleistung werden zum Schmelzen verbraucht.

Bei der Scheibe mit schnell wandernder Hochleistungslinienquelle wird (rechnerisch) ein Streifen um die Quellbewegungsfläche (Breite b_s, Dicke δ) auf T_s erwärmt:

$$\eta_t = \frac{vc\varrho b_s\delta(T_s-T_0)}{q}. \tag{71}$$

Mit Gl. (48) folgt $\eta_t=0,242\cdot 2=0,484$. Nur 48,4 % der effektiv verfügbaren Wärmeleistung werden zum Schmelzen verbraucht.

Die vorstehenden Werte gelten für schnell wandernde Hochleistungsquellen (ohne Zusatzwerkstoff). Sie sind durch Wärmeleitung ausschließlich senkrecht zur Quellbewegung gekennzeichnet. Bei in Wirklichkeit langsamerer Quellbewegung erhöht sich der Wärmeverlust durch Wärmeleitung in Richtung der Quellbewegung. Der Wirkungsgrad η_t für nicht schnell wandernde Quellen wird in [1] abhängig von den dimensionslosen Faktoren ξ_3 (für den Halbkörper, Index 3 für dreidimensionale Wärmeableitung) und ξ_2 (für die Scheibe, Index 2 für zweidimensionale Wärmeableitung) grafisch dargestellt, Bilder 49 und 50:

$$\xi_3 = \frac{qv}{a^2\varrho i_s}, \tag{72}$$

$$\xi_2 = \frac{q}{a\delta\varrho i_s}. \tag{73}$$

2.3 Lokale Wärmewirkung auf Schmelzzone

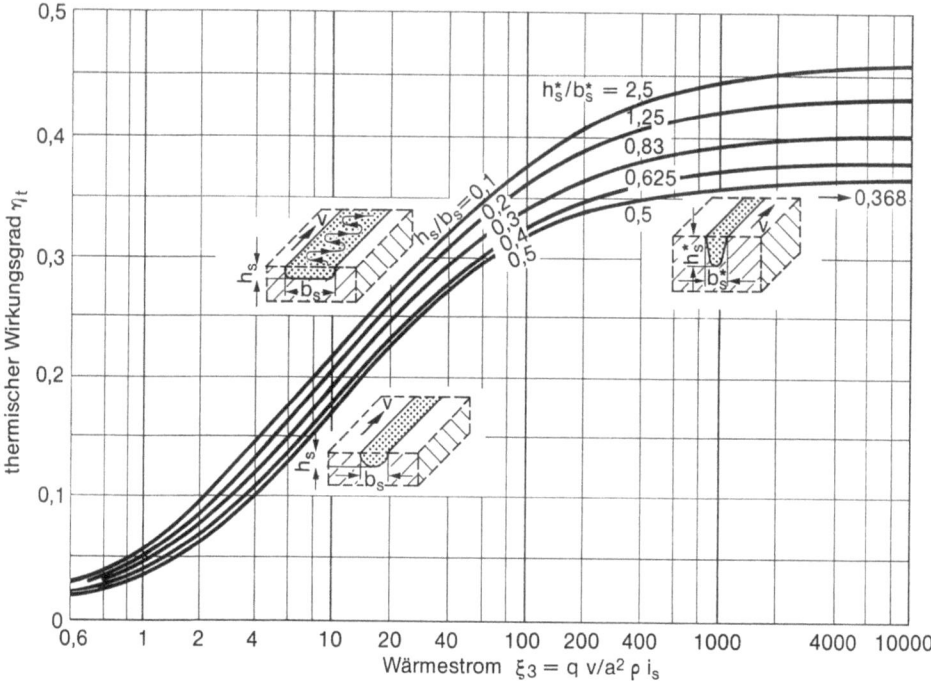

Bild 49. Thermischer Wirkungsgrad η_t der Auftragschweißung bei dreidimensionaler Wärmeableitung, abhängig von Wärmestrom q, Schweißgeschwindigkeit v, Temperaturleitzahl a und Schmelzwärmeinhalt ϱi_s für unterschiedliches h_s/b_s bzw. h_s^*/b_s^*; nach [1]

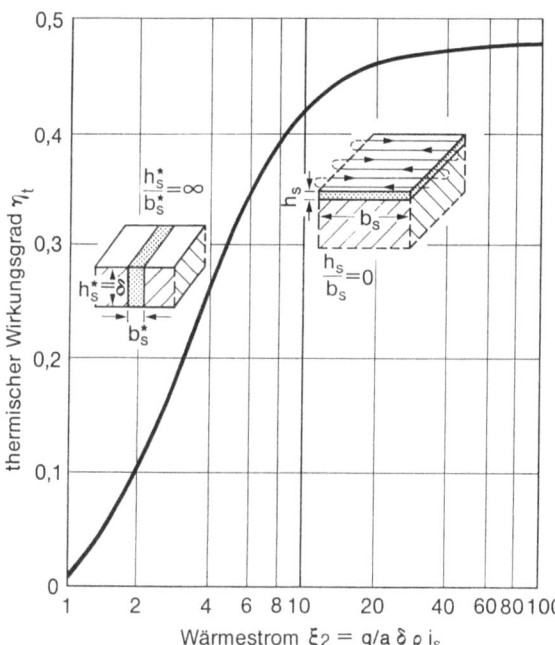

Bild 50. Thermischer Wirkungsgrad η_t der Stumpfnahtschweißung bzw. der sehr breiten Auftragschweißung bei zweidimensionaler Wärmeableitung, abhängig von Wärmestrom q/δ, Temperaturleitzahl a und Schmelzwärmeinhalt ϱi_s; nach [1]

Das Diagramm für den Halbkörper ist um die pendelnde Naht (mit Fortschrittsgeschwindigkeit v der Pendelschleifen) und um die Naht mit Tiefeinbrand erweitert, bei denen die Schmelzzone vom Halbzylinder abweicht. Diese beiden Fälle sind für $h_s^*/b_s^* = 1/(4h_s/b_s)$ energetisch identisch, weil sich mit den jeweiligen Symmetrieergänzungen identische Vollkörper ergeben. Das Diagramm für die Scheibe gilt auch für die sehr breite pendelnde (Auftrag-) Naht (in ξ_2 ist $\delta = b_s$ zu setzen), weil dieser Vorgang als wandernde Linienquelle mit gleichartiger Wärmeableitung wie bei der Scheibe annäherbar ist. Offensichtlich ist trotz der unterschiedlichen Parameterkombination in ξ_3 und ξ_2 (in ξ_2 tritt v nicht auf) η_t über ξ_2 als Grenzkurve für η_t über ξ_3 für $h_s/b_s = 0$ aufzufassen.

Bei langsamer Quellbewegung (relativ zur Temperaturleitzahl a) fällt η_t steil ab. η_t ist andererseits um so größer, je breiter bzw. tiefer die Linienquelle wirkt. η_t für die Punktquelle ist kleiner als η_t für die Linienquelle. Der Idealwert $\eta_t \approx 1,0$ ist nur mit der volumenwirksamen Widerstandserwärmung eines Stabes erreichbar.

Die Länge l_s^* des Schweißbades ergibt sich (unter Vernachlässigung des relativ kleinen Längenanteils vor der Quelle) ausgehend von der Schmelztemperatur-Isotherme des gerechneten Temperaturfeldes. Für den Halbkörper mit wandernder Punktquelle ist nach Gl. (29) explizit und geschwindigkeitsunabhängig:

$$l_s^* = \frac{q}{2\pi\lambda(T_s - T_0)}. \tag{74}$$

Für die Scheibe mit wandernder Linienquelle ist nach Gl. (32) mit $b = 0$ implizit und geschwindigkeitsabhängig:

$$Y_0\left(l_s^* \frac{v}{2a}\right) = \frac{\delta 2\pi\lambda(T_s - T_0)}{q}. \tag{75}$$

Mit q ist die effektive Wärmeleistung der wandernden Quelle bezeichnet.

2.3.1.5 Zusammenwirken von Abschmelzen und Aufschmelzen

Der Schweißprozeß ist durch das Zusammenwirken von abschmelzendem Zusatzwerkstoff und aufschmelzendem Grundwerkstoff im Bereich des Lichtbogens gekennzeichnet. Besonders eng ist die Verknüpfung bei den Verfahren mit abschmelzender Elektrode. Maßgebend ist die Verteilung der Lichtbogenwärme auf Elektrode und Grundwerkstoff. Sie hängt bei vorgegebenem Schweißverfahren von Grund- und Elektrodenwerkstoff, Umhüllungszusammensetzung, Flußmittel, Elektrodenpolung und Lichtbogenlänge ab. Während sich die Gesamtwärmeleistung des Lichtbogens über die Stromstärke in Verbindung mit einem geeigneten Elektrodendurchmesser einfach steuern läßt, sind die Möglichkeiten der Steuerung der Aufteilung begrenzt.

Die Aufteilungsproblematik wird durch die nachfolgenden Gleichungen für die durch Auftragen und Aufschmelzen erzeugten Querschnittsflächen F_a bzw. F_s verdeutlicht. Dabei wird gemäß den kritischen Anmerkungen zu Gl. (68) zunächst der Schmelzwirkungsgrad η_s im Sinne des gleichzeitigen Auftragens (bzw. Abschmelzens) und Aufschmelzens zweckmäßiger definiert. Um Definition und Gleichungen so einfach wie möglich zu halten, werden die spezifischen Wärmeinhalte i_s beim Aufschmelzen und Δi beim Abschmelzen gleichgesetzt ($\Delta i = i_s$). Anstelle von Gl. (68) tritt:

$$v(F_s + F_a)\varrho i_s = \eta_s UI. \tag{76}$$

2.3 Lokale Wärmewirkung auf Schmelzzone

Das entspricht der Modellvorstellung, daß der Zusatzwerkstoff in der Schweißfuge abgelegt ist und dort zusammen mit dem Grundwerkstoff von einem Lichtbogen aufgeschmolzen wird. Aus Gln. (61), (64) und (65) folgt mit $\Delta i = i_s$ für die Auftragfläche

$$F_a = \frac{\eta_e UI(1-\psi_a)}{v\varrho i_s}. \tag{77}$$

Aus Gl. (76) folgt andererseits für die kombinierte Aufschmelz- und Auftragfläche

$$F_s + F_a = \frac{\eta_s UI}{v\varrho i_s}. \tag{78}$$

Aus Gln. (69), (77) und (78) folgt nach Umformung:

$$\frac{F_s}{F_a} = \frac{p\eta_t\eta_w}{\eta_e(1-\psi_a)} - 1. \tag{79}$$

In der Praxis sind je nach Nahtart stark unterschiedliche Werte F_s/F_a erwünscht. Am einen Ende der Werteskala stehen die Auftragnähte mit $F_s/F_a \ll 1$, am anderen die Stumpfnähte ohne Zusatzwerkstoff mit $F_s/F_a \gg 1$.

Von den in Gl. (79) auftretenden Größen ist nur η_t stark variabel einstellbar. Soll F_s gegenüber F_a groß sein, so ist ein Verfahren mit hohem η_t erforderlich. Nur schnellwandernde Hochleistungsquellen entsprechen dieser Forderung. Soll F_s gegenüber F_a klein sein, so ist ein Verfahren mit niedrigem η_t diskutabel. Bei gleicher Streckenenergie $q_s = q/v = \eta_w UI/v$ ist η_t je nach Wahl von q bzw. v unterschiedlich groß. Da aber die durch kleines v und η_t bedingte Verschlechterung der Wirtschaftlichkeit des Verfahrens unerwünscht ist, sind die zu Beginn dieses Abschnitts erwähnten, auf η_e einwirkenden Maßnahmen zu bevorzugen.

Für die Produktivität der Schweißverfahren ist deren Schweißgeschwindigkeit v maßgebend. Es sei anhand der abgeleiteten Beziehungen untersucht, wodurch die Schweißgeschwindigkeit gesteigert werden kann. Bei Nähten mit $F_s/F_a \ll 1$ wird v bei vorgegebenem F_a hauptsächlich über die Erhöhung von Abschmelzzahl α_e und Stromstärke I gesteigert, denn nach Gln. (63), (64) und (65) ist

$$v = \frac{\alpha_e(1-\psi_a)I}{\varrho F_a}. \tag{80}$$

Bei Nähten mit $F_s/F_a \gg 1$ wird v bei vorgegebenem h_s hauptsächlich über die Erhöhung der (effektiven) Wärmeleistung q (erhöht über die Stromstärke I) und der bezogenen Schmelztiefe h_s/b_s der Schmelzzone (erhöht über Tiefeinbrandmaßnahmen) gesteigert, denn nach Gln. (1) und (68) mit Völligkeitsgrad $\mu = F_s/(h_s b_s)$ ist

$$v = \frac{1}{\mu h_s^2 \varrho i_s} \frac{h_s}{b_s} q. \tag{81}$$

2.3.2 Schweißflamme als Wärmequelle

2.3.2.1 Physikalisch-technische Grundlagen

In der zum Schweißen verwendeten Flamme wird Acetylen C_2H_2 mit Sauerstoff O_2 verbrannt. Die genannte Gaskombination erzeugt die relativ höchsten Flammentemperaturen. Acetylen und Sauerstoff werden im Brennermundstück zusammengeführt. Das zündfähige Gemisch

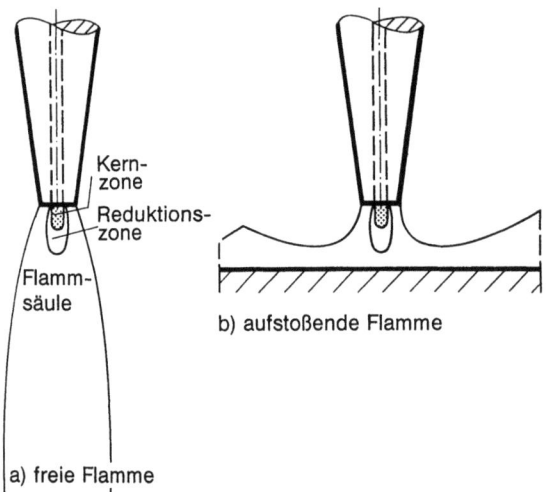

Bild 51. Acetylen-Sauerstoff-Flamme, frei (**a**) und eben aufstoßend (**b**), innerer Aufbau; nach [1]

tritt mit hoher Geschwindigkeit durch die Düse aus und verbrennt in der Flamme unter Zustrom von Sauerstoff aus der Umgebung. Die erzeugte Wärme wird überwiegend durch Konvektion, in geringerem Umfang auch durch Strahlung, auf das Werkstück übertragen.

In der Acetylen-Sauerstoff-Flamme werden drei Zonen unterschieden, Bild 51. In der Kernzone, die an die Düse unmittelbar anschließt, wird das Gemisch auf Zündung und Verbrennung vorbereitet. Eine dünne Schicht glühender Kohlenstoffteilchen, die durch pyrogenen Zerfall entstanden sind, umhüllt die Kernzone. In der nach außen anschließenden Zwischenzone (auch Reduktionszone genannt) beschleunigt sich der Zerfall des Acetylens in Kohlenstoff und Wasserstoff, wobei der Kohlenstoff mit dem zugemischten Sauerstoff zu Kohlenmonoxid CO (unvollständig) verbrennt:

$$C_2H_2 + O_2 = 2CO + H_2 + 0{,}021 \text{ J/mm}^3. \tag{82.1}$$

In der nach außen folgenden Flammsäule wird die Verbrennung schließlich mit Luftsauerstoff zu Ende geführt

$$2CO + H_2 + 1{,}5 O_2 = 2CO_2 + H_2O + 0{,}027 \text{ J/mm}^3. \tag{82.2}$$

Der (untere) Heizwert des Acetylens wird also zu 44 % in der Zwischenzone und zu 56 % in der Flammsäule freigesetzt. Die Höchsttemperatur der Flamme (etwa 3 100 °C) wird unmittelbar vor der Spitze der Zwischenzone erreicht. In der Flammsäule ist die Temperatur niedriger (etwa 2 500 °C im Zentrum der frei brennenden Flamme). Das nach Gl. (82.1) erforderliche Mischungsverhältnis $O_2/C_2H_2 = 1{,}0$ wird in der Praxis auf etwa 1,2 erhöht.

Die Größe der Flamme hängt von der Menge des zugeführten Gemisches ab. Die Gemischmenge wiederum ist durch Düsendurchmesser und Gasaustrittsgeschwindigkeit an der Düse bestimmt. Der Durchmesser bestimmt die Flammbreite, die Austrittsgeschwindigkeit und die Flammlänge.

Zur Erwärmung des Werkstücks bzw. der Schweißfuge benutzt man den heißesten Teil der Flamme. Die Spitze des Flammkerns soll die Oberfläche fast berühren. Der Abstand zwischen Düsenöffnung und Werkstückoberfläche soll $1{,}2\ldots 1{,}5 l_k$ betragen, wenn l_k die Länge des Flammkerns bezeichnet.

2.3 Lokale Wärmewirkung auf Schmelzzone

2.3.2.2 Wärmebilanz und Wärmestromdichte

Die Flammwärme wird überwiegend durch Konvektion (etwa 85 %) und nur in geringerem Umfang durch Strahlung (etwa 15 %) auf das Werkstück übertragen. Der hohe Konvektionsanteil erklärt sich aus der hohen Gasaustrittsgeschwindigkeit.

Die von der Flamme auf das Werkstück übertragene Wärme hängt infolge der Konvektionswirkung auch vom Erwärmungsgrad des Werkstücks am Ort der Flamme ab. Die übertragene Wärmeleistung nimmt mit zunehmender Erwärmung ab. Bei stillstehender Flamme nimmt die Wärmeleistung q mit der Erwärmungszeit t stark ab, während der Wärmeinhalt Q des Werkstücks einem Grenzwert Q_{gr} zustrebt, Bild 52a. Bei bewegter Flamme ist die Abnahme der Wärmeleistung q nur schwach, weil die Flamme ständig neuen kalten Werkstoff erfaßt, während der Wärmeinhalt des Werkstücks Q annähernd linear ansteigt, Bild 52b.

Die effektive Wärmeleistung q der Flamme steigt mit der Flammgröße, also mit der Gemischmenge je Zeiteinheit und somit mit Düsendurchmesser und Gasgeschwindigkeit in der Düse, Bild 53a. Der Wirkungsgrad η_w der Wärmeerzeugung und Wärmeübertragung nimmt aber gleichzeitig stark ab, Bild 53b. Die Wirkungsgradverschlechterung ist durch weniger günstigen Zustrom des Luftsauerstoffs sowie durch verringerte Konvektion bedingt. Brennerdüsen mit kleinem Durchmesser sind besonders wirtschaftlich.

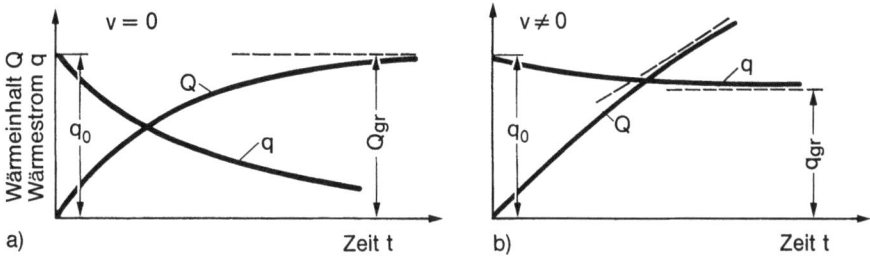

Bild 52. Wärmestrom q (effektiv) von stillstehender (a) bzw. wandernder (b) Quelle sowie Wärmeinhalt Q des Werkstücks, abhängig von Erwärmungszeit t; nach [1]

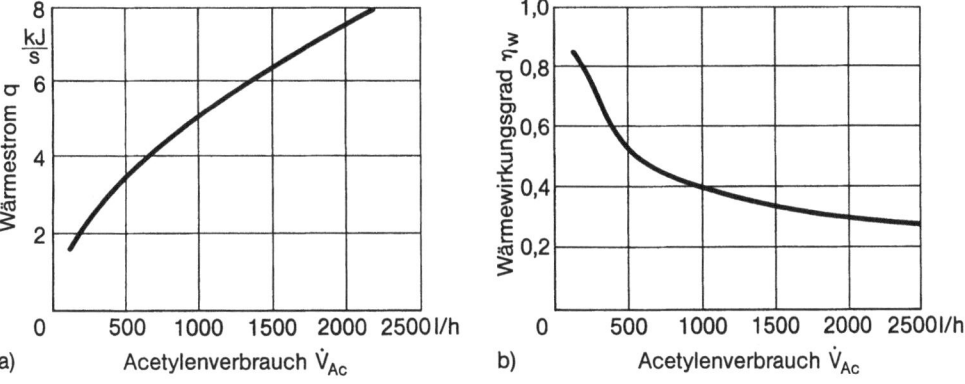

Bild 53. Wärmestrom q (effektiv) (a) und Wärmewirkungsgrad η_w (b) von wandernder Acetylen-Sauerstoff-Flamme auf Stahlplatte, abhängig vom Acetylenverbrauch (eingestellt über Brennergröße); nach [1]

Der Wärmewirkungsgrad η_w der Flamme ist als das Verhältnis von effektiver Wärmeleistung q am Werkstück zum (unteren) Heizwert q_h der je Zeiteinheit verbrauchten Acetylenmenge definiert:

$$\eta_w = \frac{q}{q_h}. \tag{83}$$

Die Effektivleistung der Flamme wird außer durch den Acetylenverbrauch durch folgende weitere Faktoren beeinflußt (nach [1]):

- Mischungsverhältnis O_2/C_2H_2: maximales q bei $O_2/C_2H_2 = 2,0\ldots 2,4$ gegenüber gängiger Einstellung $1,15\ldots 1,2$ (bessere Verbrennung).
- Gasaustrittsgeschwindigkeit: hohes q durch hohe Austrittsgeschwindigkeit bzw. kleinen Düsendurchmesser (bessere Verbrennung und intensivere Konvektion).
- Abstand zwischen Düse und Werkstück: Abfall von q mit vergrößertem Abstand (Temperaturabfall in Flamme).
- Neigungswinkel des Brenners: maximales q bei Neigungswinkel 60° (bessere Konvektion), bei wandernder Flamme entgegen der Bewegungsrichtung geneigt (Flamme in Richtung kälterer Oberfläche).
- Bewegungsgeschwindigkeit der Flamme: hohes q durch hohe Geschwindigkeit (Flamme erfaßt kältere Oberfläche).
- Wanddicke des Werkstücks: hohes q durch hohe Wanddicke (schnellere Wärmeableitung).
- Wärmeleitzahl bzw. Temperaturleitzahl des Werkstoffs: nur geringer Anstieg von q mit höherer Wärme- bzw. Temperaturleitzahl (experimenteller Befund).

Die (effektive) Wärmestromdichte q^* ist über einen kreisförmigen (bei senkrechter Brennerstellung) Bereich der Werkstückoberfläche (Wärmefleck) sehr ungleichmäßig verteilt, Maximalwert in der Mitte und steiler Abfall zu den Rändern, bedingt insbesondere durch die rasche Abnahme von Strömungsgeschwindigkeit und Konvektion über dem Mittenabstand. Mathematisch wird die Wärmestromdichte als Gauß-normalverteilt beschrieben (Gln. (15) bis (18)). Die Wärmestromdichte ist um so größer, je höher die Flammtemperatur, je niedriger die Wärmeflecktemperatur und je höher die Abströmgeschwindigkeit über dem Wärmefleck ist.

Die Wärmestromdichteverteilung kann über die Temperaturverteilung in einer dünnen Stahlplatte experimentell ermittelt werden, über die die Flamme schnell bewegt wird. Ausgewertet werden die Temperaturen im Querschnitt senkrecht zu Flammbewegung am momentanen Ort der Flammitte, Bild 54. Bei Auswertung von Temperaturmessungen auf der Plattenrückfläche ist die geringe Abweichung der Temperaturen von der flammseitigen Plattenvorderfläche zu beachten.

Die Erwärmung des Werkstücks durch eine Schweißflamme gegenüber einem Schweißlichtbogen ist bei gleicher Effektivwärmeleistung q wesentlich großflächiger und weniger wärmeintensiv. Das wurde bereits in Bild 13 dargestellt, in dem die Flamme nur um etwa 1/8 des Höchstwerts der Wärmestromdichte bei rund dreifachem Durchmesser des Wärmeflecks erreicht. Da es beim Schweißen auf höchstmögliche Wärmekonzentration ankommt, geht daraus eine Unterlegenheit des Gasschweißens gegenüber dem Lichtbogenschweißen hervor. Für die Modellierung der Wärmequellen folgt, daß beim Flammschweißen die übliche Punkt- bzw. Linienquelle eher durch die entsprechende Normalquelle zu ersetzen ist als beim Lichtbogenschweißen.

2.3 Lokale Wärmewirkung auf Schmelzzone

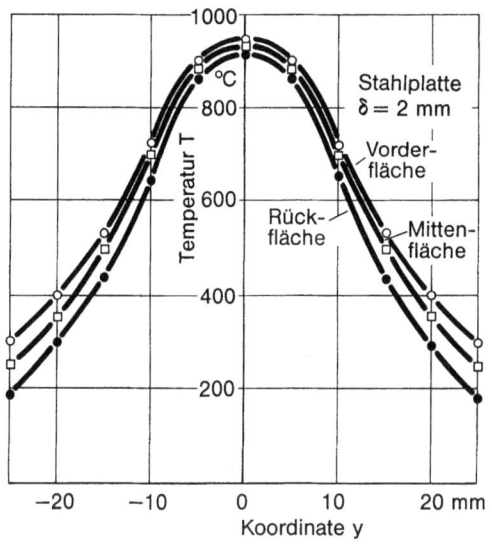

Bild 54. Temperaturverteilung in dünner Stahlplatte unter schnellwandernder Flamme, Querschnitt in Flammitte; nach [1]

Die großflächigere (und zusätzlich steuerbare) Erwärmung durch die Flamme ist andererseits bei nichtschweißtechnischen Anwendungen ein entscheidender Vorteil, beispielsweise beim Oberflächenhärten, beim Löten, beim Flammrichten, Flammspritzen und Flammstrahlen, sowie beim Vor- und Nachwärmen. Die Kreisdüse kann durch die Ring- oder Schlitzdüse ersetzt sein. Die Düsen können reihen- oder feldweise angeordnet sein. Die Anordnung kann eben- oder krummflächig sein. Zur Modellierung dieser interessanten nichtschweißtechnischen Anwendungen wird auf [1] verwiesen.

2.3.3 Widerstandserwärmung des Schweißpunkts

Die Wärmeentwicklung Q beim Widerstandspunktschweißen ist nach Gl. (4) durch Stromstärke I, Spannung U (zwischen den Elektroden), Schweißzeit Δt und Wärmewirkungsgrad η_w gegeben. Da die Wärmeverluste an die Umgebung vernachlässigbar klein sind, ist $\eta_w \approx 1{,}0$. Selbstverständlich wird aber etwas Wärme schweißunwirksam in die Blechplatten und in die Elektroden abgeleitet. Nach dem Ohmschen Gesetz folgt aus Gl. (4) für Gleichstrom (Wechselstromzyklen sind unter Berücksichtigung der Phasenlage auf Effektivwerte von Strom und Spannung umzurechnen):

$$Q = \eta_w I^2 R \Delta t. \tag{84}$$

Der Widerstand R setzt sich aus dem ohmschen Stoffwiderstand von Blechplatten und Elektrodenende sowie aus dem Übergangswiderstand zwischen den Blechplatten und zwischen Blechplatte und Elektrode zusammen. Die Übergangswiderstände sind zu Beginn des Schweißvorgangs groß, vermindern sich aber schnell mit dem Temperaturanstieg nach Stromeinschaltung. Der Übergangswiderstand ist vom Oberflächenzustand (Filme, Oxide, Rauhigkeit) und von der Elektrodenkraft abhängig. Erhöhte Elektrodenkraft vermindert den Übergangswiderstand, so daß Stromstärke bzw. Schweißzeit erhöht werden müssen, um die gleiche Wärmemenge Q zu erzeugen.

Die Schweißzeit Δt kann kürzer bei erhöhter Stromstärke oder länger bei erniedrigter Stromstärke gewählt werden. Das Kurzzeitschweißen hat den Vorteil der hohen Wärmekonzentration mit entsprechend kleinen Wärmeleitverlusten und demzufolge hoher Elektrodenstandzeit. Nachteilig ist die verstärkte Aufhärteneignung in der Wärmeeinflußzone durch den schrofferen Temperaturabfall.

Der Schweißvorgang verläuft technologisch in folgender Weise. Die ebenen oder balligen Elektroden pressen die Blechplatten lokal aufeinander. Der (Wechsel-)Strom wird eingeschaltet und einige Zyklen lang aufrecht erhalten. Die Wärmeentwicklung erfolgt anfangs überwiegend an den Übergangswiderständen, bei flacher Elektrode am Außenrand der Elektrodenaufstandsfläche stärker, in Mitte der Plattenkontaktzone weniger stark, bei balliger Elektrode umgekehrt. Während aber die Wärme an den Elektroden rasch abgeleitet wird, staut sie sich in der Plattenkontaktzone und führt hier zum Anschmelzen der Blechplatten. Der Übergangswiderstand bricht dadurch zusammen, und die Wärmeentwicklung folgt nunmehr der elektrischen Stromdichte, die am Außenrand der Kontaktzone besonders hoch (theoretisch unendlich hoch) ist. Die Schweißlinse bildet sich deshalb ausgehend von der Randzone und erfaßt erst dann das Zentrum. Die typische ovaloide Form der Schweißlinse ist schließlich durch die Einhüllende der Schmelztemperatur-Isothermen (Liquidus- und Soliduslinie) festgelegt. Im Unterschied zum offenen Schweißbad beim Lichtbogen- oder Flammschweißen wird die Schmelzzone beim Widerstandspunktschweißen allseitig elastisch umschlossen und unter Querdruck erzeugt. Die Wärmeentwicklung wird schließlich durch Abschalten des Stroms beendet, wobei zur Vermeidung von Werkstofftrennung durch Abkühlkontraktion der Elektrodendruck noch eine kleinere Abkühlzeitspanne lang aufrecht gehalten wird (Haltezeit). Das unerwünschte Spritzen beim Widerstandspunktschweißen wird durch zu hohen Übergangswiderstand in der Elektrodenaufstandsfläche und dadurch

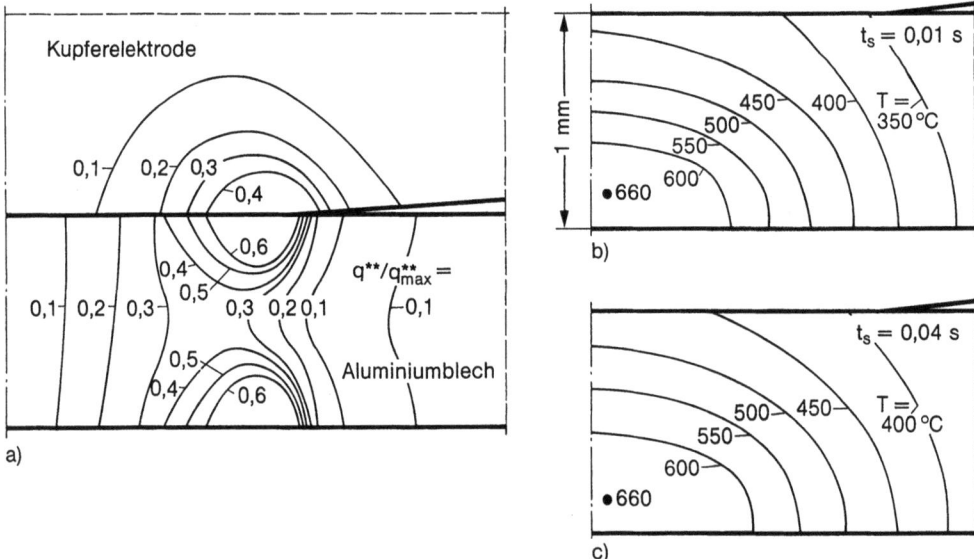

Bild 55. Wärmequellenverteilung q^{**}/q^{**}_{max} (**a**) und Isothermen (**b, c**) beim Widerstandspunktschweißen von Aluminiumblech, Dicke 1 mm, Zeit nach Schweißbeginn t_s, unbehinderter Wärmeübergang zwischen Kupfer und Aluminium, analogisierte Differenzenrechnung unter stark vereinfachenden Modellannahmen; nach [40]

2.4 Wärmewirkung auf Wärmeeinflußzone

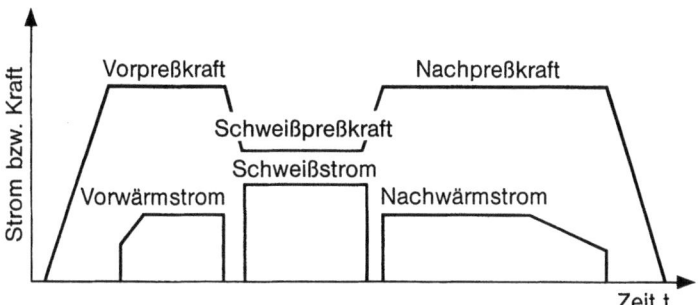

Bild 56. Strom- und Elektrodenkraftprogramm für Punktschweißen mit Vor- und Nachbehandlung (schematisch); nach [53]

bedingtes Anschmelzen verursacht. Bei zu hohem Elektrodendruck drückt sich die Elektrode in die Blechoberfläche, wobei die Schmelze zwischen die Bleche gepreßt wird, die dadurch etwas klaffen.

Das Ergebnis einer älteren Wärmeleitrechnung [40] (analogisiertes Differenzenverfahren) zur Wärme- und Temperaturverteilung in Blechplatte und Elektrode (Symmetrieviertel) ist in Bild 55 dargestellt. Die Wärmekonzentration am Rand der Kontaktzonen und die ovaloide Anschmelzone ($T_s = 660\,°C$) sind erkennbar. Weitere Berechnungen sind in [38, 39, 41 bis 47, 130, 131] dargestellt.

Eine Qualitätsverbesserung der Punktschweißverbindung ist durch Vor- und Nachbehandlung der Schweißstelle mittels Strom- und Elektrodenkraftprogramm möglich, Bild 56. Derartige Vor- und Nachbehandlungen werden bei wenig schweißgeeigneten, zum Aufhärten neigenden Werkstoffen bzw. bei dicken Blechplatten angewendet.

Besonders unübersichtlich sind die elektrischen und thermischen Felder beim Widerstandsbuckelschweißen, weil die Kontaktfläche in komplizierter Weise von der thermoplastischen Aufweichung abhängt.

2.4 Wärmewirkung auf Wärmeeinflußzone

2.4.1 Gefügeänderung in Wärmeeinflußzone

Beim Schmelzschweißen wird der Grundwerkstoff oberflächig angeschmolzen und bildet zusammen mit dem Zusatzwerkstoff die Schmelzzone der Schweißnaht. Der Grundwerkstoff neben der Schmelzzone wird den schweißtypischen kurzzeitigen Temperaturzyklen mit steilem Anstieg bis nahe Schmelztemperatur und anschließendem flacheren Abfall unterworfen. Spitzentemperatur und Steilheit nehmen mit der Entfernung von der Naht ab.

Damit werden in Umgebung der Schmelzzone schichtweise unterschiedliche Gefügezustände erzeugt (Wärmeeinflußzone), Bild 57, in denen Festigkeit und Formänderungsfähigkeit soweit verschlechtert sein können, daß es zu lokaler Rißbildung (Kaltrisse, Härterisse, Korrosionsrisse) während bzw. nach dem Schweißen kommt. Die grobkörnige Zone unmittelbar neben der Schmelzzone ist vielfach am gefährdetsten. Bei Rißbildung ist die Schweißeignung des Werkstoffs bzw. die Schweißbarkeit der Konstruktion nicht mehr gegeben. Man versucht daher, die ungünstigen Gefügezustände in der Wärmeeinflußzone

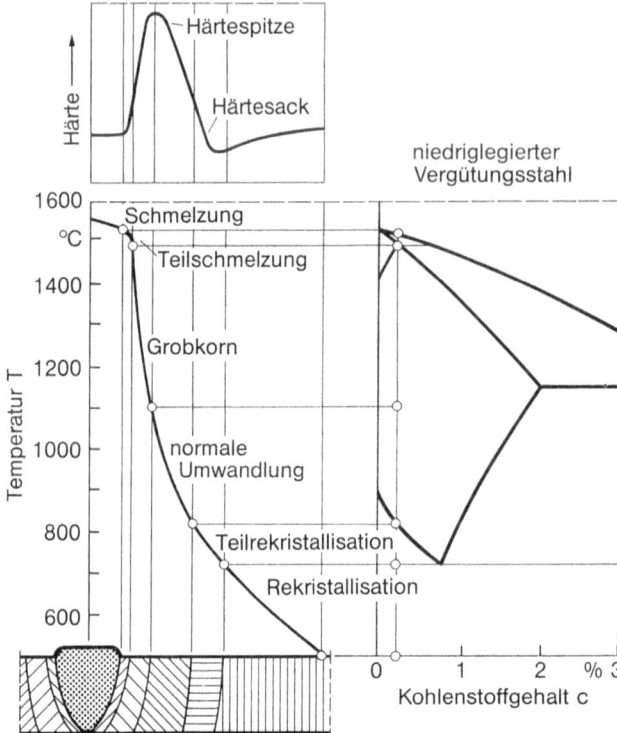

Bild 57. Gefügezonen und Härteverlauf in Wärmeeinflußzone beim Schweißen niedriglegierten Vergütungsstahls, ausgehend von Temperaturverteilung und Eisen-Kohlenstoff-Schaubild; nach [69]

durch Maßnahmen am Werkstoff (Zusammensetzung, Erschmelzung, Wärmebehandlung) und am Schweißverfahren (Wärmeführung, Vor- und Nachwärmung) zu vermeiden. Die Begrenzung von Korngröße, Härte und Abkühlgeschwindigkeit sind dabei gängige Ingenieurmaßnahmen. Aber auch zu geringe Abkühlgeschwindigkeit kann schädlich sein. Besonders günstiges mechanisches Verhalten ergibt sich bei hohem Anteil an Zwischenstufengefüge. Zu hohe Abkühlgeschwindigkeit fördert die Martensitbildung und ist zu vermeiden. Zu niedrige Abkühlgeschwindigkeit vergrößert die Austenitverweilzeit, fördert dadurch die Grobkornbildung und ist ebenfalls zu vermeiden.

Die Wärmebehandlung bzw. Gefügeänderung durch den Schweißzyklus unterscheidet sich hinsichtlich Spitzentemperatur und Hochtemperaturverweilzeit wesentlich von der gängigen Wärmebehandlung des Werkstoffs, Bild 58. Sie bedarf daher besonderer Erfassung und Darstellung. Die zugehörigen Gefügeumwandlungsschaubilder werden nachfolgend am Beispiel der unlegierten Stähle erläutert. Sie offenbaren die Temperaturfeldparameter, die das Umwandlungsverhalten dominant bestimmen, und enthalten Angaben über die Auswirkung der Umwandlung. Angaben und Näherungsformeln für diese Temperaturfeldparameter folgen in den Abschnitten 2.4.2 und 2.4.3.

Unlegierter Stahl liegt je nach Temperatur und Kohlenstoffgehalt in unterschiedlichen Gefügezuständen (Phasen) vor, die im bekannten Eisen-Kohlenstoff-Diagramm veranschaulicht werden, Bild 59a. Das Diagramm kennzeichnet Gleichgewichtszustände, die nach längerer Glühzeit annähernd erreicht werden. Bei kurzzeitiger Erwärmung und schnellerer Abkühlung werden die Umwandlungspunkte verschoben, die Gefügezustände unterkühlt. Die

2.4 Wärmewirkung auf Wärmeeinflußzone

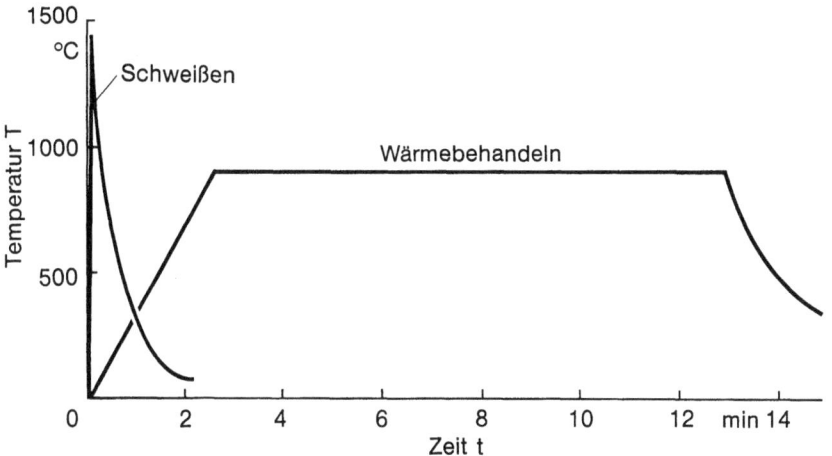

Bild 58. Austenitisierungsbedingungen beim Schweißen gegenüber jenen bei üblicher Wärmebehandlung

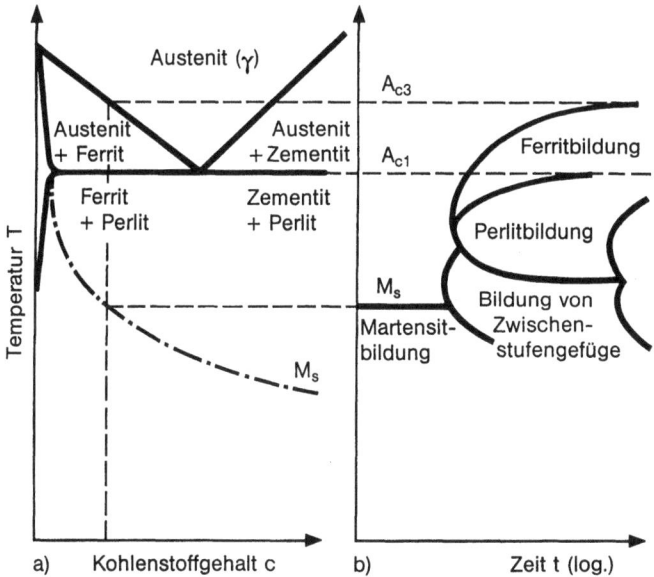

Bild 59. Zusammenhang zwischen Eisen-Kohlenstoff-Schaubild (**a**) und ZTU-Schaubild (**b**) für isotherme Versuchsdurchführung (schematisch); nach [56]

Umwandlungen verlaufen anders und ergeben zum Teil andere Umwandlungsprodukte. Eine Übersicht über die möglichen Zerfallvorgänge aus den unterkühlten (Ungleichgewichts-) Zuständen des Austenits heraus geben die Zeit-Temperatur-Umwandlungsschaubilder (ZTU-Schaubilder), in denen für unterschiedliche definierte Abkühlverläufe die Gefügebestandteile in Koordinaten der Temperatur und der Abkühlzeit aufgetragen sind [56 bis 61, 65 bis 67]. Der Tatsache, daß die Gefüge zusätzlich von der Spitzentemperatur und der Austenitisierung abhängen, tragen die Spitzentemperatur-Abkühlzeit-Schaubilder (STAZ-

Schaubilder) Rechnung [45]. Schließlich werden auch die wichtigsten mechanischen Kennwerte für unterschiedliche Abkühlverläufe bestimmt [60, 63, 64].

Je nach Temperaturablauf der Wärmebehandlung wird zwischen isothermen, kontinuierlichen und Schweiß-ZTU-Schaubildern unterschieden. Die drei Arten von Schaubildern beinhalten also das Ergebnis unterschiedlicher Weisen der Versuchsdurchführung und sind daher im allgemeinen nicht ineinander überführbar.

Beim isothermen ZTU-Schaubild werden die Stahlproben von etwa 50°C über A_{c3} (Härtetemperatur, etwa 900°C) möglichst schnell auf unterschiedliche Temperatur unterhalb A_{c1} (etwa 730°C) abgekühlt. Diese Temperatur wird dann konstant gehalten, bis die Gefügeumwandlung beendet ist. Die Verbindung der dilatometrisch gemessenen Umwandlungspunkte im Temperatur-Zeit-Diagramm ergibt Umwandlungskurven, die sich asymptotisch den Gleichgewichtstemperaturen des Eisen-Kohlenstoff-Diagramms nähern, Bild 59b. Die am weitesten nach links reichende Kurvenausbuchtung kennzeichnet die Temperatur geringster Austenitbeständigkeit. Derartige, ursprünglich für die Wärmebehandlung der Stähle entwickelte ZTU-Schaubilder werden bei werkstoffkundlichen Grundsatzuntersuchungen wegen der besseren Definition der Endzustände bevorzugt. Sie sind aber für schweißtechnische Fragestellungen ungeeignet.

Beim kontinuierlichen ZTU-Schaubild nach Bild 60 werden die Stahlproben von Härtetemperatur (etwa 900°C) mit unterschiedlicher Geschwindigkeit konvektionsgesteuert (Gasstrom) abgekühlt. Die Abkühltemperaturkurven über der logarithmisch geteilten Zeitachse weisen einen erst flachen, dann steilen und schließlich der Umgebungstemperatur sich asymptotisch nähernden Abfall auf. Die gemeinsame Ausgangstemperatur bei $t=0$ links im Unendlichen, die Härtetemperatur, ist nicht sichtbar. Die Umwandlungskurven grenzen auch hier die Bereiche Austenit (A), Ferrit (F), Perlit (P), Zwischenstufengefüge (Zw) (auch Bainit genannt) und Martensit (M) ab. Beim Schnitt der Abkühlkurve mit der ersten Umwandlungskurve beginnt die Umwandlung des unterkühlten Austenits. Am Schnittpunkt der Abkühlkurve mit der nächsten Umwandlungskurve ist die jeweilige Umwandlung beendet (der prozentuale Gefügeanteil wird am Schnittpunkt vermerkt), und es beginnt die neue Umwandlungsart. Beim Unterschreiten der Martensitlinie (M_s) ergibt sich der Martensitan-

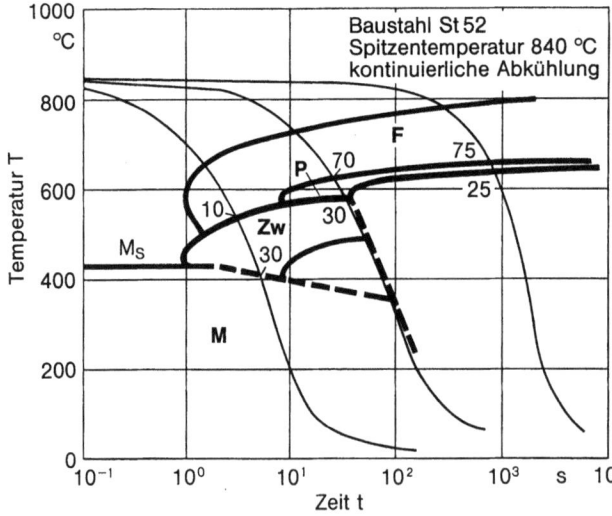

Bild 60. ZTU-Schaubild von Stahl St 52 (19 Mn 5) für kontinuierliche Abkühlung, Austenitisierungstemperatur 850°C; nach [56]

2.4 Wärmewirkung auf Wärmeeinflußzone

teil als Differenz des bereits umgewandelten Gefügeanteils zu 100 % (soweit nicht Restaustenit auftritt). Die Abkühlkurve, die die Umwandlungskurven am weitesten links, im Punkt geringster Austenitbeständigkeit (450...600 °C), berührt, wird als kritisch bezeichnet, weil sie den Bereich unzulässiger Aufhärtung begrenzt. Vielfach wird am Ende der Abkühlkurven die erreichte Härte [HV] vermerkt.

Die Umwandlung in Ferrit und Perlit verläuft diffusionsgesteuert. Martensit entsteht durch einen Umklappvorgang. Zwischenstufengefüge beinhaltet beide Vorgänge. Die Vorgänge sind der reaktionskinetischen Vorausberechnung zugängig [68, 70, 71].

Das kontinuierliche ZTU-Schaubild deckt die gängigen Wärmebehandlungsverfahren ab [59]. Hinsichtlich des Schweißens läßt es noch keine hinreichend genaue Aussagen über den besonders kritischen Teil der Wärmeeinflußzone zu, der sehr schnell mit kurzer Haltezeit bis in Nähe der Schmelztemperatur (etwa 1 350 °C) überhitzt wurde, Bild 58. Die erhöhte Austenitisierungstemperatur macht den Stahl umwandlungsträger, die Umwandlungskurven verschieben sich nach rechts. Martensit wird schon bei geringerer Abkühlgeschwindigkeit gebildet, die Austenitkorngröße nimmt zu. Schnelle Erwärmung und extrem kurze Haltezeit verursachen zusätzliche Abweichungen. Den Bedürfnissen der Schweißtechnik entsprechen bei höheren Genauigkeitsanforderungen nur die Schweiß-ZTU-Schaubilder.

Beim Schweiß-ZTU-Schaubild nach Bild 61 werden die Stahlproben Schweißtemperaturzyklen mit Spitzentemperatur 1 350 °C und unterschiedlicher Abkühlgeschwindigkeit im Umwandlungsbereich zwischen 850 °C (bzw. 800 °C) und 500 °C unterworfen und das Umwandlungsverhalten festgestellt. Als Nullpunkt der Zeitachse ist der Durchgang der Abkühlkurve durch 850 °C gewählt. Die kleinen Schlenker der Abkühlkurven im Bereich der Umwandlung sind aus der hier freigesetzten Umwandlungswärme zu erklären. Zur Bestimmung des ZTU-Schaubilds aus der chemischen Zusammensetzung des Stahls sind in [66] Näherungsgleichungen angegeben. Schweiß-ZTU-Schaubilder schweißgeeigneter Stähle und

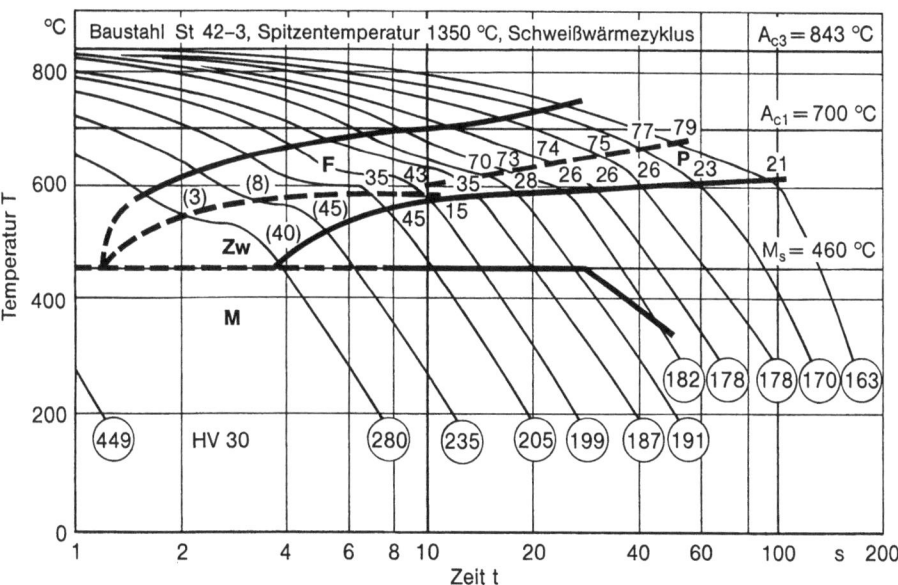

Bild 61. Schweiß-ZTU-Schaubild von Stahl St 42−3 (0,18 % C, 0,21 % Si, 0,49 % Mn), Austenitisierungstemperatur 1 350 °C; nach [66]

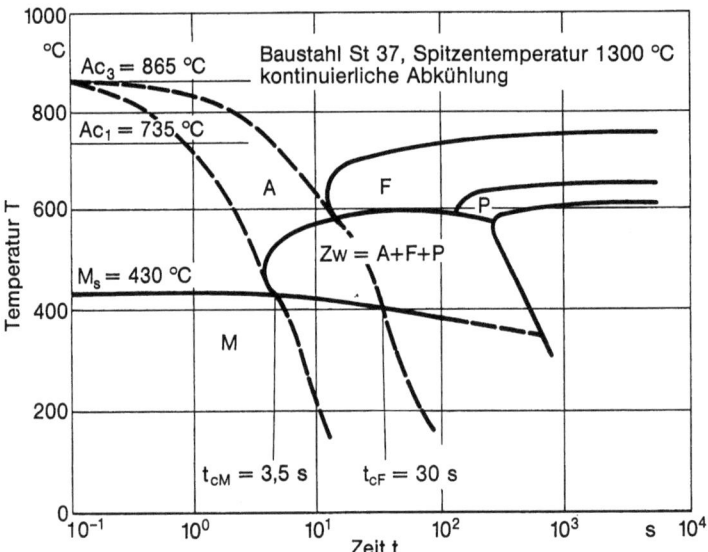

Bild 62. ZTU-Schaubild von Stahl St 37 für kontinuierliche Abkühlung, Austenitisierungstemperatur 1 300 °C, Abkühlkurven für Bereichsende 100-%-Martensit (t_{cM}) und Bereichsbeginn Ferrit (t_{cF}); nach [175]

Zusatzwerkstoffe sind in [65, 66] zusammengestellt. Ein zur Finit-Element-Berechnung eines Schweißvorgangs verwendetes kontinuierliches ZTU-Schaubild mit 1 300 °C Spitzentemperatur zeigt Bild 62. Der Vergleich dieses Bildes für St 37 mit Bild 60 für St 52 zeigt, daß der St 37 mit der höheren Austenitisierungstemperatur eher zur Aufhärtung neigt als der St 52 mit der niedrigeren Austenitisierungstemperatur. Die Umwandlungskurven des St 37 sind gegenüber jenen des St 52 zu höheren Zeiten verschoben. In Bild 62 sind die kritischen Abkühlzeiten t_{cM} für 100 % Martensitbildung und t_{cF} für 0 % Ferritbildung dargestellt.

Da zum Beurteilen der verschiedenen Schichten der Wärmeeinflußzone Informationen aus mehreren ZTU-Schaubildern desselben Stahls mit unterschiedlicher Austenitspitzentemperatur benötigt werden, werden die wichtigsten Informationen in einem Spitzentemperatur-Abkühlzeit-Schaubild (STAZ-Schaubild) zusammengefaßt, Bild 63. Als Koordinaten treten die Austenitspitzentemperatur $T_{a\,max}$ und die Abkühlzeit $\Delta t_{8/5}$ auf. Die Abkühlzeit $\Delta t_{8/5}$ ist die Zeit für die Abkühlung von 800 °C (gelegentlich auch von 850 °C) auf 500 °C. Sie ersetzt die unanschaulichere Angabe der Abkühlgeschwindigkeit im Temperaturbereich der Umwandlung. Das STAZ-Schaubild zeigt, bei welchen Kombinationen von $T_{a\,max}$ und $\Delta t_{8/5}$ welche Gefügearten auftreten. Zu den Gefügearten ist die jeweilige Härte angegeben. Unter der Näherungsannahme gleicher $\Delta t_{8/5}$-Werte bei unterschiedlichen $T_{a\,max}$-Werten in der Wärmeeinflußzone einer bestimmten Naht liegen die zugehörigen Gefügezustände auf einer Vertikalen.

Das ZTU- und STAZ-Schaubild kann durch ein Schaubild ergänzt werden, in dem die wichtigsten Festigkeitskennwerte des Werkstoffs (Härte, Zugfestigkeit, Dehngrenze, Brucheinschnürung, Bruchdehnung, Kerbschlagzähigkeit) über der Abkühlzeit aufgetragen sind.

Die Verweilzeit Δt_a im Temperaturbereich des Austenits, besonders die oberhalb (A_{c3} +100 °C), ist für das Austenitkornwachstum maßgebend. Letzteres verschlechtert die

2.4 Wärmewirkung auf Wärmeeinflußzone

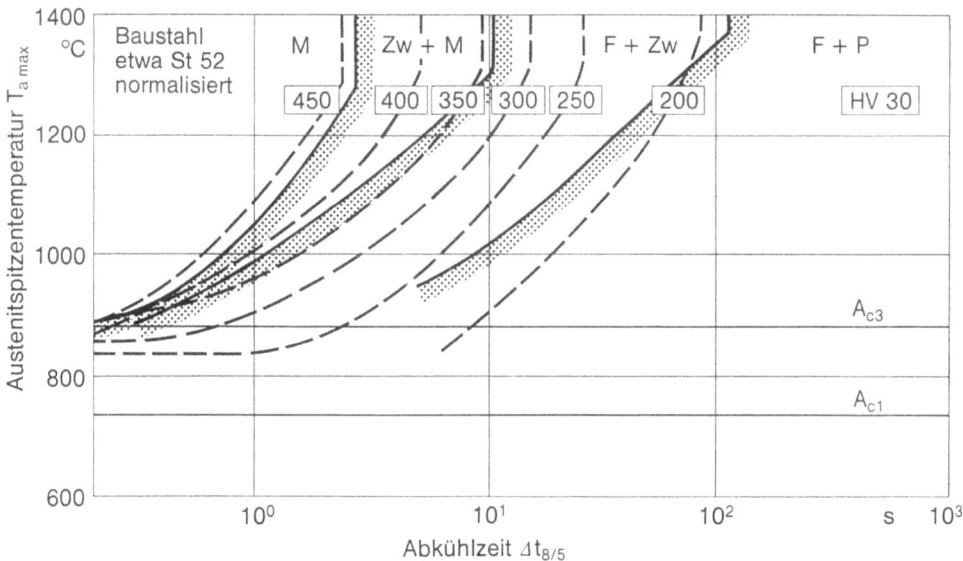

Bild 63. STAZ-Schaubild für einen normalisierten Stahl (0,16 % C, 1,50 % Mn, 0,40 % Si) mit $\sigma_F = 360\,\text{N/mm}^2$, $\sigma_Z = 540\,\text{N/mm}^2$; nach [62]

Verformungsfähigkeit nach dem Schweißen und erhöht die Rißgefahr. Zu große Verweilzeiten sind daher zu vermeiden.

Im Hinblick auf Temperaturfeldauswertungen an Schweißnähten sind bei den Stählen insgesamt folgende Größen von Interesse:

- Die Abkühlgeschwindigkeit bei der Temperatur geringster Austenitbeständigkeit (450...600 °C),
- die Abkühlzeit $\Delta t_{8/5}$ im Temperaturbereich der Austenitumwandlung (800...500 °C),
- die Austenitspitzentemperatur $T_{a\,\text{max}}$,
- die Austenitverweilzeit Δt_a,
- die Abkühlgeschwindigkeit bei 400...150 °C im Hinblick auf die kaltrißbegünstigende Wasserstoffdiffusion.

Diese Größen sind von den Parametern des Schweißverfahrens und der Bauteilgeometrie abhängig. Zu dieser Abhängigkeit werden in den folgenden Abschnitten 2.4.2 und 2.4.3 Näherungsformeln angegeben.

2.4.2 Abkühlgeschwindigkeit, Abkühlzeit, Verweilzeit beim Einlagenschweißen

Der Temperaturverlauf bei einlagiger Schweißnaht in Abhängigkeit der Verfahrens- und Konstruktionsdaten sei zunächst ausgehend von den Temperaturfeldgleichungen für die schnellwandernde Hochleistungsquelle betrachtet [1]. Es werden dabei zunächst zwei Grenzfälle untersucht,

- die Punktquelle auf dem unendlich ausgedehnten Halbkörper nach Gl. (44) als Modell für die Auftragnaht auf massiven Körpern,

– die Linienquelle in der unendlich ausgedehnten Scheibe nach Gl. (47) mit $b=0$ als Modell für die Stumpfnaht an dünnen Blechplatten.

Es wird die Abkühlgeschwindigkeit dT/dt für unterschiedliche Momentantemperatur T gesucht. Zur Vereinfachung der Gleichungen werden nur Punkte auf der Nahtachse betrachtet. Dies ist gerechtfertigt, weil die Abkühlgeschwindigkeit bei bestimmter Temperatur im betrachteten Temperaturbereich 850 ... 500 °C mit wachsender Entfernung von der Nahtachse nur wenig abnimmt. Die mittlere Werkstücktemperatur T_0 wird als konstant angenommen (ohne oder mit Vorwärmung).

Für den Halbkörper ergibt sich nach [1] (dort Gl. (231)):

$$\frac{dT}{dt} = 2\pi\lambda \frac{(T-T_0)^2}{q_s}. \tag{85}$$

Für die Scheibe ergibt sich nach [1] (dort Gl. (232)):

$$\frac{dT}{dt} = 2\pi\lambda c\varrho \frac{(T-T_0)^3}{(q_s\delta)^2}. \tag{86}$$

Die Abkühlgeschwindigkeit hängt also bei vorgegebenem Werkstoff von Form und Abmessung des Werkstücks, von der Vorwärmtemperatur T_0 und der (effektiven) Streckenenergie q_s ab. Sie steigt mit $T-T_0$ und fällt mit q_s (Bilder 152 und 154 in [1]). Der Effekt ist bei der Scheibe ausgeprägter als beim Halbkörper.

Für die Punktquelle auf ebener Schicht (siehe Abschnitt 2.2.6) als Modell für die Auftragnaht auf dicken Platten (auch mehrlagige Naht und Kehlnaht gehören dazu) ist in [1] (dort Gln. (233) und (234)) ein einfach zu handhabendes Näherungsverfahren angegeben, das zwischen Halbkörper und Scheibe auf Basis der dimensionslosen Größen ω und θ für dT/dt und δ interpoliert:

$$\omega = \frac{\frac{dT}{dt}q_s}{2\pi\lambda(T-T_0)^2}, \tag{87}$$

$$\theta = \frac{\pi\delta^2 c\varrho(T-T_0)}{2q_s}. \tag{88}$$

Der Zusammenhang zwischen ω und $1/\theta$ ist in Bild 64 für Punkte der Nahtachse auf Halbkörper, ebener Schicht und Scheibe sowie für Punkte neben der Nahtachse ($y/\delta \neq 0$) für die ebene Schicht dargestellt. Auf der Nahtachse ist nach [1] für $1/\theta < 0,4$ die Lösung für den Halbkörper ausreichend, für $1/\theta > 2,5$ die Lösung für die Scheibe. Im Bereich $0,4 < 1/\theta < 2,5$ für $y/\delta = 0$ sowie auch außerhalb des genannten $1/\theta$-Bereichs für $y/\delta \neq 0$ gelten die Werte der ebenen Schicht. Offensichtlich führen aber auch schon die Halbkörperwerte für $1/\theta \lesssim 0,6$ und die Scheibenwerte für $1/\theta \gtrsim 0,6$ zu brauchbaren Näherungsangaben (für $y/\delta \approx 0$). Zum Bestimmen der momentanen Abkühlgeschwindigkeit berechnet man zunächst $1/\theta$ nach Gl. (88), greift das zugehörige ω aus Bild 64 ab und löst damit Gl. (87) nach dT/dt. Über die schon genannten Einflußgrößen $T-T_0$ und q_s hinaus wird der Einfluß der Plattendicke δ erfaßt. Die Abkühlgeschwindigkeit (für $y/\delta = 0$) wächst mit δ bei vorgegebenem q_s (Bild 151 in [1]).

2.4 Wärmewirkung auf Wärmeeinflußzone 77

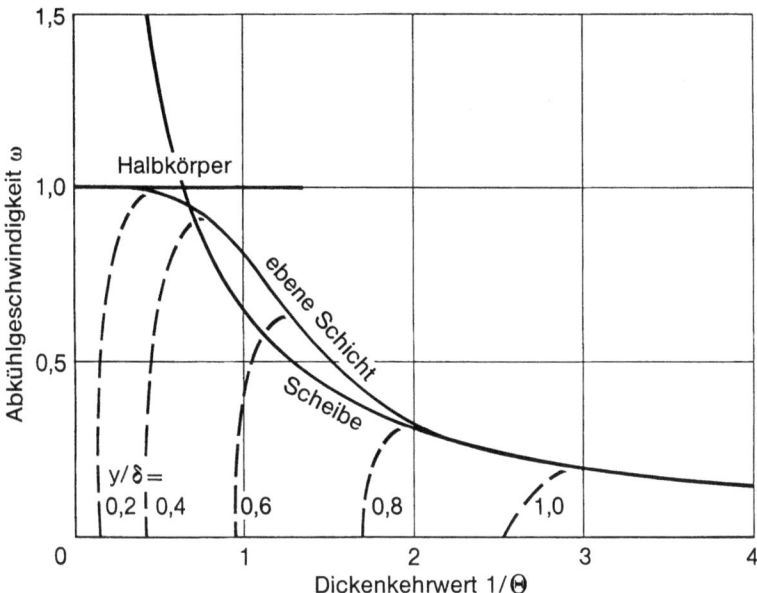

Bild 64. Diagramm zur Bestimmung der momentanen Abkühlgeschwindigkeit beim Auftragschweißen; nach [1]

Für die Abkühlzeit $\Delta t_{8/5}$ zwischen 800 und 500 °C ergibt sich nach [1] (dort Gl. (230b)) für den Halbkörper bzw. die Scheibe (mit Nettostreckenenergie q_s):

$$\Delta t_{8/5} = \frac{q_s}{2\pi\lambda}\left(\frac{1}{500-T_0} - \frac{1}{800-T_0}\right), \tag{89}$$

$$\Delta t_{8/5} = \frac{q_s^2}{4\pi\lambda\varrho c}\frac{1}{\delta^2}\left[\left(\frac{1}{500-T_0}\right)^2 - \left(\frac{1}{800-T_0}\right)^2\right]. \tag{90}$$

Die nach [77 bis 81] durch Gleichsetzen von $\Delta t_{8/5}$ nach Gln. (89) und (90) und Auflösen nach δ bei gleichem q_s gewonnene „Übergangsplattendicke" $\delta_ü$ grenzt aber nicht, wie in [77 bis 81] angegeben, die Bereiche drei- und zweidimensionaler Wärmeableitung voneinander ab. Die Übergangsplattendicke $\delta_ü$ gibt dagegen den Umschlagpunkt für das Verhältnis der Abkühlzeiten $\Delta t_{8/5}$ in Halbkörper und Scheibe an. Für $\delta < \delta_ü$ ist $\Delta t_{8/5}$ im Halbkörper kleiner als in der Scheibe. Für $\delta > \delta_ü$ ist $\Delta t_{8/5}$ im Halbkörper größer als in der Scheibe. Es gibt allerdings keinen Sinn, Punkt- und Linienquelle bei gleichem q_s zu vergleichen, denn bei der Scheibe ist nicht q_s sondern q_s/δ temperaturentscheidend. Die Abgrenzung zwischen drei- und zweidimensionaler Wärmeableitung, sowie die Erfassung des Zwischenbereichs muß nach anderen Kriterien erfolgen. Die Ableitungen zu Bild 64 weisen einen möglichen Weg.

Für das Unterpulverschweißen niedriglegierter hochfester Baustähle sind in [77 bis 81] aufgrund von Meßergebnissen modifizierte Formeln für drei- bzw. zweidimensionale Wärmeableitung angegeben (hier mit Bruttostreckenenergie $\bar{q}_s$ unter Wegfall des Nahtgeometriefaktors angegeben), Bilder 65 und 66 (im Hinblick auf die Annahmen zur schnellwandernden Hochleistungsquelle handelt es sich streng genommen um zwei- bzw. eindimensionale

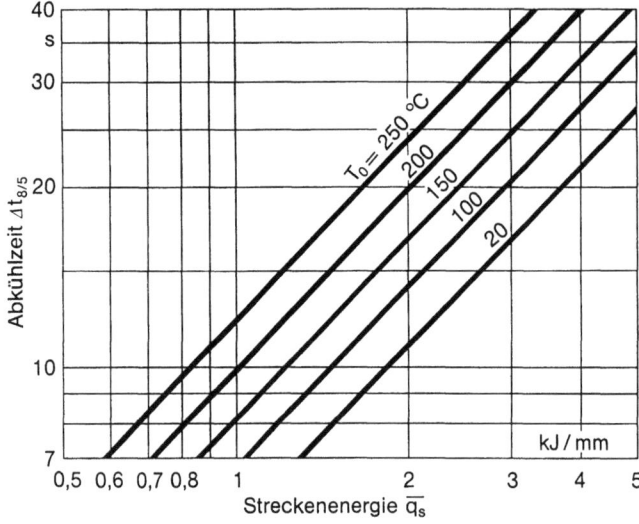

Bild 65. Abkühlzeit $\Delta t_{8/5}$ bei dreidimensionaler Wärmeableitung abhängig von Streckenenergie $\bar{q}_s$ (brutto) und Vorwärmtemperatur T_0 für das Unterpulverschweißen niedriglegierter hochfester Baustähle; nach [77 bis 81]

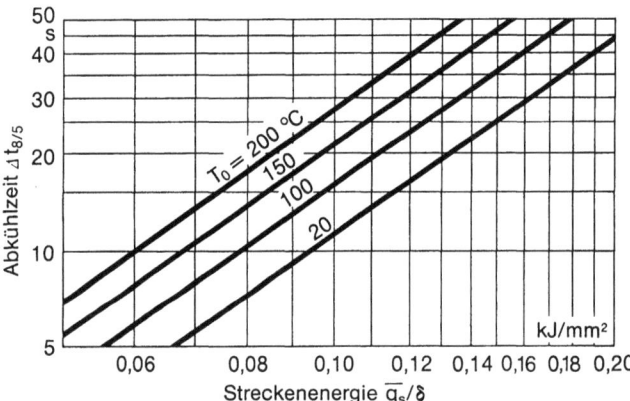

Bild 66. Abkühlzeit $\Delta t_{8/5}$ bei zweidimensionaler Wärmeableitung abhängig von Streckenenergie $\bar{q}_s/\delta$ (brutto) und Vorwärmtemperatur T_0 für das Unterpulverschweißen niedriglegierter hochfester Baustähle; nach [77 bis 81]

Wärmeableitung):

$$\Delta t_{8/5} = (0{,}67 - 5 \cdot 10^{-4} T_0) \bar{q}_s \left(\frac{1}{500 - T_0} - \frac{1}{800 - T_0} \right), \tag{91}$$

$$\Delta t_{8/5} = (0{,}043 - 4{,}3 \cdot 10^{-5} T_0) \frac{\bar{q}_s^2}{\delta^2} \left[\left(\frac{1}{500 - T_0} \right)^2 - \left(\frac{1}{800 - T_0} \right)^2 \right]. \tag{92}$$

Den japanischen Untersuchungen [82 bis 84] zum Mantelelektrodenschweißen, Metallaktivgasschweißen und Unterpulverschweißen unterschiedlicher Nahtarten sind die Nomogramme in den Bildern 67 bis 69 entnommen. Die Abkühlzeit $\Delta t_{8/5}$ ist abhängig von Streckenenergie (brutto), Plattendicke und Vorwärmtemperatur einfach abgreifbar. Weitere Diagramme für $\Delta t_{8/5}$ sind in [66] zusammengestellt. Mit der numerischen Auswertung und grafischen Darstellung von Schweißtemperaturfeldgleichungen (einschließlich Punktschweißen) in dimensionslosen Größen befaßt sich [76] (wenig anschaulich). Durch Zurückführen der Wärmeleitung beim Schweißen auf ein denkbar einfaches Stab- bzw.

2.4 Wärmewirkung auf Wärmeeinflußzone

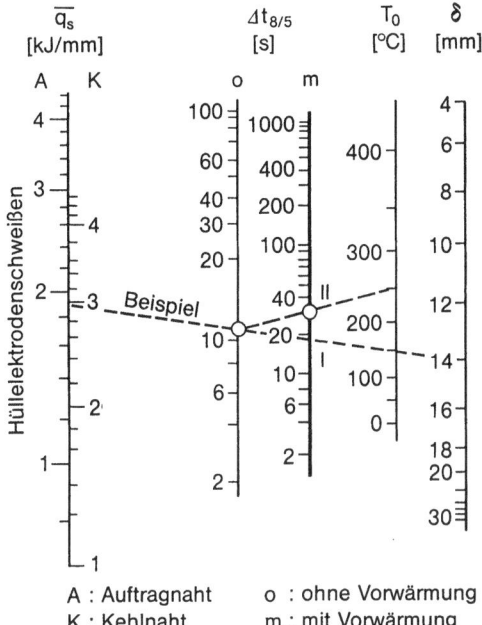

Bild 67. Abkühlzeit $\Delta t_{8/5}$ beim Mantelelektrodenschweißen (Auftrag- bzw. Kehlnaht) abhängig von Streckenenergie $\bar{q}_s$ (brutto), Blechdicke δ und Vorwärmtemperatur T_0; nach [82 bis 84]

A : Auftragnaht   o : ohne Vorwärmung
K : Kehlnaht   m : mit Vorwärmung

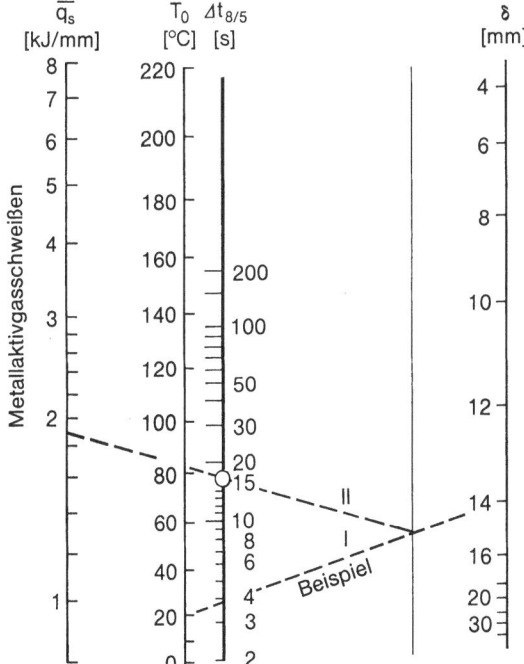

Bild 68. Abkühlzeit $\Delta t_{8/5}$ beim Metallaktivgasschweißen, abhängig von Streckenenergie $\bar{q}_s$ (brutto), Plattendicke δ und Vorwärmtemperatur T_0; nach [82 bis 84]

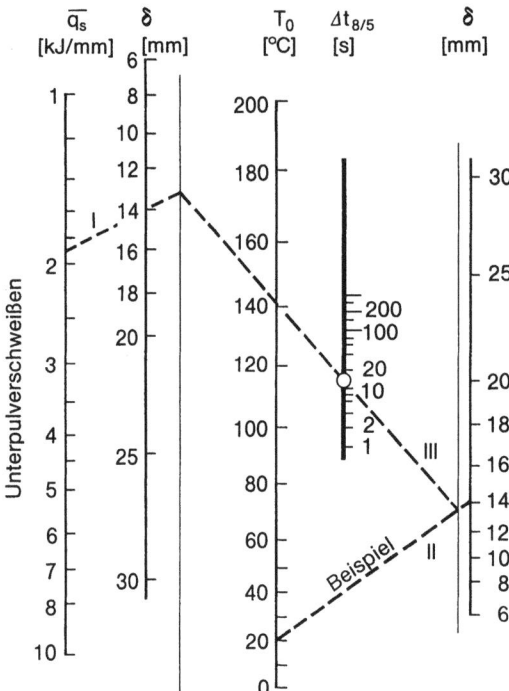

Bild 69. Abkühlzeit $\Delta t_{8/5}$ beim Unterpulverschweißen, abhängig von Streckenenergie $\bar{q}_s$ (brutto), Plattendicke δ und Vorwärmtemperatur T_0; nach [82 bis 84]

Zylindermodell werden in [75] dimensionslose Größen gewonnen, mit denen Versuchsergebnisse vorteilhaft interpoliert und extrapoliert werden können, wodurch die Zahl notwendiger Versuche reduziert wird.

Bei den in der Praxis auftretenden unterschiedlichen Nähten, Stößen und Plattendicken ist die jeweilige Zuordnung zu Halbkörper bzw. Scheibe oder auch zu Versuchsergebnissen mit spezieller Auftrag-, Stumpf- oder Kehlnaht problematisch. Man behilft sich mit geschätzten Geometriefaktoren. Beispielsweise konnten die Meßergebnisse zu $\Delta t_{8/5}$ über den Geometriefaktor $1/\sqrt{n^*\delta}$ vor q_s vereinheitlicht werden [56], wobei $n^*=1$ für die Wurzellage in V-Fuge, $n^*=2$ für die Auftragnaht und $n^*=3$ für die Kehlnaht am T-Stoß (ansteigend mit dem Winkelbereich der Wärmeableitung). Geometriefaktoren zu Gln. (91) und (92) werden in [77 bis 81] angegeben. Die Verringerung der Abkühlzeit beim Schweißen von Kehlnähten gegenüber dem Schweißen von Stumpfnähten wird auch durch Erhöhung der rechnerischen Plattendicke berücksichtigt [66].

Geometriekorrekturfaktoren k^* vor q_s werden auch verwendet, um die Halbkörperlösung nach Gln. (85) und (89) bzw. die Schichtlösung nach Gln. (87) und (88) auf die Kehlnaht oder auf die Wurzellage einer V-Stumpfnaht anzuwenden [1]. Der Faktor k^* ergibt sich aus der Wärmeflußschätzung relativ zum Halbkörper. Aus dem eineinhalbfachen Wärmeabfluß an Stirnkehlnaht und T-Stoß-Kehlnaht folgt bei gleicher Plattendicke $k^*=2/3$. Aus dem zweifachen Wärmeabfluß an der zuletzt geschweißten Kreuzstoß-Kehlnaht folgt bei gleicher Plattendicke $k^*=1/2$. Bei ungleicher Plattendicke im Stoß sind vorstehende k^*-Werte der Wärmeabflußmöglichkeit entsprechend zu modifizieren. Für die Wurzellage in V-Fuge mit Öffnungswinkel α wird $k^*=\pi/(\pi-\alpha)$ eingeführt, also $k^*=3/2$ für den gängigen Wert $\alpha=\pi/3$.

2.4 Wärmewirkung auf Wärmeeinflußzone

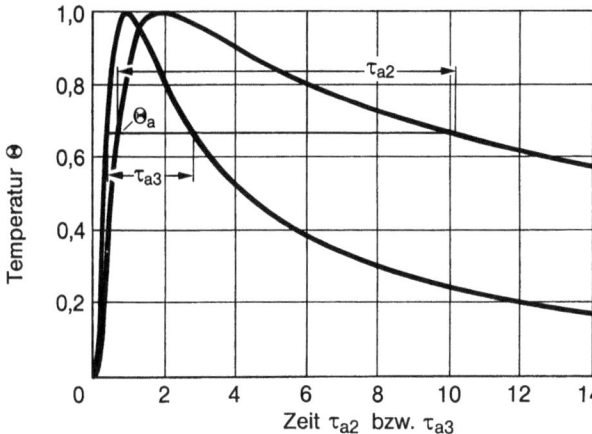

Bild 70. Temperaturverlauf in Punkten neben der Nahtmittenlinie bei schnellwandernder Hochleistungsquelle, dargestellt durch die dimensionslosen Größen θ und τ, Punktquelle auf Halbkörper (τ_3, τ_{a3}) und Linienquelle in Scheibe (τ_2, τ_{a2}); nach [1]

Die Austenitspitzentemperatur $T_{a\,max}$ kann bei schnellwandernder Hochleistungsquelle näherungsweise mit T_{max} nach Gl. (45) für den Halbkörper bzw. nach Gl. (48) für die Scheibe gleichgesetzt werden. In der Schmelzzone wird T_{max} nicht genau durch die Schmelztemperatur T_s begrenzt, denn es ist Überhitzung der Schmelze möglich.

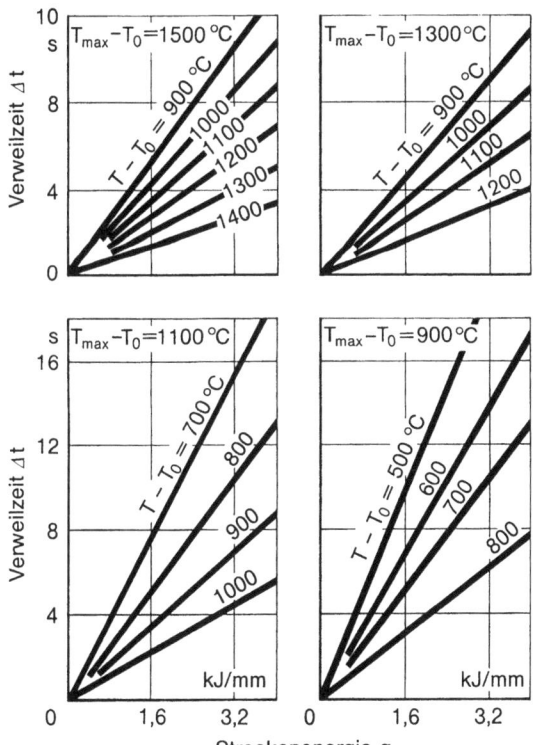

Bild 71. Verweilzeit Δt im Austenitbereich oberhalb Temperatur T, abhängig von q_s, T_0 und T_{max} für Punktquelle auf Halbkörper; nach [1]

Für die Austenitverweilzeit Δt_a, das ist die lokale Verweilzeit über einer bestimmten Temperatur T_a im Temperaturbereich des Austenits, wird in [1] eine einfache und übersichtliche Darstellung gefunden. Es werden die Grenzfälle der Punktquelle auf dem Halbkörper und der Linienquelle in der Scheibe betrachtet. Es wird die schnellwandernde Hochleistungsquelle zugrundegelegt, was für die hier betrachteten Punkte nahe der Nahtachse allgemein gerechtfertigt ist (also auch für langsamer wandernde Quellen). Mittels der dimensionslosen Temperatur- und Zeitgrößen θ und τ, die mit den in [75] verwendeten Größen weitgehend identisch sind,

$$\theta = \frac{T - T_0}{T_{max} - T_0}, \tag{93}$$

$$\tau_3 = \frac{4at}{r^2}, \quad \tau_2 = \frac{4at}{y^2}, \tag{94}$$

gelingt es, die Vielfalt der abhängig von Werkstoff- und Verfahrensparametern möglichen Temperaturzyklen beliebiger Punkte in Halbkörper bzw. Scheibe auf je eine einzige Linie zu reduzieren, aus der die dimensionslose Verweilzeit $\Delta \tau_{a3}$ bzw. $\Delta \tau_{a2}$ abgreifbar ist, Bild 70.

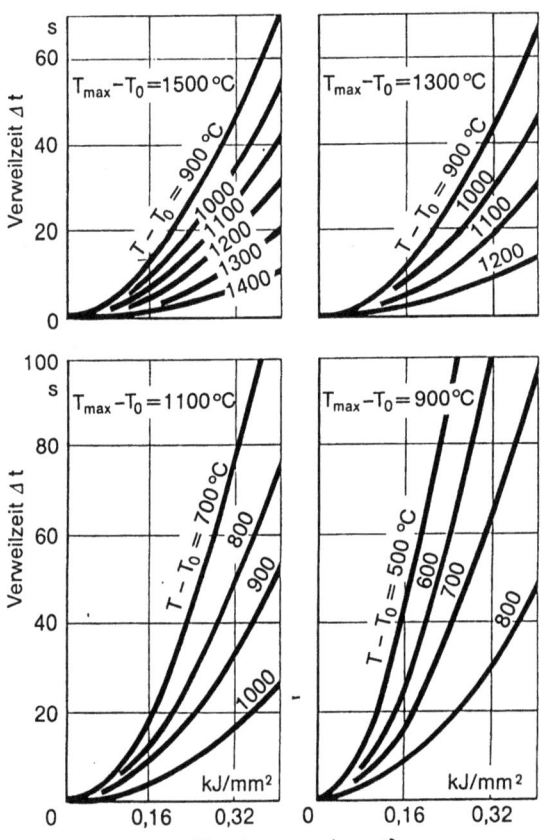

Bild 72. Verweilzeit Δt im Austenitbereich oberhalb Temperatur T, abhängig von q_s/δ, T_0 und T_{max} für Linienquelle in Scheibe; nach [1]

2.4 Wärmewirkung auf Wärmeeinflußzone   83

Die Verweilzeit Δt_a bei Halbkörper bzw. Scheibe ergibt sich zu ($e = 2{,}7183$: Basis der natürlichen Logarithmen):

$$\Delta t_{a3} = \frac{\Delta \tau_{a3}}{2\pi e} \frac{q_s}{\lambda(T_{max} - T_0)}, \tag{95}$$

$$\Delta t_{a2} = \frac{\Delta \tau_{a2}}{8\pi e} \frac{1}{\lambda c \varrho} \left[\frac{q_s}{\delta(T_{max} - T_0)} \right]^2. \tag{96}$$

Die Auswertung für Stahl (mit $\lambda = 0{,}042\,\text{J/mmsK}$) ist in den Bildern 71 und 72 zusammengefaßt. Die Verweilzeit Δt_a oberhalb der Temperatur T steigt mit der Streckenenergie q_s, mit der Vorwärmtemperatur T_0 und mit der Spitzentemperatur T_{max}.

Aus den für Abkühlgeschwindigkeit, Abkühlzeit und Verweilzeit angegebenen Gleichungen ist ersichtlich, daß Streckenenergie und Vorwärmtemperatur zur Steuerung der lokalen Temperaturverläufe zur Verfügung stehen. Der Spielraum beim Einlagenschweißen ist jedoch gering, weil Abkühlzeit und Verweilzeit gleichsinnig verändert werden, so daß der Gefügeverbesserung durch längere Abkühlzeit eine Gefügeverschlechterung durch längere Verweilzeit gegenübersteht. Es lohnt sich demnach auch nicht, bei der Stumpfnaht den Fugenöffnungswinkel zu vergrößern, um mehr Streckenenergie einzubringen. Einen Ausweg aus dieser Situation weist das Mehrlagenschweißen.

2.4.3 Temperaturablauf beim Mehrlagenschweißen

Beim Mehrlagenschweißen wird die Nahtfuge durch mehrere übereinandergelegte Schweißraupen gefüllt, so daß der Nahtbereich mehrfach erwärmt wird. Auch schon bei doppelseitiger einlagiger Kehlnaht am T-Stoß, Kreuzstoß oder Überlappstoß liegt eine mildere Form der Mehrfacherwärmung vor.

In der Phasenlage der lokalen Überlagerung der Mehrfacherwärmung sind zwei Grenzfälle zu unterscheiden [1]. Wenn die Einzellagen sehr lang sind (beispielsweise größer als 1 m, wie beim Unterpulverschweißen), trifft die Folgelage auf weitgehend abgekühlten Werkstoff. Wenn die Einzellagen sehr kurz sind (beispielsweise um 100 mm), trifft die Folgelage auf hocherwärmten Werkstoff, dessen „Vorwärmtemperatur" insbesondere von der Länge der Nahtabschnitte abhängt.

Für den Grenzfall der langen Nahtlagen ergibt sich der in Bild 73 dargestellte sägezahnartige Temperaturablauf. Die Austenitisierungstemperatur A_{c3} wird im nahtnahen Grundwerkstoff nur jeweils einmal überschritten. Ist dabei martensitisches Gefüge entstanden, so wird

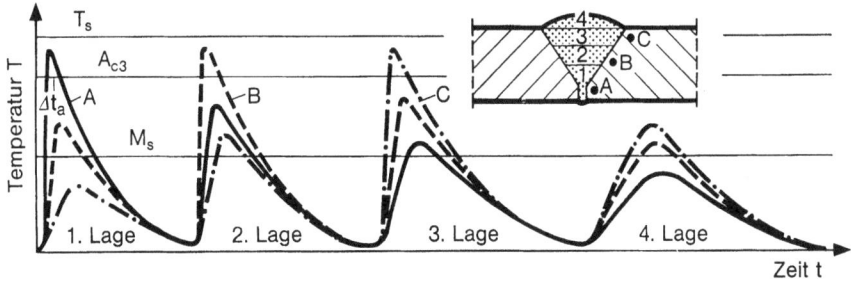

Bild 73. Temperaturverlauf beim Mehrlagenschweißen mit langen Nähten in drei Punkten der Wärmeeinflußzone nahe der einzelnen Lagen; nach [1]

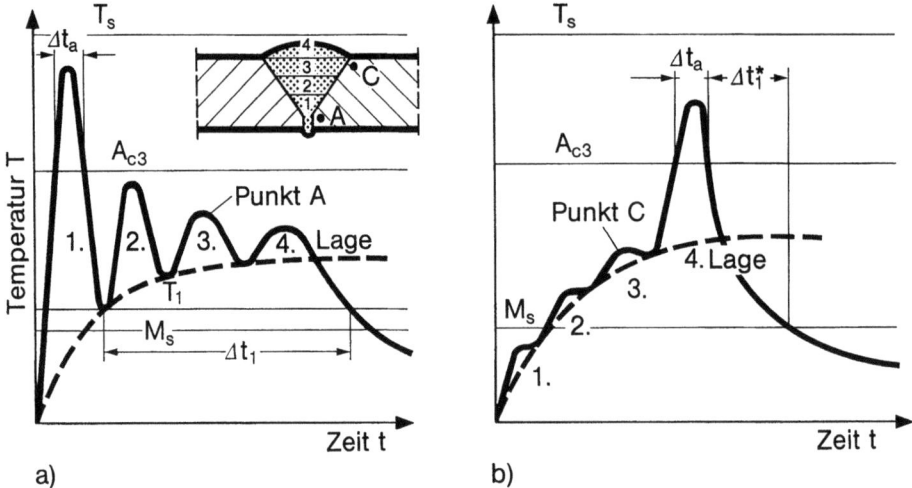

Bild 74. Temperaturverlauf beim Mehrlagenschweißen mit kurzen Nähten in zwei Punkten der Wärmeeinflußzone nahe der ersten Lage (**a**) und nahe der letzten Lage (**b**); nach [1]

dieses durch die Folgelage angelassen. Der angelassene Martensit ist weniger hart, so daß ein festigkeitsmäßig günstigeres Gefüge vorliegt. Allerdings können schon vor dem Schweißen der Folgelage Kaltrisse entstanden sein.

Der Temperaturverlauf im Nahtbereich läßt sich nach dem Modell der schnellwandernden Punktquelle auf der ebenen Schicht berechnen, wobei die Geometriefaktoren k^* zur Streckenenergie q_s zu berücksichtigen sind. Die Streckenenergie q_s ist beim Schweißen mit abschmelzender Elektrode der Querschnittsfläche der aufgetragenen Lage annähernd proportional. Ihr Kehrwert bestimmt die Abkühlgeschwindigkeit. Um unzulässige Aufhärtung zu vermeiden, sollte daher der Querschnitt der Einzellage nicht zu klein sein. Zum Einfluß von $T-T_0$, q_s und δ auf dT/dt gelten die zur Einlagennaht gemachten Aussagen (Bild 162 in [1]).

Für den Grenzfall der kurzen Nahtlagen ergibt sich der in Bild 74 für die erste und letzte Lage dargestellte Temperaturablauf. Die erste Lage kühlt während des Aufbringens der Folgelagen nicht unter eine bestimmte erhöhte Temperatur ab. Die letzte Lage wird in einem durch die vorangegangenen Lagen vorgewärmten Zustand geschweißt. Bei entsprechender Wahl der Schweißparameter und der Nahtlänge kann bei der ersten Lage erreicht werden, daß die Abkühltemperatur zunächst nicht unter den Martensitpunkt fällt und nach Abschluß der Mehrlagenschweißung relativ langsam abnimmt. Auf diese Weise kann anstelle von Martensit das günstige Zwischenstufengefüge entstehen. Bei der letzten Lage wird andererseits die Abkühlgeschwindigkeit durch die Vorwärmung im günstigen Sinn vermindert. Für die erste und letzte Lage (ebenso wie für dazwischenliegende Lagen) ist die Austenitverweilzeit relativ klein, so daß ungünstige Kornvergröberung vermieden wird. Das Mehrlagenschweißen mit kurzer Nahtlänge bietet demnach im Gegensatz zum Einlagenschweißen die Möglichkeit der Steuerung des Temperaturablaufs mittels der Verfahrensparameter. Es ist für Stähle besonders geeignet, die zur Aufhärtung bzw. Kornvergröberung neigen.

Ausgehend von der Temperaturfeldgleichung der schnellwandernden Linienquelle in der Scheibe und weiterer Vereinfachungen zum Aufheiz- und Abkühlvorgang sind in [1] Näherungsformeln für die Nahtlänge l mit Abkühlung der ersten Lage auf Temperatur T_1

2.4 Wärmewirkung auf Wärmeeinflußzone

(erwünscht etwas oberhalb des Martensitpunkts) und für die Verweilzeit Δt_1 über dieser Temperatur abgeleitet (Gl. (247) in [1]):

$$l = 0{,}7 \frac{k_1^2 k_m q_s^2 v}{\delta^2 (T_1 - T_0)^2} \, . \tag{97}$$

Es ist k_1 der Faktor für die Lichtbogenwirkzeit relativ zur Gesamtzeit der Mehrlagenschweißung ($k_1 \approx 0{,}7$ beim Handschweißen, $k_1 \approx 0{,}9$ beim mechanisierten Schweißen) und k_m ein Faktor für die Anpassung an Meßergebnisse ($k_m = 1{,}5$ für Stumpfstoß, $k_m = 0{,}9$ für T-Stoß und Überlappstoß, $k_m = 0{,}8$ für Kreuzstoß).

Die Abkühltemperatur T_1 steigt mit q bzw. q_s (also auch mit dem Lagenquerschnitt), T_0, k_1, $1/v$ (wenn v in q_s miterfaßt), $1/\delta$ und $1/l$ (Bild 167 in [1]). Die Verweilzeit Δt_1 steigt mit δ, $1/T_1$ und Fugenöffnungswinkel α, während der Verlauf bei q bzw. q_s, l und k_1 uneinheitlich ist (Bild 173 in [1]).

3 Eigenspannungen und Verzug beim Schweißen

3.1 Grundlagen

3.1.1 Ausgangsbasis Temperaturfeld

Kennzeichnend für die anwendungsnahe Analyse der Schweißeigenspannungen und des Schweißverzugs ist die entkoppelte Darstellung der thermischen, mechanischen und gefügeändernden Vorgänge (veranschaulicht durch die ausgezogenen Pfeile in Bild 2). Ausgangsbasis ist das rechnerisch oder experimentell bestimmte Temperaturfeld beim Schweißen sowie die durch das Temperaturfeld verursachten Gefügeänderungen (dargestellt in Kapitel 2).

Die Temperaturänderung in festen Körpern ist mit Wärmedehnung verbunden. Für hinreichend kleine Temperaturänderungen ΔT gilt mit der linearen Wärmeausdehnungszahl α folgende Beziehung für die in den drei Koordinatenrichtungen lineare, insgesamt volumetrische Wärmedehnung:

$$\varepsilon_T = \alpha \Delta T. \tag{98}$$

Bei größeren Temperaturänderungen ist α temperaturabhängig einzuführen und Gl. (98) temperaturschrittweise anzuwenden, oder es wird mit mittleren Werten α_m in einem vorgegebenen Temperaturbereich gearbeitet.

Die lineare Wärmeausdehnungszahl α bzw. α_m wird im Dilatometer bestimmt. Dilatometerkurven für einen austenitischen Stahl ohne Umwandlung und einen perlitischen Stahl mit Umwandlung zeigt Bild 75. Bei Erwärmung des perlitischen Stahls markiert sich die A_{c1}-Umwandlungstemperatur nahe 800 °C als Unstetigkeit. Je nach den Austenitisierungsparametern, Austenitspitzentemperatur $T_{a\,max}$, Verweilzeit Δt_a, und der Abkühlzeit $\Delta t_{8/5}$, liegt die Umwandlungstemperatur bei Rückkühlung unterschiedlich hoch (siehe auch Bild 89). Die

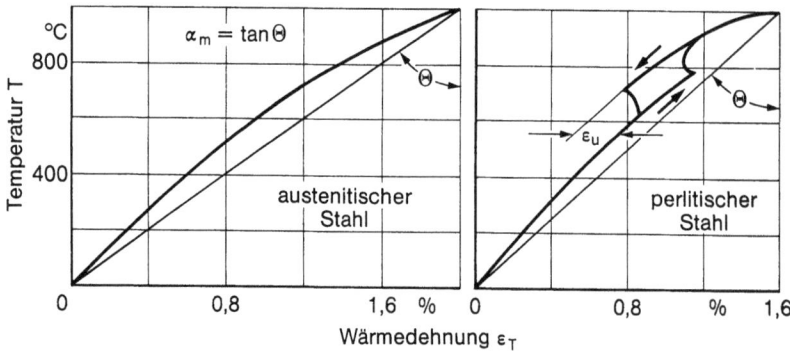

Bild 75. Dilatometerkurven für austenitischen Stahl ohne Gefügeumwandlung und perlitischen Stahl mit Gefügeumwandlung, Umwandlungsdehnung ε_u; nach [8]

der Wärmedehnung entgegengerichtete Umwandlungsdehnung ε_u ist sowohl direkt abgreifbar als auch in der Temperaturabhängigkeit von α berücksichtigbar.

Aus der mittleren Steigung $\tan \theta$ der Dilatometerkurve ergibt sich die mittlere Wärmeausdehnungszahl α_m. Aus der örtlichen Steigung folgt die momentane oder differentielle Wärmeausdehnungszahl α (siehe auch Bild 88).

Die zeit- und ortsabhängigen Wärme- und Umwandlungsdehnungen verursachen elastische bzw. elastoplastische Spannungsfelder sowie zugehörige lokale und globale Formänderungen. Die wichtigsten Grundlagen und Anwendungen der elastischen und inelastischen Thermomechanik sind bei Melan/Parkus [88], Parkus [89], Boley/Weiner [90], Nowacki [91] und Ziegler [92] zusammengestellt.

3.1.2 Elastisches Wärmespannungsfeld

Die Wärme- und Umwandlungsspannungsfelder beim Schweißen sind hochgradig nichtlinear inelastisch. In der Kontinuumsmechanik wird jedoch die Lösung für ein nichtlinear inelastisches Feldproblem im allgemeinen ausgehend von einem linearisierten elastischen Feldproblem gewonnen. Grundlegende Fragen zum Spannungsfeld lassen sich an der linearelastischen Lösung klären. Außerdem kann diese Lösung Ausgangspunkt für weitere Lösungsschritte im nichtlinearen Bereich sein. Die linearelastische Lösung beschränkt sich im vorliegenden Fall auf die Wärmespannungen ohne den notwendigerweise nichtlinear wirkenden Umwandlungseinfluß.

Linearelastische Wärmespannungsfelder lassen sich bei entsprechender Modellvereinfachung funktionsanalytisch darstellen. Bei komplizierteren Modellen ist die elastische Finit-Element-Lösung angebracht. Letztere ist als besonders einfacher Sonderfall der elastoplastischen Analyse in dieser mitenthalten (siehe Abschnitt 3.1.4).

Das Prinzip der linearisierten funktionsanalytischen Wärmespannungsdarstellung besteht darin, die den orts- und zeitabhängigen Temperaturänderungen ΔT proportionalen volumetrischen Wärmespannungsquellen (elastische Spannung bei allseitig unterdrückter Wärmedehnung ε_T)

$$\sigma_T = \frac{-\alpha \Delta T E}{1 - 2\nu} \tag{99}$$

auf die elastische Struktur unter Freigabe der zunächst eingeführten vollständigen Wärmedehnungsunterdrückung einwirken zu lassen.

Zunächst wird das Wärmespannungsfeld in der unendlichen Scheibe unter der Wirkung einer momentanen Linienquelle (Linie senkrecht zur Scheibenebene) mit Temperaturfeld nach Gl. 24) mit $b=0$ und $T_0=0$ betrachtet. Nach [8] ist:

$$\sigma_r = -\frac{\alpha E Q}{8\pi\lambda\delta t} \frac{4at}{r^2} (1 - e^{-r^2/4at}), \tag{100}$$

$$\sigma_t = \frac{\alpha E Q}{8\pi\lambda\delta t} \left[\frac{4at}{r^2} (1 - e^{-r^2/4at}) - 2e^{-r^2/4at} \right]. \tag{101}$$

Der Inhalt von Gln. (100) und (101) ist in Bild 76 dimensionslos aufgetragen ($A = 4\pi\lambda\delta t/\alpha EQ$). Der Spannungszustand ist zweiachsig und weicht vom Temperaturverlauf zum Teil erheblich ab. Nahe der Linienquelle herrscht radialer und tangentialer Druck. Der tangentiale Druck geht weiter außen in Zug über, während sich der radiale Druck ohne

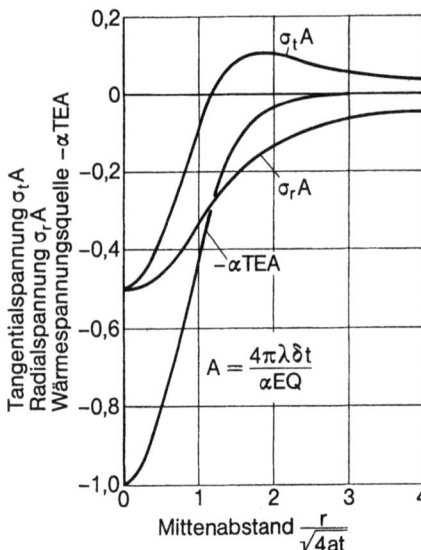

Bild 76. Wärmespannungen um momentane Linienquelle in unendlich ausgedehnter Scheibe; nach [8]

Vorzeichenumkehr vermindert. Der Vorgang ist so veranschaulichbar, daß der wärmere Innenbereich radial auf den kälteren Außenbereich drückt, wo er sich als Tangentialzug abstützt. Zum Vergleich ist die (dimensionslose) Spannung $-\alpha TEA$ dargestellt, die sich bei einachsiger Unterdrückung der örtlichen Wärmedehnung αT einstellen würde. Bei zweiachsiger Unterdrückung (beispielsweise in Scheibenebene) vergrößert sich diese Spannung um den Faktor $1/(1-\nu)$, bei dreiachsiger Unterdrückung um den Faktor $1/(1-2\nu)$. Aus Bild 76 ist ersichtlich, daß die Höchstwerte von σ_r und σ_t nur halb so groß sind wie der Höchstwert von $-\alpha TE$. Die Wärmespannungen werden also durch die Elastizität der Scheibe nachhaltig reduziert.

Das quasistationäre elastische Wärmespannungsfeld der gleichförmig und geradlinig bewegten Linienquelle (Geschwindigkeit v) in der unendlichen Scheibe wird analog zur Vorgehensweise beim Temperaturfeld durch Aufintegrieren der Wärmespannungswirkungen von Momentanquellen nach Gln. (100) und (101) gewonnen. Nach [8] ergibt sich (mit Y_0 und Y_1 Besselfunktionen zweiter Art und nullter bzw. erster Ordnung):

$$\sigma_x = -\frac{\alpha Eq}{4\pi\lambda\delta}\left\{e^{-vx/2a}\left[Y_0\left(\frac{vr}{2a}\right) - \frac{x}{r}Y_1\left(\frac{vr}{2a}\right)\right] + \frac{2a}{v}\frac{x}{r^2}\right\}, \qquad (102)$$

$$\sigma_y = -\frac{\alpha Eq}{4\pi\lambda\delta}\left\{e^{-vx/2a}\left[Y_0\left(\frac{vr}{2a}\right) + \frac{x}{r}Y_1\left(\frac{vr}{2a}\right)\right] - \frac{2a}{v}\frac{x}{r^2}\right\}, \qquad (103)$$

$$\tau_{xy} = \frac{\alpha Eq}{4\pi\lambda\delta}\left[e^{-vx/2a}\frac{y}{r}Y_1\left(\frac{vr}{2a}\right) - \frac{2a}{v}\frac{y}{r^2}\right]. \qquad (104)$$

Die Längsspannungen σ_x und die Querspannungen σ_y in der Quellbewegungslinie sowie die Längsspannungen σ_x in einem Querschnitt dicht hinter der Quelle sind in Bild 77 nach [8] dargestellt. Die Tatsache, daß σ_x im endlichen Rahmen von Bild 77b kein Gleichgewichtssystem bildet (folgt auch aus Gl. (102) für $x=0$ bei $r\neq 0$: σ_x ist nur negativ), ist in der unendlichen Ausdehnung der Scheibe begründet. Fehlerhaftigkeit wird in [8] den entsprechenden Ableitungen von Parkus [89] unterstellt. Aus der Gegenüberstellung mit der

3.1 Grundlagen

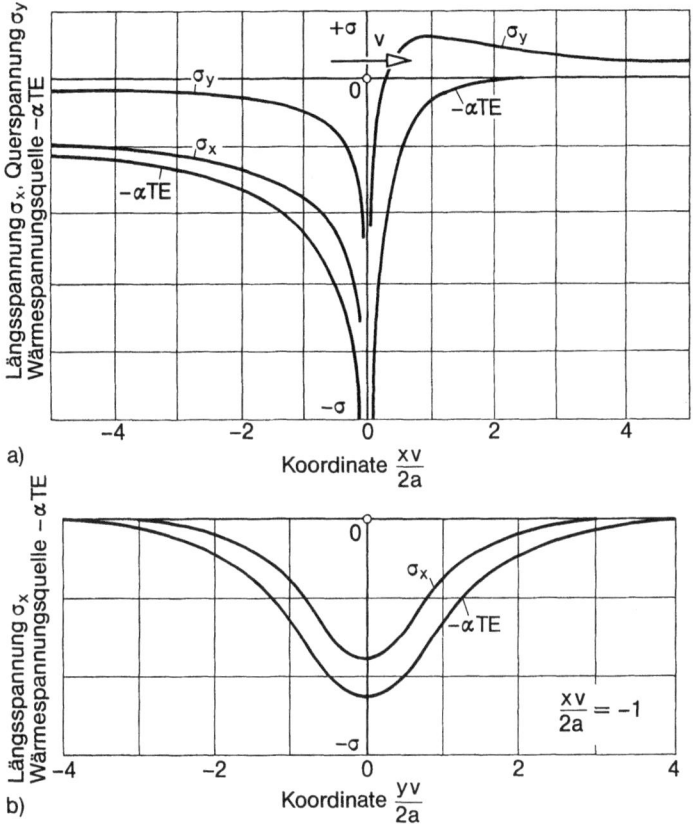

Bild 77. Wärmespannungen um wandernde Linienquelle in unendlich ausgedehnter Scheibe im Längsschnitt (**a**) und im Querschnitt (**b**); nach [8]

Wärmespannungsquelle $-\alpha ET$ folgt die schon bei der momentanen Quelle beobachtete Spannungsminderung (zum Teil bis auf den halben Wert), bedingt durch die Elastizität der Scheibe.

Mittels der analytischen Lösung für das elastische Spannungsfeld bei zwei aufeinanderzulaufenden Wärmequellen in der unendlichen Scheibe als Modell für das Schweißnahtende am Rand der halbunendlichen Scheibe (Verfahren der spiegelbildlich angeordneten Quellen) konnte nachgewiesen werden, daß bei Annäherung der zwei Quellen, gleichbedeutend der Annäherung der einen Quelle an den Rand, sich unmittelbar hinter der Quelle Querzug ausbildet [155, 157].

Elastische Wärmespannungsfelder beim Schweißen werden vielfach auch nach der Finit-Element-Methode ermittelt, sowohl im ersten Schritt einer ansonsten nichtlinearen Berechnung als auch in Ermangelung weitergehender nichtlinearer Berechnungsmöglichkeiten [155, 157, 163].

3.1.3 Elastoplastisches Wärmespannungsfeld

Wesentlich für das Entstehen der (bleibenden) Schweißeigenspannungen sind die plastischen, gegebenenfalls auch viskoplastischen Formänderungen, denn die bisher betrachteten elastischen Wärmespannungen verschwinden nach Rücknahme der sie bedingenden Temperaturänderungen. Elastische Feldlösungen geben zwar Anhaltspunkte, wo die Fließspannung überschritten wird, wo demnach Eigenspannungsquellen liegen, lassen aber keine quantitative Aussage zum elastoplastischen Feld zu. Andererseits sind funktionsanalytische Lösungen für die elastoplastischen Wärmespannungsfelder beim Schweißen nicht bekannt. Numerische Lösungen für einfachere Modellfälle werden dagegen über finite Elemente und inkrementelle Belastung gewonnen (siehe Abschnitt 3.2).

Zur Veranschaulichung einiger Grundtatsachen der elastoplastischen Wärmespannungsfelder beim Schweißen wird ein rotationssymmetrisches Feld mit momentaner Quelle quantitativ (im Vorgriff auf Abschnitt 3.2.3) und ein quasistationäres Feld mit bewegter Quelle qualitativ dargestellt. Das rotationssymmetrische Feld simuliert das Punktpreßschweißen, das quasistationäre Feld das Nahtschmelzschweißen.

Als Anschauungsmodell für das Punktschweißen wird die Kreisscheibe mit $\cos^2$-förmiger Anfangstemperatur im inneren Radiusabschnitt, Höchsttemperatur $T_{max} = 700\,°C$ im Zentrum der Scheibe, ohne Elektrodendruck betrachtet, Bild 78. Der verwendete Baustahl weist die ausgeprägte Fließgrenze $\sigma_F = 240\,N/mm^2$ ohne Verfestigung auf. Nach Erwärmung bildet sich die zentrale Druckfließzone im Temperaturbereich $\geq 200\,°C$ aus. Während der Abkühlung, gekennzeichnet durch die Abnahme von T_{max}, treten zeitweise drei plastische Zonen auf, die σ_r,σ_t-Zugzone im Zentrum, die σ_t-Druckzone außen und die σ_t-Druck-/σ_r-Zug-Zone dazwischen. Nach vollständiger Abkühlung ist nur noch die zentrale Zugzone vorhanden. Fließen wird durch die kritische Hauptschubspannung nach Tresca ausgelöst, so daß es auf die Differenz der Spannungen σ_r und σ_t gegen Null (innere und äußere Zone) oder gegeneinander (mittlere Zone) ankommt. Der vorstehend beschriebene Spannungsverlauf wird qualitativ durch genauere Modelle bestätigt.

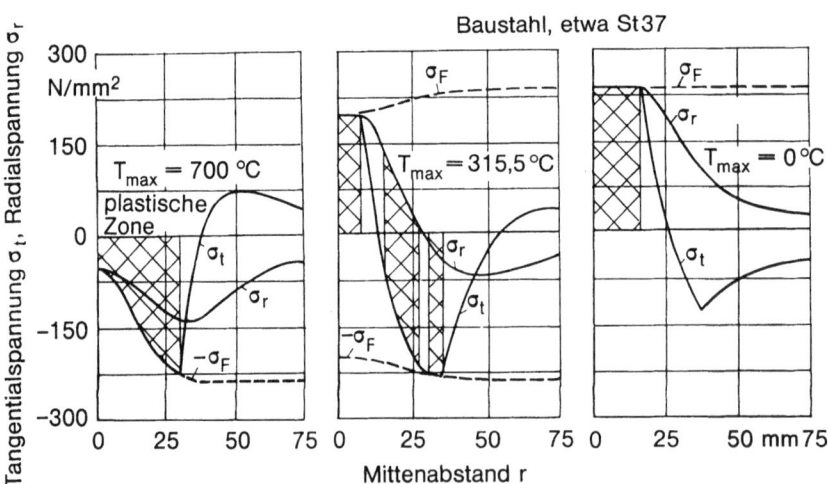

Bild 78. Radiale und tangentiale Wärme- bzw. Eigenspannungen um momentane Wärmequelle in Kreisscheibe (Durchmesser 760 mm), plastische Zone zu Beginn, gegen Mitte und am Ende der Abkühlung; nach [126]

3.1 Grundlagen

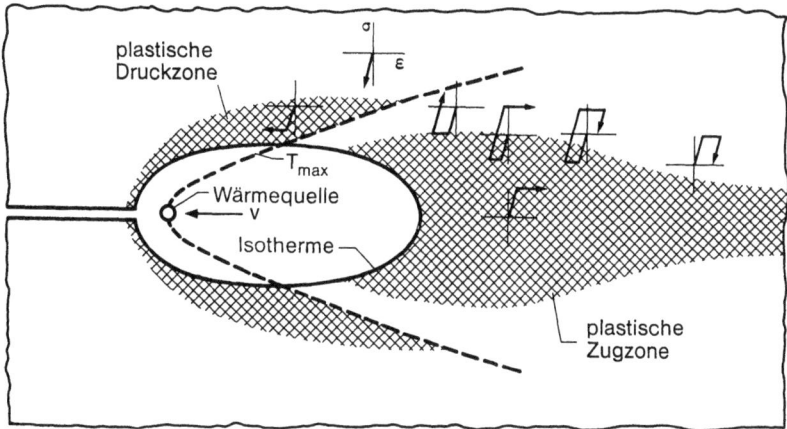

Bild 79. Plastische Zonen und lokale Beanspruchungsabläufe im quasistationären Temperaturfeld der wandernden Wärmequelle.

Ein mögliches Scheibenmodell für das Nahtschmelzschweißen ist in Bild 79 dargestellt. Innerhalb einer bestimmten Isotherme um die bewegte Linienquelle (zum Beispiel $T \geqq 600\,°C$ bei unlegiertem Baustahl) ist der Werkstoff infolge der bei erhöhter Temperatur erniedrigten Fließgrenze weitgehend spannungsfrei. Dieser Bereich ist daher durch eine ovale Öffnung in Fortsetzung des Fügespalts ersetzt. Die gestrichelt eingezeichnete parabelähnliche Kurve markiert die örtlichen Temperaturmaxima, örtlicher Temperaturanstieg vor der Kurve, örtlicher Temperaturabfall dahinter. Infolge der Wärmeausdehnung bei Erwärmung tritt vor der Kurve eine plastische Druckzone auf und infolge der Wärmekontraktion bei Abkühlung hinter der Kurve eine plastische Zugzone, letztere getrennt durch einen Streifen mit elastischer Entlastung aus dem Druckzustand in den Zugzustand. Für verschiedene Punkte des Feldes ist mittels schematisierter (zyklischer) Spannung-Dehnung-Linie der jeweilige örtliche Beanspruchungsablauf angedeutet, ohne dessen Temperaturabhängigkeit zu erfassen. Beispielsweise durchläuft ein Punkt knapp oberhalb der Grenzisotherme die Beanspruchung in den Druckfließbereich, die elastische Entlastung in den Zugbereich, das Zugfließen und schließlich die erneute elastische Entlastung. Eine Feldlösung für das dargestellte quasistationäre elastoplastische Wärmespannungsfeld beim Nahtschmelzschweißen ist nicht bekannt.

3.1.4 Grundgleichungen der Thermomechanik

Nach dem ersten Hauptsatz der Thermodynamik, der die Gleichartigkeit von thermischer und mechanischer Energie und die Erhaltung der Gesamtenergie postuliert, sind thermisches und mechanisches Feld (also Temperaturfeld und Wärmespannungsfeld) gekoppelt. Das Gesetz sagt für das Volumenelement aus, daß die je Zeiteinheit gespeicherte Wärme $c\varrho \dot{T}$ und die zu- bzw. abgeleitete Wärme $q^*_{i,i}$ (flächenbezogen) gleich der je Zeiteinheit freigesetzten bzw. verbrauchten Wärme $\dot{Q}_v$ (volumenbezogen) und der Energie aus elastischer und viskoplastischer Formänderungsgeschwindigkeit $\dot{\varepsilon}_{e\,ij}$ und $\dot{\varepsilon}_{vp\,ij}$ sind. Daraus folgt die Grundgleichung der Thermomechanik elasto-viskoplastischer Kontinua nach [90, 92] ($\sigma_{d\,ij}$ deviatorischer Spannungstensor):

$$c\varrho \dot{T} + q^*_{i,i} = \dot{Q}_v - \frac{E\alpha T}{1-2\nu}\dot{\varepsilon}_{e\,ii} + \xi \sigma_{d\,ij}\dot{\varepsilon}_{vp\,ij}. \tag{105}$$

Der Verlustfaktor $\xi \leq 1{,}0$ berücksichtigt, daß nicht alle inelastische Formänderungsenergie in Wärme dissipiert wird, sondern daß ein Teil in der Gefügeänderung erscheinen kann. Die Terme mit den Formänderungsgrößen in Gl. (105) werden als „mechanische Koppelglieder" bezeichnet. Wie im vorangegangenen Text schon mehrfach festgestellt, ist aber bei den Schweißproblemen mit ihrer Dominanz der von außen zugeführten Schweißwärme die in Gl. (105) zum Ausdruck kommende Kopplung zwischen thermischem und mechanischem Feld vernachlässigbar (Demonstrationsrechnung mit Kopplung in [106]). Die entkoppelte Lösung des Temperaturfeldproblems ist in Kapitel 2 dargestellt (Gl. (12) entspricht Gl. (105) ohne Koppelglieder). Das mechanische Feld wird nachfolgend ausgehend von dem entkoppelt bestimmten, also bereits bekannten Temperaturfeld analysiert.

In diesem Abschnitt werden die Ausgangsgleichungen für das isotrope elastoplastische Kontinuum in Tensorform (in Anlehnung an [107]) und die resultierende Materialgleichung dann in der Matrixform der Finit-Element-Methode angegeben. Dabei sind weder Vollständigkeit noch hinreichende Detaillierung und Kommentierung möglich. Die Gleichungen dienen nur der Veranschaulichung der wichtigsten gesetzmäßigen Beziehungen. Anschließend werden allgemeine Angaben zu den Besonderheiten der Finit-Element-Berechnungsverfahren bei Elastoplastizität gemacht. Die Beschränkung auf plastisches Verhalten ohne Viskosität ist bei den meisten Schweißeigenspannungsproblemen ausreichend (ausgenommen das Warmentspannen und das Mehrlagenschweißen). Zur ausführlicheren Theorie des elastoplastischen Kontinuums wird auf [95 bis 98] verwiesen, zur Kriech- bzw. Relaxationstheorie auf Abschnitt 4.4.3.2.5, zu den Grundgleichungen der Schweißeigenspannungberechnung auf [106 bis 109], zur elastoplastischen Finit-Element-Methode auf [100 bis 103].

Die Gesamtdehnung $d\varepsilon_{ij}$ setzt sich aus elastischer Dehnung $d\varepsilon_{e\,ij}$, plastischer Dehnung $d\varepsilon_{p\,ij}$ (einschließlich Umwandlungsplastizität), Wärmedehnung $d\varepsilon_{T\,ii}$ und Umwandlungsdehnung $d\varepsilon_{u\,ii}$ zusammen (die differentielle Form wird im Hinblick auf die inkrementell durchzuführende Finit-Element-Berechnung gewählt):

$$d\varepsilon_{ij} = d\varepsilon_{e\,ij} + d\varepsilon_{p\,ij} + d\varepsilon_{T\,ii} + d\varepsilon_{u\,ii}\,. \tag{106}$$

Für die elastische Dehnung gilt das Hookesche Gesetz, das unterteilt nach deviatorischem und volumetrischem Anteil angeschrieben wird:

$$\varepsilon_{d\,ij} = \frac{1}{2G}\sigma_{d\,ij}\,, \tag{107}$$

$$\varepsilon_{v\,ii} = \frac{1}{3K}\sigma_{v\,ii}\,. \tag{108}$$

Gleitmodul G und Kompressionsmodul K lassen sich durch Elastizitätsmodul E und Querkontraktionszahl v ausdrücken:

$$G = \frac{E}{2(1+v)}\,, \tag{109}$$

$$K = \frac{E}{3(1-2v)}\,. \tag{110}$$

Für die plastische Dehnung gilt die Verbindung von Fließbedingung, Fließgesetz und Verfestigungsgesetz. Die Fließbedingung bezeichnet bei mehrachsigem Spannungszustand den Fließbeginn. Das Fließgesetz verknüpft die plastischen Dehnungsinkremente mit dem

3.1 Grundlagen

augenblicklichen Spannungszustand und den Spannungsinkrementen. Das Verfestigungsgesetz gibt an, wie die Fließbedingung durch das Fließen verändert wird.

Als Fließbedingung wird die Gestaltsänderungsenergiehypothese nach von Mises verwendet:

$$\frac{1}{2}\sigma_{d\,ij}\sigma_{d\,ij} - \frac{1}{3}\sigma_F^2 = 0. \tag{111}$$

Als Fließgesetz wird

$$d\varepsilon_{p\,ij} = d\lambda\,\sigma_{d\,ij} \tag{112}$$

eingeführt (plastische Dehnung koaxial und proportional zur Deviatorspannung).

Die isotrope (oder auch kinematische) Verfestigung wird (in $d\lambda$ eingehend) durch den Verfestigungsmodul H und die effektive plastische Dehnung $d\varepsilon_p^*$ erfaßt:

$$H = \frac{d\sigma_F}{d\varepsilon_p^*}, \tag{113}$$

$$d\varepsilon_p^* = \frac{\sigma_{d\,ij}d\varepsilon_{p\,ij}}{\sqrt{\frac{3}{2}\sigma_{d\,ij}\sigma_{d\,ij}}}. \tag{114}$$

Für die (isotrope) Verfestigung wird vielfach das Potenzgesetz nach Ramberg-Osgood verwendet (wenn nicht H konstant bei vorgegebener Temperatur gesetzt wird), nach dem der Zusammenhang zwischen Vergleichsdehnung ε_v (nach von Mises), Fließspannung $\sigma_F = \sigma_F(T)$ und Fließspannungshöchstwert $\sigma_{F\,max} = \sigma_{F\,max}(T)$ (aus Zugversuch, siehe Bild 83) über die Werkstoffkonstanten $m \approx 2$ und $C = C(T)$ hergestellt wird:

$$\sigma_F = \frac{C\varepsilon_v}{\left[1 + \left(\frac{C\varepsilon_v}{\sigma_{F\,max}}\right)^m\right]^{1/m}}. \tag{115}$$

Für die Wärmedehnung gilt die Beschränkung auf die dilatatorischen Anteile:

$$d\varepsilon_{T\,ii} = 3d\varepsilon_T = 3\alpha\,dT. \tag{116}$$

Nach einer Reihe zusammenführender Rechenoperationen mit den Gln. (106) bis (116) erscheint schließlich das Werkstoffgesetz des thermoelastoplastischen Kontinuums in Matrixschreibweise wie folgt:

$$\{d\sigma\} = [D]\{d\varepsilon\} + dC^*\{\sigma_d\} - M^*\{d\varepsilon_T\}. \tag{117}$$

In den Spaltenvektoren $\{d\sigma\}$, $\{d\varepsilon\}$, $\{\sigma_d\}$ und $\{d\varepsilon_T\}$ stehen die 6 Komponenten des jeweiligen Tensors. Die augenblickliche thermoelastoplastische Spannung-Dehnung-Matrix $[D]$ und die Größen dC^* und M^* hängen in verwickelter Weise von den temperaturabhängigen Werkstoffkennwerten G, K, H, σ_F, α sowie von der Vergleichsspannung ab ([107], siehe auch [103]). Gefügeumwandlung ist in Gl. (117) nicht explizit erfaßt.

Mit bekanntem Werkstoffgesetz, Gl. (117), sind finite Elemente und deren Systeme in üblicher Weise definierbar. Zur Darstellung von Werkstoffzusatz beim Schweißen sollten Elemente hinzufügbar, zur Darstellung des Schmelzens andererseits entfernbar sein. Da bei der Schweißeigenspannungsentstehung die elastischen Dehnungen klein gegenüber den dilatatorischen Wärmedehnungen sind (ermöglicht durch große plastische Dehnungen), ist auf Kompatibilität zwischen aufgeprägter dilatatorischer Wärmedehnung und durch die Formfunktion des Elements vorgesehener dilatatorischer Gesamtdehnung zu achten. Die Formfunktion muß mindestens vom Grade der Temperaturfunktion sein. Auch muß das Netz mehr Freiheitsgrade haben, als durch die Wärmedilatation voneinander abhängig gemacht werden [107]. Die aufsummierten plastischen Dehnungen werden beim Schmelzen auf Null zurückgesetzt und nach dem Wiedererstarren neu aufsummiert.

Das transiente und temperaturabhängig nichtlineare Strukturverhalten beim Schweißen, dargestellt durch die Knotenpunktsverschiebungen wird durch zeitschrittweises (inkrementelles) Belasten des Finit-Element-Modells rechnerisch dargestellt. Derartige Berechnungen sind dadurch gekennzeichnet, daß die Steifigkeitsmatrix des jeweiligen Lastinkrements außer vom augenblicklichen Temperatur-, Spannungs- und Dehnungszustand von der Beanspruchungsvorgeschichte abhängt. Die Verschiebungsinkremente können durch modifizierte Newton-Iteration der Gleichgewichtsbedingung bei (fiktiv) gleichbleibender Steifigkeitsmatrix bestimmt werden. Oder aber es wird innerhalb jedes Iterationsschritts die Steifigkeitsmatrix durch Spannungsintegration neu bestimmt. Dabei wird die (explizite bzw. implizite) Eulersche Vorwärts- oder Rückwärtsintegration angewendet [103].

3.1.5 Thermomechanische Werkstoffkennwerte

Für theoretisch-rechnerische Schweißeigenspannungsuntersuchungen werden die in die Grundgleichungen eingehenden thermomechanischen Werkstoffkennwerte temperaturabhängig benötigt (die thermischen Kennwerte einschließlich der Dichte ϱ wurden bereits in Abschnitt 2.1.2.6 dargestellt, einzelne weitere Angaben dazu sind in den Bildern dieses Abschnitts mitenthalten). Der Bestand bekannter Werte ist nicht immer ausreichend, so daß rechnerische Lösungen allein aus diesem Grund an enge Grenzen stoßen können.

Für die Eigenspannungsberechnung werden die folgenden thermomechanischen Werkstoffkennwerte (neben der bereits erwähnten Dichte ϱ) temperaturabhängig benötigt:

— Wärmeausdehnungszahl α [1/K],
— Elastizitätsmodul E [N/mm^2],
— Querkontraktionszahl ν [—],
— Fließgrenze σ_F [N/mm^2].

Bei α ist zwischen den momentanen Werten α bei der jeweiligen Temperatur un den mittleren Werten α_m zwischen Ausgangs- und Endtemperatur zu unterscheiden. Außerdem werden Angaben zu α und σ_F an Umwandlungspunkten benötigt. Alle Angaben sind zum Zwecke der Eigenspannungsberechnung zunächst nur im Niedrigtemperaturbereich relativ hoher Fließgrenze erforderlich.

Zu den Eisenwerkstoffen liegt eine ausgezeichnete Wertesammlung von Richter [22] vor, leider ohne Angabe der Fließgrenze. Die sonstigen Angaben, besonders auch in den Fachbüchern [1 bis 7] über Schweißeigenspannungen, sind eher dürftig. Ein allgemeiner Mangel besteht darin, daß Fließspannung und Bruchfestigkeit, Fließdehnung und Bruchdehnung fast durchweg bezogen auf Ausgangsquerschnitt bzw. Ausgangslänge der Probe angegeben werden, also nicht die entsprechenden Werte der „wahren" Spannung bzw. „wahren" Dehnung, die dem vorstehenden Problem wegen der auftretenden großen Dehnungen angemessener wären. So können örtlich Eigenspannungen gemessen werden, die allein

3.1 Grundlagen

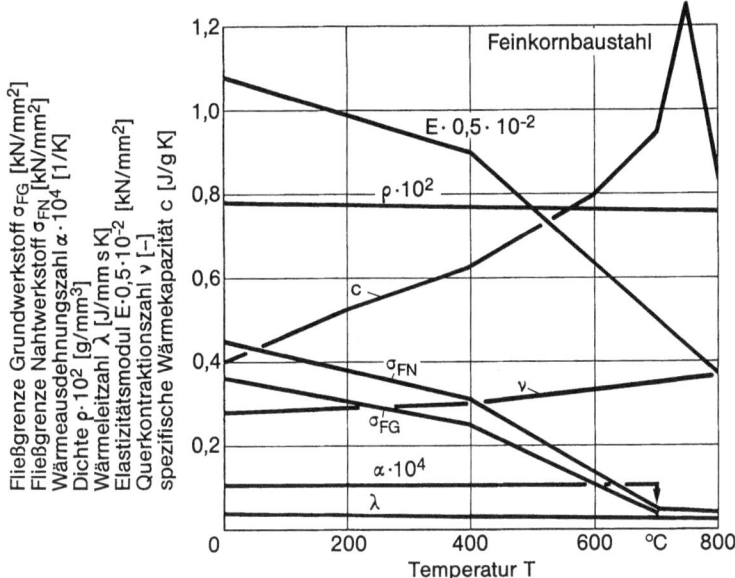

Bild 80. Thermische und mechanische Werkstoffkennwerte für einen schweißgeeigneten Feinkornbaustahl (CMn- und mikrolegiert), Temperaturabhängigkeit (Umwandlungswärme bei 700 °C in Wärmekapazität c erfaßt); nach [157]

deshalb über dem Nennwert der Zugfestigkeit liegen, weil die „wahre" Bruchfestigkeit höher liegt.

Die Kennwerte σ_F, α, ϱ, λ, E, c (in einem Fall auch ν) sind nachfolgend für drei gängige schweißgeeignete Konstruktionswerkstoffe temperaturabhängig aufgetragen, für einen Feinkornbaustahl (mit Umwandlung bei 700 °C) in Bild 80 (nach [157]), für eine Aluminiumlegierung in Bild 81 (nach [10]) und für eine Titanlegierung in Bild 82 (nach [129]). Eine gleichartige Darstellung für die Nickel-Chrom-Eisen-Legierung Inconel 600 ist in [176] zu finden.

Die Spannung-Dehnung-Linien sowie die daraus gewonnene Fließanfangs- und Fließhöchstspannung $\sigma_{F\,0,1}$ bzw. $\sigma_{F\,max} = \sigma_Z$, bezogen auf den Ausgangsquerschnitt des Zugstabs, sind für den Baustahl St 37 in Bild 83 temperaturabhängig dargestellt (nach [106]). Die „wahren" Spannungen liegen erst nach Beginn der Einschnürung (hier nicht dargestellt) deutlich höher. Bemerkenswert sind die besonders hohen Fließspannungen im Bereich der Blauwärme (bei verminderter Bruchdehnung). Entsprechende (vereinfachte) Linien für den legierten Stahl X 4 CrNiMo 19 13 zeigt Bild 84. Offenbar sind die auf den Momentanquerschnitt bezogenen „wahren" Spannungen dargestellt. Die dargestellten Kurven können beim Abkühlen umwandlungsbedingt abweichend verlaufen (beispielsweise abhängig von den Austenitisierungsbedingungen [178]).

In den aus [22] abgeleiteten Bildern 85 bis 87 sind die Kennwerte α, E, ν als Bereiche für Kurvenverläufe über der Temperatur dargestellt, einerseits für unlegierte (ferritische oder eutektoidische) und niedriglegierte Stähle, andererseits für hochlegierte (austenitische) Stähle, die die Einzelkurven von [22] eingrenzen. Die Unstetigkeit der Kurven für unlegierten und niedriglegierten Stahl bei 700 °C ist durch die hier beginnende $\alpha\gamma$-Umwandlung (A_{c1}-Temperatur) bedingt.

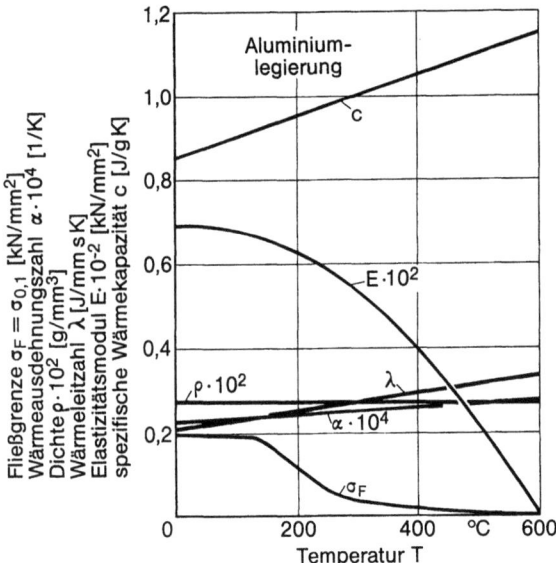

Bild 81. Thermische und mechanische Werkstoffkennwerte für eine Aluminiumlegierung (5052-H32 nach amerikanischer Norm), Temperaturabhängigkeit; nach [10]

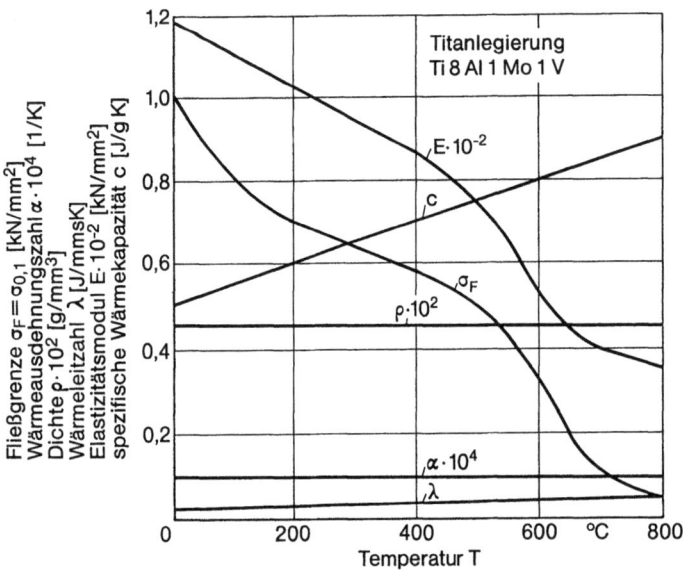

Bild 82. Thermische und mechanische Werkstoffkennwerte für eine Titanlegierung (Ti 8 Al 1 Mo 1 V), Temperaturabhängigkeit; nach [129]

3.1 Grundlagen

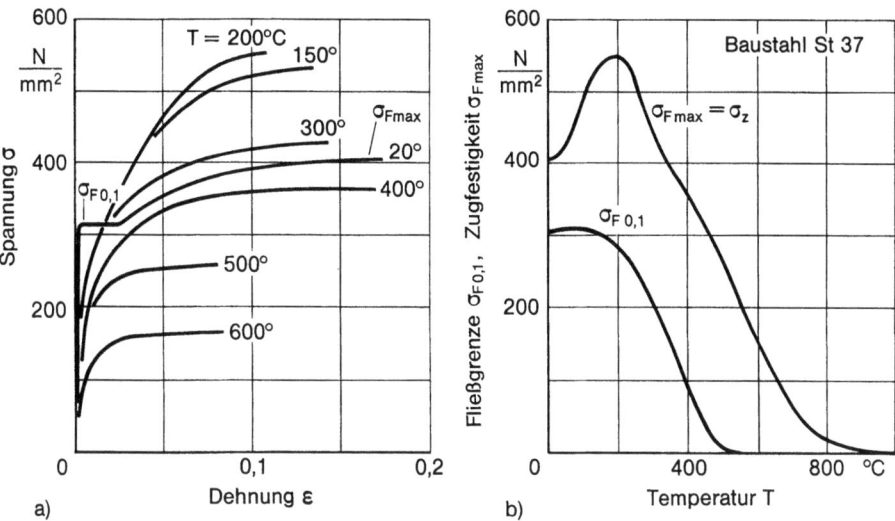

Bild 83. Spannung-Dehnung-Linien von Baustahl St 37 (**a**), Temperaturabhängigkeit von Fließgrenze (ersatzweise 0,1-Dehngrenze) $\sigma_{F\,0,1}$ und Fließhöchstspannung $\sigma_{F\,max} = \sigma_Z$ (**b**); nach [106]

Die momentane („differentielle") Wärmeausdehnungszahl α, gemessen im Dilatometer, Bild 85, steigt mit der Temperatur und liegt für hochlegierte Stähle höher als für unlegierte und niedriglegierte Stähle. Bei der Umwandlungstemperatur A_{c1} tritt ein Umschlagen auf negative Werte ein, bedingt durch die der Wärmedehnung entgegengerichtete Umwandlungsdehnung.

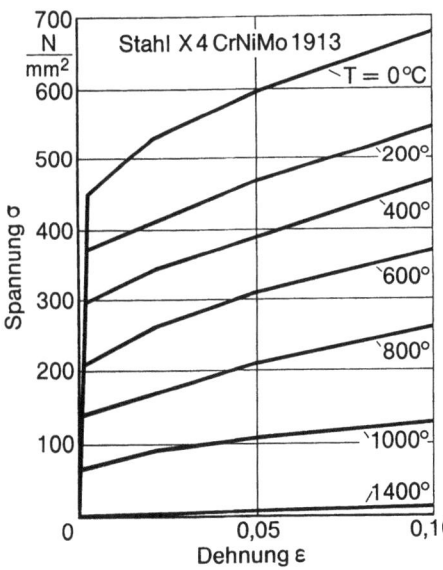
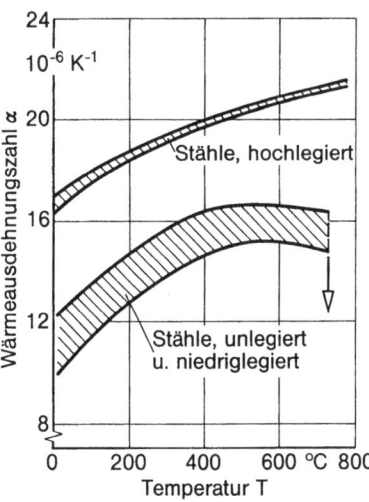

Bild 84. Spannung-Dehnung-Linien von Stahl X 5 CrNiMo 19 13, Temperaturabhängigkeit von Fließbeginn und Verfestigung; nach [112]

Bild 85. Wärmeausdehnungszahl α von legierten und unlegierten Stählen, Temperaturabhängigkeit, Bereiche der Einzelkurven nach [22]

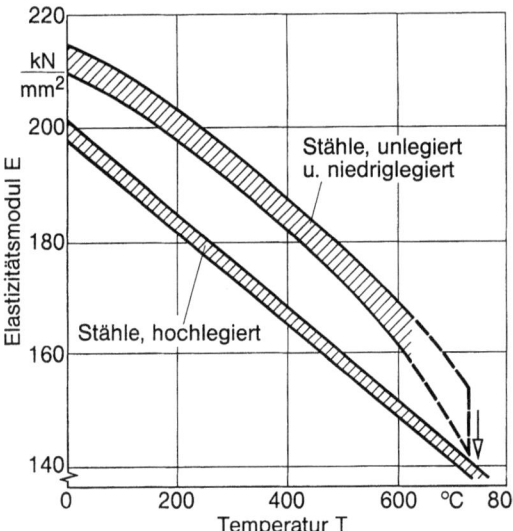

Bild 86. Elastizitätsmodul E von legierten und unlegierten Stählen, Temperaturabhängigkeit, Bereiche der Einzelkurven nach [22]

Bei der Schmelztemperatur tritt eine erhebliche Volumenzunahme ein, Erstarren wirkt entgegengesetzt. Dies ist jedoch für die Schweißeigenspannungsausbildung im allgemeinen belanglos, weil bei Schmelz- bzw. Erstarrungstemperatur die Fließspannung gegen Null geht.

Die mittlere Wärmeausdehnungszahl der niedrig- und unlegierten Baustähle im Temperaturbereich bis 600°C, in dem die Fließspannung relativ hohe Werte aufweist, wird für

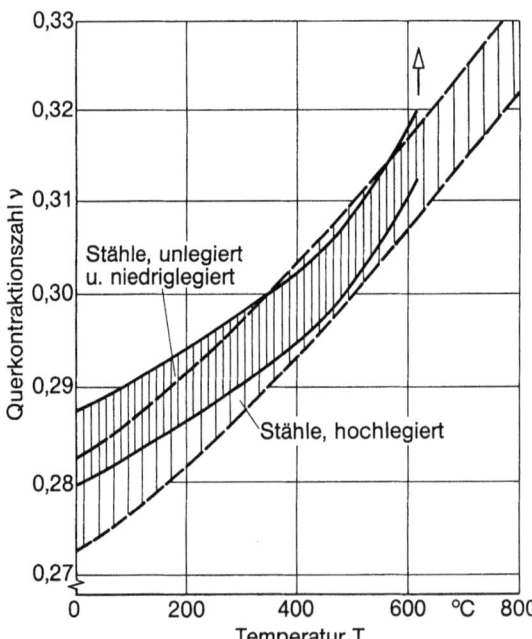

Bild 87. Querkontraktionszahl v von legierten und unlegierten Stählen, Temperaturabhängigkeit, Bereich der Einzelkurven nach [22]

3.1 Grundlagen

Näherungsberechnungen in Form der kombinierten Größe

$$\left(\frac{\alpha}{c\varrho}\right)_m = 2{,}5 \ldots 3{,}0 \cdot 10^3 \; [\text{mm}^3/\text{J}] \tag{118}$$

angegeben.

Die elastischen Konstanten E und ν, dynamisch gemessen im Resonanzversuch (die statisch gemessenen Werte unterscheiden sich vernachlässigbar wenig), Bilder 86 und 87, zeigen für niedrig- und unlegierte bzw. hochlegierte Stähle je ein schmales Bereichsband. In Nähe der Umwandlungstemperatur A_{c1} fällt der Elastizitätsmodul steil ab (gegen Null), während die Querkontraktionszahl steil ansteigt (gegen 0,5).

Die Dilatometerkurven für je einen Stahl ohne und mit Umwandlung wurden in Abschnitt 3.1.1 beispielhaft dargestellt und erläutert. Die Wärmeausdehnungszahl α für einen hochlegierten Nickelstahl (11,6 % Ni) mit Austenit-Martensit-Umwandlung bei rund 350 °C ist in Bild 88 gezeigt [112]. In der Wärmeeinflußzone von Schweißverbindungen liegen stark unterschiedliche Höchsttemperaturen T_{max} bei nur wenig unterschiedlicher Abkühlzeit $\Delta t_{8/5}$ vor, so daß Diagramme nach Art von Bild 89 für die Berechnung benötigt werden (weitere Diagramme in [161]). Die Wärmeeinflußzone sollte dann im Finit-Element-Modell mehrschichtig und relativ fein diskretisiert werden, was gleichzeitig der Erfassung des umwandlungsbedingten Temperatursprungs zugute kommt.

Weniger bekannt ist die für die Schweißeigenspannungsausbildung auch wichtige Tatsache, daß die Fließspannung im Temperaturbereich der Umwandlung gegenüber der Fließspannung der beiden Phasen stark vermindert sein kann, Bild 90. Bei Gefügeumwandlung unter Spannung tritt zusätzlich zur volumetrischen eine plastische Umwandlungsdehnung auf

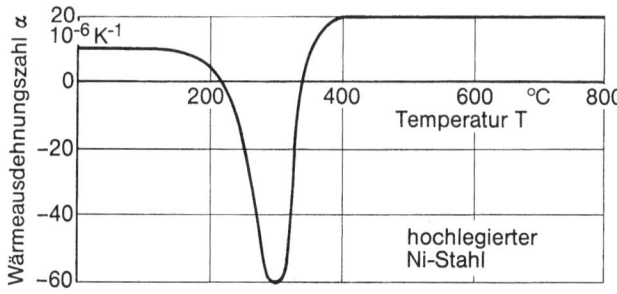

Bild 88. Wärmeausdehnungszahl α mit Vorzeichenumkehr im Temperaturbereich der Gefügeumwandlung für einen Nickelstahl; nach [112]

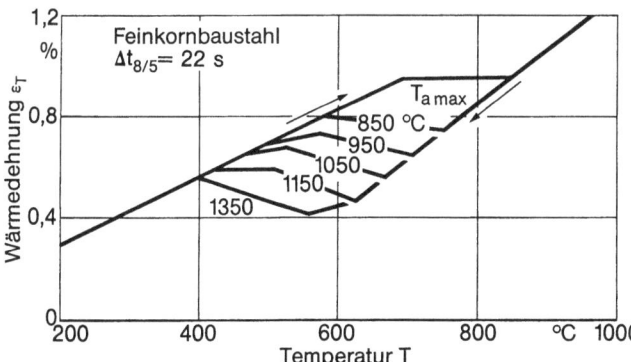

Bild 89. Dilatometerkurven für einen schweißgeeigneten Feinkornbaustahl mit Gefügeumwandlung; nach [161]

100   3 Eigenspannungen und Verzug beim Schweißen

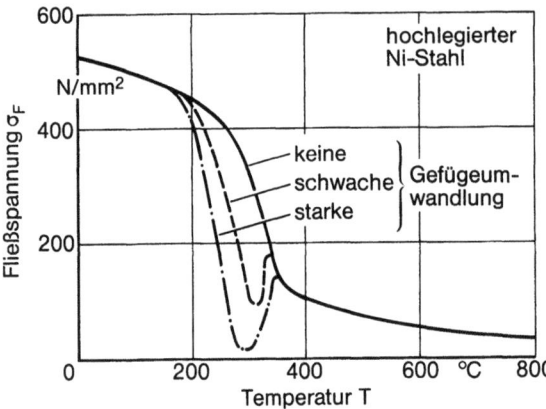

Bild 90. Fließspannungserniedrigung im Temperaturbereich der Gefügeumwandlung für einen Nickelstahl; nach [112]

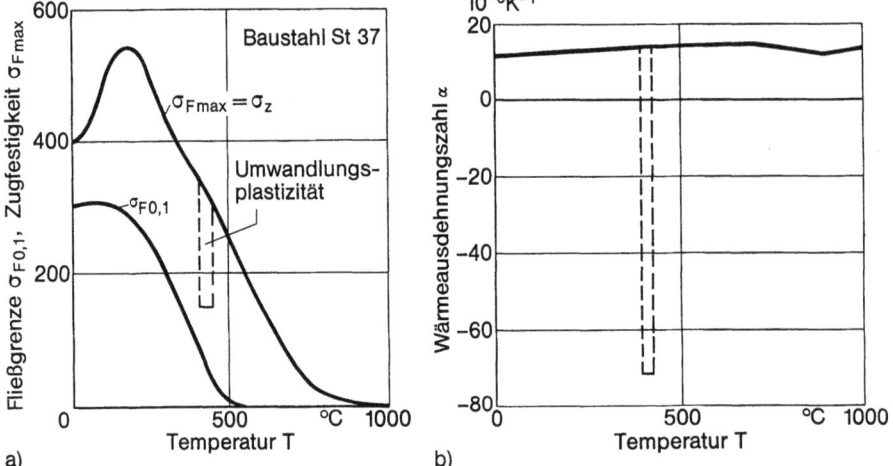

Bild 91. Fließgrenze, σ_F, Zugfestigkeit $\sigma_{F\,max}$ (**a**) und Wärmeausdehnungszahl α (**b**) für Baustahl St 37 unter Einschluß der Gefügeumwandlung (zum Martensit); nach [106]

(„Umwandlungsplastizität", siehe [113]). Die Martensitumwandlung in der Schmelz- und Wärmeeinflußzone von St 37 wird in [106] mit Werkstoffkennwerten nach Bild 91 modelliert. Es ist fraglich, ob die in Bild 91 dargestellte Berücksichtigung der Umwandlungsplastizität allein in $\sigma_{F\,max}$ ausreichend ist.

Zur Feststellung, ob Umwandlung in der Wärmeeinflußzone bzw. im Schweißgut stattfindet, bei welcher Temperatur und Abkühlgeschwindigkeit abhängig von Höchsttemperatur und Temperaturhaltezeit dies geschieht, welche Gefügebestandteile in welchem Umfang dabei entstehen (besonders wichtig die Martensitbildung), werden ZTU- und STAZ-Schaubilder herangezogen (siehe Abschnitt 2.4.1). Die Kopplung der thermischen und gefügekinetischen Vorgänge beim Schweißen wird aber auch schon auf rein rechnerischem Weg versucht [27, 70, 71].

Bei erhöhter Temperatur tritt neben elastischer und (zeitunabhängiger) plastischer Formänderung auch (zeitabhängige) viskoplastische Formänderung (Kriechen bzw.

Relaxation) auf. Die zeitabhängigen Prozesse können beim (Einlagen-)Schweißen vernachlässigt werden. Sie spielen aber beim Warmentspannen eine wesentliche Rolle (siehe Abschnitt 4.4.3.2).

3.2 Finit-Element-Modelle

3.2.1 Intelligente Lösung

Die Berechnung der Schweißeigenspannungen und Schweißformänderungen mittels finiter Elemente in Raum und Zeit (unter Einschluß der Differenzenverfahren), die das thermische und mechanische (thermoelastoviskoplastische) Werkstoff- und Bauteilverfahren beim Schweißvorgang simulieren, mit dem von elastischen Bauteilanalysen gewohnten Detaillierungsgrad, ist auch im Zeitalter der Supercomputer eine unlösbare Aufgabe. Folgende Merkmale der Finit-Element-Problemstellung machen dem Fachmann den Grad der Schwierigkeit und den immensen Aufwand bei allgemeiner Lösung verständlich:

— Das Modell sollte zur Erfassung der unterschiedlichen Abkühlverhältnisse im Innern und an der Oberfläche zumindest im Nahtbereich räumlich konzipiert sein.
— Der zu modellierende Vorgang ist wegen der schnellen Aufheiz- und Abkühlvorgänge hochgradig instationär mit örtlich und zeitlich extrem unterschiedlichen Feldgradienten.
— Der zu modellierende Vorgang ist hinsichtlich des thermomechanischen Werkstoffverhaltens hochgradig nichtlinear und temperaturabhängig.
— Das momentane, lokale Werkstoffverhalten ist von der lokalen thermischen und mechanischen Beanspruchungsvorgeschichte abhängig.
— Werkstoff wird während des Schweißens aufgeschmolzen, zum Teil auch dem Bauteil hinzugefügt und verändert erstarrend den Bauteilverbund.
— Zustands- und Gefügeänderungen sind zu simulieren.
— Fehlstellen und Risse, die an kritischen Stellen auftreten können, durchbrechen das Kontinuumskonzept.

Die numerische Lösung dieser äußerst komplexen Problemstellung in allgemeiner Form würde überaus leistungsfähige Computer und Lösungsalgorithmen sowie selbstadaptive (Raum-)Netze und (Zeitschritt-)Verfahren erfordern. Leistungsfähige Supercomputer sind zwar heute verfügbar, die Verfahrens- und Software-Entwicklung hat aber mit den Hardware-Möglichkeiten nicht Schritt gehalten. Und selbst wenn die erwähnten Mittel verfügbar wären, würden die Konvergenz- und Fehlerabschätzungen auf vorerst unüberwindbar erscheinende Schwierigkeiten stoßen.

Eine weitere Schwierigkeit kann dem Einsatz der Finit-Element-Berechnung der Schweißeigenspannungen bei der industriellen Produktentwicklung entgegenstehen. Derartige Berechnungen benötigen eine Vielzahl von Werkstoffkennwerten und deren Temperaturabhängigkeit, die vorerst nur bruchstückhaft vorliegen. Manche Werkstoffkennwerte sind außer vom Werkstoff vom jeweiligen Gefügezustand abhängig. Lokale Anisotropien oder Inhomogenitäten können zusätzlich in den Werkstoffkennwerten zu berücksichtigen sein.

Die vorstehenden kritischen Anmerkungen beziehen sich aber nur auf das Vorhaben, die komplizierte Wirklichkeit möglichst detailliert in einem Finit-Element-Modell zu simulieren („unintelligente Lösung"). Sie treffen nicht zu, wenn die Problemstellung konsequent auf ihren jeweiligen Kern reduziert wird und nur die im jeweiligen Fall dominanten Einflußgrößen im Finit-Element-Modell dargestellt werden („intelligente Lösung"). Die Finit-Element-Methode erlaubt dann praxisrelevante Aussagen. Dies ist umso bedeutsamer, als die Alternative zur Berechnung, die Eigenspannungsmessung, in nur begrenztem Umfang aussagefähig ist. Bei zerstörungsfreiem Vorgehen wird nur der Spannungszustand an der Bauteiloberfläche erfaßt, und selbst bei zerstörendem Vorgehen ist der vollständige dreidimensionale Spannungszustand im Bauteilinneren nur sehr ungenau ermittelbar.

Vereinfachungen der genannten Art können beispielsweise sein:

– Die Reduktion des an sich dreidimensionalen Modells auf ein zweidimensionales oder gar eindimensionales Modell, beispielsweise durch Annahme von Rotationssymmetrie, durch Betrachten nur der Plattenebene oder nur der Schnittebene senkrecht zur Naht, durch Reduktion auf ein Stabelement- oder Schrumpfkraftmodell.
– Vereinfachung von Geometrie, Lagerung, Belastung.
– Symmetrisierung oder Periodisierung des Modells.
– Reduktion des nichtlinearen thermoelastoviskoplastischen Modells auf ein lineares thermoelastisches Modell.
– Reduktion des instationären Vorgangs auf einen quasistationären Vorgang.
– Entkopplung der thermischen und mechanischen Vorgänge.
– Anschluß bzw. Vernachlässigung von Fehlstellen und Rißbildung.
– Übergehung der Schmelz- und Erstarrungsphase sowie der Umwandlungsvorgänge, die bei höherer Temperatur und demnach niedriger Fließspannung stattfinden.
– Erfassung der Umwandlung bei niedrigerer Temperatur nur pauschal in Wärmekapazität und Wärmeausdehnungszahl.
– Vernachlässigung von Kriechen und Verfestigung sowie Vereinfachung der Fließgesetze
– Vereinfachung von Fugenform und Lagenaufbau.
– Ersatz der Wärmequellenbewegung durch augenblickliches Aufbringen der gesamten Wärmeenergie oder schnelle Wärmequellenbewegung mit Vernachlässigung der Wärmeleitung in Bewegungsrichtung.
– Ersatz der temperaturabhängigen Werkstoffkennwerte durch temperaturkonstante gemittelte Werte im maßgebenden Temperaturbereich.
– Modellierung der Eigenspannungsbildung als reinen Abkühlvorgang.

Welche Vereinfachungen im Einzelfall verantwortbar sind, hängt von der auf den jeweiligen Kern zu reduzierenden Fragestellung ab. Allgemein sind die Möglichkeiten der wichtigsten Maßnahme, nämlich der Dimensionsreduktion beschränkt, weil die unterschiedlichen Abkühlverhältnisse im Innern und an der Oberfläche besonders hinsichtlich der Gefügeumwandlung in anwendungsnahen Analysen berücksichtigt sein sollten. Die Situation in der Praxis hinsichtlich der Vereinfachungen ist andererseits dadurch erleichtert, daß von Berechnungen in erster Linie Relativaussagen zu speziellen Problemstellungen erwartet werden.

Es ist daher anzumerken, daß selbst „intelligente" Finit-Element-Lösungen zu Schweißeigenspannungsproblemen nur in Sonderfällen allgemein gültige Relativaussagen zulassen. Die Zahl der möglichen Parameterkombinationen und Ablaufvarianten ist in der Praxis nahezu unbegrenzt groß. Die Finit-Element-Berechnung kann bei begrenztem Aufwand nur ganz wenige Einzelfälle aus dem Gesamtfeld erfassen. Oft ist es überhaupt nur ein einziger praxisrelevanter Fall. Damit ist zwar ein wesentlicher Teil industriellen Interesses bei Entwicklung und Verbesserung von Produkten und Fertigungsverfahren abgedeckt, aus wissenschaftlicher Sicht handelt es sich aber nur um ein „numerisches Experiment", das eben

3.2 Finit-Element-Modelle

keine Allgemeinaussage erlaubt. Die rechnerischen Lösungen haben zusätzlich mit der Schwierigkeit zu kämpfen, daß Rechnung und Messung nicht gut übereinstimmen, wenn das Modell stark vereinfacht wurde.

Die nachfolgenden Abschnitte mit der Übersicht über die Finit-Element-Lösungen zu Schweißeigenspannungsproblemen ordnen sich nach der mathematischen Dimensionalität der Finit-Element-Modelle. Mit dem eindimensionalen Stabelementmodell für Längseigenspannungen lassen sich Fragen zum Parametereinfluß vorklären. Besonders erfolgreich bei der Schweißeigenspannungsbestimmung ist das ein- bzw. zweidimensional-rotationssymmetrische Ringelementmodell. Etwas höheren Schwierigkeitsgrad und Aufwand haben zweidimensional-ebene Problemlösungen für Schweißeigenspannungen. Sie wurden sowohl für Querkonturmodelle mit ein- und mehrlagiger Schweißnaht entwickelt (Modellebene quer zur Naht) als auch für das Nahtschweißen von Blechplatten mit freien Rändern (Modellebene identisch mit Blechebene). Dreidimensionale Problemlösungen für Schweißeigenspannungen sind nicht bekannt.

Ergänzend zu den nachfolgenden Übersichten sei auf die älteren Statusberichte [116, 117] sowie auf eine ältere Schrifttumsübersicht [118] mit vielen Beiträgen in japanischer Sprache hingewiesen.

3.2.2 Stabelementmodell

Die Längseigenspannungen in und an Schweißnähten (oder auch in Brennschnittflächen) können unter bestimmten Voraussetzungen als überwiegend einachsig angesehen werden. Diese Annahme ist insbesondere dann berechtigt, wenn nicht zu breite Stäbe oder Platten mit Längsnaht bei nicht zu großer Plattendicke betrachtet werden. Aber auch wenn diese Bedingungen nur unzureichend erfüllt sind, kann das eindimensionale Modell die tendenzielle Wirkung von Einflußparametern richtig wiedergeben. Die einachsige Modellierung führt zur Dikretisierung des betrachteten Kontinuums in Stabelemente.

Die einachsige Modellierung der Längseigenspannungen ist zuerst von amerikanischen Autoren verwendet (Schrifttumshinweise in [122]), später und unabhängig davon aber vor allem in Rußland weiter verfolgt worden (beispielsweise von Okerblom [2]). In Deutschland sind Beiträge von Tall/Feder [120, 121] und Radaj [122, 123] bekannt geworden. In der einfachsten Form des Modells werden folgende Annahmen gemacht:

— Der Spannungszustand ist einachsig. Man kann sich das Bauteil mit Schweißnaht aus einer großen Zahl von Stabelementen zusammengesetzt denken, die nur Zug oder Druck (ohne Biegung) in Nahtrichtung aufnehmen.
— Der Spannungszustand ist zusätzlich eben, das Bauteil läßt sich als Scheibe modellieren, die Stabelemente liegen in einer Ebene.
— Der Spannungszustand bildet sich unter der Verformungsbedingung eben bleibender Querschnitte des Bauteils aus. Man kann sich die Stabelemente dazu in ihren Endpunkten starr verbunden denken. Bei großer Scheibenbreite und zentrisch liegender Naht vereinfacht sich die Bedingung zu einer unverschieblichen Lagerung.
— Die Formänderung ist elastoplastisch, Kriechen wird vernachlässigt.
— Die Temperaturabhängigkeit der Fließgrenze wird durch einen horizontalen Verlauf zwischen Umgebungstemperatur und beispielsweise 500 °C bei unlegiertem Stahl bzw. 250 °C bei Aluminium ersetzt, mit steil-linearem, häufig senkrechtem Abfall auf Null danach. Verfestigung wird vernachlässigt.

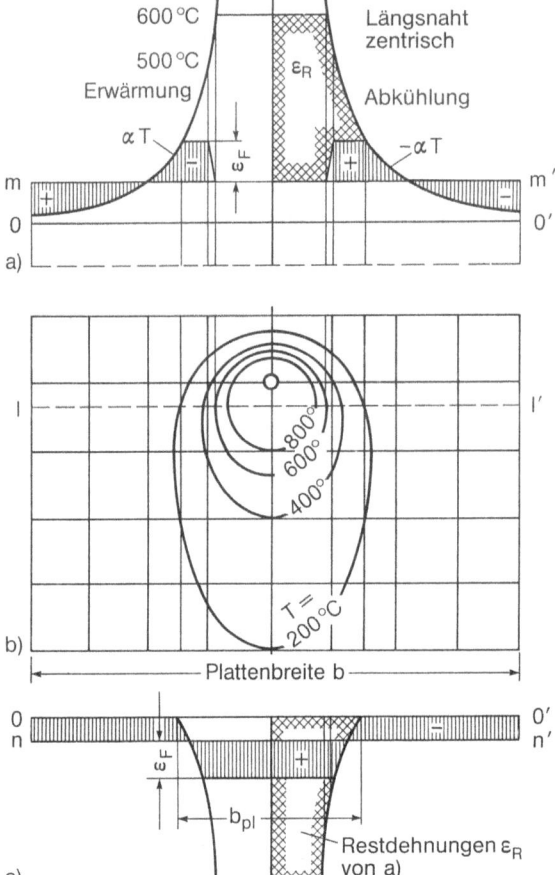

Bild 92. Erwärmungs-, Abkühlungs- und Restdehnungen (**a**) bei zentrischer Schweißnaht am Plattenstreifen mit Isothermen (**b**), Gleichgewicht und Fließen für Spannungen nach Multiplikation mit dem Elastizitätsmodul (**c**), vereinfachte Betrachtung; nach Nikolaev in [8]

- Alle übrigen Werkstoffkennwerte werden im betrachteten Temperaturbereich konstant gleich dem Wert bei Umgebungstemperatur gesetzt.
- Umwandlungsdehnungen bleiben unberücksichtigt.
- Je ein einziger Erwärmungs- und Abkühlschritt im Bauteilquerschnitt (bei Temperaturkonstanz über die Scheibendicke) wird zugrunde gelegt.

Diese einfachste Form des einachsigen Scheibenmodells (noch ohne Stabelemente) wird in Bild 92 für einen Plattenstreifen mit zentrischer Längsnaht und in Bild 93 für einen Plattenstreifen mit exzentrischer Längsnaht grafisch demonstriert. Der Werkstoff, unlegierter Baustahl, weise konstante Fließspannung für $0 \leq T \leq 500\,°C$ und einen linearen Abfall auf Null für $500 \leq T \leq 600\,°C$ auf. Als maßgebend wird der Temperaturzustand im Querschnitt ll' relativ dicht hinter der (wandernden) Wärmequelle angesehen, in dem die 600 °C-Isotherme ihre größte Querausdehnung erreicht. Von diesem Querschnitt an werden Abkühlspannungen aufgebaut, vorher nur Erwärmungsspannungen. Man stellt sich nun vor, daß Erwärmung und Abkühlung in je einem einzigen Schritt bei eben bleibenden Querschnitten vollzogen werden, demnach die Spannungen bis zur (vereinfacht temperaturabhängigen) Fließgrenze der Wärmedehnung folgen und dabei ein Gleichgewichtssystem bilden.

3.2 Finit-Element-Modelle 105

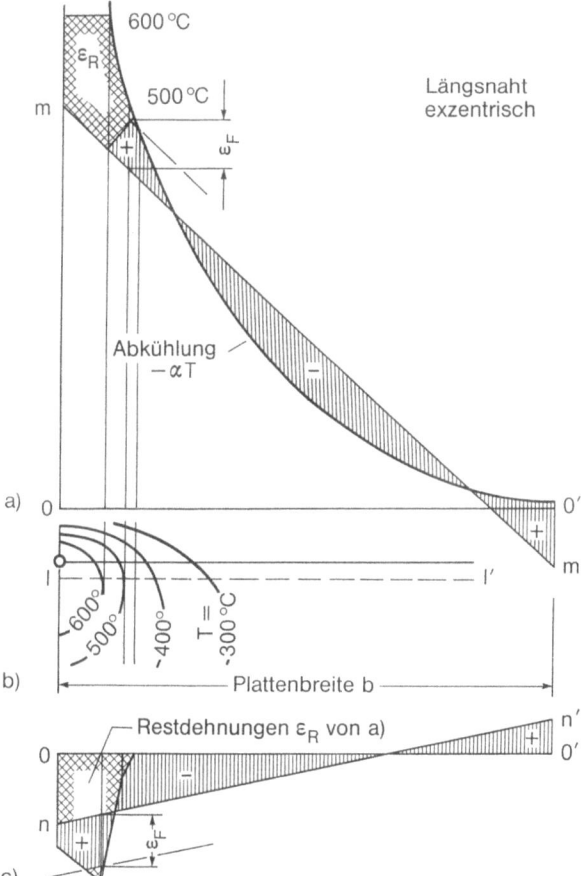

Bild 93. Abkühlungs- und Restdehnungen (**a**) bei exzentrischer Schweißnaht am Plattenstreifen mit Isothermen (**b**), Gleichgewicht und Fließen für Spannungen nach Multiplikation mit dem Elastizitätsmodul (**c**), vereinfachte Betrachtung; nach Nikolaev in [8]

Für die zentrische Längsnaht mit Temperaturfeld nach Bild 92b sind die Erwärmungsdehnungen αT unterhalb 600 °C in Bild 92a links dargestellt. Sie müssen, auf Spannungen $\alpha T E$ umgerechnet, ein Gleichgewichtssystem mit horizontaler Mittellinie mm' bilden, wobei die Fließgrenze σ_F nicht überschritten werden darf. Die Abkühldehnungen $-\alpha T$ in Bild 92a rechts liefern nach Abzug der elastisch verbliebenen Erwärmungsdehnungen die kreuzschraffiert verdeutlichten thermischen Restdehnungen ε_R, die die Eigenspannungen nach Abkühlung verursachen. Letztere sind in Bild 92c über Null neu aufgetragen. Auch sie müssen durch Multiplikation mit E auf Spannungen umgerechnet, ein Gleichgewichtssystem mit horizontaler Mittellinie nn' bilden, ohne die Fließgrenze σ_F zu überschreiten. Das grafisch bestimmte Ergebnis sind die gesuchten Längseigenspannungen. Die Ausdehnung der plastischen Zone ist mit b_{pl} eingetragen. Sie entspricht etwa der größten Ausdehnung der 200 °C-Isotherme. Die Mittellinie nn' kennzeichnet die Schrumpfdehnung des Plattenstreifens. In der plastischen Zone erreichen die Eigenspannungen die (Zug-)Fließgrenze. Für die einseitige Längsnaht wird gleichartig verfahren, Bild 93. Lediglich die Gleichgewichtssysteme sind gegenüber geneigten Mittellinien mm' bzw. nn' zu bilden (entsprechend Kraft- und Momentenfreiheit bei eben bleibendem Querschnitt). Die Ausdehnung der plastischen Zone ist aufgrund der

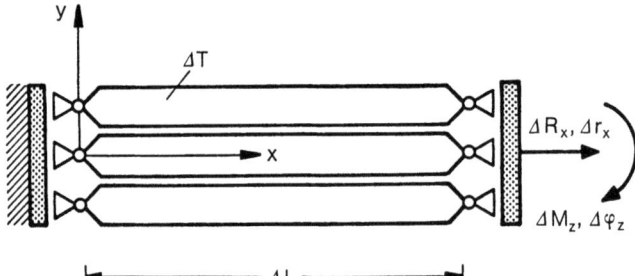

Bild 94. Stabelementmodell, Temperatur-, Kraft- und Verschiebungsinkremente, starre Querstäbe

größeren (Biege-)Nachgiebigkeit des Plattenstreifens verkleinert. Sie entspricht etwa der Ausdehnung der 450 °C-Isotherme. Die vorstehenden Mittelungen sind als Schätzungen grafisch einfach durchführbar, erfordern aber bei genauer quantitativer Erfassung rechnerische Unterstützung.

Das vorstehend beschriebene stark vereinfachte Kontinuumsmodell kann durch Umsetzung in ein finites Stabelementmodell und Einsatz eines Computers wesentlich verbessert werden. Das gesamte nichtlineare, temperaturabhängige und transiente Verhalten in Umgebung der wandernden Wärmequelle ist simulierbar. Das Scheibenmodell ist auf Stäbe mit allgemeiner Querschnittskontur räumlich erweiterbar. Lediglich die Annahme der Einachsigkeit der Spannungen und des Ebenbleibens der Querschnitte wird aufrecht erhalten.

Der Bauteilquerschnitt wird in viele kleine Stabelemente mit der zunächst fiktiven kleinen Länge Δl aufgelöst gedacht, in Bild 94 am ebenen Modell veranschaulicht. Die mit Temperaturinkrementen ΔT beaufschlagten Stabelemente sind im Schwerpunkt ihrer beiden Endquerschnitte mit je einem geraden und starren Querstab verbunden, wodurch Ebenbleiben der Querschnittsflächen des Bauteils während des Schweißprozesses simuliert wird. Die Stabelemente können sich in Querrichtung frei bewegen, so daß sich unterschiedliche Querkontraktion ohne Störung des Querverbundes der Stabelemente und ohne Querkräfte ausbildet. Die Querstäbe können sich in Stabelementrichtung x verschieben (Translation Δr_x) und um die Querschnittsachse z verdrehen (Rotation $\Delta \varphi_z$). An den Querstäben kann außer der Längskraft ΔR_x das Biegemoment ΔM_z angreifen.

Das ebene Stabelementmodell ist zur Darstellung der Eigenspannungen in längsnahtgeschweißten Profilstäben auf die xz-Ebene räumlich erweiterbar. Das Koordinatensystem ist dann im Profilstab so zu legen, daß die x-Achse mit der Schwerpunktslinie und die y- und z-Achse mit den Hauptträgheitsachsen zusammenfallen. Die Stabelemente können vor Anschluß an die starren Querplatten unterschiedlich lang sein, was nach Anschluß den Eigenspannungszustand vor dem Schweißen simuliert.

Den Stabelementen wird der inhomogene und instationäre, gemessene oder gerechnete Temperaturverlauf im Querschnitt während des Schweißens aufgeprägt. Entsprechend seiner Lage im Querschnitt erfährt so jedes Stabelement einen anderen Temperaturablauf, in der Regel aus einem Anstieg und Wiederabfall bestehend, der je nach Nähe zur Schweißnaht unterschiedlich ausgeprägt ist und dessen jeweiliges Maximum zu unterschiedlichen Zeiten auftritt. Entsprechend dem Temperaturverlauf treten Wärme- und Umwandlungsdehnungen auf. Das elastoplastische, gegebenenfalls auch elastoviskoplastische mechanische Verhalten der Stabelemente wird durch temperaturabhängige (gegebenenfalls auch zeitabhängige) Spannung-Dehnung-Beziehungen gekennzeichnet. Die Temperaturverläufe und der Verlauf

3.2 Finit-Element-Modelle

der resultierenden äußeren Kraft (einschließlich Moment) werden schrittweise bis zur vollständigen Abkühlung aufgebracht. Nach jedem Schritt wird Verträglichkeit der Stabelementlängsverschiebungen im Sinne ebener Querschnitte und Gleichgewicht der Stabelementlängskräfte sichergestellt. Die Stabelemente verspannen sich dabei gegeneinander. Der nach Abkühlung zurückbleibende Verspannzustand ist der gesuchte Eigenspannungszustand.

Die Veränderung der Längseigenspannungen durch anschließende Zug- bzw. Biegebelastung kann ebenfalls mit dem Stabelementmodell verfolgt werden. Solche Belastungen werden zum Eigenspannungsabbau auch gezielt aufgebracht (siehe Abschnitt 4.4.3.3.1).

Es folgt eine vertiefende Darstellung der Grundlagen des Stabelementmodells in seiner Anwendung auf das Stumpfnahtschweißen an einer Platte. Ausgangsbasis ist das quasistationäre (also ortsabhängige aber zeitunabhängige) Temperaturfeld der wandernden Linienquelle in der unendlichen Scheibe im bewegten Koordinatensystem x, y, z nach Gl. (28) bzw. (32), bei schnell bewegter Hochleistungsquelle auch nach Gl. (44) bzw. (47). Von den relativ kurzzeitigen, auch im bewegten Koordinatensystem instationären Vorgängen der Anlaufphase des Schweißprozesses wird abgesehen. Das durch das Temperaturfeld hervorgerufene Spannungs- und Dehnungsfeld wird abgesehen von der Einlaufphase ebenfalls als quasistationär angenommen. Diese Annahme schließt ein, daß bei eingespannten Bauteilen auch die in der Einlaufphase sich bildenden Reaktionskräfte während des Schweißvorgangs unverändert bleiben. Die Querschnitte senkrecht zur Naht werden als ebenbleibend während des Schweißens angesehen. Die in Wirklichkeit als Nebeneffekt auftretende schubbedingte Verwölbung des Querschnitts, die beanspruchungsmindernd wirkt, bleibt unberücksichtigt. Die Schubverteilung im Querschnitt einer rein elastischen Scheibe mit bewegter Wärmequelle ist durch Gl. (104) gegeben. Eine wirklichkeitsnähere Angabe zur Schubdeformation bietet [8] (dort S. 66).

Zum Zwecke der Darstellung wird das ebene Temperatur- und Spannungsfeld der Scheibe beibehalten. Ausgehend vom quasistationären Temperaturfeld werden die Temperaturinkremente $\Delta T(y)$ in Abständen Δx ermittelt, die die Mitten der nacheinander zwischen ebenen Querschnitten zu betrachtenden Scheibenstreifen (Breite Δl) kennzeichnen, Bild 95. Man kann den Vorgang auch so veranschaulichen, daß sich die Scheibenstreifen in Zeitabständen Δt an ein und demselben Ort des ruhenden Koordinatensystems befinden, während die Wärmequelle mit der Geschwindigkeit v weiterbewegt wurde. Es ist dann:

$$\Delta x = v \Delta t. \tag{119}$$

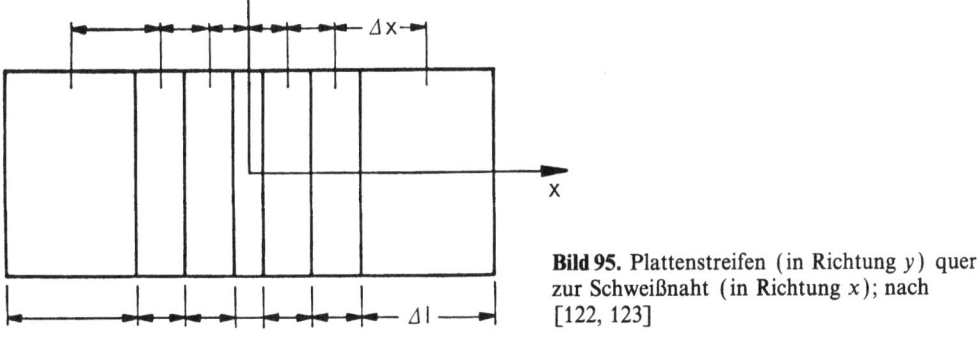

Bild 95. Plattenstreifen (in Richtung y) quer zur Schweißnaht (in Richtung x); nach [122, 123]

Die Temperatur- und Beanspruchungszustände im selben Querschnitt zu unterschiedlichen Zeiten sind daher den Zuständen in unterschiedlichen Querschnitten zur selben Zeit gleichwertig. Die vorgenommene Streifenteilung vermittelt das finite Modell für den quasistationären Beanspruchungszustand.

Den Scheibenstreifen sind nunmehr die Temperaturinkremente $\Delta T(y)$ in den Zeitabständen Δt unter der Annahme eben bleibender Streifenränder aufzuprägen. Die Beanspruchungsreaktion darauf ist zu berechnen. Für die Rechnung wird der Streifen in die beschriebenen Stabelemente unterteilt. Die Stabelemente werden den ortsabhängigen Temperaturabläufen unterworfen, wobei sich unter dem Zwang der eben bleibenden Querschnitte die Zug- bzw. Druckspannungen aufbauen. Nach der Hypothese der ebenen Querschnitte wären eigentlich lineare Verteilungen über den Stäbchenquerschnitt anzunehmen, also Zug- bzw. Druck mit überlagerter Biegung. Tatsächlich wird die der Zugverformung überlagerte Biegeverformung vernachlässigt. Die Biegesteifigkeit wird gleich Null gesetzt. Der dadurch in der Gleichgewichtsbedingung für den Gesamtquerschnitt entstehende Fehler ist gering, wenn die Stabelementquerschnitte hinreichend klein gewählt werden. Zu den Eigenheiten des Stabelementmodells gehört, daß sich die Randdehnungen nebeneinander liegender Stabelemente geringfügig

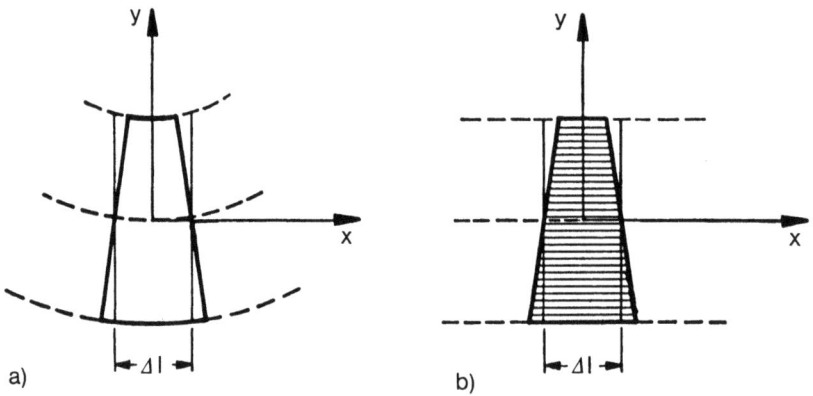

Bild 96. Biegeverformung eines Balkenelements (**a**), angenähert durch (Zug-Druck-) Stabelemente (**b**)

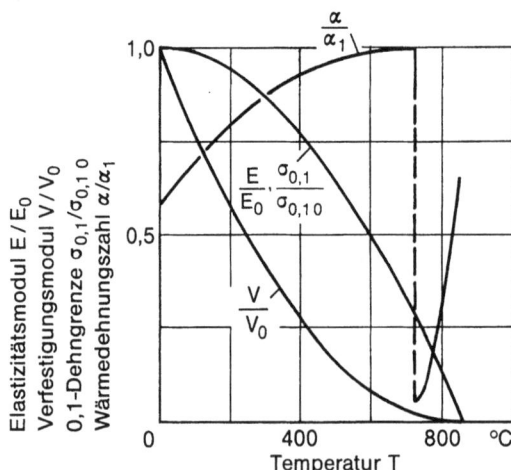

Bild 97. Temperaturabhängigkeit der mechanischen Werkstoffkennwerte, schematisiert für die Berechnung; nach [122, 123]

3.2 Finit-Element-Modelle

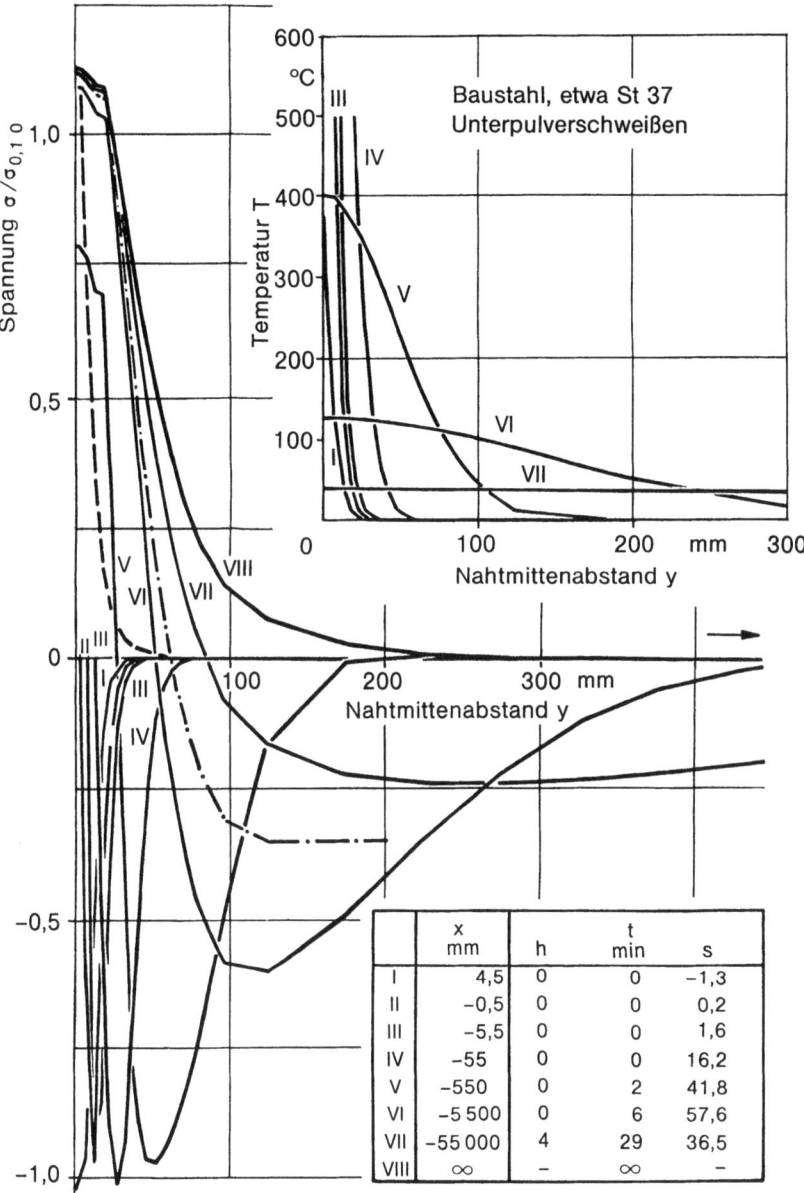

Bild 98. Temperatur- und Beanspruchungsablauf um Stumpfnaht in Baustahl, etwa St 37, Unterpulverschweißen, unendlich ausgedehnte Platte und unendlich ausgedehnter Plattenstreifen, Eigenspannungen nach Elektronenstrahlschweißen gestrichelt; nach [122, 123]

unterscheiden (entsprechend dem gestuften Verformungsverlauf über die Querschnitte) und daß die Querschnittsschwerlinie sich nicht durchbiegt, Bild 96. Die vorstehende Vereinfachung wird vermieden, wenn anstelle der reinen Zugstabelemente die rechentechnisch aufwendigeren Biegezugstabelemente treten. Ein weiterer noch aufwendigerer Schritt sind finite Scheiben- oder Körperelemente anstelle der Stabelemente (siehe Abschnitt 3.2.5).

Die für die numerische Rechnung benötigten Gleichungen für den inkrementellen Beanspruchungsablauf im Stabelementmodell sind in [122, 123] angegeben. Die temperaturabhängigen Spannung-Dehnungs-Linien für unlegierten Stahl sind dort durch die Temperaturabhängigkeit von Elastizitätsmodul E, 0,1-Dehngrenze $\sigma_{0,1}$ und Verfestigungsmodul V gekennzeichnet, Bild 97. Als Bezugsgrößen sind die Werte der genannten Größen bei 0 °C eingeführt, E_0, $\sigma_{0,1\,0}$ und V_0. Außerdem ist die lineare Wärmeausdehnungszahl α, bezogen auf ihren Höchstwert α_1 bei erhöhter Temperatur aufgenommen. Der bei Entlastung aus dem elastoplastischen Zustand auftretende Bauschinger-Effekt wird durch Verkleinerung von $\sigma_{0,1}$ im Gegenzyklus erfaßt.

Beispielhaft wurden die Längseigenspannungen beim Unterpulverschweißen sowie beim Elektronenstrahlschweißen von Platten aus unlegiertem Baustahl nach dem Stabelementmodell berechnet. Die Plattenbreite wurde dabei zunächst groß, dann relativ klein angenommen. In Bild 98 sind Temperatur- und Spannungsverteilung zu verschiedenen Zeiten t nach Durchgang der Wärmequelle bzw. in verschiedenen Abständen x von der Wärmequelle dargestellt. Nach vollständigem Temperaturausgleich bleiben die mit Kurve VIII dargestellten Eigenspannungen zurück. Die Eigenspannungen nach dem Unterpulverschweißen sind als durchgehende Linien gezeichnet, die nach dem Elektronenstrahlschweißen als gestrichelte Linie, jeweils für große Plattenbreite. Die Eigenspannungen nach dem Unterpulverschweißen bei kleiner Plattenbreite sind strichpunktiert dargestellt. Die höchsten Eigenspannungen in Höhe der dehnungsverfestigten Fließspannung treten in Nahtmitte auf.

3.2.3 Ringelementmodell

Die Tangential- Radial- und Axialeigenspannungen folgender Gruppen von Schweißverbindungen lassen sich als rotationssymmetrisch modellieren: Schweißpunkt, Lochschweißung, Kreisflickenschweißung, Bolzenschweißung, Rundstabstumpfschweißung, Umfangsschweißnaht an Zylinder- und Kugelschale. Auch die Eigenspannungen am Lochbrennschnitt sind annähernd rotationssymmetrisch.

Die nachfolgend referierten rotationssymmetrischen Lösungsansätze sind unter der Überschrift „Ringelementmodell" zusammengefaßt, unabhängig davon, ob der Schritt bis zur Diskretisierung vollzogen oder bereits mit dem Kontinuumsmodell ein Ergebnis erzielt wird. In der einfacheren Form der Elementlösung sind die Zustände (außer von der Zeit) nur von der Radialkoordinate abhängig (einschichtiges Scheibenringmodell), in der aufwendigeren Form wird zusätzlich die axiale Abhängigkeit berücksichtigt (ein- oder mehrschichtiges Körperringmodell). Im ersteren Fall ist die Lösung mathematisch eindimensional, im zweiten Fall mathematisch zweidimensional. Physikalisch liegt dennoch Zwei- bzw. Dreidimensionalität vor, was zur Einführung allgemeiner Fließ- und Verfestigungsgesetze zwingt. Das Ebenbleiben der (radialen) Querschnitte ist exakt erfüllt. Ausgangsbasis der Rechnung ist der rotationssymmetrische instationäre Temperaturzustand im Bereich der Schweißung, der durch Rechnung oder Messung bestimmt sein kann. Zur Wahrung der Rotationssymmetrie denkt man sich die Schweißnaht im Modell über ihre gesamte Länge augenblicklich aufgebracht.

3.2 Finit-Element-Modelle

Wärme- und Schweißpunkt

Das Ergebnis der Eigenspannungsberechnung nach Gurney [126] für die Kreisscheibe mit Wärmepunkt nach einem Gittermodell mit radialen und tangentialen Stabelementen wird in Bild 78 gezeigt. Auf die frühen nicht-finiten Lösungen der russischen Autoren Leikin, Bakshi und Zolotarev wird in [8] hingewiesen. In Bild 7 ist das Ergebnis einer älteren japanischen Berechnung von Watanabe/Satoh [127] dargestellt. Im Schweißpunkt herrscht nach den vorstehend genannten Untersuchungen radialer und tangentialer Zug nahe der Fließgrenze. In seiner Umgebung fallen diese Spannungen stark ab, σ_r direkt bis auf Null, σ_t über einen Nulldurchgang ins Druckgebiet (gegebenenfalls bis zur Druckfließgrenze) indirekt bis auf Null. Nach den Untersuchungen der russischen Autoren hat die in bisherigen Modellen vernachlässigte Elektrodenanpreßkraft starken Einfluß auf die Eigenspannungsausbildung. Eine stark vereinfachende funktionsanalytische Lösung für die Kreisscheibe mit Wärmepunkt bei wärmeentfestigenden Aluminiumlegierungen wird von Pelli [42, 128] geboten.

Die Eigenspannungen an Punktschweißungen (ohne Berücksichtigung von Umwandlungsspannungen) wurden mit Körperringelementen von Lindh/Tocher [129], Nguyen [130] und Schröder/Macherauch [131] berechnet.

Bei der Punktschweißung nach [131] an 2 und 10 mm dicken Blechplatten aus legiertem Stahl X 4 CrNiMo 19 13 wird vom wirklichkeitsnah berechneten Temperaturfeld ausgegangen, das insbesondere auch die starke Wärmeableitung in die wassergekühlten Eletroden beinhaltet. Besonders starke Temperaturgradienten treten an der Elektrodenaufstandsfläche und am platteninnenseitigen Schweißpunktrand auf. Der thermomechanische Zustand an der Platteninnenseite bei Erwärmungsende ist nach Bild 99 durch hohe Temperatur im Schweißpunktzentrum, steilen Temperaturabfall am Schweißpunktrand, temperaturbedingte Fließspannungserniedrigung im Schweißpunkt und ein Vergleichsspannungsmaximum etwas außerhalb des Schweißpunktrandes gekennzeichnet. In Blechdickenrichtung sind Temperatur und Spannungen stark veränderlich. Nach vollständiger Abkühlung tritt der in Bild 100 für Platteninnen- und Plattenaußenfläche gezeigte Spannungsverlauf auf, der relativ weniger veränderlich in Dickenrichtung ist. Der von den Kreisscheibenmodellen bekannte prinzipielle Verlauf der Spannungen wird bestätigt. Hervorzuheben sind aber die aus der Dreidimensionalität des Modells resultierenden Effekte. Am Schweißpunktrand tritt ein dreiachsiger Zugspannungszustand auf. Die Spannung σ_z in Plattendickenrichtung in der Platteninnenflä-

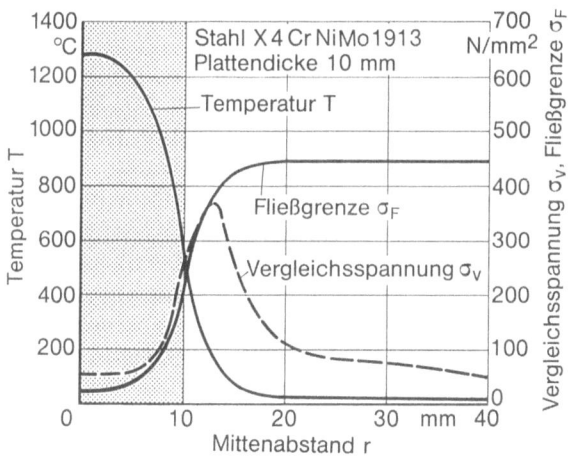

Bild 99. Temperatur T, Fließgrenze σ_F und Vergleichsspannung σ_v (nach der Gestaltsänderungsenergiehypothese) in der Platteninnenfläche einer Punktschweißverbindung bei Erwärmungsende; nach [131]

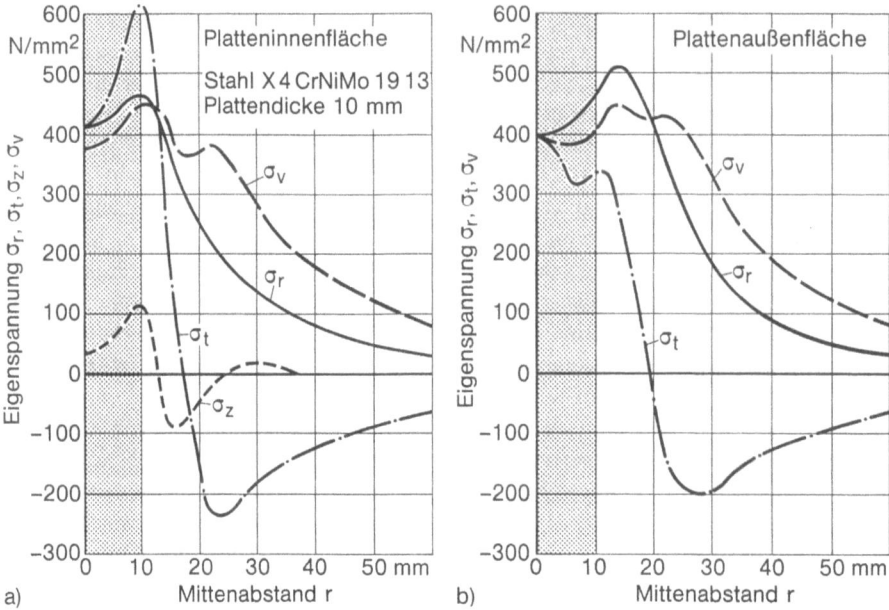

Bild 100. Eigenspannungen σ_r, σ_t, σ_z, σ_v in der Platteninnenfläche (**a**) und in der Plattenaußenfläche (**b**) einer Punktschweißverbindung; nach [131]

che ergibt sich unter der Modellannahme unterdrückten Abhebens der Platte. Durch die Dreiachsigkeit der Zugspannungen ist die Tangentialspannung σ_t am Schweißpunktrand erheblich über die einachsige Fließspannung σ_F erhöht.

Der Rechenansatz von Gorissen [132], die Schweißeigenspannungen beim Wendelnahtschweißen an Großrohren nach einem (lokal) rotationssymmetrischen Modell zu bestimmen, führte zu falschen Ergebnissen (entgegen der Argumentation in [132]). Modell, Messung und verwendetes Eigenspannungsaxiom sind offenbar fehlerhaft [133].

Ringnaht

Für die augenblicklich aufgebrachte Ringnaht in der Kreisscheibe aus unlegiertem Stahl (Näherung beispielsweise für Flickenschweißung) wird in [8] ein funktionsanalytischer Ansatz auf Basis der Gleichgewichts- und Fließbedingung diskutiert, Bild 101. Es werden drei Zonen unterschieden: Innenzone I, Nahtzone II und Außenzone III. In der Nahtzone herrschen Tangentialspannungen nahe der Fließgrenze und niedrigere, nach außen ansteigende Radialspannungen. Bild 101 zeigt drei Möglichkeiten dazu. Im Innenbereich herrscht niedriger zweiachsiger Zug oder Druck. Im Außenbereich herrscht (nach außen abfallend) Radialzug und Tangentialdruck. Der genauere Spannungsverlauf hängt von der Steifigkeit des Innen- und Außenbereichs, vom Ringnahtdurchmesser, von den Schweiß- und Werkstoffparametern ab. Beispielsweise treten bei kleinem, steifem Innenbereich und breitem Außenring infolge hoher Aufheizung Zugeigenspannungen im Innenbereich auf, während bei größerem, weniger steifen Innenbereich mit schmalem Außenring infolge der Ringnahtkontraktion Druckeigenspannungen im Innenbereich erzeugt werden.

Für die augenblicklich aufgebrachte Ringnaht auf der Kreisplatte des Kreisgrubenschweißversuchs berechnen Hibbitt/Marcal [137, 138] mit Körperringelementen nach Bild

3.2 Finit-Element-Modelle

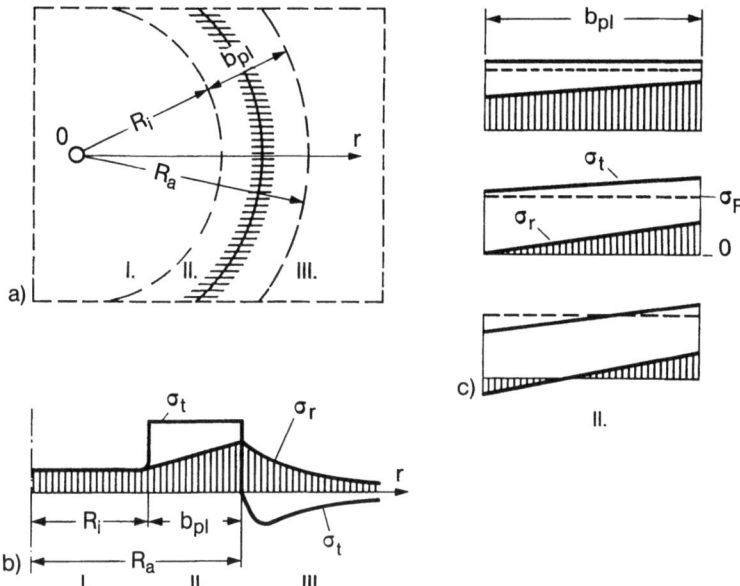

Bild 101. Eigenspannungsverlauf für Ringnaht in Kreisplatte aus unlegiertem Stahl; Plattenbereiche I bis III (**a**), Radial- und Tangentialeigenspannungsverlauf (**b**), drei Varianten des Eigenspannungsverlaufs in II (**c**); nach [8]

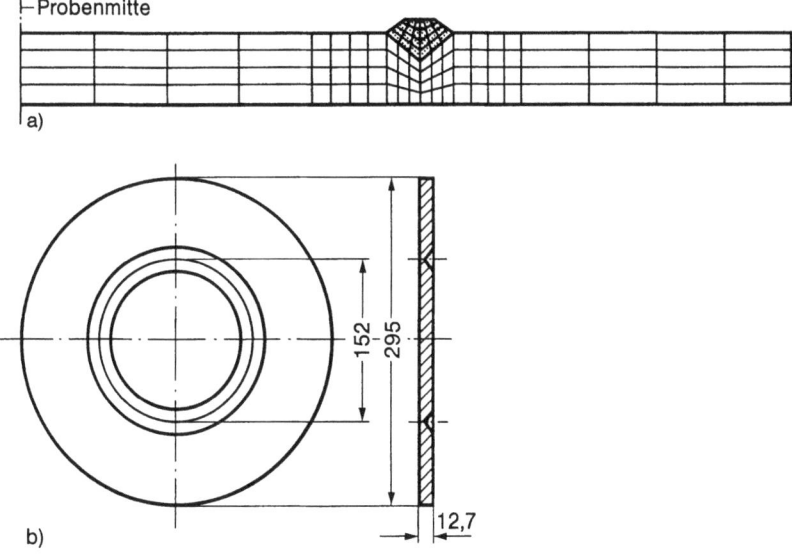

Bild 102. Körperringelementmodell (mit Schweißnaht) (**a**) für Kreisgrubenschweißprobe (ohne Schweißnaht dargestellt) (**b**); nach [137, 138]

102 das instationäre Temperaturfeld, die Schweißeigenspannungen, die plastischen Dehnungen und die Eigenspannungsminderung durch Warmentspannen. Die mangelhafte Übereinstimmung von Rechen- und Meßergebnissen wird auf die Nichtberücksichtigung der Umwandlungsvorgänge in der Rechnung zurückgeführt.

Die Eigenspannungen zur ersten Lage einer insgesamt dreilagig ausgeführten ringförmigen Stumpfnaht auf dem torusförmigen Anschlußkranz eines Kernreaktorbauelements aus der NiCrFe-Legierung Inconel 600 berechnen Nickel/Hibitt [36].

Zur Darstellung des starken Einflusses der unterschiedlichen Abkühlbedingungen und Umwandlungsabläufe an der Oberfläche und im Innern von Nahtschweißverbindungen auf die Eigenspannungen werden von Yu [140] Ringplatten mit ringmittiger Naht über Körperringelemente berechnet. Die Ringplatte soll die endlose Schweißnaht in einem geraden Plattenstreifen mit unbehinderter Querverformung simulieren. Sie ist nur schwach gekrümmt: Ringbreite 80 mm bei 1 000 mm mittlerem Ringdurchmesser. Die Plattendicke beträgt 6 mm.

Im Plattendickenmittel sind Quereigenspannungen gleich Null zu erwarten. Tatsächlich werden aber (in diesen und vergleichbaren Proben) erhebliche Oberflächenspannungen gemessen. Durch die Berechnung wird nachgewiesen, daß sich die Querspannungen an der Oberfläche und im Innern zu einer Nullresultierenden ergänzen. Außerdem wird der prinzipiell unterschiedliche Spannungsverlauf in einem Stahl ohne Umwandlung (austenitischer Stahl) und in einem Stahl mit Umwandlung (Vergütungsstahl Ck 45) dargestellt, Bild 103. Die Unterschiede zwischen Oberfläche und Innenbereich sind beim umwandelnden Stahl beson-

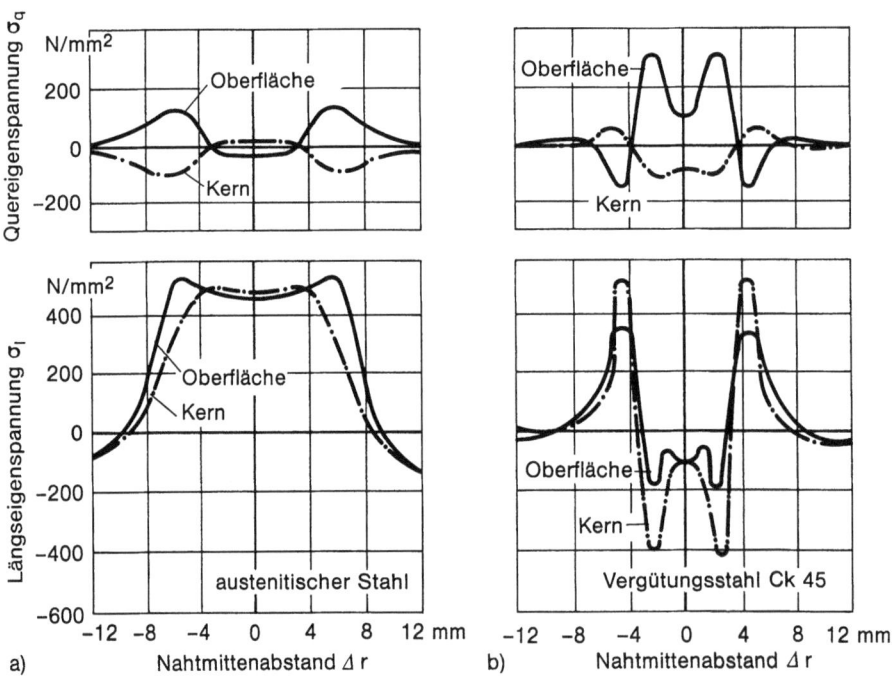

Bild 103. Nahtlängs- und Nahtquereigenspannungen für Ringstumpfnaht in Ringplatte (Außendurchmesser 1 000 mm, Breite 80 mm, Dicke 6 mm) aus umwandlungsfreiem, austenitischem Stahl (a) bzw. aus umwandelndem Vergütungsstahl Ck 45 (b), an der Oberfläche und im Kern; nach [140]

3.2 Finit-Element-Modelle 115

ders ausgeprägt. Ursache sind die an der Oberfläche und im Innern nicht gleichzeitig ablaufenden Abkühl- und Umwandlungsvorgänge. Querspannungshöchstwerte treten allgemein an Stellen größten Unterschieds der Längsspannungen zwischen Oberfläche und Innenbereich auf. Auf der Oberfläche neben der Naht tritt ohne Umwandlung ein Querzughöchstwert, mit Umwandlung ein Querdruckhöchstwert auf.

Stumpfschweißung an Rundstäben

Das Preßstumpfschweißen eines Bolzens auf eine Grundplatte, Werkstoff Beryllium, einschließlich darauffolgendem spanendem Abarbeiten der Grundplattengegenseite und Belasten des Grundplattenrandes wird von Cyr/Teter/Stocks [141] mit Körperringelementen rechnerisch verfolgt, Bild 104.

Die quasielastische Lösung für den dreidimensionalen Schweißeigenspannungszustand im Innern eines widerstandsstumpfgeschweißten Rundstabs, ausgehend allein vom Temperaturabfall in Stablängsrichtung, ist in [8] dargestellt, Bild 105. Während für die Oberfläche einachsiger Axialdruck ermittelt wird, tritt im Innern der gefährliche dreiachsige Zugspannungszustand mit Höchstwerten an der Fließgrenze auf. Eine Nachbehandlung mit Eigenspannungsabbau ist daher anzustreben.

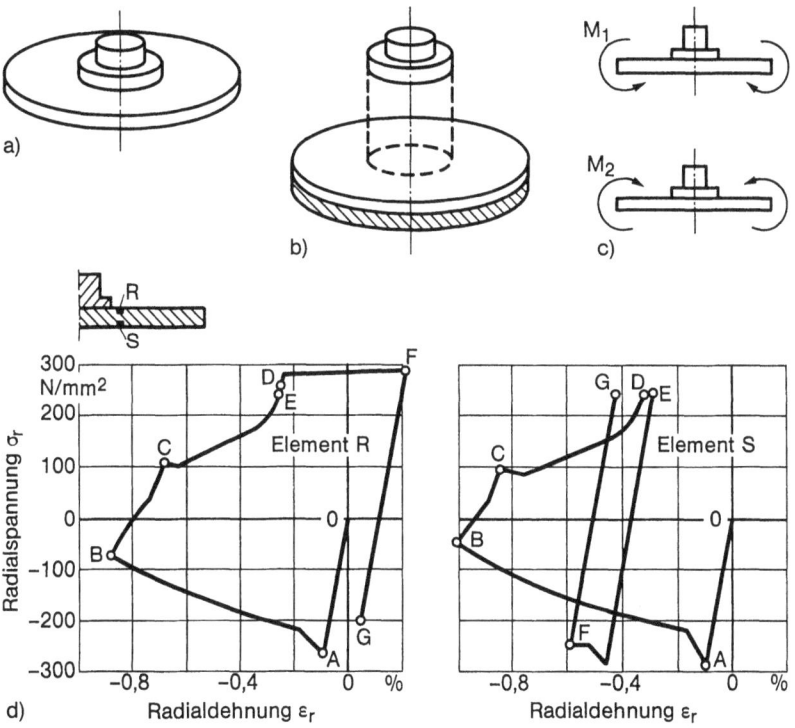

Bild 104. Bolzenplatte aus Beryllium (**a**), Preßschweißen und Abarbeiten der schraffierten Schicht (**b**), alternierende Momentbelastung (**c**), Spannung-Dehnung-Verlauf in Körperringelementen R und S (**d**): OAB Aufheizen, BCD Abkühlen, DE Bearbeiten, EF und FG Momentenbelastung M_1 und M_2; nach [141]

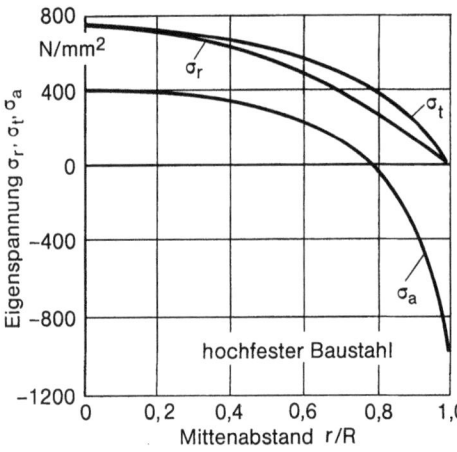

Bild 105. Schweißeigenspannungszustand in widerstandsstumpfgeschweißtem Rundstab (Außenradius R) aus hochfestem Baustahl, Mittenschnitt $z=0$, Näherungsrechnung; nach [8]

Umfangsnaht an Zylinder- und Kugelschale

Die dünnwandige Zylinderschale mit augenblicklich aufgebrachter Umfangsnaht (bei frei gelagerten Rändern) und die entsprechende Kugelschale werden von Fujita [145, 146] nach einem mathematisch eindimensionalen Modellansatz für Wärmefluß und Spannungsmechanik behandelt: Reihenansatz mit Durchbiegefunktion der elastischen Zylinder- und Kugelschalenbiegetheorie, Ritzsches Verfahren je Belastungsinkrement, Anfangsdehnungsansatz, Fließbedingung nach von Mises, verbessertes Prandtl/Reuss-Fließgesetz, schwache Dehnungsverfestigung (mit $E/100$), Fließgrenze temperaturabhängig. Als beherrschender Parameter des Vorgangs erweist sich (ansatzbedingt) die aus der elastischen Zylinderschalenbiegetheorie bekannte Größe $\lambda = \sqrt[4]{3(1-\nu^2)/R^2\delta^2}$ nach Gl. (142). Die systematische Variation der Geometrie- und Wärmeparameter ergab weitgehend identische Durchbiegung (Einschnürung) und Spannungen bei gleichem λ sowie weitgehend identische Spannungshöchstwerte bei identischem Produkt $q_s\lambda$ (Streckenenergie q_s). Somit besteht hinsichtlich der Eigenspannungen eine Gleichwertigkeit geometrischer und thermischer Einflußgrößen. Vergleichsrechnungen ohne und mit Einbeziehung der Erwärmungsphase lassen einen starken Einfluß der Erwärmungsphase zumindest auf die Durchbiegungen erkennen. Gute Übereinstimmung zwischen gerechneten und gemessenen Durchbiegungen und Spannungen wurde im übrigen nachgewiesen. Auf die hinsichtlich des Ansatzes der Durchbiegungsfunktion ähnliche Lösung nach dem Schrumpfkraftmodell [182] in Bild 132 ist ergänzend hinzuweisen.

Den Verlauf der Umfangs- und Axialeigenspannungen auf der Innen- und Außenfläche der Zylinderschale mit Umfangsnaht zeigt Bild 106. Als Axialspannung quer zur Naht herrscht innenseitig Biegezug, außenseitig Biegedruck, veranschaulichbar als Einschnürung des Zylinderumfangs durch Nahtlängskontraktion. Die Maximalwerte treten charakteristischerweise neben der Naht auf. Weiter außerhalb kehren sich die Vorzeichen der Spannungen um. Als Umfangsspannung längs der Naht tritt innenseitig der von der ebenen Platte mit Naht gewohnte Verlauf auf, hoher Zug in der Naht, niedriger Druck daneben. Außenseitig ist die Längsspannung in der Naht weitgehend abgebaut, neben der Naht tritt ein deutliches Druckmaxima auf. Die starken Unterschiede im Spannungsverlauf zwischen gekrümmter Schale und ebener Platte sind hervorzuheben. Für die Kugelschale mit Umfangsnaht ergibt sich ein ähnlicher Spannungsverlauf wie bei der entsprechenden Zylinderschale, Bild 107. Schließlich konnte die in der Praxis wichtige Bauform der Verbindung von Zylinder- und

3.2 Finit-Element-Modelle

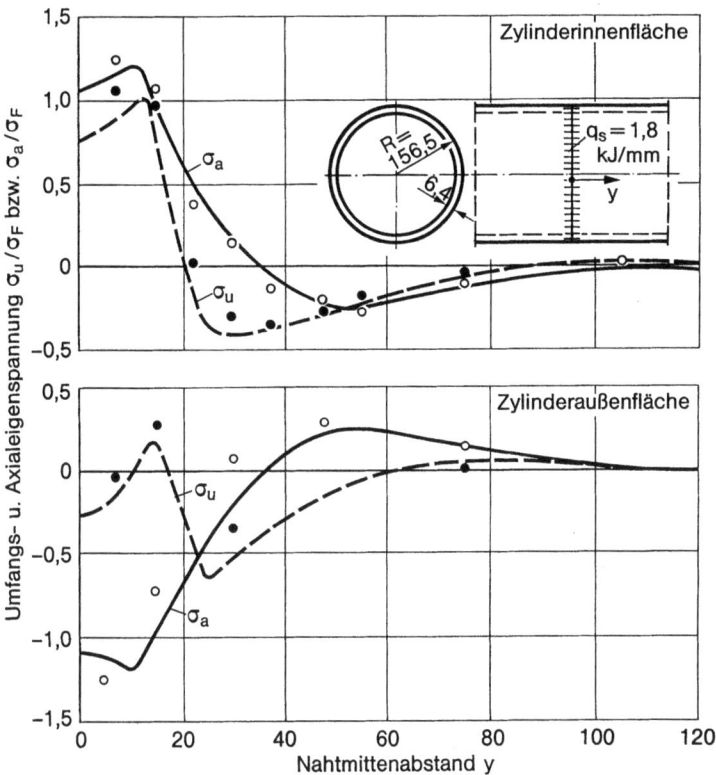

Bild 106. Umfangs- und Axialeigenspannungen in zylindrischem Rohr mit Umfangsnaht, Vergleich Rechnung und Messung; nach [146]

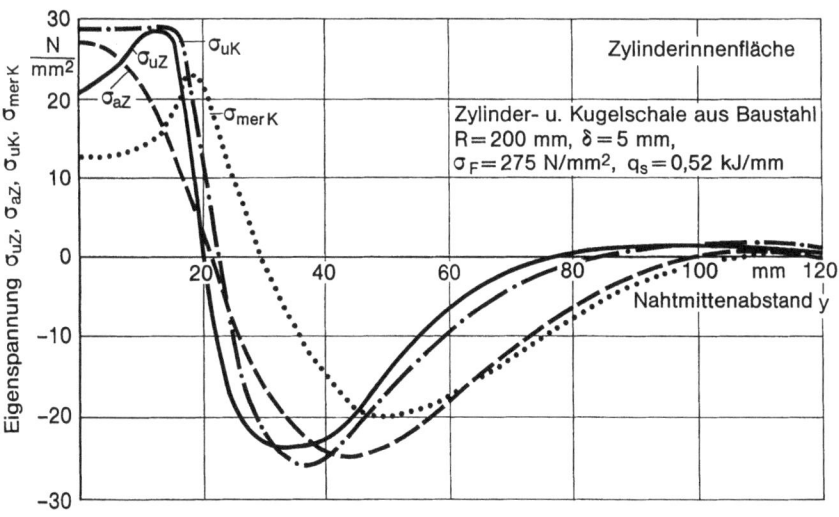

Bild 107. Umfangs- und Axial- bzw. Meridionaleigenspannungen in Zylinder- und Kugelschale (Index Z bzw. K), Vergleichsrechnung; nach [146]

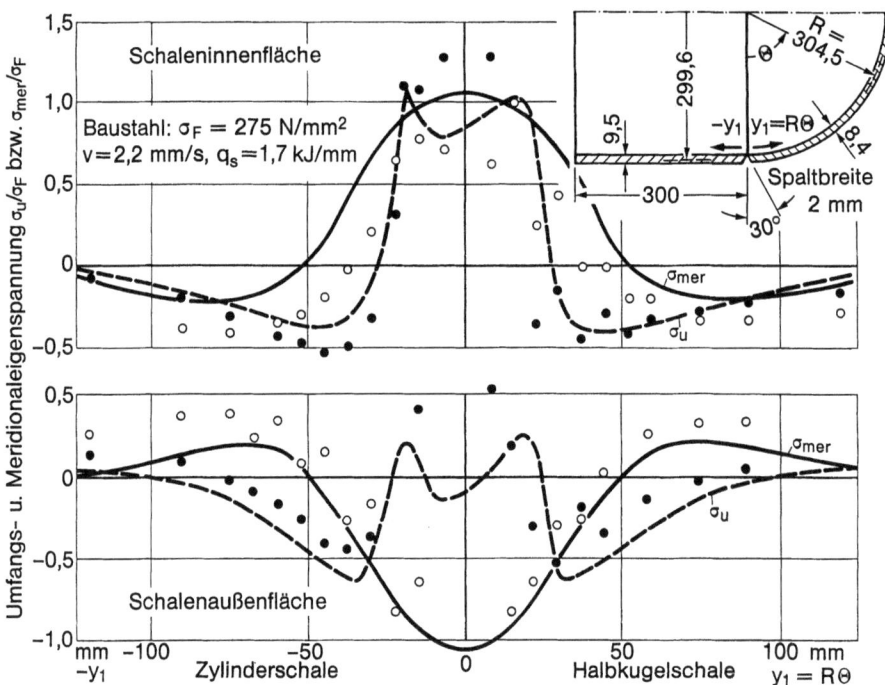

Bild 108. Umfangs- und Meridionaleigenspannungen in zylindrischem Behälter am Übergang zum Halbkugelboden, Vergleich mit Meßergebnissen; nach [145]

Halbkugelschale mittels vorstehendem Rechenverfahren hinsichtlich der Eigenspannungen dargestellt werden, Bild 108.

In den Beiträgen von Rybicki et al. [147, 148] (siehe auch [149]) werden zur Berechnung der Längs- und Quereigenspannungen einer Rohrumfangsnaht, nichtrostender austenitischer Stahl, einseitige Mehrlagenschweißung, Körperringelemente in Verbindung mit der quasistationären Temperaturfeldgleichung des Nahtschweißens verwendet, Bild 109. Für die Nahtwur-

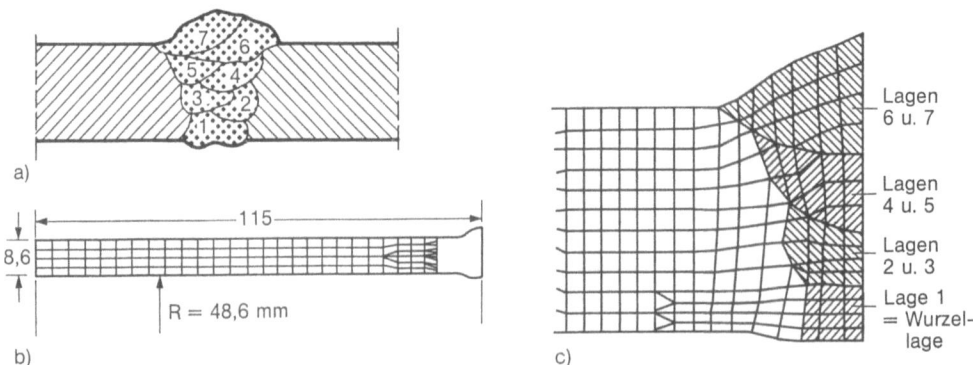

Bild 109. Diskretisierung in Ringelemente für mehrlagige Rohrumfangsnaht; Nahtaufbau in der Wirklichkeit (a), Körperringelementmodell mit Ausschnittvergrößerung (b, c), Symmetriehälfte mit zusammengefaßten Nahtlagen; nach [148]

3.2 Finit-Element-Modelle 119

zel an der Rohrinnenfläche werden in Axial- und Umfangsrichtung hohe Zugspannungen ermittelt, die in der Wärmeeinflußzone in Druck übergehen. Die Umfangsschrumpfkraft verursacht eine Kontraktion der Umfangsnaht auf verkleinerten Durchmesser, also eine Einschnürung des Rohres. Diese Angaben konnten durch Messung zumindest qualitativ bestätigt werden. Eine weitere Untersuchung [346] befaßt sich mit dem Spannungsabbau durch lokale Wärmenachbehandlung (siehe Abschnitt 4.4.3.2.1).

Weitere Finit-Element-Berechnungsergebnisse (von Josefson [297, 298]) zur Schweißeigenspannungsverteilung an einlagiger und mehrlagiger Umfangsnaht sind im Zusammenhang mit dem Warmentspannen in Bild 202 bzw. Bild 204 dargestellt. Besonders hohe Eigenspannungen werden im martensitischen Teil der Wärmeeinflußzone beobachtet. Der gefährliche dreiachsige Zugeigenspannungszustand tritt für den betrachteten CMn-Stahl weder beim Einlagenschweißen noch beim Mehrlagenschweißen auf. Die dreilagige Umfangsnaht wird in [150] analysiert.

3.2.4 Scheibenelementmodell in Plattenebene

Es liegt nahe, die Längs- und Quereigenspannungen (sowie die zugehörigen Dehnungen und Formänderungen) in relativ dünnen Blechplatten mit Stumpfnaht über ein finites Scheibenelementmodell (in Plattenebene) mit ebenem Temperatur- und Spannungszustand zu bestimmen. Solche Untersuchungen sind im Hinblick auf die Heißrißgefahr an den Enden langer Stumpfnähte in Plattenfeldern, im Hinblick auf deren Fugenklaffen beim Schweißen sowie im Hinblick auf die Nahtlängseigenspannungen durchgeführt worden.

Die Finit-Element-Diskretisierung für das Längsnahtschweißen von großen Blechtafeln, wie es beispielsweise im Schiffbau auftritt, zeigt Bild 110. Die Netzverfeinerung vom lastfreien Plattenrand bis hin zur Schweißnaht ist vorbildlich gelöst. Mit dem Modell wurden die Querdehnungen und Querspannungen am Nahtanfang und Nahtende berechnet, um davon ausgehend die hier zu beobachtende Rißbildung zu erklären (siehe Karlsson et al. [155 bis 161, 107]). Die temperaturabhängigen Werkstoffkennwerte des umwandelnden schweißgeeigneten Feinkornbaustahls zeigt Bild 80. Als Heißrißursache wird die nicht-thermische Querdeh-

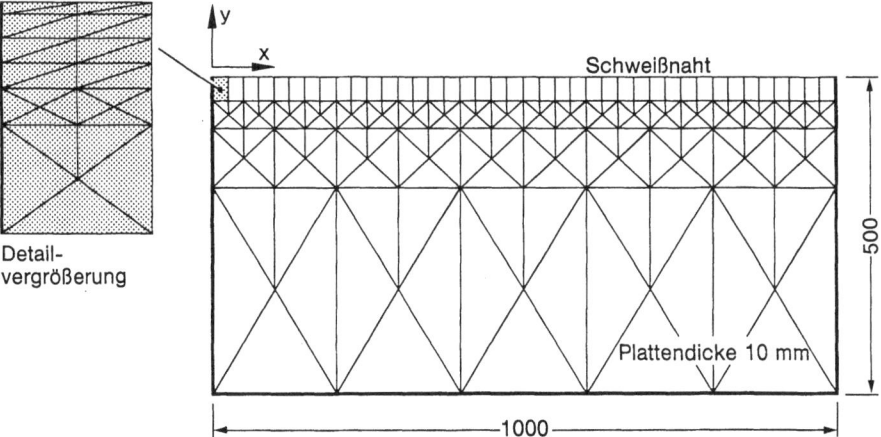

Bild 110. Finit-Element-Diskretisierung für Rechteckplatte mit kontinuierlich ausgeführter, zentrischer Schweißnaht, Dreieckselemente mit kubischem Verschiebungsansatz; nach [161]

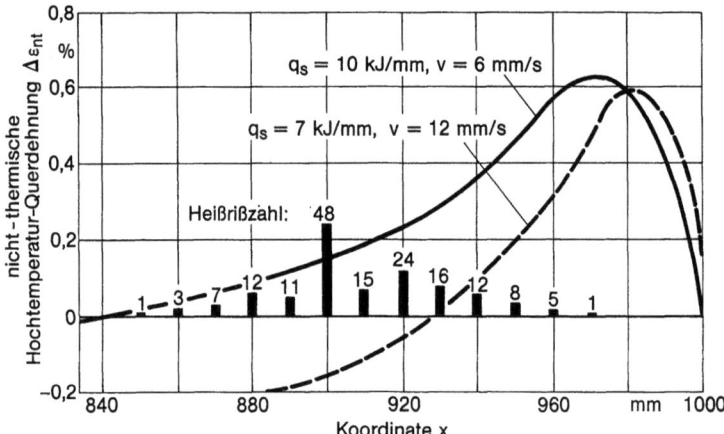

Bild 111. Finit-Element-berechnete nicht-thermische Querdehnung $\Delta\varepsilon_{nt}$ im Abkühlintervall 1 400 bis 1 000 °C am Schweißnahtende, Rechteckplatte aus Feinkornbaustahl, zwei Streckenenergien, Zahl der Heißrisse; nach [159]

nung $\Delta\varepsilon_{nt} \geq 5 \cdot 10^{-3}$ im Abkühlintervall zwischen 1 400 und 1 000 °C betrachtet. Ihr Höchstwert kurz vor dem Nahtende verlagert sich mit zunehmender Streckenenergie bzw. abnehmender Schweißgeschwindigkeit in Richtung Nahtlängenmitte, Bild 111. Mehrlagenschweißen ist vorteilhaft. Die Korrelation mit der Zahl der Heißrisse (zugehöriges q_s und v unbekannt) ist allerdings nur qualitativ befriedigend. Durch lokale Zusatzerwärmung konnte die Heißrißzahl um eine Zehnerpotenz vermindert werden [156]. Die Vergrößerung der Heißrisse (als Kaltriß) in Richtung Nahtmitte wird durch die Querzugspannungen gesteuert, Bild 112,

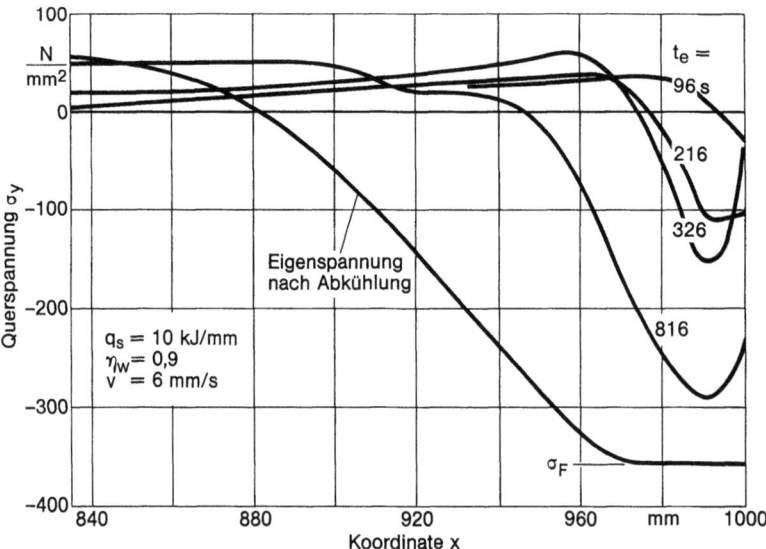

Bild 112. Finit-Element-berechnete Quereigenspannungen am Schweißnahtende, Rechteckplatte aus Feinkornbaustahl, unterschiedliche Zeiten t_e nach Schweißende; nach [159]

3.2 Finit-Element-Modelle   121

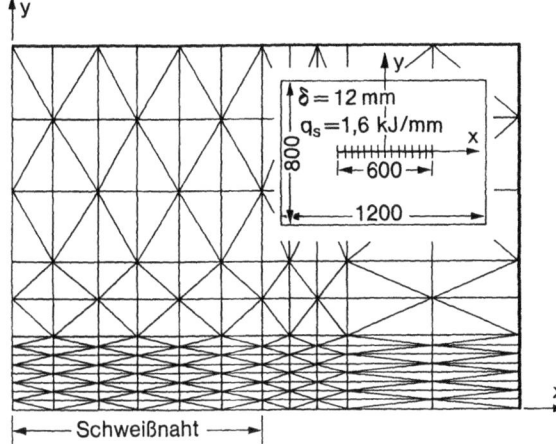

Bild 113. Finit-Element-Netz für Platte mit Schlitzschweißnaht, Symmetrieviertel, nach [164]

während die Nahtenden durch Querdruck abgesichert sind (hier Verwerfungsgefahr). Es wurde auch die Fugenquerbewegung für die vorgeheftete Nahtfuge berechnet. Zunächst verengt sich die Nahtfuge, später (nach Überschweißen der mittleren Heftstelle) weitet sie sich wieder. Die maximale Spaltänderung beträgt ±0,15 mm. Die vorstehenden Ergebnisse sind typisch für umwandelnde Baustähle.

Für eine Rechteckplatte mit Schlitzschweißnaht (kritisch wegen Heiß- bzw. Kaltrißgefahr) wurden die Eigenspannungen länge und quer zur (augenblicklich eingebracht

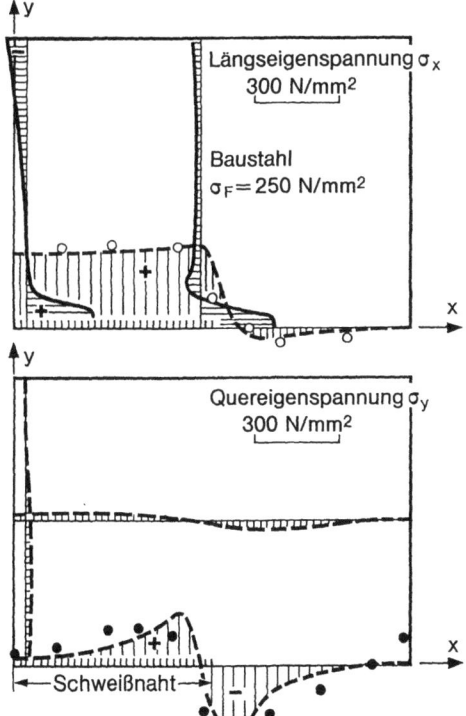

Bild 114. Längs- und Quereigenspannungen in Platte mit Schlitzschweißnaht, Rechen- und Meßergebnisse; nach [164]

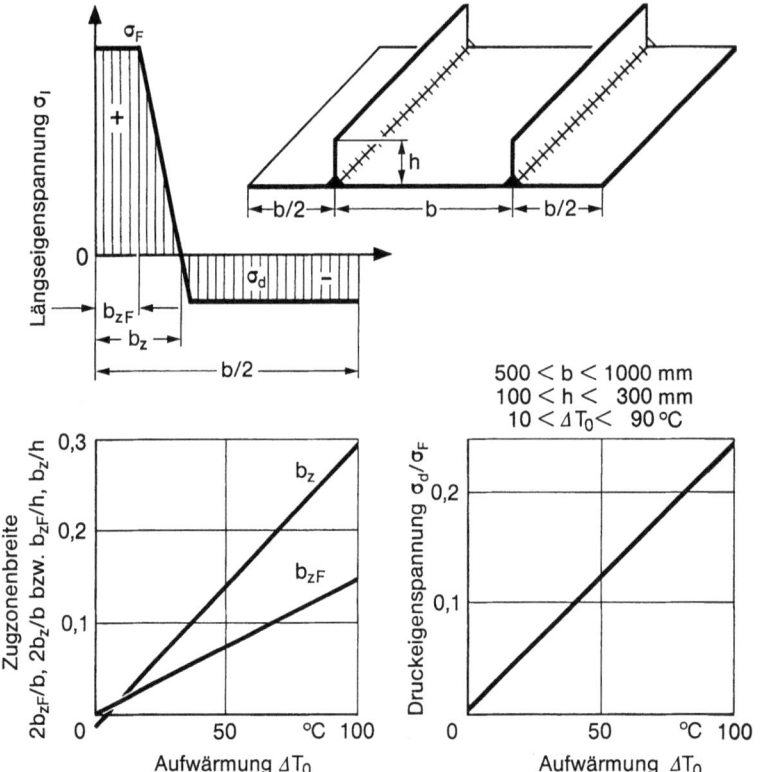

Bild 115. Nahtlängseigenspannung ϱ_l in Platte mit Rippe, abhängig von den Abmessungsparametern über die Aufwärmung ΔT_0 von Platte bzw. Rippe aufgrund eines Finit-Element-Scheibenmodells; nach [164]

gedachten) Naht nach einem Scheibenmodell berechnet und mit Meßwerten verglichen, Bilder 113 und 114 (siehe Fujita et al. [163, 164]). Es wurde das inkrementelle Anfangsdehnungsverfahren mit verbessertem Fließgesetz angewendet. Bemerkenswert sind die günstigen Querdruckeigenspannungen vor dem Nahtende und die ungünstigen zweiachsigen Zugeigenspannungen im Nahtendbereich.

In gleicher Weise [164] wurden auch die Eigenspannungen in Blechplatten mit aufgeschweißten durchgehenden Versteifungsrippen berechnet. Die Breite der Nahtzone mit hohen Zuglängseigenspannungen und die Höhe der niedrigeren Drucklängseigenspannungen in den benachbarten Platten- bzw. Rippenbereichen konnten in einem begrenzten Parameterbereich abmessungsunabhängig mit der globalen Temperaturerhöhung nach dem Schweißen, der Aufwärmung, korreliert werden, Bild 115. Die Aufwärmung ΔT_0 ergibt sich aus der je Kehlnaht eingebrachten Schweißwärme Q, der raumspezifischen Wärme $c\varrho$, der Plattenbreite b und der Plattendicke δ (unter Vernachlässigung der Rippen) zu:

$$\Delta T_0 = \frac{2Q}{c\varrho\delta b}. \tag{120}$$

3.2.5 Scheibenelementmodell quer zur Plattenebene

Eine zweite Möglichkeit des Einsatzes von Scheibenelementmodellen, diesmal mit ebenem Formänderungszustand, besteht in der Betrachtung des Querkonturmodells der Schweißverbindung (ebener Schnitt senkrecht zur Naht). Ausgehend vom Temperaturfeld in der Querschnittsebene ergibt sich zunächst der zweiachsige Spannungszustand in dieser Ebene. Die Normalspannung senkrecht dazu (also in Nahtrichtung) folgt aus der Bedingung ebener Formänderung. Dies entspricht der Bernoullischen Hypothese des Ebenbleibens der Querschnitte, verschärft auf zusätzliche Unverschieblichkeit (zutreffend auf symmetrische Probleme mit relativ großem schweißunbeeinflußtem Querschnitt). Die weniger extreme Annahme verschieblicher und verdrehbarer ebener Querschnitte ist bei unsymmetrischen Problemen (zum Beispiel mit Biegeverzug) zu empfehlen. Zur Modellierung des ebenen Formänderungszustands eignen sich auch Körperelemente mit entsprechender Freiheitsgradeinschränkung. Im Sonderfall elementkonstanter Zustandsgrößen ergibt sich das Stabelementmodell. Derartige Finit-Element-Berechnungen für das Querkonturmodell sind insbesondere im Hinblick auf Heiß- und Kaltrißbildung sowie im Hinblick auf die Eigenspannungen beim Mehrlagenschweißen durchgeführt worden.

Die Finit-Element-Diskretisierung für das Konturmodell zur Probe des Rigid-Restraint-Cracking-Tests zeigt Bild 116. Mit dem Modell wurde ausgehend vom ebenen instationären Temperaturfeld (berechnet nach dem Differenzverfahren) der Spannungs- und Dehnungsablauf an den Stellen A bis D bestimmt, die als besonders heiß- und kaltrißgefährdet gelten (siehe Ueda et al. [169 bis 173]). Entsprechende Berechnungen wurden für die Doppelkehlnahtprobe sowie die Stirnkehlnahtprobe durchgeführt. Sie ermöglichen eine überschlägige Quantifizierung der genannten Prüfungen. Diese Self-Restraint-Tests werden allerdings

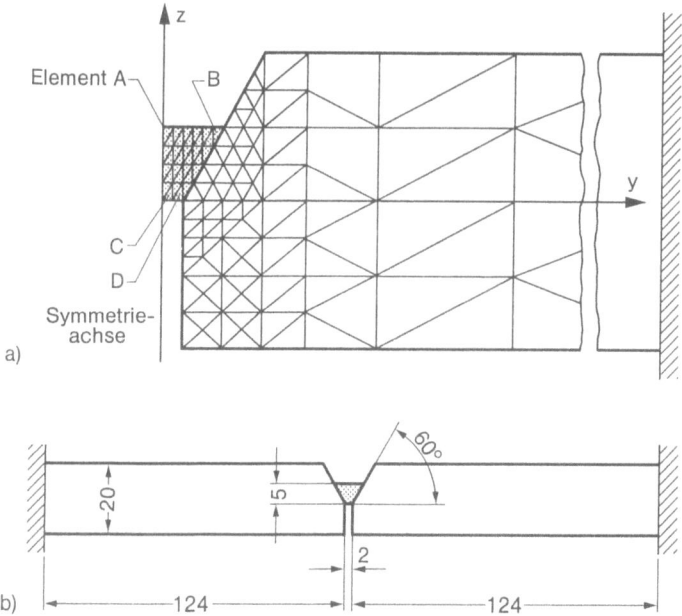

Bild 116. Finit-Element-Konturmodell (a) für die Probe (b) des Rigid-Restraint-Cracking-Tests; nach [169]

zunehmend zugunsten von Versuchen mit lastgeregelter globaler Beanspruchung verlassen. Letztere lassen sich ebenfalls durch lokale Beanspruchungsanalysen aussagefähiger machen.

Die Abhängigkeit der Reaktionskraft und der Reaktionsspannungen beim Mehrlagenschweißen einer Querstumpfnaht zwischen fest eingespannten Zugblechen (Heißrißprobe im Rigid-Restraint-Cracking-Test) bei unterschiedlicher Vorwärmung im Nahtbereich ist von Satoh et al. [171] untersucht worden. Zwischen Reaktionskraft und Reaktionsspannung besteht keine Proportionalität, weil sich der tragende Querschnitt mit dem Aufbringen der Schweißlagen erst aufbaut. Die Reaktionskraft unmittelbar nach Aufbringen der jeweiligen Schweißlage steigt mit der Zahl der Lagen, die Reaktionsspannung fällt dagegen ab (siehe auch Bild 143). Das Vorwärmen des Nahtbereichs vermindert Reaktionskraft und Reaktionsspannung während des Schweißens. Nach dem Schweißen und Abkühlen stellt sich dagegen eine Erhöhung ein.

Die Finit-Element-Eigenspannungsberechnung nach Andersson [158] für das Konturmodell einer einseitig unterpulvergeschweißten Stumpfnaht an einer Feinkornbaustahlplatte (Werkstoffkennwerte nach Bild 80 und ähnlich Bild 89) ergab in der Oberfläche Quer- und Längseigenspannungen (relativ zur Nahtrichtung) nach Bild 117. Grund- und Nahtwerkstoff haben unterschiedliche Kennwerte (Grundwerkstoff $\sigma_F = 350\,\text{N/mm}^2$, Nahtwerkstoff $\sigma_F = 450\,\text{N/mm}^2$, zuzüglich Verfestigung). Der Umwandlungseinfluß markiert sich in

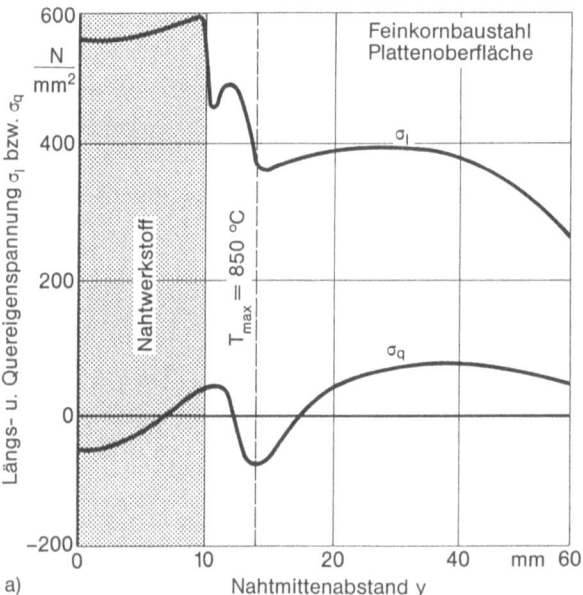

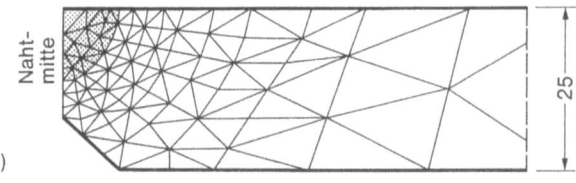

Bild 117. Längs- und Quereigenspannungen in der Oberfläche einer Stahlplatte aus Feinkornbaustahl mit unterpulvergeschweißter Stumpfnaht (a) und zugehöriges Finit-Element-Konturmodell (b); nach [158]

3.2 Finit-Element-Modelle

Schmelz- und Wärmeeinflußzone entsprechend den unterschiedlichen Fließgrenzen durch gesonderte Einsenkungen im Kurvenverlauf.

Die Eigenspannungen der ersten Lage einer Metallaktivgasschweißnaht in X-Fuge in 25,4 mm dicker Platte aus hochfestem Stahl HY 130 (mit Umwandlung) werden von Papazoglou/Masubuchi [177] im Querkonturmodell bestimmt. In entsprechender Weise wird die Stumpfnaht mit I-Fuge in 2,54 mm dicker Platte aus einer NiCrFe-Legierung von Friedmann [176] analysiert. Die größte plastische Dehnung (4,5 %) tritt an der Nahtwurzel am Übergang von Schmelz- zu Wärmeeinflußzone auf [176]. Die Längseigenspannungen im dehnungsverfestigten Nahtbereich übersteigen die Fließgrenze um bis zu 30 % [176].

Die Finit-Element-Eigenspannungsberechnung nach Argyris et al. [175, 106] für die beidseitig gleichzeitig geschweißte Doppel-V-Stumpfnaht an Baustahl St 37 (Werkstoffkennwerte nach Bildern 83 und 91) ergab in der Oberfläche Längs- und Quereigenspannungen nach Bild 118. In der Schmelz- und Wärmeeinflußzone tritt Gefügeumwandlung zum Martensit auf. Die Umwandlungsdehnung wird stark vereinfacht mit konstanter Größe in allen Bereichen mit mehr als 50 % Martensitbildung (abkühlgeschwindigkeitsabhängig bestimmt nach ZTU-Schaubild, siehe Bild 62) eingeführt. Es sind Berechnungsergebnisse ohne und mit Umwandlung sowie Meßergebnisse (röntgenografische Spannungsmessung und Bohrlochverfahren) gegenübergestellt. Der Umwandlungseinfluß markiert sich im Kurvenverlauf unter Berücksichtigung der Fließgren-

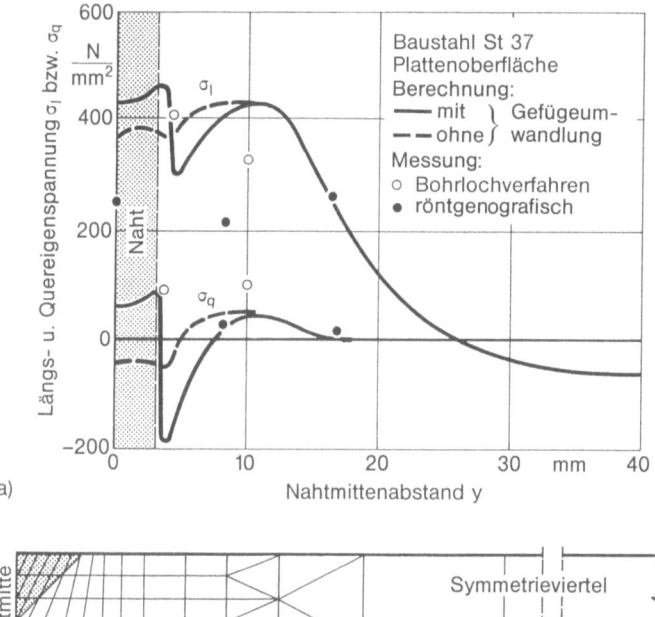

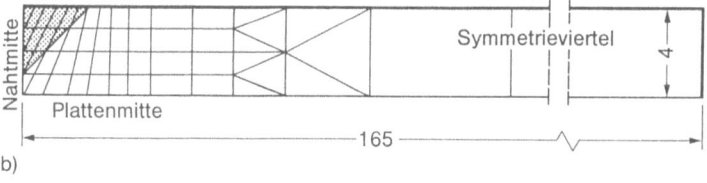

Bild 118. Längs- und Quereigenspannungen in der Oberfläche einer Stahlplatte aus Baustahl St 37 (**a**), Rechnung ohne und mit Gefügeumwandlung (zu Martensit), zugehöriges Finit-Element-Konturmodell (**b**), Vergleich mit Meßergebnissen; nach [175]

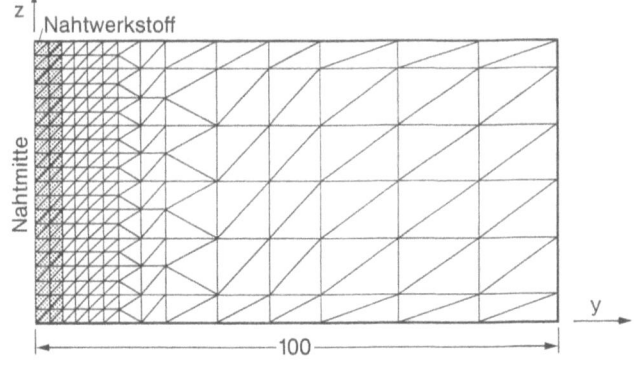

Bild 119. Finit-Element-Konturmodell zur Schweißeigenspannungsberechnung beim Mehrlagenengspaltschweißen (20 Lagen), feinere Netzteilung; nach [173]

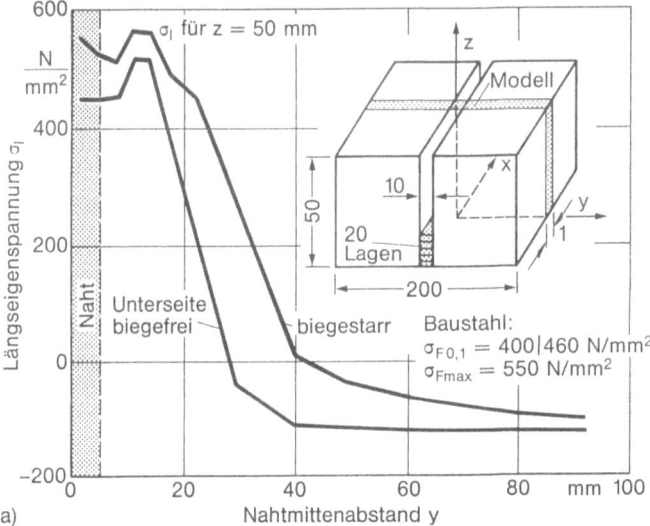

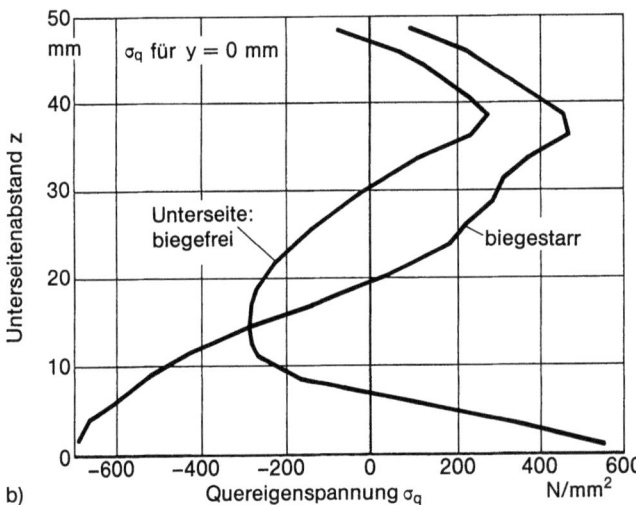

Bild 120. Längseigenspannungen (**a**) und Quereigenspannungen (**b**) zu (idealisierter) Mehrlagenschweißung, Rechnung ohne Gefügeumwandlung, zwei Lagerungsarten; nach [173]

3.3 Schrumpfkraft- und Eigenspannungsquellmodelle

zenerhöhung durch Martensitbildung ähnlich wie in Bild 117. Die Untersuchungen werden in [174] auf das Mehrlagenschweißen in einseitiger Fuge ausgedehnt (Baustahl 22 NiMoCr 37 mit Gefügeumwandlung).

Die Finit-Element-Eigenspannungsberechnung nach Ueda et al. [169 bis 173], Bild 119, für das Mehrlagenengspaltschweißen (20 Lagen) von Baustahl mit $\sigma_F = 400$ N/mm² für Grundwerkstoff und $\sigma_F = 460$ N/mm² für Nahtwerkstoff, $\sigma_{F\,max} = \sigma_Z = 550$ N/mm², ohne Gefügeumwandlung berechnet, bei biegefreier und biegestarrer Lagerung der Unterseite des Konturmodells ergab Längs- und Quereigenspannungen nach Bild 120. Durch biegestarre Lagerung wird der Bereich hoher Eigenspannungen vergrößert. Die Quereigenspannungen an der Unterseite des Konturmodells zeigen je nach Lagerung eine Zug- oder Druckspitze. Durch Vergleichsberechnungen wird gezeigt, daß brauchbare Ergebnisse auch schon mit gröberem Netz, mit der Zusammenfassung von je zwei Nahtlagen und mit Berechnungsausführung nur für die letzten Lagen erhalten werden (nicht verallgemeinerbar, siehe [178]).

Weitere Berechnungsergebnisse zu Konturmodellen von Mehrlagenschweißungen sind bei den Wärmenachbehandlungsverfahren in Abschn. 4.4.3.2.6 dargestellt.

3.3 Schrumpfkraft- und Eigenspannungsquellmodelle

3.3.1 Längsschrumpfkraftmodell

Die Längseigenspannungen in stabartigen Bauteilen (sowie die zugehörigen Schweißformänderungen) lassen sich ausgehend von der (Längs-)Schrumpfkraft der Schweißnaht und ihrer unmittelbaren Umgebung im Rahmen einer eindimensionalen elastischen Betrachtung abschätzen. Man stellt sich anstelle der Schweißnähte vorgespannte Drähte vor, die das zunächst spannungsfreie Bauteil belasten. Unter Schrumpfkraft wird die Vorspannkraft des Spanngliedes verstanden, unmittelbar bevor es das Bauteil belastet und sich unter der Nachgiebigkeit des Bauteils teilweise entspannt. Die Schrumpfkraft ist die Vorspannkraft am starr gedachten Bauteil. Sie ist eine Anfangskraft im Sinne der Eigenspannungstheorie. Eine Formalvariante verwendet anstelle der Schrumpfkraft am starr gedachten Bauteil die „aktive" (oder „effektive") Schrumpfkraft am elastischen Bauteil, die mit den „reaktiven" Druckkräften des Querschnitts im Gleichgewicht steht. Leider wird nicht immer sauber zwischen den beiden, unterschiedlich definierten Schrumpfkräften unterschieden.

Wenn die Schrumpfkraft der Schweißnaht bekannt ist, läßt sich beispielsweise für einen Kastenträger mit Längsnähten die mittlere Druckvorspannung bestimmen, die für Stabilitätsbetrachtungen benötigt wird [180]. Die Druckvorspannung ergibt sich durch Bezug der Summe der Schrumpfkräfte aller Nähte auf die Stabquerschnittsfläche. Oder es kann die Biegeschrumpfung von Trägern mit einseitig exzentrischer Längsnaht ausgehend von der Schrumpfkraft berechnet werden.

Die quantitativen Verhältnisse im einfachsten Fall des allseitig freien Plattenstreifens mit mittiger Längsnaht werden in Bild 121 dargestellt. Der Nahtbereich steht unter Zug σ_z in Höhe der Fließgrenze σ_F. Seine Breite b_z wird in erster Näherung der Breite b_{pl} der plastischen Zone gleichgesetzt. Die Druckspannung σ_d folgt aus der Gleichgewichtsbedingung:

$$\sigma_d = -\sigma_z \frac{b_z}{b - b_z} = -\sigma_F \frac{b_{pl}}{b - b_{pl}}. \tag{121}$$

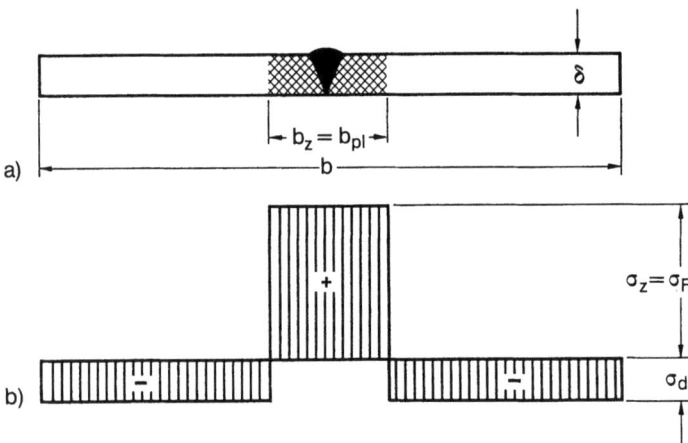

Bild 121. Längseigenspannungen (**b**) in Plattenstreifen mit mittiger Längsnaht (**a**), Platte allseitig frei, Spannungsverteilung stark vereinfacht

Die als bekannt vorausgesetzte (Längs-)Schrumpfkraft P_s schlägt sich in der Größe der plastischen Zone $b_{pl}\delta$ nieder:

$$P_s = (\sigma_z - \sigma_d) b_z \delta = (\sigma_F - \sigma_d) b_{pl} \delta. \tag{122}$$

Ein Flächenvergleich in Bild 121 ergibt alternativ:

$$P_s = -\sigma_d b \delta. \tag{123}$$

Die Schrumpfkraft P_s stützt sich demnach über dem Gesamtquerschnitt ab (nicht so die aktive Schrumpfkraft).

Nur bei (längs-)unverschieblichem (auch unendlich breitem elastischem) Plattenstreifen ist P_s mit der Resultierenden der Zugzone (also der aktiven Schrumpfkraft) identisch:

$$P_s = \sigma_z b_z \delta = \sigma_F b_{pl} \delta. \tag{124}$$

Für den Plattenstreifen mit außermittiger Nahtanordnung ergibt sich mit linearer Biegespannungsverteilung (das heißt eben bleibenden Querschnitten) die in Bild 122 dargestellte Spannungsverteilung. Schließlich ist in Bild 123 der kombinierte Fall eines T-Trägers mit Halsnaht gezeigt, bei dem die Flanschplatte mittig und die Stegplatte außermittig verbunden ist. Zu den Bildern 122 und 123 gehören gegenüber Gln. (121) bis (123) veränderte Ausdrücke.

Die Schrumpfkraft bzw. die sie wesentlich bestimmende Größe der plastischen Zone hängen primär von den Schweißverfahrensparametern sowie den thermomechanischen Werkstoffkennwerten und sekundär von der Bauteillängssteifigkeit und vom Wärmefluß im Schweißstoß ab.

Die ausschlaggebenden Parameter des Schweißverfahrens sind die Wärmeleistung q und die Schweißgeschwindigkeit v, verbunden über die Streckenenergie q_s nach Gl. (3). Die Breite der plastischen Zone nimmt mit steigender Wärmeleistung bzw. fallender Schweißgeschwindigkeit zu. Näherungsformeln bringen daher die Schrumpfkraft P_s mit der Streckenenergie q_s in Beziehung. Für unlegierte Baustähle wird beispielsweise in [7, 8] ausgehend von Gl. (133)

$$P_s \approx 170 q_s \tag{125}$$

3.3 Schrumpfkraft- und Eigenspannungsquellmodelle

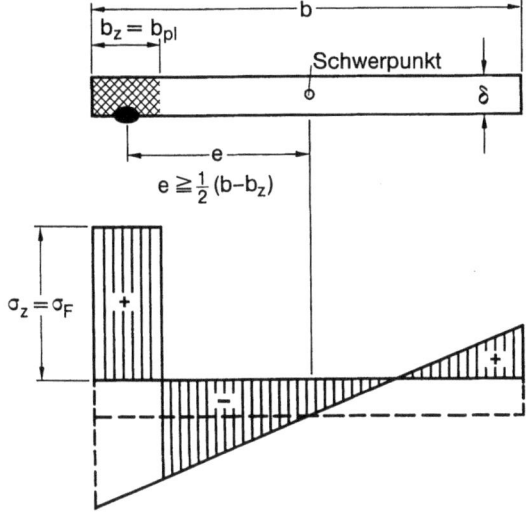

Bild 122. Längseigenspannungen in Plattenstreifen mit außermittiger Längsnaht, Platte allseitig frei, Spannungsverteilung stark vereinfacht; in Anlehnung an [7]

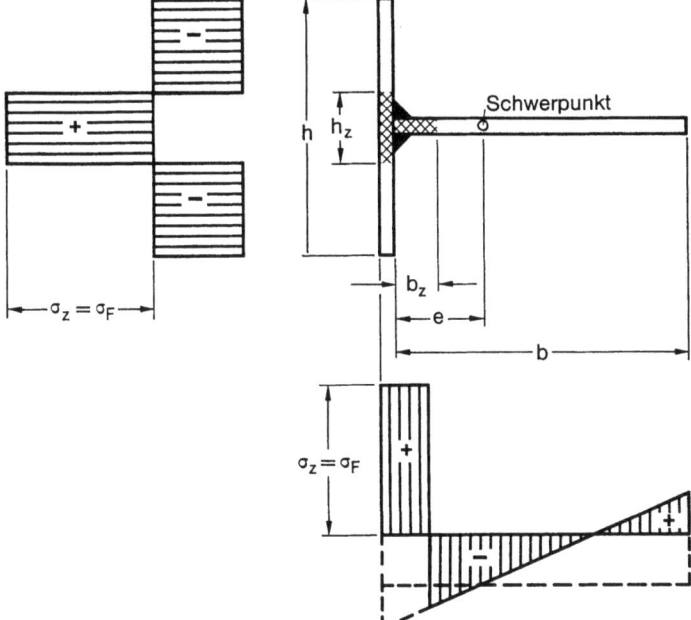

Bild 123. Längseigenspannungen in T-Träger mit Halsnaht, Träger allseitig frei, Spannungsverteilung stark vereinfacht; in Anlehnung an [7]

angegeben. Es ist q_s in [J/mm] einzusetzen, um P_s in [N] zu erhalten. Die Breite b_{pl} der plastischen Zone folgt aus Gln. (124) und (125) zu

$$b_{pl} \approx 170 \frac{q_s}{\delta \sigma_F}. \tag{126}$$

Die Streckenenergie q_s wiederum wird dem Volumen des abgeschmolzenen Zusatzwerkstoffs je Nahtlängeneinheit oder der Nahtquerschnittsfläche F_n proportional gesetzt:

$$q_s = kF_n. \tag{127}$$

Der Proportionalitätsfaktor k wird mit $k=61$ für das Mantelelektrodenschweißen, $k=41$ für das Metallaktivgasschweißen und $k=72$ für das Unterpulverschweißen angegeben (siehe [7]), wenn F_n in [mm²] eingesetzt und q_s in [J/mm] erwartet wird.

Bei Mehrlagenschweißung (Lagenzahl n) ist die Längsschrumpfkraft nach Gl. (125) mit dem Korrekturfaktor k_n zu multiplizieren:

$$k_n \approx n^{-2/3}. \tag{128}$$

Bei ein- und mehrlagigen Doppelkehlnähten ist k_n nach Gl. (128) abhängig von der Schweißfolge weiter zu modifizieren [7].

Bei unterbrochenen (Strich-) Nähten mit der Strichnahtlänge l_{st} und der zugehörigen Strichzwischenlänge l_{zw} ist andererseits der Korrekturfaktor k_{st} einzuführen:

$$k_{st} \approx \frac{l_{st}}{l_{st}+l_{zw}}. \tag{129}$$

Dieser Faktor gilt überschlägig auch für Punktschweißnähte, wenn anstelle der Strichnahtlängen die entsprechenden Größen der Punktnaht, also Punktdurchmesser und Punktabstand, eingeführt werden. Eine genauere Formel für die Längsschrumpfkraft der Punktnaht wird von Okerblom für unlegierten Stahl angegeben [8]:

$$P_s = 184 \frac{\delta_{ges}}{e^*} d_{150}^2. \tag{130}$$

Es ist δ_{ges} die geschweißte Gesamtplattendicke, e^* der Punktabstand und d_{150} der Durchmesser des auf über 150 °C erhitzten Plattenbereichs (in [mm] einzusetzen, um P_s in [N] zu erhalten).

Mit P_s nach Gln. (125), (127), (129) bzw. (130) wird bei Strich- und Punktnähten nur der Mittelwert der Zuglängsspannungen ermittelt. Der genauere Verlauf ist wellenförmig mit Erhöhung bis zum Wert der durchgehenden Naht in Strich- bzw. Punktmitte und Erniedrigung bis auf Null dazwischen.

Die ausschlaggebenden Parameter des Werkstoffs auf die Schrumpfkraft bzw. auf die Breite der plastischen Zone sind Fließgrenze σ_F, Elastizitätsmodul E und Wärmeausdehnungszahl α. Diese Größen bestimmen die Entlastung durch Abkühlung, ausgehend von der Druckfließgrenze bis zum Erreichen der Zugfließgrenze. In Bild 124 ist das für einen beidseitig unverschieblich eingespannten Stab aus niedrigfestem Baustahl dargestellt [180]. Die elastisch entlastend aufnehmbare Temperaturdifferenz ΔT_{el} ist um so größer, die plastische Zone demnach um so schmaler, je größer σ_F ist und je kleiner E und α sind:

$$\Delta T_{el} = \frac{2\sigma_F}{E\alpha}. \tag{131}$$

Für den niedrigfesten Baustahl in Bild 124 ist $\Delta T_{el} \approx 180$ °C. Bei diesem Werkstoff kann demnach die plastische Zone dem über 200 °C erwärmten Bereich näherungsweise gleichgesetzt werden (unnachgiebige Längseinspannung der Naht vorausgesetzt). Die benötigten Temperaturverhältnisse im Nahtbereich lassen sich durch Messung bestimmen oder durch Berechnung abschätzen.

3.3 Schrumpfkraft- und Eigenspannungsquellmodelle

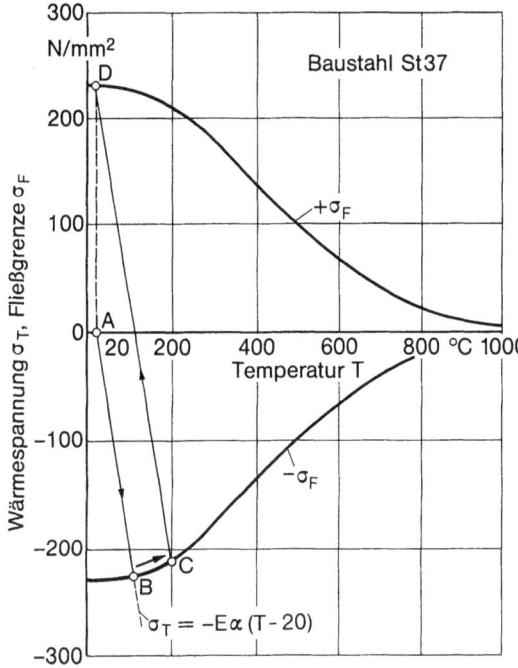

Bild 124. Zugfließspannung in beidseitig eingespanntem Stab nach Erwärmung auf 200 °C und nachfolgender Abkühlung; nach [180]

In einfacherer Form (σ_F temperaturunabhängig und verfestigungsfrei) ist vorstehende Überlegung in [181] zur Abschätzung der Längseigenspannungen im gesamten Querschnitt bei unverschieblicher Einspannung verwendet, wobei die globale Erwärmung ΔT_0 des Bauteils nach dem Schweißen mitberücksichtigt wird, Bild 125. Im Nahtbereich wird über OACD die Zugfließgrenze erreicht, im Außenbereich über OAZ die Druckspannung σ_d und im Zwischenbereich über OABY ein von der lokal erreichten Höchsttemperatur abhängiger Übergang (siehe auch Bild 131). Bei unverschieblicher Einspannung ist

$$\sigma_d = -E\alpha\,\Delta T_0. \tag{132}$$

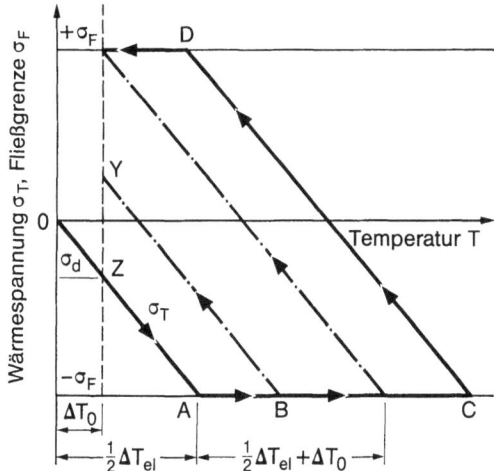

Bild 125. Vereinfachtes Schema für die Eigenspannungsbestimmung im fest eingespannten Stab nach unterschiedlich starker Erwärmung mit nachfolgender Abkühlung auf ΔT_0; nach [181]

Der Werkstoffeinfluß läßt sich auch ausgehend vom Maximaltemperaturverlauf nach Gl. (48) für die schnellwandernde Hochleistungsquelle und von einer Näherung (offenbar) gemäß Bild 92 für die elastische Druckverkürzung unter der Schrumpfkraft (nach [2] in [7], dort Gl. (52), Ableitung unklar) bestimmen (ε_T^* Schrumpfdehnung, $\mu_1 = 0{,}335$ Steifigkeitsfaktor):

$$\varepsilon_T^* = \mu_1 \frac{\alpha}{c\varrho} \frac{q_s}{\delta b}. \tag{133}$$

Dieser Ausdruck führt zur Schrumpfkraft nach Gl. (125) für unlegierten Baustahl, siehe [7].

Des weiteren hat die (Längs-)Steifigkeit des Bauteils bzw. Nahtbereichs einen (im allgemeinen sekundären) Einfluß auf die Schrumpfkraft bzw. auf die Breite der plastischen Zone. Steifigkeitsminderung gegenüber unverschieblicher Einspannung bewirkt eine Verschmälerung der plastischen Zone und damit der Schrumpfkraft. Sie tritt (freie Stabenden vorausgesetzt) bei verkleinerter Stabbreite bzw. einseitiger Naht (infolge Biegedeformation) auf. Die unterschiedlichen Verhältnisse bei schmalem längsverschieblichem gegenüber unendlich breitem längsunverschieblichem Stab sind in Bild 126 in Fortführung des Modells nach Bild 92 dargestellt. Beim längsunverschieblichen breiten Stab tritt der in Bild 126a schraffiert dargestellte Teil der thermischen Restdehnungen ε_R als Eigenspannung auf. Beim längsverschieblichen schmalen Stab ist das Nullspannungsniveau angehoben, zum einen durch die unbehinderte Ausbildung der gemittelten Abkühldehnung, zum anderen durch die Druckelastizität des Stabes. Die Breite b_{z0} der Zugzone im breiten Stab wird dadurch auf die Breite b_z der Zugzone im schmalen Stab reduziert. Auf die formelmäßige Ausarbeitung [8] des grafisch einsichtigeren Zusammenhangs zwischen b_z und b_{z0} wird hier verzichtet.

Bei Schweißverbindungen, die von der Stumpf- oder Ecknaht zwischen zwei einheitlich dicken Platten abweichen, ist die Aufteilung der Wärmeleistung auf die im Stoß zusammentreffenden Platten abzuschätzen, um Lage und (in gewissem Maße auch) Größe der plastischen Zone zu bestimmen. Dies ist immer dann durchzuführen, wenn die Dicken der aufstoßenden Platten unterschiedlich sind, wenn die Platten nicht fluchten oder wenn mehr als zwei Platten im Stoß zusammentreffen. Beispiele dazu sind Eckstoß, Überlappstoß und T-Stoß.

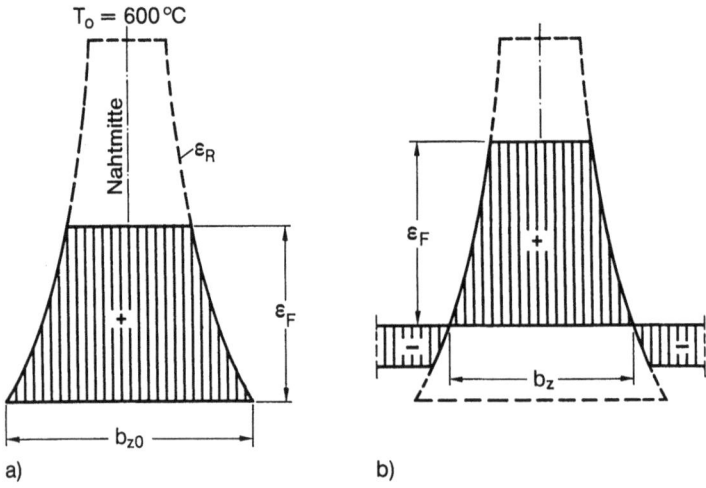

Bild 126. Breite der plastischen Zone b_{z0} bzw. b_z im unendlich breiten (**a**) bzw. schmalen (**b**) Stab; in Anlehnung an [8]

3.3 Schrumpfkraft- und Eigenspannungsquellmodelle 133

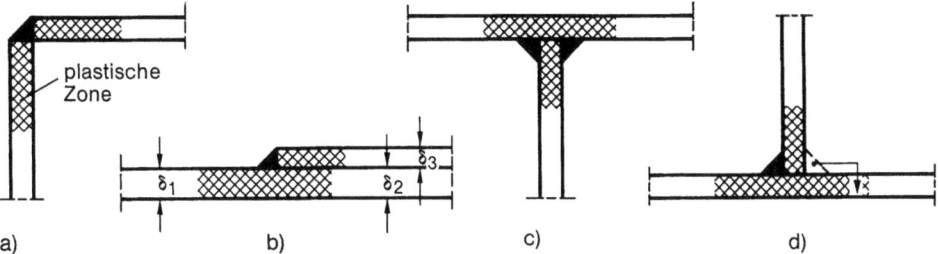

Bild 127. Plastische Zone gemäß reduzierter Dicke der jeweiligen Platte, (a) bis (d), und Überlagerungseffekt bei nacheinander ausgeführten Kehlnähten (d)

Die Wärmeleistung wird nach [2] gemäßt den „reduzierten Dicken" der im Stoß verbundenen Platten aufgeteilt, wobei durchgehende Platten als zwei Platten behandelt werden. Die Wärmeleistung q_i in Platte i von n Platten ergibt sich aus der (effektiven) Gesamtwärmeleistung q und den Plattendicken δ_v zu:

$$q_i = \frac{\delta_i}{\sum\limits_{v=1}^{n} \delta_v} q . \tag{134}$$

Zur Veranschaulichung seien die Schweißstöße in Bild 127 betrachtet. Der Eckstoß verhält sich bei einheitlicher Plattendicke wie ein um 90° abgewinkelter Stumpfstoß, Überlappstoß und T-Stoß dreiteilen den Wärmefluß im Verhältnis der Plattendicken. Werden die zwei Kehlnähte am T-Stoß nacheinander (mit Zwischenabkühlung) gelegt, so überlagern sich die zugehörigen plastischen Zonen. Die Gesamtzone ist dann nur um etwa 15 % größer als die plastische Zone der Einzelnaht, siehe [8]. Auf die Korrelation zwischen der Größe der plastischen Zone und der Aufwärmung ΔT_0 nach dem Schweißen (stoßteilbezogen aufzufassen) wird in Bild 115 hingewiesen.

Die Darstellung der Schrumpfkraft bzw. der plastischen Zone in Abhängigkeit auch sekundärer Parameter wie Längssteifigkeit und Wärmefluß macht aber nicht den eigentlichen Inhalt des Schrumpfkraftmodells aus, nämlich die nur verfahrens- und werkstoffabhängige Schrumpfkraft unabhängig von Art, Geometrie und Abmessungen von Schweißstoß und Bauteil, beispielsweise nach Gln. (125) oder (126).

3.3.2 Querschrumpfkraftmodell

Während die Nahtlängseigenspannungen als „Zwängungsspannungen" vom Grad der (Längs- und Quer-)Einspannung der durch Schweißen verbundenen Teile nur sekundär abhängig sind, hängen die Nahtquereigenspannungen entscheidend davon ab. Die Querschrumpfung Δq der Naht und der erwärmten nahtnahen Bereiche verursacht um so höhere Querspannungen, je fester und je kürzer die Teile quer eingespannt sind. Für die Stumpfnaht zwischen zwei unverschieblich eingespannten Platten (Einspannlänge l), Bild 128, ergibt sich im Rahmen einer eindimensionalen Betrachtung die Querspannung σ_q als elastische Reaktionsspannung (Elastizitätsmodul E) aus der Querschrumpfung Δq:

$$\sigma_q = \frac{\Delta q E}{l} . \tag{135}$$

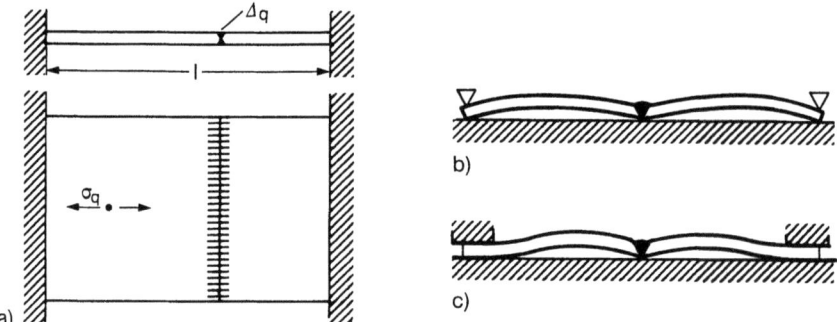

Bild 128. Nahtquereigenspannungen als Reaktionszugspannung (**a**) sowie als Reaktionsbiegespannungen bei behinderter Winkelschrumpfung (**b, c**)

Die zugehörige (aktive) Querschrumpfkraft P_{sq} folgt mit der Plattenquerschnittsfläche F:

$$P_{sq} = \sigma_q F. \tag{136}$$

Die Querschrumpfung Δq wird bei freien Plattenrändern bestimmt (siehe Abschnitt 3.5.2) und auf die eingespannte Platte gemäß Gl. (135) übertragen, wobei Nichtüberschreiten der Fließgrenze σ_F vorausgesetzt wird. Soweit sich plastische Querschrumpfung überlagert, ist σ_q entsprechend zu verkleinern.

Die Quereigenspannungen bei Strich- und Punktnähten an querfreien Platten weisen Querzug im Strich- bzw. Punktbereich und Querdruck dazwischen auf (bei spaltfreier Schweißung). Bei quereingespannten Platten verschieben sich diese Spannungen in Richtung auf höheren Zug.

In entsprechender Weise können die aus behinderter Winkelschrumpfung $\Delta\beta$ entstandenen Querbiegespannungen nach der technischen Balkenbiegelehre bestimmt werden, beispielsweise für Einspannbedingungen nach Bild 128b und 128c, wenn $\Delta\beta$ bekannt ist (Näherungen für $\Delta\beta$ in Abschnitt 3.5.4).

Auch die Quereigenspannungen beim Mehrlagenschweißen sind einer Überschlagsrechnung zugänglich. Dazu wird das Fugenmodell nach Bild 129a verwendet [8]. Der zunehmenden Fugenfüllung wird die mitbewegte konstante Oberflächenschrumpfspannung σ_{q0} zugeordnet, wodurch dem schon aufgefüllten Fugenquerschnitt Druck- und Biegespannungen aufgeprägt werden. Die Wurzellage mit Dicke a_0 wird als zunächst schrumpfspannungsfrei eingeführt. Die Aufintegration der Fugenfüllung ergibt bei freien Plattenrändern (und dementsprechend

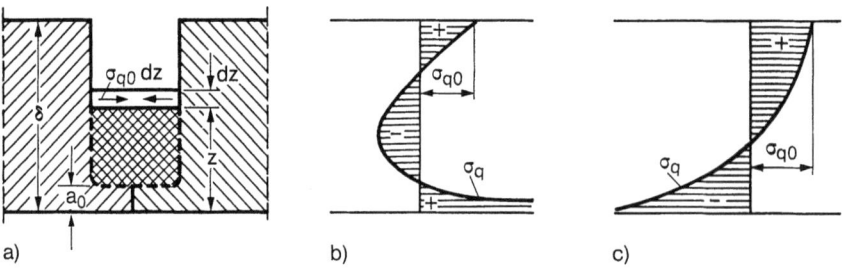

Bild 129. Fugenmodell für Quereigenspannungen beim Mehrlagenschweißen (**a**), Quereigenspannungen mit (**b**) und ohne (**c**) Winkelschrumpfung; nach [8]

3.3 Schrumpfkraft- und Eigenspannungsquellmodelle 135

starker Winkelschrumpfung) die Querspannungsverteilung nach Bild 129b mit Zug an der Nahtwurzel. Wird dagegen die Winkelschrumpfung vollständig unterdrückt, was praktisch nur unvollkommen geschehen kann, so ergibt sich das Spannungsprofil nach Bild 129c mit Druck an der Nahtwurzel.

Das Querschrumpfkraftmodell ist im Hinblick auf die in Nahtlängsrichtung auftretenden Unternaht-, Wurzel- und Lamellenrisse, sowie im Hinblick auf die zugehörige Kaltrißprüfung (fest eingespannte Platte mit Quernaht, Rigid-Restraint-Cracking-Test, RRC-Test oder auch frei gelagerte Rechteckplatte mit Schlitznaht) weiterentwickelt worden [184 bis 188, 218, 219]. Als ungünstigster Fall interessiert die dünne Naht zwischen dicken Platten als Simulation der Heftschweißung oder der ersten Lage einer Mehrlagenschweißung. Relativ übersichtlich sind die Verhältnisse nur an der fest (oder auch elastisch) eingespannten Platte mit Quernaht.

Die (freie) Querschrumpfung Δq wird als vom Einspanngrad der Naht unabhängige Größe eingeführt. Sie läßt sich durch Messung oder durch Näherungsrechnung nach Gl. (148), (150), (151) oder (154) bestimmen. Die bei behinderter Querschrumpfung sich einstellenden Reaktionskräfte hängen von der Steifigkeit der Naht und der Einspannplatten ab. In Bild 130 ist das für kurze und lange Einspannung vergleichsweise dargestellt, jeweils links im Diagramm die elastische Linie der Einspannplatten, jeweils rechts die elastoplastische Linie der Naht (bei Querbeanspruchung). Die Querschrumpfkraft P^*_{sq} je Nahtlängeneinheit ist über der Plattenlängung Δl bzw. über der Nahtquerverformung Δb_s aufgetragen. Die Verspannung ergibt sich ausgehend von der Querschrumpfung Δq. Im dargestellten Fall wird die Fließgrenze in der Naht bei langer Einspannung nicht überschritten, wohl aber bei kurzer Einspannung. Als Einspanngrad R der Naht (restraint intensity) wird die durch den

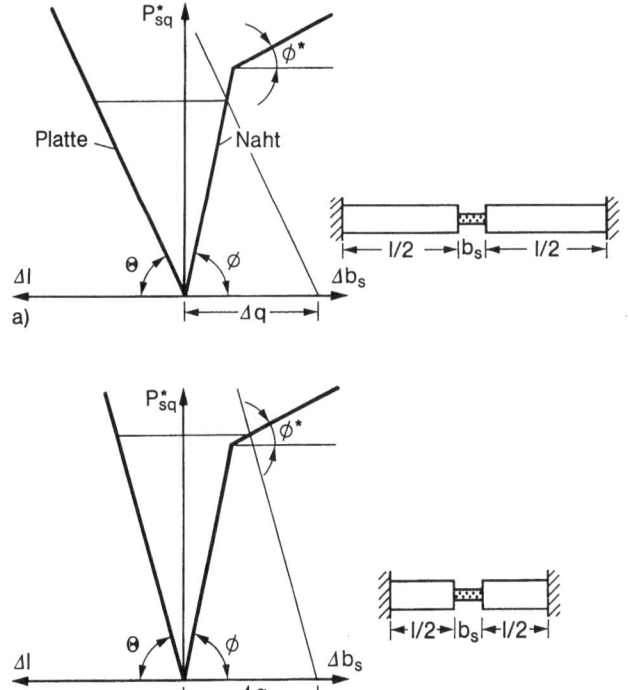

Bild 130. Verspannungsdiagramm für Zugprobe mit Quernaht bei langer (a) und kurzer (b) Einspannung, gleiche Querschrumpfung Δq; nach [186]

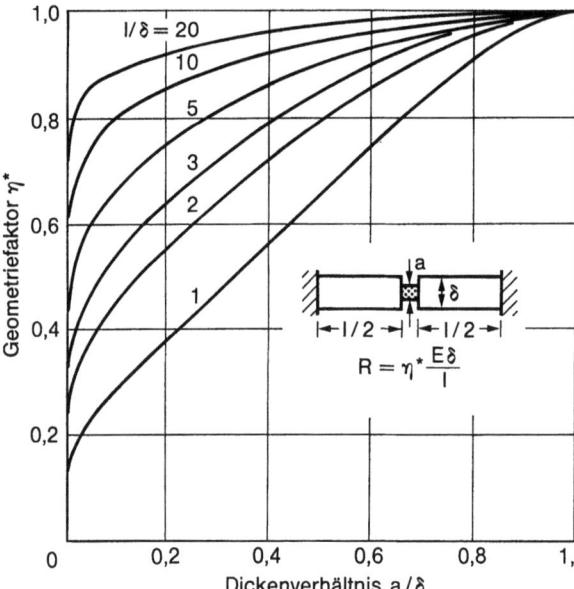

Bild 131. Geometriefaktor η^* zum Einspanngrad R; nach [188]

Anstiegswinkel θ gekennzeichnete Steifigkeit der Einspannplatten bezeichnet:

$$R = \tan\theta = \frac{P^*_{sq}}{\Delta l} = \eta^* \frac{E\delta}{l}. \tag{137.1}$$

Der Einspanngrad R kann als die Kraft je Nahtlängeneinheit interpretiert werden, die die Querlängungseinheit $\Delta l = 1$ hervorruft. Der Geometriefaktor η^* nach Bild 131 berücksichtigt die durch inhomogene Beanspruchung in unmittelbarer Nähe der Schweißnaht hervorgerufene Steifigkeitsminderung der Einspannplatten während die Quersteifigkeit der Naht über Δb_s im Verspanndiagramm (Bild 130) gesondert berücksichtigt wird.

Für die Reaktionsspannung in der Platte $\sigma_q = P^*_{sq}/\delta$ (δ Plattendicke) bzw. in der Schweißnaht $\sigma^*_q = P^*_{sq}/a$ (a Nahtdicke) ergibt sich mit Gl. (137.1) und $\Delta l = \Delta q$ für $\Delta b_s \ll \Delta l$:

$$\sigma_q = R \frac{\Delta q}{\delta}, \tag{137.2}$$

$$\sigma^*_q = R \frac{\Delta q}{a}. \tag{137.3}$$

Das Querschrumpfkraftmodell wird in [199] dahingehend verfeinert, daß bei der Auswertung entsprechender Dehnungsmessungen zwischen der Verformungsbehinderung des Nahtbereichs in sich, kenntlich am Dehnungsabfall neben der Naht, und der Verformungsbehinderung durch die Anschlußplatten, kenntlich an der Dehnungskonstanz, unterschieden wird. Das Modell wird in [188] auf die Schlitzschweißnaht in der Rechteckplatte erweitert. Für einen Querspannungsverlauf mit $\sigma_y = \sigma_F$ über die Länge l_e an den Nahtenden und parabolischem Abfall über die Länge l_m zur Nahtmitte kann Δq nur im mittleren Bereich mit konstanter Größe eingeführt werden. Der Einspanngrad R ergibt sich in Nahtmitte am kleinsten und an den Nahtenden am größten (Singularität).

3.3.3 Anwendung auf Zylinder- und Kugelschale

Das Schrumpfkraftmodell läßt sich vorteilhaft zur Klärung der Schweißeigenspannungsverteilung in Zylinder- und Kugelschalen verwenden. Bei Zylinderschalen sind Längs- und Umfangsnähte sowie Ringnähte an Stutzen oder Blockflanschen möglich. Bei Kugelschalen treten ebenfalls Umfangs- und Ringnähte auf, außerdem ist die Ringnaht am Flansch kugeliger Deckel ein möglicher Anwendungsfall.

Wird die Schale (tatsächlich oder in der Vorstellung) beim Schweißen und Abkühlen durch eingelegte Ringe formstabilisierend abgestützt, dann bilden sich die Schweißeigenspannungen ähnlich wie bei ebenen randfreien Platten aus. Wird der Einlegering aber nach dem Schweißen entfernt oder wird er gar nicht erst eingelegt, dann kommt es zu beachtlichen Biegeverformungen und zugehörigen Biegeeigenspannungen. Nachfolgend wird die gesamte Schweißnahtlänge augenblicklich aufgebracht gedacht, was bei Umfangs- und Ringnähten Rotationssymmetrie bedeutet.

Die Längsnaht in zylindrischer Schale verursacht infolge der Längsschrumpfkraft Biegeverformung in Längs- und (damit auch) Querrichtung mit Biegezug innen und Biegedruck außen (siehe die Verformungsbilder in Bild 152). Die (aktive) Querschrumpfkraft P^*_{sq} je Nahtlängeneinheit ist infolge der geringen Quersteifigkeit der einseitig längsoffenen Zylinderschale (Radius R, Dicke δ) relativ klein (Gl. (188) in [8]):

$$P^*_{sq} = \frac{\Delta q E \delta^3}{24 \pi R^3} \ . \tag{138}$$

Das (aktive) Querschrumpfmoment M^*_{sq} je Nahtlängeneinheit, das bei einseitig geschweißter Naht zusätzlich wirkt, folgt aus der Winkelschrumpfung $\Delta \beta$ (Gl. (189) in [8]):

$$M^*_{sq} = \frac{\Delta \beta E \delta^3}{24 \pi R} \ . \tag{139}$$

Die Umfangsnaht in zylindrischer Schale verursacht infolge der Längsschrumpfkraft eine ausgeprägte Einschnürung der Schale. Nach dem Schrumpfkraftmodell lassen sich die Durchbiegungen und Eigenspannungen funktionsanalytisch darstellen [8, 182, 183]. Ausgangsbasis ist die Annahme einer über die Breite $2b_{pl}$ beidseitig der Naht konstanten tangentialen Anfangsspannung σ_0. Die Größen b_{pl} (entspricht hier der halben plastischen Zone) und σ_0 sind experimentell oder rechnerisch bestimmbar, Erfahrungswerte liegen vor. Vielfach kann $\sigma_0 = \sigma_F$ gesetzt werden. Die Umsetzung dieser „Eigenspannungsquelle" in Membran- und Biegespannungen der Zylinderschale kann elastizitätstheoretisch dargestellt werden. Dabei ist der Lastfall des konstanten Radialdrucks p_0 über einer $2b_{pl}$ breiten Ringfläche des Zylinders zu behandeln, wobei

$$p_0 = \frac{\sigma_0 \delta}{R} \ . \tag{140}$$

Dies folgt aus der Überlegung, daß der Ringbereich mit Anfangsspannung σ_0 bei unterdrückter Durchbiegung den innenseitigen Abstützdruck p_0 hervorruft, der bei Wegfall der Abstützung durch den entgegengerichteten außenseitigen Druck p_0 aufzuheben ist. Für den zunächst auf eine Ringlinie mit Druckintensität p^* reduzierten Lastfall folgt die Durchbiegung w einer mit Abstand y von Nahtmitte exponentiell abklingenden Schwingung (Randstörungslösung):

$$w = \frac{p^* e^{-\lambda y}}{8\lambda^3 D}(\sin \lambda y + \cos \lambda y), \tag{141}$$

$$\lambda = \sqrt[4]{\frac{3(1-v^2)}{\delta^2 R^2}}, \tag{142}$$

$$D = \frac{E\delta^3}{12(1-v^2)}. \tag{143}$$

Ausgehend von der Ringlinienlösung wird durch Aufintegrieren die Ringflächenlösung gewonnen. Für die Durchbiegungen w_0, Umfangsspannungen σ_{u0} (in der Schalenmittelfläche) und Axialbiegespannungen σ_{a0} in Umfangsnahtmitte ($y=0$) ergeben sich folgende

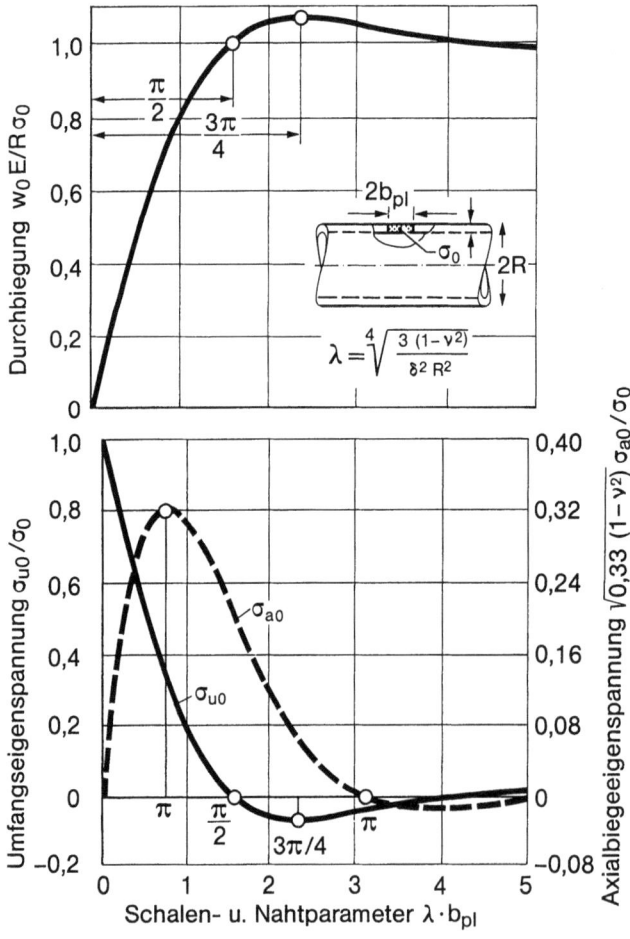

Bild 132. Durchbiegung w_0, Umfangsspannung σ_{u0} und Axialbiegespannung σ_{a0} für Umfangsnaht in Zylindermitte, Eigenspannungsquelle σ_0 in Ringzone mit Breite $2b_{pl}$; nach [183]

3.3 Schrumpfkraft- und Eigenspannungsquellmodelle

Abhängigkeiten, Bild 132 (in [183] als Maximalwerte bezeichnet):

$$w_0 = \frac{\sigma_0 R}{E}(1 - e^{-\lambda b_{pl}} \cos \lambda b_{pl}), \qquad (144)$$

$$\sigma_{u0} = \sigma_0 e^{-\lambda b_{pl}} \cos \lambda b_{pl}, \qquad (145)$$

$$\sigma_{a0} = 3\sigma_0 \sqrt{3(1-v^2)} e^{-\lambda b_{pl}} \sin \lambda b_{pl}. \qquad (146)$$

Die Durchbiegung w_0 steigt mit λb_{pl} ($\lambda b_{pl} = 0$ entspricht der ebenen Platte) von Null bis zu einem Maximalwert bei $\lambda b_{pl} = 3\pi/4$. Die (Membran-)Umfangsspannung σ_{u0} (in der Schalenmittelfläche) fällt von einem (Zug-)Maximum bei $\lambda b_{pl} = 0$ auf ein (Druck-)Minimum bei $\lambda b_{pl} = 3\pi/4$. Die (Biege-)Axialspannung σ_{a0} an der Innen- bzw. Außenseite der Schale erreicht bei $\lambda b_{pl} = \pi/4$ ein Maximum. Während also w_0 und σ_{u0} mit λb_{pl} weithin abfallen, gibt es bei σ_{a0} einen Anstiegs- und Abfallbereich [183].

Die Umfangs- und Axialspannungen für die Umfangsnaht in der Zylinderschale wurden in [182] ausgehend von der Schrumpfkraft der entsprechenden Plattenlängsnaht berechnet. Die Breite der plastischen Zone wurde nach [181] (siehe auch Bild 125) bestimmt. Die Längseigenspannungen in der Platte zeigt Bild 133, die Umfangs- und Axialeigenspannungen des Zylinders Bild 134, jeweils verglichen mit Meßergebnissen. Die Umfangsspannungen im Zylinder sind wesentlich kleiner als die Längsspannungen in der Platte. Quer zur Umfangsnaht im Zylinder treten hohe Axialbiegespannungen auf.

Die vorstehend beschriebenen Modellrechnungen zur Zylinderumfangsnaht beinhalten die nur näherungsweise erfüllte Annahme gleichgroßer Anfangsspannungen σ_0 über dem Ringquerschnitt. Sie vernachlässigen Biegeeffekte, die von der Unsymmetrie der Schweißfuge oder des Schweißvorgangs herrühren. Sie beschreiben somit nur unzureichend die Eigenspannungen beispielsweise bei einer zweilagigen V-Umfangsnaht. Insbesondere die Biegespannungen σ_{a0} können durch die Unsymmetrie deutlich erhöht werden. Die Modellierung geht schließlich von einem Stützring aus, der erst nach dem Schweißen entfernt wird. Bei freiem Schrumpfen ohne Stützring liegen zwar ähnliche, aber nicht gleiche Verhältnisse vor.

Die hier für die Zylinderschale dargestellte Modellrechnung ist in entsprechender Weise bei der Kugel- und Torusschale durchführbar.

Bei Aluminiumlegierungen kann es statt zur Einschnürung zur Ausbuchtung kommen. Die Umkehr erklärt sich aus dem größeren Erwärmungsbereich quer zur Naht, der nach außen

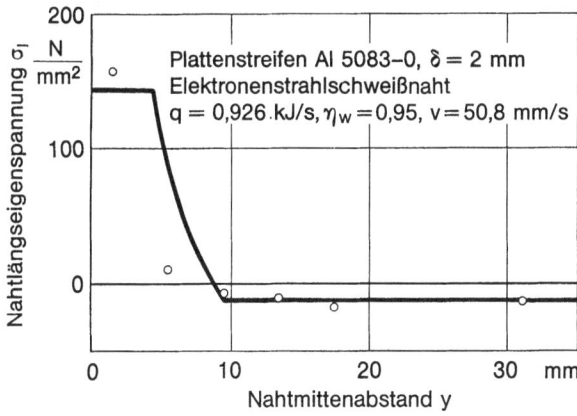

Bild 133. Nahtlängseigenspannung in Plattenstreifen, Näherungsrechnung [181] und Meßwerte; nach [182]

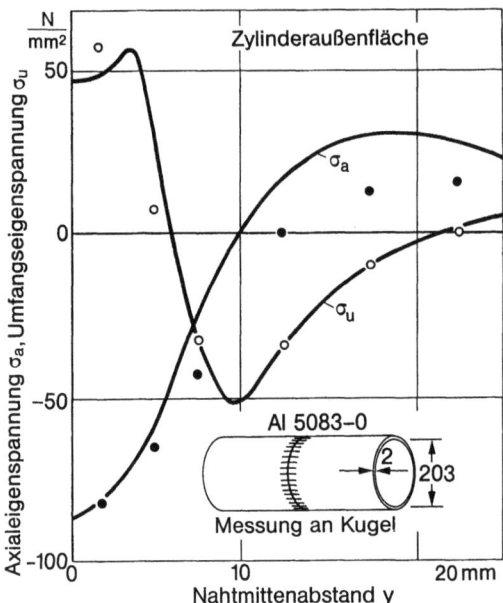

Bild 134. Umfangs- und Axialeigenspannungen in dünnwandigem Rohr mit Umfangsnaht, Vergleich mit Meßergebnissen; nach [182]

elastoplastisch nachgibt. Die Eigenspannungsverteilung nach dem Schweißen wird dadurch aber nicht wesentlich verändert.

Der Eigenspannungszustand an Ringnähten (Stutzen- und Blockflanschnähte an Zylinder- und Kugelschalen) ist durch das Zusammenwirken der Längs- und Querschrumpfkräfte erheblich kompliziert. Die Verhältnisse im ebenen Fall einer Scheibe mit eingeschweißtem Kreisflicken wurden in Bild 101 dargestellt. Schon in diesem ebenen Fall sind die Verhältnisse sehr verwickelt und vielfältige Varianten möglich (Radialspannungen beispielsweise zwischen Null und der Fließgrenze). Beim Übergang auf die gekrümmte Schale verändert sich die Verteilung, und es treten Biegewirkungen hinzu. Der Radialzug in Umfangsrichtung der Schale bewirkt ein Hineinziehen des eingefügten Teils in die Schale, wobei innen Biegezug und außen Biegedruck auftritt (Näherungsformeln dazu in [8]). Wärmepunkte in Schalen erzeugen aus gleichem Grund Welligkeit und nicht Glättung wie im ebenen Fall.

3.3.4 Eigenspannungsquellmodell

Eigenspannungen entstehen wie dargestellt durch inhomogene bleibende Formänderungen in einem ansonsten elastischen Bauteil. Bei Schweißeigenspannungen sind die bleibenden Formänderungen auf die Schweißnaht und deren unmittelbare Umgebung beschränkt. Hier treten im Verlauf des Schweißprozesses die großen Wärme- und Umwandlungsdehnungen und im Gefolge die plastischen Formänderungen auf. Nur in Sonderfällen treten durch Schweißen verursachte plastische Formänderungen auch außerhalb der Nahtbereiche auf, beispielsweise an Rissen und scharfen Kerben. Die Schweißeigenspannungen im gesamten Bauteil lassen sich somit größtenteils auf bleibende Formänderungen im Nahtbereich zurückführen.

Die modelltechnisch äußerst komplexe Rückführung der Eigenspannungen auf die thermischen und mechanischen Prozesse beim Schweißen kann vereinfachend ersetzt werden durch einen fiktiven, rein elastischen (also vom Beanspruchungsweg unabhängigen) Zusam-

3.3 Schrumpfkraft- und Eigenspannungsquellmodelle

menhang der Eigenspannungen mit örtlichen „Extradehnungen" (das sind inkompatible Dehnungsanteile), „(Makro-)Versetzungen" (das sind diskontinuierliche Verschiebungsanteile) oder „Eigenspannungsquellen" (das sind die den Extradehnungen elastisch zuzuordnenden, ungleichgewichtigen Spannungen). Die Möglichkeit und Eindeutigkeit dieser rein elastischen Rückführung muß im Einzelfall überprüft und durch Zusatzannahmen zu den Verteilungsfunktionen abgesichert werden (nach Reissner [189] ist Eindeutigkeit bei allgemeinen Eigenspannungszustand nicht gegeben).

Eigenspannungsquellverteilungen für Schweißnähte können auch nicht direkt gemessen, sondern müssen aus den Eigenspannungen zurückgerechnet werden. Grundlage der Rückrechnung ist ein elastisches Modell für das betrachtete Bauteil unter der Wirkung von Eigenspannungsquellen, in einfachen Fällen ein Stab-, Balken-, Scheiben-, Platten- oder Schalenmodell. Diese Modellbildung und numerische Aufbereitung ist mit jener vergleichbar, die für die Eigenspannungsrückrechnung aus den Rückfederungsgrößen eines schichtweise abgetragenen Restkörpers zu leisten ist. Die theoretischen Grundlagen des Eigenspannungsquellverfahrens wurden von Reissner [189] und Rieder [190] gelegt und von Schimmöller [191] für die Schweißtechnik nutzbar gemacht.

Die nachfolgend dargestellten Lösungen [11, 192] nach dem Eigenspannungsquellverfahren haben sich als nicht allgemein praktikabel erwiesen. Die sehr erfolgreiche praktische Anwendung der Eigenspannungsquellen im Verbund mit Rückfederungsmessungen andererseits wird in Abschnitt 3.6.3 gebracht.

Für die Längsschweißnaht an Stäben aus unlegiertem bzw. niedriglegiertem Stahl kann nach Schönbach [192] eine (Längs-)Eigenspannungsquellfunktion mit $\cos^2$-Verlauf über die Breite der plastischen Zone angenommen werden. Als Größtwert der Extradehnung in Nahtlängsrichtung hat sich $\varepsilon_{0\,max} = 0{,}001 \ldots 0{,}004$ bewährt. Das Ergebnis einer Berechnung nach dem Eigenspannungsquellverfahren plus Balkenbiegelehre für einen Flachstab aus Baustahl St 37 mit seitlicher Auftragflachnaht ist in Bild 135 dargestellt.

Eine besondere Form des Eigenspannungsquellverfahrens ist das in Japan konzipierte und auf die dortige Kaltrißprüfprobe (Rechteckplatte mit zwei fluchtend hintereinander angeordneten Schlitzschweißnähten mit Y-Fuge, Tekken-Schweißversuch) angewendete Berechnungsverfahren [11]. Es werden Querdehnungsversetzungen ε_{0q} aus Querschrumpfungsmessungen und Längseigenspannungsquellen σ_{01} aus Längseigenspannungsmessungen kombi-

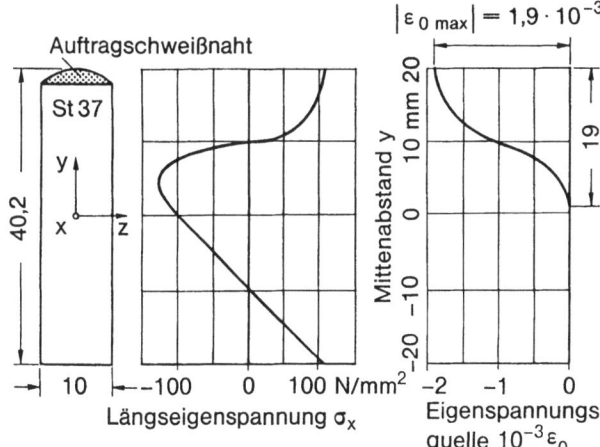

Bild 135. Längseigenspannungen durch Eigenspannungsquelle, Plattenstreifen mit einseitiger Längsnaht, Platte allseitig frei; nach [192]

niert. Die bei der Behandlung des zugehörigen elastischen Scheibenproblems auftretenden Integralgleichungen beinhalten eine Analogie zur Tragflügeltheorie und werden nach dort entwickelten Verfahren gelöst.

Das vorstehend in seinen Grundzügen beschriebene linearisierte Eigenspannungsquellverfahren hat zur Abschätzung unbekannter Schweißeigenspannungen ohne Messung keine praktische Bedeutung. Die Eigenspannungsquellverteilung ist in komplexer Weise von den Werkstoff-, Abmessungs-, Form- und Einspannverhältnissen abhängig. Fragen der Eindeutigkeit und Genauigkeit bleiben offen. Die Berechnung der Eigenspannungen aus den Eigenspannungsquellen ist im allgemeinen nicht elementar. Die Eigenspannungsquelle führt also nicht zu der erstrebten Informationsreduktion.

Diese Feststellung bedeutet aber keine allgemeine Abwertung von Berechnungen, die von Eigenspannungsquellen bzw. Extradehnungen ausgehen. Die beschriebenen Schrumpfkraftmodelle sind ein nützlicher einfacher Sonderfall der Eigenspannungsquellen. Die sehr erfolgreiche Rückrechnung von Eigenspannungen aus der gemessenen Rückfederung von schichtweise abgetragenen Restkörpern (siehe Abschnitt 3.6.3) geht von Eigenspannungsquellen aus. Und auch die inkrementellen Berechnungsalgorithmen zu den nichtlinearen Finit-Element-Strukturmodellen beruhen auf der Vorstellung der Eigenspannungsquellen bzw. Extradehnungen (hier Anfangsspannungen bzw. Anfangsdehnungen genannt).

3.4 Praxisrelevante Übersicht zu Schweißeigenspannungen

3.4.1 Allgemeine Aussagen

Da die in den Abschnitten 3.2 und 3.3 mitgeteilten Berechnungsergebnisse hauptsächlich der Verfahrensdemonstration dienen, ergibt sich aus ihnen im allgemeinen noch kein zusammenhängendes Bild für die Praxis. Eine kurze Übersicht über die wichtigsten praxisrelevanten Aussagen ist aber unter Hinzunahme der experimentellen Befunde möglich.

Folgende Aussagen gelten unabhängig von Schweißverfahren, Werkstoff und Konstruktionsdetails:

— Besonders hohe mehrachsige Eigenspannungen treten im Schmelz- bzw. Preßbereich der Schweißverbindung sowie in deren Wärmeeinflußzone auf (Ort der Eigenspannungsquellen).
— Die höchsten Eigenspannungen erreichen im allgemeinen die (unverfestigte) Fließgrenze, durch Dehnungsverfestigung sowie Mehrachsigkeit sind höhere, durch überlagerte Umwandlungsdehnung niedrigere Werte möglich.
— Die Eigenspannungen können sich im Naht- und Wärmeeinflußbereich von Ort zu Ort überaus stark ändern.
— An der Oberfläche und im Inneren können stark unterschiedliche Eigenspannungen auftreten, besonders bei umwandelnden Werkstoffen.
— Zwischen der Längsnaht eines Plattenstreifens und der Umfangsnaht einer Zylinder- oder Kugelschale bestehen hinsichtlich der Quereigenspannungen starke Unterschiede, bedingt durch die Einschnürung der Umfangsnaht.
— An den Schweißnahtenden treten vielfach besonders ungünstige Schweißeigenspannungszustände auf.

3.4 Praxisrelevante Übersicht zu Schweißeigenspannungen

— Zwischen der einlagigen und der mehrlagigen Naht bestehen hinsichtlich der Eigenspannungen erhebliche Unterschiede; nur die erste Lage der mehrlagigen Naht verhält sich wie eine einlagige Naht; die weiteren Lagen sind durch vorangehende Lagen vorgewärmt und durch nachfolgende Lagen wärmenachbehandelt.

3.4.2 Nahtlängseigenspannungen

Die Nahtlängseigenspannungen entstehen durch Längskontraktion der abkühlenden Naht, gegebenenfalls überlagert von entgegengerichteten Umwandlungsvorgängen. Es lassen sich die in Bild 136 dargestellten unterschiedlichen Verteilungen beobachten. Zugrundegelegt ist ein Plattenstreifen mit zentrischer Längsnaht als ebenes Modell. Bei unlegiertem und niedriglegiertem Stahl tritt die einfache Verteilung mit hohen Zugspannungen (an der Fließgrenze) in Nahtmitte und niedrigeren Druckspannungen daneben auf (W-Form), Bild 136a. Auch bei Titan tritt eine solche Verteilung auf, wobei die Größtspannung meist etwas unterhalb der Fließgrenze liegt. Bei Aluminiumlegierungen liegt die Größtspannung ebenfalls unterhalb der Fließgrenze, jedoch mit einer leichten Einbuchtung in Nahtmitte, Bild 136b. Bei hochlegierten Stählen mit ferritischem Schweißgut ist die Spannung in Nahtmitte infolge der Austenit-Ferrit-Umwandlung bei tiefer Temperatur in den Druckbereich verschoben (M-Form), Bild 136c (siehe auch Bild 8). Wird dagegen eine austenitische Elektrode verwendet, so wird in Nahtmitte die Fließgrenze σ_{FN} des Schweißguts erreicht. Rechts und links davon in der Wärmeeinflußzone tritt eine Druckspannungssenke auf, verursacht durch Umwandlung des Grundwerkstoffs nach Erwärmung über die Umwandlungstemperatur A_{c1}. Weiter außerhalb

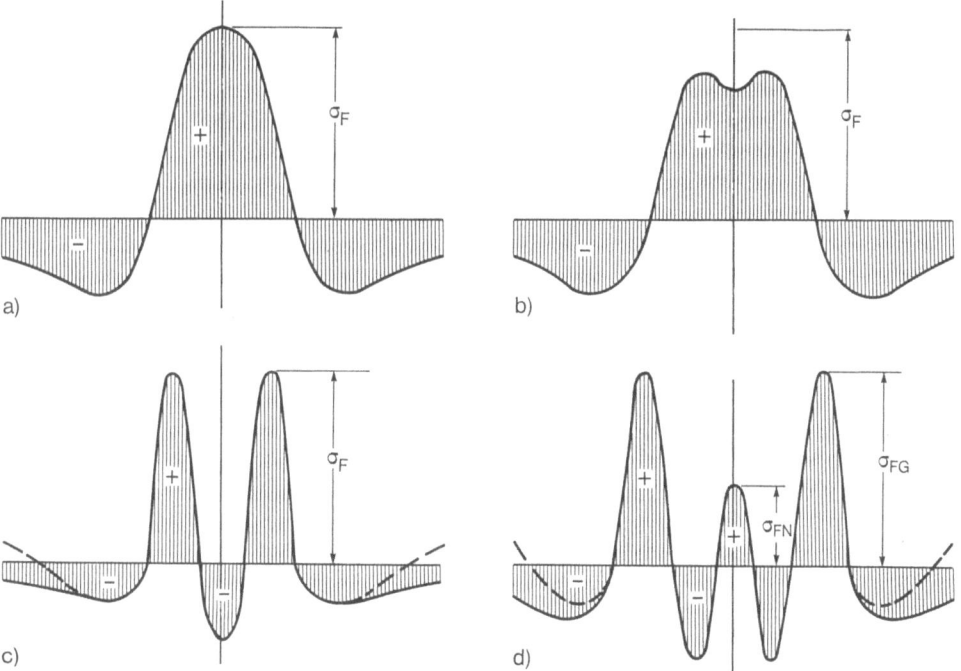

Bild 136. Nahtlängseigenspannung, Verteilungsvarianten, unlegierter Baustahl (**a**), Aluminiumlegierung (**b**), hochlegierter Baustahl mit ferritischem (**c**) und mit austenitischem (**d**) Schweißgut

Tabelle 3. Längseigenspannungshöchstwert $\sigma_{l\,max}$ in Schweißnähten relativ zur Fließgrenze σ_F bei unterschiedlichen Grundwerkstoffen; nach [8]

Werkstoff	σ_F [N/mm²]	$\sigma_{l\,max}$ [N/mm²]
Unlegierte und niedriglegierte Stähle	210...240	210...240
Austenitische Stähle, ungehärtet	280...300	280...350
Aluminiumlegierung AlMg 6	160	80...120
Titanlegierung	500...700	300...400

wird infolge der Erwärmung unterhalb A_{c1}, die relativ hohe Fließgrenze σ_{FG} des Grundwerkstoffs erreicht, Bild 136d. Noch weiter außerhalb kann infolge des komplizierten Entstehungsmechanismus der Eigenspannungen eine nochmalige Umkehr in das niedrige Zuggebiet stattfinden. Die kaltrißgefährdeten Bereiche besonders hoher Zugspannungen treten nach der Prinzipdarstellung von Bild 136 je nach Werkstoffkombination und Verfahrensparametern in oder neben der Naht auf. Zu den durch die unterschiedlichen Abkühlbedingungen an der Oberfläche und im Innern verursachten Spannungsunterschieden, siehe Bild 103.

Auf praxisnahen Messungen beruhende Längsspannungsgrößtwerte relativ zur Fließgrenze sind in Tabelle 3 zusammengestellt. Die bei den Aluminium- und Titanlegierungen beobachtete Minderung der Größtspannungen gegenüber der Fließgrenze wird in [8] auf die Schubverwölbung des Querschnitts beim Durchgang der Wärmequelle zurückgeführt. Die Verwölbung wiederum ist durch die Bauteilelastizität bedingt. Dieser Effekt ist um so stärker, je langsamer die Wärmequelle bewegt wird und je größer die Wärmeleitzahl des Werkstoffs ist (also besonders groß bei Aluminium- und Titanlegierungen).

Am Querrand bzw. Nahtende fallen die Längseigenspannungen auf Null ab. Nach der Elastizitätstheorie gilt für einen derartigen Spannungsabfall das Prinzip von St. Venant, nach dem die Länge des Abfallbereiches etwa der Plattenbreite entspricht. Der Abfall der Längseigenspannungen in plastifizierten Bereichen erfolgt demgegenüber schneller.

Relativ kurze und schmale Rechteckplatten mit durchgehender oder abgesetzter, durchgeschweißter oder aufgetragener Längsnaht sind als Sprödbruchproben hinsichtlich der Längseigenspannungen untersucht worden, Bilder 6 und 137. Die Rechteckplatte mit abgesetzter Schlitznaht wurde auch als Heißrißprobe analysiert, Bild 114. Die Nahtlängseigenspannungen in I-Trägern, zeigen den vom Plattenstreifen bekannten Verlauf, Bilder 138 und 139. Bei mehrlagigen Nähten treffen die Angaben dieses Abschnitts nur auf die zuletzt aufgebrachte Lage näherungsweise zu.

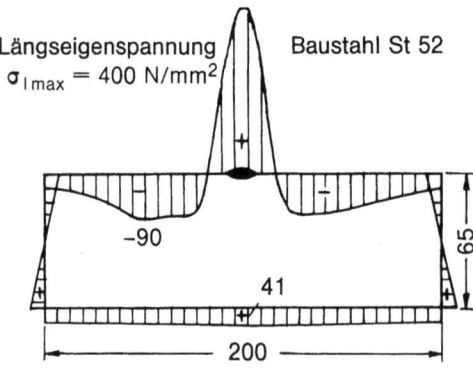

Bild 137. Nahtlängseigenspannung in Aufschweißbiegeprobe aus niedriglegiertem Baustahl St 52; nach [194]

3.4 Praxisrelevante Übersicht zu Schweißeigenspannungen

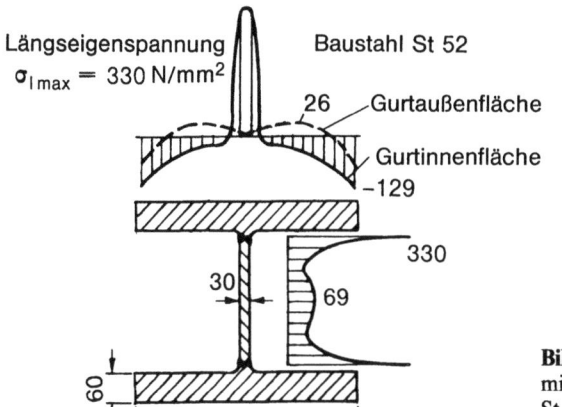

Bild 138. Nahtlängseigenspannung in I-Träger mit Halsnähten aus niedriglegiertem Baustahl St 52; nach [194]

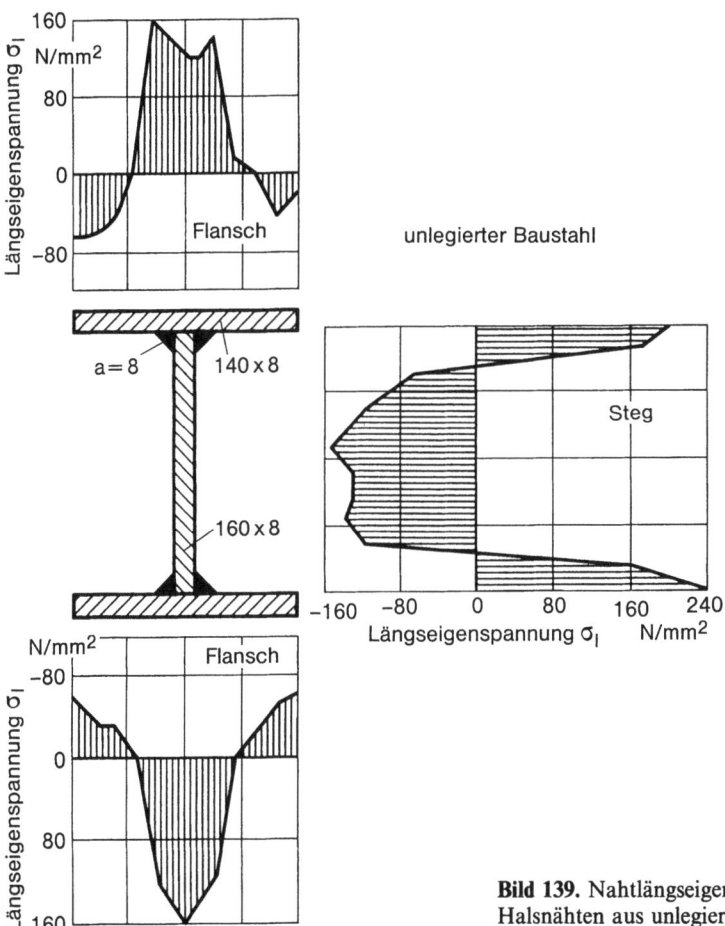

Bild 139. Nahtlängseigenspannung in I-Träger mit Halsnähten aus unlegiertem Baustahl; nach [8]

3.4.3 Nahtquereigenspannungen

Die Nahtquereigenspannungen entstehen durch die Querkontraktion der abkühlenden Naht direkt und durch deren Längskontraktion indirekt. Zusätzlich sind die unterschiedlichen Abkühlvorgänge an der Oberfläche und im Innern sowie gegebenenfalls überlagerte Umwandlungsvorgänge maßgebend. Die experimentell beobachtbare Fugenquerbewegung findet vornehmlich bei hoher Temperatur und entsprechend niedriger Fließgrenze statt, so daß die Eigenspannungen dadurch kaum beeinflußt werden.

Die Quereigenspannungen an der Stumpfnaht in Platten mit freien Rändern werden hauptsächlich durch behinderte Längskontraktion verursacht. Eine sehr schnell aufgebrachte Naht zwischen zwei Platten würde bei querfreier Abkühlung ein Klaffen in Nahtmitte hervorrufen, Bild 140. Dementsprechend entsteht bei querverbundener Abkühlung an den Nahtenden Querdruck mit in Richtung Nahtlängenmitte vorgelagertem Querzug. Bei kurzen Platten ergibt sich die Verteilung nach Bild 140b. Eine langsam aufgebrachte Naht ruft dagegen am Nahtende hohen, anrißbegünstigenden Querzug hervor, Bild 136c. Das trifft auch auf die Enden abgesetzter Nähte zu, siehe Bild 114. Den vorstehenden plattendickenkonstanten Querspannungen überlagern sich plattendickenveränderliche Querspannungen (außen Druck, innen Zug), die durch die unterschiedlichen Abkühlbedingungen an der Oberfläche und im Innern hervorgerufen werden, Bild 140d. Der vollständige Spannungszustand in einer Schweißverbindung mit V-Stumpfnaht wurde von Gunnert [198] vermessen, Bild 141. Das gänzliche Fehlen des dreiachsigen Zugspannungszustands im Nahtinnern ist umstritten. Die Meßtechnik erlaubt hier keine allzugenaue Aussage.

Bei Platten mit eingespannten Rändern bestimmt die behinderte Querkontraktion von Naht und Nahtumgebung die Quereigenspannungen. Spannungen durch behinderte Winkelschrumpfung können sich überlagern.

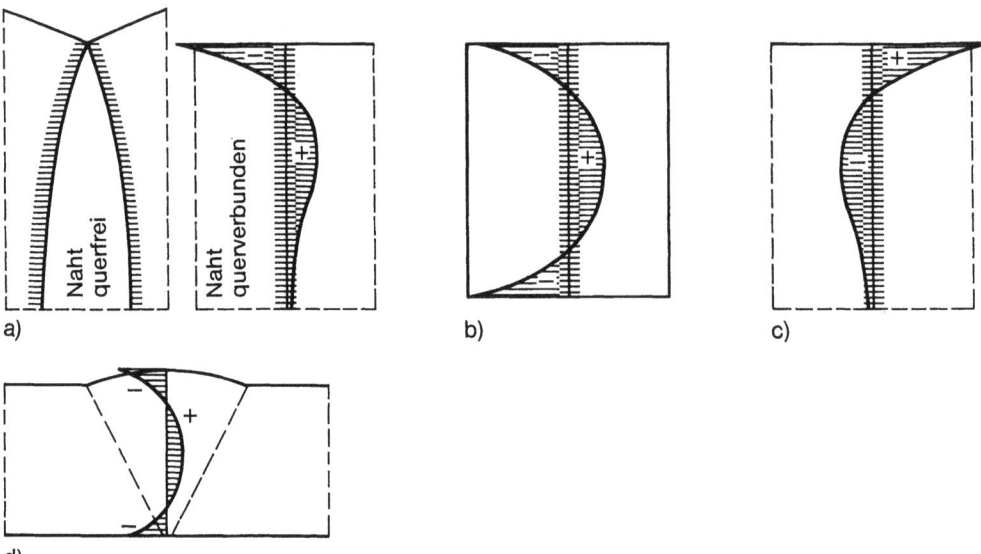

Bild 140. Nahtquereigenspannung: Naht schnell geschweißt in langer (a) und in kurzer (b) Platte, Naht langsam geschweißt (c), in Dickenrichtung überlagerte Eigenspannung (d)

3.4 Praxisrelevante Übersicht zu Schweißeigenspannungen

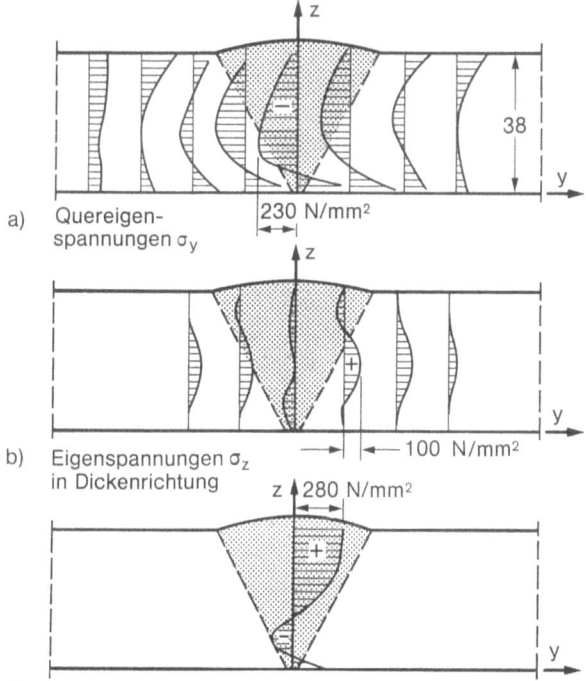

a) Quereigenspannungen σ_y

b) Eigenspannungen σ_z in Dickenrichtung

c) Längseigenspannungen σ_x

Bild 141. Quereigenspannungen (a, b) und Längseigenspannungen (c) in Platte mit V-Stumpfnaht; nach [198]

Bei Werkstoffen mit Umwandlung komplizieren sich die Verhältnisse, und es kann zu einer Umkehr der Spannungsvorzeichen kommen. Beispielhaft zeigt Bild 142 die röntgenografisch gemessenen Quereigenspannungen in der Oberfläche einer elektronenstrahlgeschweißten Platte aus legiertem, martensitaushärtendem Stahl. Die Spannungen sind infolge der konzentrierten hohen Leistungsdichte und großen Schweißgeschwindigkeit auf engem Raum stark veränderlich. Sie stimmen mit dem berechneten Verlauf nach Bild 103 qualitativ überein. Die zu den Längseigenspannungen in Bild 136 gezeigte Vielfalt und Komplexität möglicher Verteilungen trifft auch auf die Quereigenspannungen zu.

Die Quereigenspannungen der Umfangsnaht einer Zylinder- oder Kugelschale unterscheiden sich durch die überlagerten Einschnürbiegespannungen wesentlich von jenen in ebenen Platten (siehe Abschnitte 3.2.3 und 3.3.3). Kennzeichnend ist die Tendenz zum Querzug an der Nahtwurzel.

Bei mehrlagig geschweißten Stumpfnähten an entsprechend dickeren Platten treten vermehrt ungleichmäßig über die Plattendicke verteilte Eigenspannungen auf. Die zuletzt geschweißten Lagen finden in Längs- und Querrichtung (in der Plattenebene) hohen Schrumpfwiderstand vor, so daß neben hohen Längseigenspannungen auch hohe Quereigenspannungen (in der Plattenebene) auftreten, gemildert allenfalls durch das Vorwärmen infolge nachfolgend geschweißter Lagen. Den zuerst geschweißten Lagen wird erst Zug, später Druck aufgeprägt, überlagert von starken Biegeeffekten in Querrichtung. An der Wurzel der einseitig geschweißten Mehrlagenstumpfnaht tritt Querzug bei unbehinderter Winkelschrumpfung und Querdruck bei behinderter Winkelschrumpfung auf. Die Eigenspannungen in Plattendickenrichtung sind dagegen vernachlässigbar klein. Durch Mehrlagenschweißen wird der dreiachsige Zugeigenspannungszustand weitgehend vermieden.

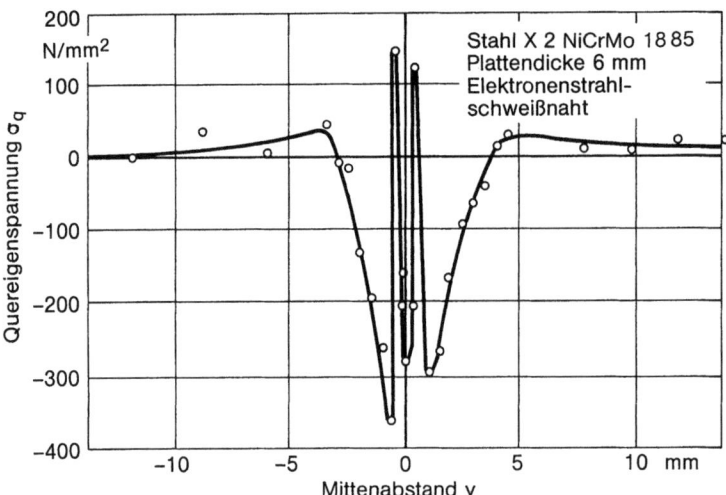

Bild 142. Nahtquereigenspannung in der Oberfläche einer elektronenstrahlgeschweißten Platte aus Stahl X 2 NiCrMo 18 85, Dicke 6 mm, Schweißgeschwindigkeit $v = 65$ mm/s; röntgenografische Spannungsmeßergebnisse nach [196]

Den Quereigenspannungsaufbau während des Mehrlagenschweißens an der Heißrißprobe des Rigid-Restraint-Cracking-Tests verdeutlicht Bild 143. Aus der gemessenen Reaktionskraft ergibt sich durch deren Bezug auf die lagenweise sich vergrößernde Nahtquerschnittsfläche die Reaktionsspannung in der Naht [7, 197]. Sie ist bei der dritten und vierten Lage am größten und überschreitet die Fließgrenze. Also sind vergrößerte Einspannlängen nur bis zur vierten Lage erforderlich.

Die mehrlagige Zylinderlängsnaht mit X-Fuge und fugensymmetrischen Schweißlagen verhält sich einspannungsweich. Mit V-Fuge und damit fugenunsymmetrischer Schweißung tritt durch behinderte Winkelschrumpfung ein Schrumpfbiegemoment auf, das die Zugspannungen an der Nahtwurzel, insbesondere aber die hohen plastischen Zugdehnungen in diesem Bereich vermindert. Bei der mehrlagigen Zylinderumfangsnaht mit V-Fuge tritt das Schrumpfbiegemoment durch Unterdrückung von Winkelschrumpfung verstärkt auf.

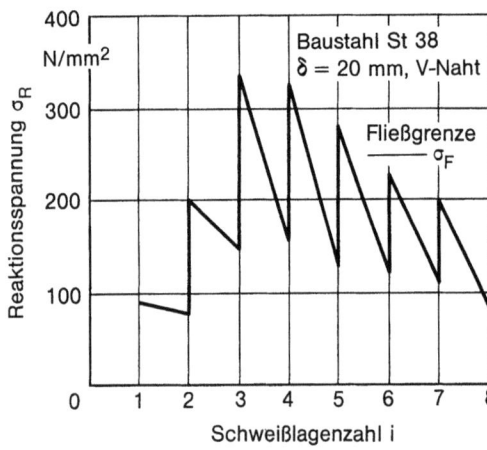

Bild 143. Reaktionsspannung quer zur Mehrlagenstumpfnaht zwischen fest eingespannten Platten (RRC-Test); Meßergebnis nach [7, 197]

3.4 Praxisrelevante Übersicht zu Schweißeigenspannungen 149

Eigenspannungsmessungen an mehrlagigen Stumpfnähten (beispielsweise in [8, 147, 148, 158, 199]) bestätigen im allgemeinen die vorstehenden qualitativen Aussagen. Sie können aber auch erhebliche Abweichungen zeigen, die durch Umwandlungsvorgänge, durch Vorwärm- und Wärmenachbehandlungsmaßnahmen sowie durch veränderte Nahtfolge und Einspannverhältnisse verursacht sind. Die Eigenspannungen mehrlagiger Unterpulverschweißnähte werden in [198] mit denen einlagiger Elektronenstrahlschweißnähte am umwandelnden Stahl 20 MnMoNi 55 verglichen. Die Eigenspannungen sind bei gleicher Plattendicke beim Unterpulverschweißen höher und ausgedehnter als beim Elektronenstrahlschweißen.

Beim Elektroschlackeschweißen werden relativ dicke Platten ($\delta \geq 100$ mm) durch Widerstandsschmelzschweißen in nur einem Schweißgang verbunden. Die Fuge hat I-Form mit einer Spaltbreite von etwa 30 mm (plattendickenunabhängig). Die Schweißgeschwindigkeit ist der Querschnittsgröße entsprechend klein. Damit bildet sich der für die Einlagenschweißung beschriebene qualitative Verlauf der Eigenspannungen aus, deren Größe unter anderem vom Verhältnis Plattendicke zu Spaltbreite abhängt. Quer zur Naht herrscht in der Oberfläche Druck, im Innern Zug. Bei großer Plattendicke ist die Schrumpfbehinderung in Plattendickenrichtung nicht mehr vernachlässigbar klein. Es bauen sich Zugspannungen in dieser Richtung auf. Dadurch entsteht im Nahtinnern der gefährliche dreiachsige Zugspannungszustand, der mitverantwortlich für die niedrige Kerbschlagzähigkeit des Elektroschlackeschweißguts ist. Weitere Einzelheiten zu den Eigenspannungen bei Elektroschlackeschweißnähten an ebenen Platten und zylindrischen Schalen werden in [8] mitgeteilt.

3.4.4 Eigenspannungen nach Punktschweißen, Plattieren, Brennschneiden

Die höchsten Schweißeigenspannungen in Punktschweißverbindungen aus Werkstoffen ohne Umwandlung treten auf der Platteninnenfläche am Schweißpunktrand als dreidimensionaler Zug auf, wobei die Tangentialspannung über die (einachsige) Fließgrenze erhöht sein kann (siehe Bild 100). In Punktschweißverbindungen aus Werkstoffen mit Umwandlung (die martensitische Aufhärtung gehört dazu) werden diese hohen Zugwerte teilweise abgebaut.

Zum Eigenspannungszustand im plattierten Werkstoff, wie er im Apparatebau bei korrosiven Medien eingesetzt wird, liegen aussagefähige Untersuchungen von Schimmöller [191, 204] vor (siehe auch [205, 206]). Ziel der Untersuchung war eine Aussage zur Korrosionsgefährdung der Plattierung und zur Anrißgefährdung der Schweißschicht im Anlieferungszustand (walz- bzw. sprengplattiert) und nach Glühen (920 °C/0,5 h) bzw. Kaltrecken (10 %). Gefährlich sind Zugeigenspannungen in der Plattierungsoberfläche bzw. in der Schweißschicht. Die ebenhydrostatischen Eigenspannungen wurden aus der gemessenen Rückdehnung beim schichtweisen Abtragen zurückgerechnet (siehe Abschnitt 3.6.3.2). Untersucht wurde Kesselblech (9 mm dick) mit austenitischer CrNi-Stahlplattierung (1 mm dick). Im Anlieferungszustand wurden hohe Druckspannungen in der Plattierungsoberfläche mit steilem Abfall zu einem Zughöchstwert im Bereich der Schweißschicht ermittelt, Bild 10. Die Glühnachbehandlung ergibt eine ungünstige Umkehr der Spannungsverläufe, das Recken eine starke Spannungsveränderung nur in der Kesselblechaußenfläche, Bild 144.

Auch zum Eigenspannungszustand in der Brennschnittfläche und dessen Veränderung durch thermische oder mechanische Nachbehandlung liegen Kenntnisse vor [207, 208]. Die Längseigenspannungen in der Brennschnittfläche wurden aus der Rückfederung zugehöriger Blechstreifen beim schichtweisen Abtragen zurückgerechnet (siehe Abschnitt 3.6.3.1). In der Brennschnittfläche von Kohlenstoffstählen (in [207] St 60−1) treten Druckeigenspannungen durch martensitische Aufhärtung auf (steiler Druck- und Härteabfall über etwa 0,5 mm

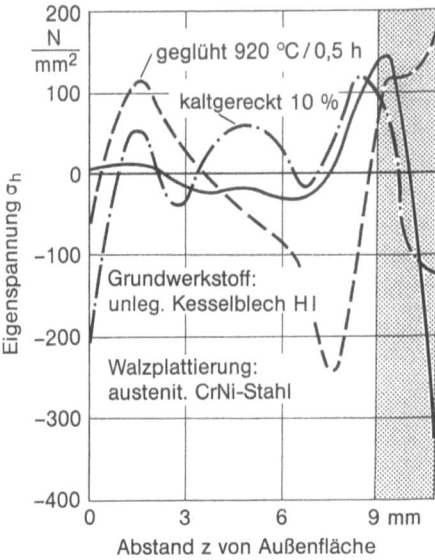

Bild 144. Eben-hydrostatische Eigenspannung σ_h in ferritischem Kesselblech mit austenitischer Plattierung im Anlieferungszustand, nach Glühen und nach Kaltrecken; nach [204] (Mittelwerte von σ_1 und σ_2 der Probenarten 1.1 bis 1.3)

nach innen), weiter innen herrschen Zugeigenspannungen. Die Höhe der Druckeigenspannungen in der Schnittfläche nimmt mit der Schneidgeschwindigkeit zu und mit der Heizflammenstärke ab. Bei Weicheisen (α-Eisen) tritt keine Aufhärtung und damit auch keine Druckeigenspannung in der Schnittfläche auf, sondern nur die Zugeigenspannung durch Wärmedehnung.

Die Wirkung thermischer oder mechanischer Nachbehandlung wurde an dem Baustahl StE 36 untersucht [208]. Der Eigenspannungsverlauf senkrecht zur Brennschnittfläche ist in Bild 9 dargestellt. Durch Vorwärmen (150°C) während des Brennschneidens wird er nur wenig verändert, allerdings wird die Aufhärtung reduziert. Durch Glühnachbehandlung

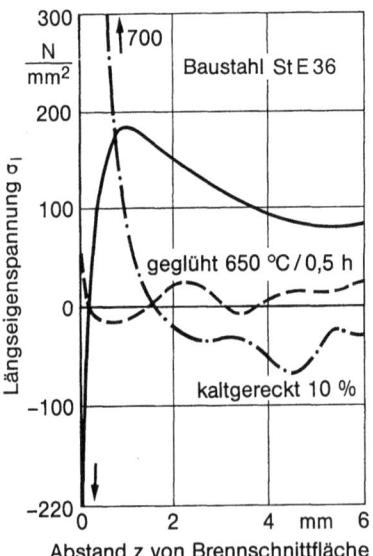

Bild 145. Längseigenspannung σ_1 am Brennschnitt von Baustahl StE 36 im Anlieferungszustand, nach Glühen und nach Kaltrecken; nach [208]

(650 °C/0,5 h) werden Spannungen und Aufhärtung abgebaut, durch Kaltrecken (5 bzw. 10 %) treten hohe Zugeigenspannungen in der Brennschnittfläche auf, Bild 145. Der beim Kaltrecken homogenen Werkstoffs zu erwartende Spannungsabbau tritt hier nicht ein, weil die Fließspannung in der aufgehärteten Brennschnittfläche stark erhöht ist. Das in der Praxis aus unterschiedlichen Gründen vorgenommene Abarbeiten der nicht nachbehandelten Brennschnittfläche führt schon bei geringer Abarbeitungstiefe (etwa 0,5 mm) zur Spannungsumkehr in den Zugbereich.

3.5 Schweißverzug

3.5.1 Modellvereinfachungen

Der Schweißverzug wird je nach Formänderungs- und Bauteilart folgenden Klassen zugeordnet:

— Verzug in der Ebene des geschweißten Bauteils, beispielsweise Längs- und Querschrumpfung von ebenen Blechen,
— Verzug senkrecht zur Ebene des geschweißten Bauteils, beispielsweise ebene oder rotationssymmetrische Winkelschrumpfung,
— Biegeverzug von Trägern durch Längs- und Quernähte,
— Torsionsverzug von Stäben mit Längsnaht,
— Verzug an Rotationsschalen durch Längs- und Umfangsnähte.

Eine besondere Klasse stellen die Schweißverwerfungen dar, das instabile Ausweichen dünnwandiger Bauteile unter den Schrumpfkräften.

Bei der Schweißeigenspannungsanalyse geht es hauptsächlich um den einzelnen Schweißstoß. An ihm sind möglichst alle Einzelheiten des komplexen thermomechanischen Vorgangs zu erfassen. Schrumpfkräfte und Schrumpfverschiebungen (Translation und Rotation) nach Fertigstellung der Naht sind das Ergebnis der Analyse. Bei der Schweißformänderungsanalyse geht es dagegen um die durch Schweißstöße verbundene Gesamtkonstruktion, ausgehend von den Schrumpfkräften bzw. Schrumpfverschiebungen der einzelnen Schweißstöße, aufgefaßt als Anfangskräfte bzw. Anfangsverschiebungen. Soweit letztere abschätzbar sind, können die sich daraus ergebenden Spannungen und Formänderungen der Konstruktion nach Handbuchformeln der Festigkeitslehre oder in verwickelteren Fällen nach Finit-Element-Verfahren quasielastisch berechnet werden. Auch die Verwerfungen sind auf diese Weise einer rechnerischen Abschätzung zugängig. Die Einzelnähte werden im Modell augenblicklich aufgebracht (also kein stetiger Nahtaufbau). Stellt sich bei der quasielastischen Berechnung heraus, daß die Fließgrenze im Nahtbereich überschritten wird, sind korrigierende Abzüge bei den eingeführten Schrumpfgrößen vorzunehmen.

Die abzuschätzende Schrumpfgrößen der Naht sind:

— Längsschrumpfkraft P_s für gerade und gekrümmte Stumpf- und Kehlnähte,
— Querschrumpfung Δq für Stumpf- und Kehlnähte, ermittelt an nicht eingespannten Platten,
— Winkelschrumpfung $\Delta \beta$ für Stumpf- und Kehlnähte, ermittelt an nicht eingespannten Platten,
— Fugenversatz Δz senkrecht zur Naht infolge von Fugenbewegung beim Schweißen, beispielsweise bei Behälterumfangsnähten,

- Fugenversatz Δx in Richtung der Naht infolge von Fugenbewegung beim Schweißen, beispielsweise bei Torsionsverzug von Stäben,
- Fugenschließen bzw. Fugenöffnen Δy infolge von Fugenquerbewegung beim Schweißen.

In den nachfolgenden Abschnitten 3.5.2 bis 3.5.4 werden die unterschiedlichen Schweißformänderungsarten behandelt und die der Überschlagsrechnung für die Gesamtkonstruktion zugrunde zu legenden Schrumpfgrößen angegeben. Weitere Angaben und Formeln sind in [10, 220, 221] zu finden. Abschließend werden in Abschnitt 3.5.5 die Verwerfungen behandelt.

3.5.2 Querschrumpfung und Fugenquerbewegung

Der Schlüssel für die quantitative Beschreibung der Querschrumpfung liegt in der Querbewegung des freien Fugenrandes infolge der Bewegung der Wärmequelle längs des Fugenrandes. Diese Querbewegung ist der elastischen Lösung zugänglich, siehe [8]. Das elastische Feld in der unendlichen Scheibe bei ruhender bzw. bewegter Quelle ist bekannt, siehe Abschnitt 3.1.2. Die zugehörigen Gleichungen werden zur Verbesserung der Simulation durch einen Ausdruck für den in Nähe der Wärmequelle besonders starken Wärmeübergang in die Umgebungsluft erweitert. Das elastische Feld in der halbunendlichen Scheibe bei ruhender bzw. bewegter Quelle am Scheibenrand wird gewonnen, indem die unendliche Scheibe mittig aufgeschnitten wird und die (Quer-)Spannungen in der Schnittfläche durch entgegengerichtet gleichgroße Randbelastung aufgehoben werden. Für die Halbscheibe mit derartiger Randbelastung sind geschlossene Lösungen möglich.

Ein Rechenergebnis für die halbunendliche Scheibe mit stetig bewegter Randwärmequelle bei spezieller praxisnaher Parameterwahl ist in Bild 146 dargestellt. Die (Fugen-)Querverschiebung q_f steigt vor der Wärmequelle steil an, erreicht an der Quelle ihren Größtwert und fällt hinter der Quelle langsam ab. Der Abfall tritt aber nur mit Wärmeübergang an die Umgebungsluft auf. Ohne Wärmeübergang bleibt die Querverschiebung trotz des Temperaturausgleiches durch Wärmeleitung konstant. Der Querverschiebungsgrößtwert der rein elastischen Lösung wird in [8] angegeben (mit q von unendlicher Scheibe):

$$q_{f\,max} = \frac{\alpha q}{c\varrho\delta v}. \tag{147}$$

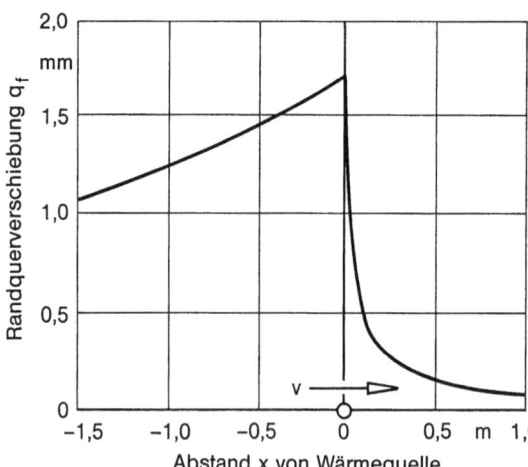

Bild 146. Randquerverschiebung für halbunendliche Scheibe mit wandernder Randwärmequelle bei praxisnaher Parameterwahl; nach [8]

3.5 Schweißverzug

Nunmehr wird der Schweißvorgang mit bzw. ohne Fugenspalt betrachtet. Mit Spalt kann sich die Querannäherung der Fugen $2q_f$ unbehindert einstellen. Beim Größtwert $2q_{f\,max}$ tritt Bindung über die Schweißnaht ein. Wäre unmittelbar hinter der Wärmequelle hinreichende Festigkeit vorhanden, könnte sofort die Querschrumpfung durch Abkühlung beginnen. Tatsächlich herrscht bei hoher Temperatur plastisches Querfließen vor, so daß erst ein Stück hinter der Quelle (abschätzbar aus Temperaturfeld und Temperaturabhängigkeit der Fließgrenze) die Querschrumpfung beginnt. Die Querschrumpfung ist dann um einen plastischen Anteil vermindert, der von den Werkstoffeigenschaften und der Stärke des Wärmeübergangs an die Umgebungsluft abhängt. Die Querschrumpfung Δq für mit Spalt geschweißte Nähte ist daher mit $2q_{f\,max}$ nach Gl. (147), $q_s = q/v$ und $\mu_q = 0{,}75\ldots0{,}85$ nach [8]:

$$\Delta q = \mu_q \frac{2\alpha q_s}{c\varrho\delta} \,. \tag{148}$$

Beim Schweißvorgang ohne Spalt (beweglichkeit) pressen die beiden Fugenränder vor der Quelle aufeinander, erst elastisch, dann elastoplastisch, so daß sich $2q_{f\,max}$ zusätzlich verkleinert. Gleichzeitig verkleinert sich aber auch das plastische Querfließen hinter der Quelle. Nach [8] ist die Querschrumpfung beim Schweißen ohne Spalt etwas kleiner als die Querschrumpfung beim Schweißen mit Spalt. Fehlende Spaltbeweglichkeit kann aber auch durch Heftpunkte, Heftnähte oder Fugenkeile gegeben sein. Die Querschrumpfung Δq für ohne Spalt(beweglichkeit) geschweißte Nähte kann nach Gl. (148) mit $\mu_q = 0{,}5\ldots0{,}7$ (nach [8]) abgeschätzt werden.

Ein Ausdruck für die Querschrumpfung Δq von der Form der Gl. (148) wird auf einfachere Weise aus der unbehinderten Abkühlschrumpfung eines Plattenstreifens (Länge l, Dicke δ) mit Quernaht gewonnen. Die Streckenenergie q_s erzeugt die mittlere Temperaturerhöhung

$$\Delta T_0 = \frac{q_s}{c\varrho\delta l} \,. \tag{149}$$

Mit $\Delta q = \alpha \Delta T_0 l$ folgt:

$$\Delta q = \frac{\alpha q_s}{c\varrho\delta} \,. \tag{150}$$

Die älteren, praxisüblichen Näherungsformeln [199, 212 bis 216] gehen teilweise von diesem Ansatz aus. Nach Einsetzen der Werkstoffkenngrößen für unlegierten Baustahl und Ersatz der Streckenenergie durch die Nahtquerschnittsfläche (zum Beispiel nach Gl. (127) oder gemäß Fugenquerschnitt) ergibt sich für die Stumpfnaht mit mittlerer Schweißfugenbreite b_f beispielsweise [199]:

$$\Delta q = 0{,}17 \, b_f \,. \tag{151}$$

Eine alternative, zu Gl. (150) führende Betrachtung geht von der Größttemperaturdehnung $\varepsilon_{T\,max} = \alpha T_{max}$ (T_{max} nach Gl. (48)) aus und integriert diese (aufgefaßt als Querdehnung) quer zur Naht zwischen Nahtrand und Außenrand unter Ausschluß der Temperaturdehnungen bei verschwindender Fließspannung bei hoher Temperatur (zum Beispiel $T_{max} \geq 600\,°C$). Außerdem wird eine Korrektur für die Querdehnungsbehinderung durch die erkaltende zurückliegende Naht, gegebenenfalls auch ein Zuschlag für Schrumpfung des Werkstoffs in der Fuge eingeführt. Der zugehörige Steifigkeitsfaktor μ_q ist nach [2] bzw.

[7] (dort Gl. (94))) von der Länge der plastischen Zone in Nahtrichtung l_{pl} relativ zur Nahtlänge l abhängig (in Gl. (133) für die Längsschrumpfdehnung ist das nicht der Fall). Es ergibt sich Gl. (148) mit

$$2\mu_q = \frac{1}{1+\frac{1}{2}\frac{l}{l_{pl}}} + 0{,}335 \, . \tag{152}$$

Bei unterbrochenen (Strich-) Nähten ohne Fugenspalt vermindert sich die Querschrumpfung Δq im Verhältnis der Strichlänge l_{st} zur Summe von Strichlänge l_{st} und Strichzwischenlänge l_{zw} auf den Wert

$$\Delta q_{st} = \Delta q \frac{l_{st}}{l_{st}+l_{zw}} \, . \tag{153}$$

Beim Strichschweißen mit Fugenspalt tritt die Querschrumpfung Δq unvermindert auf.

Der T-Stoß mit einseitiger Strichnaht verhält sich hinsichtlich der Querschrumpfung gemäß Gl. (153). Die beidseitige, versetzt angeordnete Strichnaht zeigt die Querschrumpfung einer durchgehenden Naht. Die beidseitige, unversetzt angeordnete Strichnaht verdoppelt den Wert der Querschrumpfung nach Gl. (153). Die Querschrumpfung am Nahtbeginn ist deutlich kleiner als durch Gl. (148) ausgewiesen. Unter gleichbleibenden thermischen und mechanischen Bedingungen nebeneinander oder übereinander gelegte Nähte bewirken ein Aufsummieren der Einzelschrumpfungen.

Die Querschrumpfung der ersten Nahtlage zwischen dicken Platten ist im Hinblick auf die Kaltrißproblematik beim Mehrlagenschweißen von Satoh [218, 185, 186] und Graville [219] genauer untersucht worden. Die relativ dünne Naht umgibt ein rotationssymmetrisches Temperaturfeld aus Wärmeleitung mit Temperatur T_m in Nahtmitte bei Schrumpfbeginn. Die Integration der zugehörigen Wärmedehnungen zwischen $r=0$ und $r=\infty$ ergibt die Querschrumpfung

$$\Delta q = \alpha \sqrt{\frac{q_s T_m}{c\varrho}} \, . \tag{154}$$

Ursprünglich wurde für T_m die Schmelztemperatur eingesetzt, tatsächlich wird die Querschrumpfung aber erst ab einer niedrigeren Temperatur wirksam (daher ist bei Baustahl $T_m = 800\,°C$ statt $1\,500\,°C$ zu setzen). Gl. (154) gilt anstelle von Gl. (150) für $\delta > \delta_{ü}$ mit

$$\delta_{ü} = \sqrt{\frac{q_s}{c\varrho T_m}} \, . \tag{155}$$

Im Bereich $\delta > \delta_{ü}$ kann die nach Gl. (154) von δ unabhängige Querschrumpfung Δq aus Δq_2 nach Gl. (150) und $\Delta q_1 = \Delta q - \Delta q_2$ überlagert aufgefaßt werden. Sie setzt sich aus einer frühen, kurzdauernden Phase 1 mit Δq_1 aus nahtnaher Wärmeleitung und einer späteren, langdauenden Phase 2 mit Δq_2 aus nahtferner Wärmeübertragung zusammen Bild 147. Die Querschrumpfung Δq nach Gln. (150), (154) und (155) ist abhängig von Plattendicke δ und Streckenenergie q_s in Bild 148 für Baustahl dargestellt. Zu den bei behinderter Querschrumpfung sich aufbauenden Kräften wird auf Abschnitt 3.3.2 verwiesen.

Nach Mehrlagenschweißen ist Δq umso kleiner, je mehr Lagen bei vorgegebenem Fugenquerschnitt aufgebracht werden und je stärker zwischen den Lagen abgekühlt wird [187].

3.5 Schweißverzug

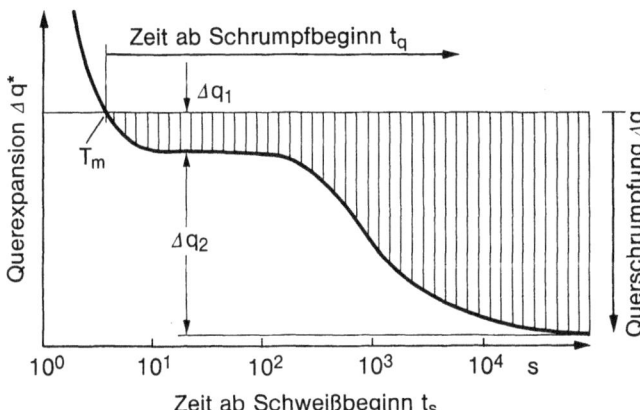

Bild 147. Querschrumpfung nach Querexpansion, Phasen 1 und 2, für Stumpfnaht (erste Lage) zwischen dickeren Platten; nach [185, 186, 218]

Die Fugenquerbewegungen während des Schweißens wurden an großen Platten aus Baustahl bestimmt [157]. Es trat zunehmend Fugenöffnen, verstärkt durch Umwandlungsdehnung, auf. Der Einspanngrad der durch Schweißen verbundenen Platten hat auf die Fugenquerbewegung nur einen geringen Einfluß.

An langen schmalen Platten kann vor der Wärmequelle ein temporäres Aufbiegen der Fugenflanken nach Bild 149a auftreten. Ursache ist die longitudinale Wärmedehnung der Fugenflanken vor der Wärmequelle. Bei der Näherungsrechnung zur Größe der Winkeländerung ist die hocherhitzte Zone mit Breite b_0 als spannungsfrei einzuführen. Dieses Aufbiegen

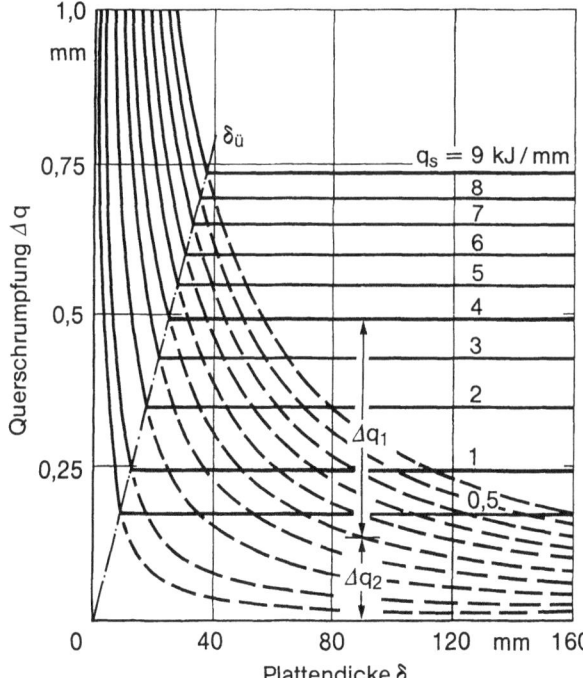

Bild 148. Querschrumpfung Δq abhängig von Plattendicke δ und Streckenenergie q_s für Baustahl; $\Delta q = \Delta q_2$ für $\delta < \delta_{\ddot{u}}$, $\Delta q = \Delta q_1 + \Delta q_2$ für $\delta > \delta_{\ddot{u}}$; nach [185, 186, 218]

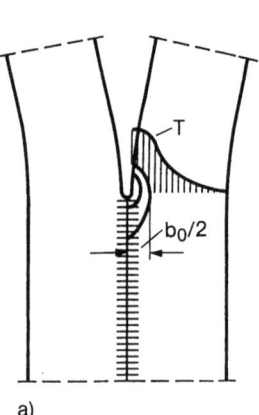 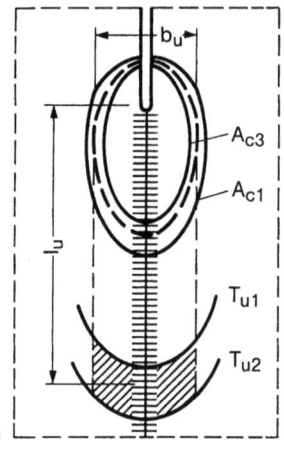

Bild 149. Fugenbewegung beim Nahtschweißen: Fugenöffnen (**a**) durch inhomogene longitudinale Wärmedehnung, hocherhitzte Breite b_0 weitgehend spannungslos; Fugenschließen (**b**) durch Umwandlungsdehnung im Abstand l_u über Breite b_u; nach [8]

kann aber nur bei nicht gehefteten bzw. nicht gegengespannten Fugen auftreten. Nach dem Abkühlen ist die Querschrumpfung dennoch außer am Nahtbeginn sehr gleichmäßig.

Besonders praktisches Interesse hat die Fugenquerbewegung beim Elektroschlackeschweißen. Hier kann sich die Fuge um mehrere Millimeter verengen (bei Spaltbreite 30 bis 40 mm), was die Schweißgeschwindigkeit entsprechend erhöht. Zusätzlich verändern die Fugenränder ihre Winkellage, so daß es dadurch zu einem Öffnen oder Schließen der Fugenränder kommt. Genauere Lösungen russischer Autoren werden in [8] geboten. Die Genauigkeit ist dadurch gesteigert, daß der Wärmeübergang an die Umgebungsluft temperaturabhängig erfaßt ist. Die prinzipielle Abhängigkeit der Querschrumpfung nach Gl. (150) bleibt erhalten. Verfahrensseitig ist die Streckenenergie q_s, bezogen auf die Plattendicke δ, ausschlaggebend.

Die Angaben in [8] zur Fugenwinkelbewegung sind hinsichtlich der Bewegungsrichtung teilweise unklar. Neben der Fugenlängsdehnung vor der Quelle wird die ungleichmäßige Querschrumpfung hinter der Quelle als winkelverändernd berücksichtigt. Die Fugenwinkelbewegung bei Nahtbeginn kann entgegengesetzt zu der bei Nahtende auftreten. Besonders anschaulich läßt sich das für die Umwandlungsdehnung hinter der Quelle darstellen, Bild 149b. Umwandlungsdehnung infolge $\gamma\alpha$-Umwandlung bei Abkühlung tritt im Abstand l_u zwischen den Temperaturen T_{u1} und T_{u2} von Beginn und Ende der Umwandlung über die Breite b_u auf, in der über A_{cm} (Mittelwert von A_{c1} und A_{c3}), also bis ins γ-Mischkristallgebiet erhitzt wurde. Die Ausdehnung des genannten Bereichs bewirkt ein Schließen des Fugenspalts, solange dieser Bereich unterhalb der Mitte der Nahtlänge liegt und ein Öffnen danach. Am Nahtbeginn herrscht ersterer Zustand vor, am Nahtende (bei hinreichend langer Naht) letzterer Zustand.

3.5.3 Längs- und Biegeschrumpfung

Die Längsschrumpfung Δl von Platte, Stab oder Träger der Länge l mit zentrischer Schweißnaht folgt aus Gl. (133) (mit Querschnittsfläche F statt δb),

$$\Delta l = \mu_1 \frac{\alpha q_s l}{c\varrho F} \tag{156}$$

oder auch ausgehend von der (aktiven) Schrumpfkraft P_s zu

$$\Delta l = \frac{P_s l}{EF} . \tag{157}$$

3.5 Schweißverzug

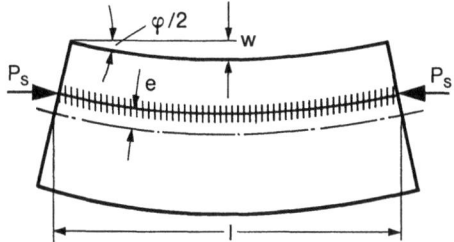

Bild 150. Biegeschrumpfung durch exzentrische Längsnaht

Die Längsschrumpfkraft P_s ist nach Abschn. 3.3.1 abhängig von der Streckenenergie q_s bzw. von der Schweißnahtquerschnittsfläche F_n, vom Elastizitätsmodul E sowie vom Werkstoffkennwert $\alpha/c\varrho$ (mit Gl. (156) bereits ausgedrückt). Mehrlagenschweißung sowie Strichschweißung verkleinern die Größe von P_s.

Bei exzentrischer Längsnaht überlagert sich der Längsschrumpfung die Biegeschrumpfung. Es tritt unter dem Längsschrumpfmoment $M_{sl} = P_s e$ Endflächenverdrehung φ und Durchbiegung w auf, Bild 150, (Gleichungen nach der Balkenbiegelehre; Nahtexzentrizität e, Flächenträgheitsmoment I):

$$\varphi = \frac{P_s e l}{EI}, \tag{158}$$

$$w = \frac{P_s e l^2}{8EI}. \tag{159}$$

Die Gln. (157) bis (159) gelten für lange Platten und Träger. Wenn die Länge nicht größer als die Breite ist, ergeben sich zu große Werte. Bei Teilplastifizierung des Querschnitts unter der Schrumpfkraft ist das Flächenträgheitsmoment dementsprechend zu verkleinern.

Erhebliche Biegeschrumpfung entsteht an Trägern durch eine exzentrische Quernaht. Die Winkeländerung $\Delta\varphi$ im Trägerquerschnitt mit der Naht folgt aus der Nahtquerschrumpfung Δq, dem Flächenmoment S des Querschnittsteils mit Naht und dem Flächenträgheitsmoment I des Gesamtquerschnitts:

$$\Delta\varphi = \Delta q \frac{S}{I}. \tag{160}$$

Bei großer Biegesteifigkeit des Trägers relativ zur Schrumpfkraft ist Δq gegebenenfalls um einen plastischen Anteil zu verringern.

Zur Ableitung von Gl. (160) sei ein I-Trägerelement der Länge l mit Quernaht im Flansch betrachtet, Bild 151. Der Querschrumpfung Δq ist die Querschrumpfkraft $P_{sq} = \Delta q E F_f / l$ zugeordnet, die in der Flanschquerschnittsfläche F_f im Flanschabstand h_f von der Biegenulllinie wirkt und damit das Schrumpfmoment M_{sq} erzeugt. Nach der Balkenbiegelehre folgt

$$\Delta\varphi = \frac{\Delta q E F_f h_f l}{lEI}, \tag{161}$$

was mit $S = F h_f$ zu Gl. (160) führt.

Beim Schweißen unter Last (beispielsweise bei Montage, Sofortrichten oder Reparatur) kann infolge der vergrößerten plastifizierten Bereiche wesentlich erhöhte Biegeschrumpfung auftreten, während die Eigenspannungen nach Entlastung erniedrigt sind (siehe [7]).

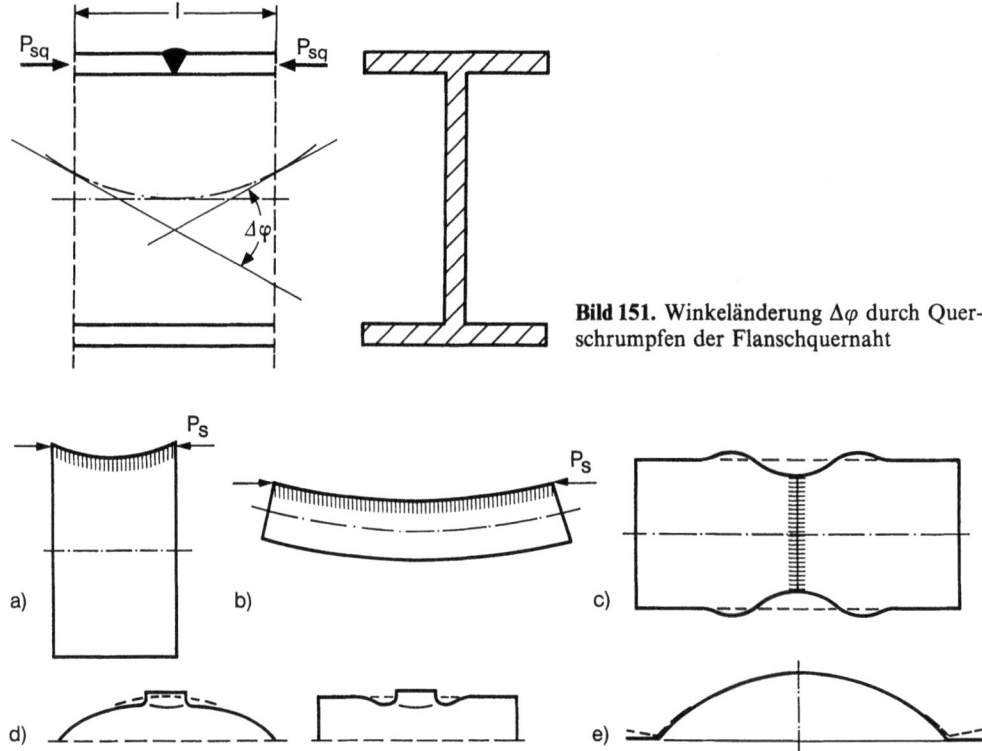

Bild 151. Winkeländerung $\Delta\varphi$ durch Querschrumpfen der Flanschquernaht

Bild 152. Längs- und Biegeschrumpfung an Längsnaht (**a, b**), Umfangsnaht (**c**) und Ringnaht (**d, e**) von Zylinder- und Kugelschale

Längs- und Biegeschrumpfung spielen bei Zylinder-, Kugel- und Torusschalen eine besondere Rolle, Bild 152 (siehe auch Abschnitt 3.3.3). Die Längsnaht an der kurzen Zylinderschale biegt die Schale örtlich nach innen, die Längsnaht an der langen Zylinderschale kann den ganzen Zylinder biegen, die Umfangsnaht schnürt den Zylinder ein, Bild 152a bis c. Diese Schrumpfformänderungen werden durch die Längsschrumpfkraft verursacht. Aus der Wirkung der Querschrumpfkraft erklärt sich dagegen das Hineinziehen von Blockflanschen oder Stutzen in die Kugel- bzw. Zylinderschale oder auch das Flanschkippen für den gewölbten Deckel mit Flanschrundnaht, Bild 152d und e. Werden Rotationsschalen unterschiedlicher radialer Steifigkeit über eine Umfangsnaht gefügt (beispielsweise große mit kleiner Wanddicke oder Mantel mit Boden), kann aufgrund des unterschiedlichen, elastoplastischen Verformungsverhaltens beim Schweißen Kantenversatz auftreten

3.5.4 Winkelschrumpfung und Torsionsverzug

Winkelschrumpfung entsteht an Stumpf-, Überlapp-, T-, Kreuz- und Eckstößen durch (relativ zur Plattenmittelfläche) einseitiges oder unsymmetrisches Schweißen. Die Größe der Winkelschrumpfung ist abhängig von Breite und Tiefe der Schmelzzone relativ zur Plattendicke, von der Stoßart, von der Schweißlagenfolge, von den thermomechanischen Werkstoffeigenschaften sowie von Schweißverfahrenskenngrößen (Streckenenergie, Wärmeverteilung).

3.5 Schweißverzug

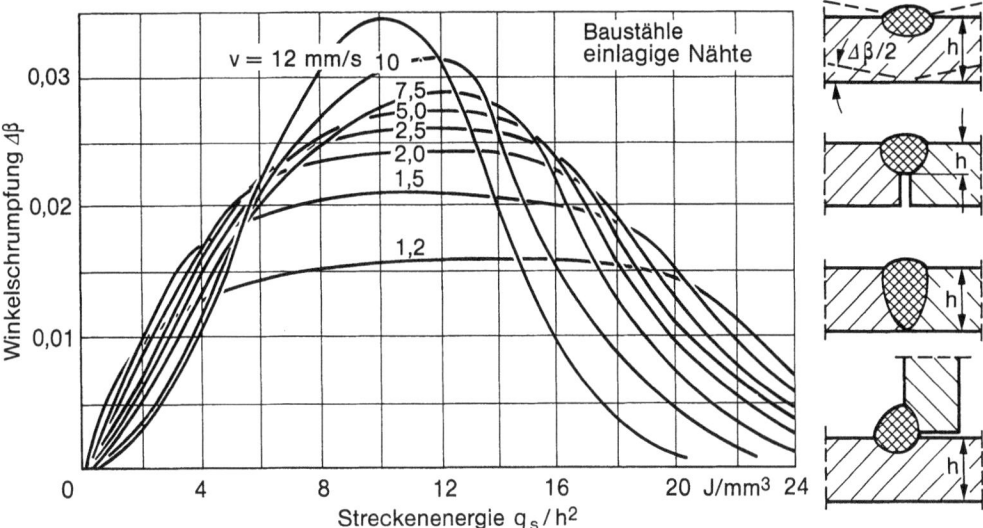

Bild 153. Winkelschrumpfung $\Delta\beta$ abhängig von Schweißgeschwindigkeit v, Streckenenergie q_s und Naht bzw. Plattenhöhe h; nach [8]

Die Vielzahl der Einflußgrößen bedingt die stark unterschiedlichen bzw. unzureichend spezifizierten Schrifttumsangaben zur Winkelschrumpfung. Nachfolgend werden die aus thermomechanischen Modellen abgeleiteten Angaben von Kuzminov (in [8]) zugrunde gelegt.

Zunächst wird die unbehinderte Winkelschrumpfung $\Delta\beta$ betrachtet. Für die Einzelnahtlage ergibt sich bei unlegierten und niedriglegierten Baustählen die in Bild 153 gezeigte Abhängigkeit von Schweißgeschwindigkeit v, Streckenenergie q_s und Schweißlagen- bzw. Plattendicke h (offenbar für gängige herkömmliche Schmelzzonenprofile aufgestellt). Bei mehrlagigem Schweißen subtrahieren sich die Winkelschrumpfungen der Lagen auf den gegenüberliegenden Plattenseiten (Indices i und j) gemäß:

$$\Delta\beta = \sum \Delta\beta_i m_i - \sum \Delta\beta_j m_j. \qquad (162)$$

Der Korrekturfaktor m_i bzw. m_j für die Lagennummer i bzw. j ist nach Bild 154a einzuführen (m_i bzw. $m_j \approx 1{,}0$ für die jeweils ersten Lagen einer Seite). Die Höhe h_i bzw. h_j für $\Delta\beta_i$ bzw. $\Delta\beta_j$ nach Bild 153 ist gemäß der jeweiligen Lagengesamtdicke zu wählen. In Bild 154b ist das für eine vierlagige Stumpfnaht mit X-Fuge veranschaulicht.

Bei Kehlnähten ist zwischen der Winkelschrumpfung $\Delta\beta$ der durchgehenden Platte in sich und der Kippschrumpfung $\Delta\beta^*$ zwischen durchgehender und aufstoßender Platte zu unterscheiden. In Bild 155 ist das für den Flansch eines I-Trägers mit einseitiger Halskehlnaht veranschaulicht. Die Winkelschrumpfung $\Delta\beta$ wird nach Bild 151 bestimmt, wobei der auf die betrachtete durchgehende Platte entfallende Wärmeanteil nach Gl. (134) abzuschätzen ist. Der Kippschrumpfwinkel $\Delta\beta^*$, der durch die Schrumpfung des Nahtquerschnittsprofils in Hypotenusenrichtung verursacht wird, ist nach [8] bei unbehindertem Kippen weitgehend parameterunabhängig, $\Delta\beta^* \approx 1{,}25°$. Bei behindertem Kippen (bei beidseitiger Naht durch die gegenüberliegende Kehlnaht) ist nach [8] der Rückkippschrumpfwinkel $\Delta\beta_r^*$

$$\Delta\beta_r^* = k\varepsilon_F. \qquad (163)$$

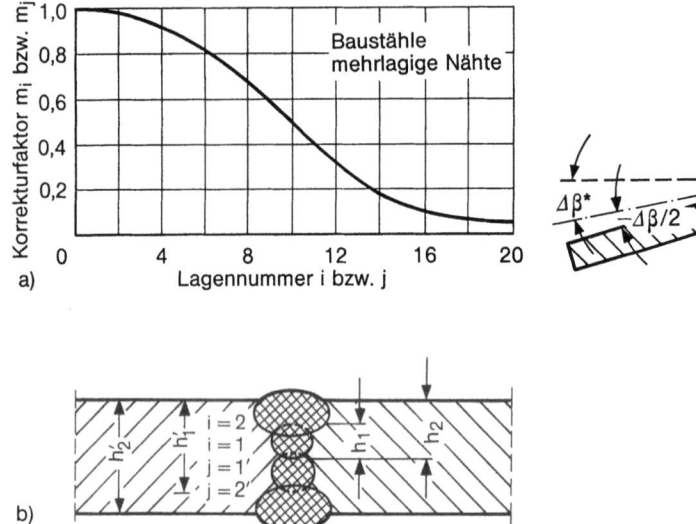
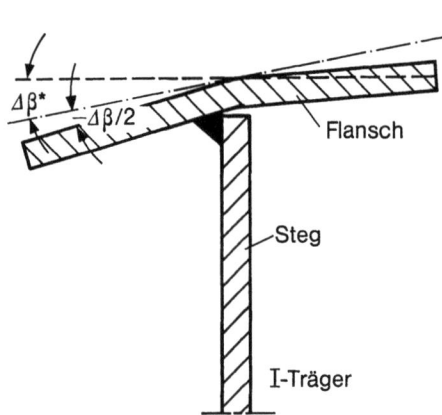

Bild 154. Korrekturfaktor m_i bzw. m_j abhängig von der Lagennummer i bzw. j (**a**); Lagengesamthöhe h_i bzw. h'_j bei vierlagiger Stumpfnaht in X-Fuge und Lagenfolge $i=1$, $i=2$, $j=1'$, $j=2'$ (**b**); nach [8]

Bild 155. Zwei Arten von Winkelschrumpfung $\Delta\beta$ und $\Delta\beta^*$ am I-Träger mit einseitiger Halskehlnaht

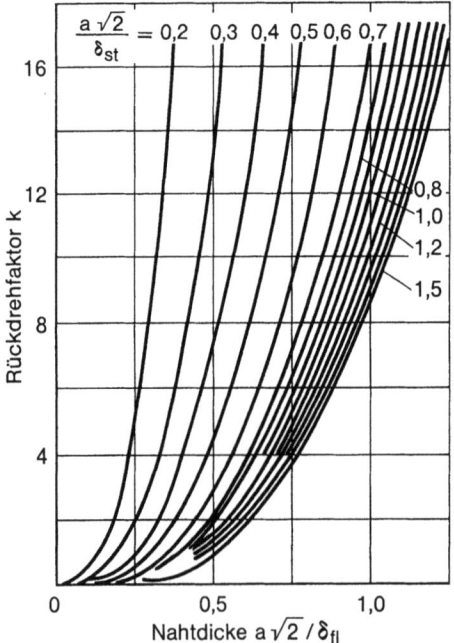

Bild 156. Rückdrehfaktor k abhängig von Nahtdicke a relativ zu Flanschdicke δ_{fl} und Stegdicke δ_{st}; nach [8]

Es ist ε_F die Fließgrenzendehnung, $\varepsilon_F = \sigma_F/E$. Der Faktor k hängt nach Bild 156 von der Flanschdicke δ_{fl}, der Stegdicke δ_{st} und der Nahtdicke a ab ($\Delta\beta_r^* \leq 1{,}15°$).

Bei unterbrochenen Nähten vermindert sich die (mittlere) Winkelschrumpfung $\Delta\beta$ (bzw. $\Delta\beta^*$) im Verhältnis der Strichnahtlänge l_{st} zur Summe von Strichnahtlänge und Strichnahtzwischenlänge l_{zw} auf den Mittelwert

$$\Delta\beta_{st}^{(*)} = \Delta\beta^{(*)} \frac{l_{st}}{l_{st} + l_{zw}} \,. \tag{164}$$

Bei beidseitigen (nicht gleichzeitig gelegten) Strichnähten (unversetzt und versetzt) ist die behinderte Rückkippschrumpfung zu berücksichtigen.

Torsionsverzug entsteht an längsnahtgeschweißten Trägern mit geschlossener Querschnittskontur durch Schubverformung bzw. Schubspannungen in Nahtrichtung in der Schweißzone infolge ungleicher Längsverformung der Fugenränder (zum Beispiel von Flansch und Steg eines Kastenträgers). Der Torsionswinkel nach dem Schweißen (Nähte vorgeheftet) ist um so größer zu erwarten, je länger der Träger und je kleiner die von der Querschnittskontur umschlossene Fläche ist (nach Bredtscher Formel für die Torsion geschlossener dünnwandiger Querschnitte). Beim Kastenträger mit vier Ecknähten ist der Torsionsverzug besonders groß, wenn die Ecknähte (nach Vorheften) wechselweise in entgegengesetzter Richtung geschweißt werden. Torsionsähnlicher Verzug entsteht auch an Trägern mit offener Querschnittskontur, wenn sich die einzelnen Querschnittsteile beim Schweißen relativ zueinander drehen.

3.5.5 Verwerfung dünnwandiger geschweißter Bauteile

Dünnwandige Schweißkonstruktionen ($\delta \leq 6$ mm) können unter Druckschweißeigenspannungen ihre Stabilität verlieren. Man spricht von Schweißverwerfung. Überlagerte Winkelschrumpfung kann den Vorgang verstärken, wobei berechnungstheoretisch anstelle des Stabilitätsproblems ein Traglastproblem tritt. Beispiele sind das Beulen ebener Behälterböden mit Umfangsnaht, das (Steg- bzw. Flansch-)Beulen dünnwandiger Stäbe mit Längsnaht, das Verwerfen von Blechstreifen mit Längsnaht, das Beulen in Umgebung des mit Ringnaht in eine Platte eingesetzten Flickens.

Derartige Stabilitätsprobleme an geschweißten Bauteilen sind ausgehend von den Schrumpfkräften der Behandlung nach Verfahren der herkömmlichen Stabilitätstheorie grundsätzlich zugängig. Allerdings ist der Schwierigkeitsgrad durch folgende Eigenarten der Problemstellung erhöht. So genügt es nicht, allein die kritische Verwerfungs- oder Beulspannung zu bestimmen. Die Druckspannung kann nämlich erheblich über (oder unter) der kritischen Spannung liegen, wenn das überkritische (beispielsweise Nachbeul-) Verhalten des Bauteils in Anspruch genommen wird. Es interessiert daher das gesamte überkritische Beanspruchungs- und Formänderungsverhalten, insbesondere auch die Größe der letztendlich auftretenden Verwerfungen oder Beulen. Die Lösung dieser Aufgabenstellung kann in einfacheren Fällen mit richtungskonstanten Schrumpfkräften erfolgen. Vielfach muß aber die Änderung der Schrumpfkraftrichtung berücksichtigt werden, was die Lösung erschwert. Nachfolgend werden vier Lösungsbeispiele aus [8] referiert. Offenbar haben sich bisher nur russische Theoretiker mit den eigenspannungsbedingten Stabilitätsproblemen an Schweißkonstruktionen befaßt.

Als erstes wird der *ebene Behälterboden* (ohne Mantel) unter der Längsschrumpfkraft der Umfangsnaht betrachtet, Bild 157. Das Beulen wird in einem Verspanndiagramm dargestellt,

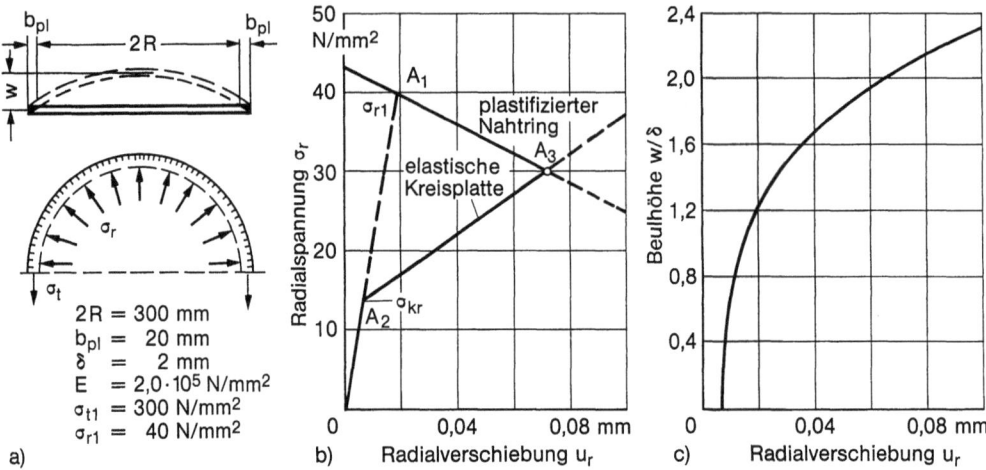

Bild 157. Beulen eines Behälterbodens mit Umfangsnaht (**a**), Verspanndiagramm (**b**) und Beulhöhe w (**c**) in Abhängigkeit der Radialverschiebung u_r des Innenrandes der plastischen Zone (Breite b_{pl};); nach [8]

in dem über der Radialverschiebung u_r des Nahtrings (positiv nach innen) einerseits der Abfall des radialen Schrumpfdrucks σ_r am σ_t-schrumpfgespannten Nahtring (Breite b_{pl}), andererseits der Druckwiderstandsanstieg der Bodenplatte (Radius R) aufgetragen ist. Zwischen σ_r und σ_t gilt die Gleichgewichtsbedingung des Ringes unter „Innendruck" σ_r:

$$\sigma_r = \sigma_t \frac{b_{pl}}{R}. \tag{165}$$

Der Verkleinerung von σ_t durch Radialverschiebung u_r entspricht eine gleichlaufende Verkleinerung von σ_t („Entspannung"). Bei starrer Bodenplatte ($u_r=0$) herrscht der volle Radialdruck. Bei elastischer Bodenplatte (ohne Instabilität) kennzeichnet Punkt A_1 den Gleichgewichtszustand. Beult die Bodenplatte aber bei σ_{kr} (Punkt A_2) und verhält sie sich überkritisch formverfestigend, dann wird Punkt A_3 erreicht. Die Schrumpfverschiebung u_r ist relativ groß (mit entsprechend großer Beulhöhe w) und die Umfangsnaht relativ stark entspannt.

Die kritische Beulspannung der gelenkig gelagerten Kreisplatte wird aus

$$\sigma_{kr} = 0{,}385 \frac{E\delta^2}{R^2} \tag{166}$$

bestimmt. Die Beulhöhe w im überkritischen Bereich ergibt sich nach [8] zu:

$$\frac{w}{\delta} = 1{,}96 \sqrt{\frac{\sigma_r}{\sigma_{kr}} - 1}. \tag{167}$$

Beulhöhen im überkritischen Bereich lassen sich auch durch geometrische Umsetzung der Radialverschiebung in eine kreisbogenförmige Aufwölbung (unter Abzug der Druckdehnung) bestimmen.

Als zweites wird der in eine ebene Platte (zum Beispiel Behälterboden) eingeschweißte *Kreisflicken* (auch Flansch, Stutzen oder Wärmepunkt) betrachtet, der infolge von Schrump-

3.5 Schweißverzug

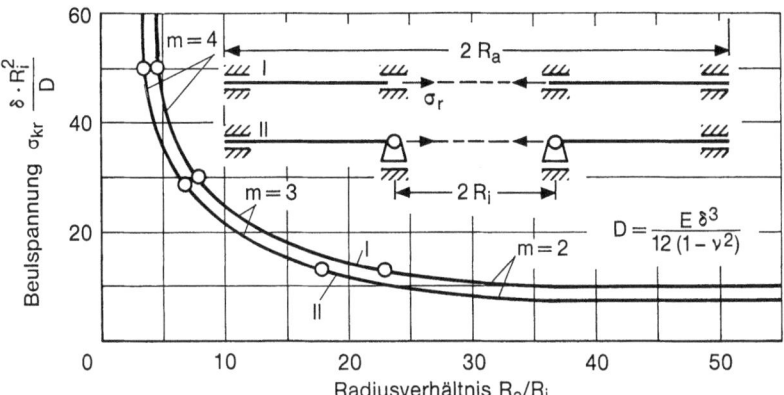

Bild 158. Beulspannung σ_{kr} für die Ringplatte unter Radialzug am Innenrand, zwei Lagerungsfälle, Beulwellenzahl m; nach [8]

fung mit Tangentialzug σ_t entsprechenden Radialzug σ_r auf seine (äußere) Umgebung ausübt. Für die unendliche Platte mit Kreisöffnung (Radius R) unter Zug σ_r ergibt sich unabhängig von der Lagerungsbedingung am Öffnungsrand (siehe [8]):

$$\sigma_{kr} = \frac{E\delta^2}{4(1-v^2)R^2} \cdot \tag{168}$$

Am Öffnungsrand bilden sich m = 2 Beulwellen. Tritt anstelle der unendlichen Platte mit Kreisöffnung die entsprechende endliche Platte, also die Ringplatte, dann steigt σ_{kr} mit kleiner werdendem Radiusverhältnis R_a/R_i, Bild 158. Dabei bilden sich m = 3, m = 4 und mehr Beulwellen. Der Einfluß der Lagerbedingung am Öffnungsrand auf das Ergebnis ist relativ gering.

Als drittes wird ein *dünnwandiger Stab* aus kreuzweise angeordneten und mit Längsnaht verbundenen Plattenstreifen betrachtet, Bild 159. In analoger Weise läßt sich der I-Träger mit Längsnähten analysieren. Die Längsschrumpfkraft P_s (errechenbar aus $b_{pl} = 50$ mm, $\delta = 2$ bzw. 6 mm, $\sigma_F = 400$ N/mm²), bezogen auf die Querschnittsfäche F, ergibt die Längsdruckspannung σ_d in den Stabplatten. Die Instabilitätsbetrachtung kann für den an einem Längsrand querfest (aber längsverschieblich) eingespannten Plattenstreifen unter Längs-

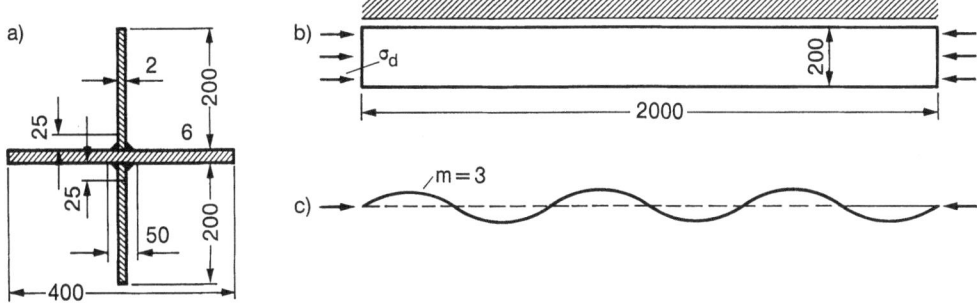

Bild 159. Beulen eines dünnwandigen Stabes aus gekreuzten Blechstreifen mit Längsnaht; Abmessungen (**a**), Beulmodell (**b**), Beulwellen (**c**); nach [8]

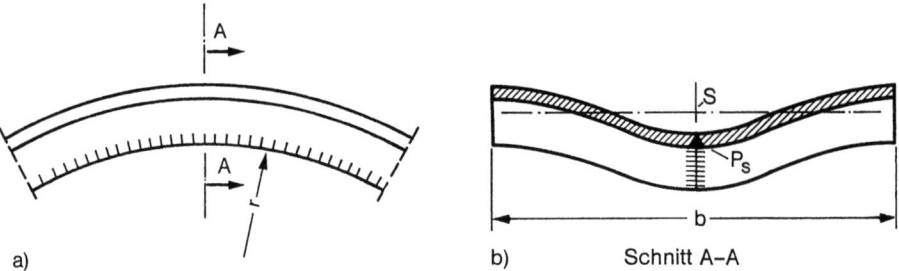

Bild 160. Verwerfen eines Plattenstreifens mit zentrischer Längsnaht, Längskrümmung (a) und Querkrümmung (b), Schwerpunkt S und Schrumpfkraft P_s; nach [8]

druck durchgeführt werden. Für diesen ist

$$\sigma_{kr} = k \frac{\pi^2 E \delta^2}{12(1-v^2)b^2} \tag{169}$$

mit $k=1{,}328$ und $m=3$ für $l/b=10$ (Abmessungen nach Bild 159). Die Beulhöhe w im überkritischen Bereich ist nach dem in [8] zu Gl. (167) angegebenen Näherungsverfahren berechenbar.

Als viertes wird ein *ebener Plattenstreifen* mit zentrischer Längsnaht betrachtet, der sich unter der Längsschrumpfkraft gemäß Bild 160 verwirft. Die Lösung dieses Instabilitätsproblems (ohne Berücksichtigung der Winkelschrumpfung) erfolgt in [8] durch Minimierung der Potentialenergie. Die Lösung zeigt, daß sich der Plattenstreifen in einer Weise krümmt, die die Schrumpfspannung des Nahtbereichs vermindert. Das für die Längskrümmung benötigte Biegemoment kommt dadurch zustande, daß die Schrumpfkraft relativ zum Schwerpunkt des verformten Querschnitts versetzt ist. Die Instabilität tritt bereits bei (beliebig) kleiner

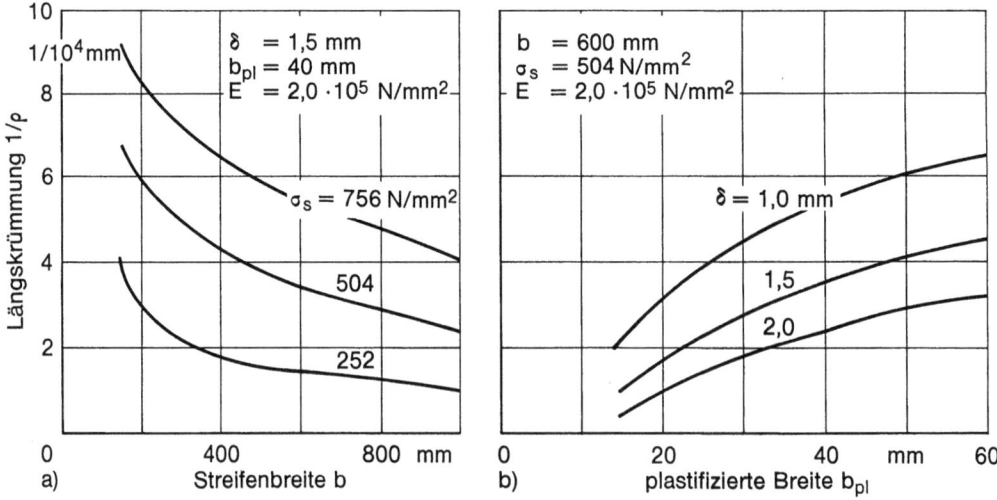

Bild 161. Längskrümmung $1/\varrho$ der Verwerfung eines Plattenstreifens mit zentrischer Längsnaht (ohne Winkelschrumpfeffekt), abhängig von Streifenbreite b und Schrumpfspannung σ_s (a) sowie abhängig von Breite b_{pl} der plastischen Zone und Plattendicke δ (b); nach [8]

(endlicher) Schrumpfkraft auf, allerdings auch mit entsprechend kleiner Verwerfung. Als Ergebnis der Berechnung ist in Bild 161 die Längskrümmung $1/\varrho$ abhängig von Plattendicke δ, Plattenbreite b, Schrumpfspannung σ_s und Breite der plastischen Zone b_{pl} dargestellt. Die Plattenlänge l hat keinen Einfluß. In ähnlicher Weise läßt sich die (Längs-) Schrumpfung nach Eintreten der Instabilität darstellen (siehe [8]). Diese Ergebnisse wurden experimentell bestätigt.

3.6 Eigenspannungs- und Verzugsmessung, Modellgesetze

3.6.1 Bedeutung von Versuch und Messung

Die bisherige Darstellung orientierte sich an theoretischen Modellen unter Hinweis auf rechnerische Lösungen und experimentelle Befunde. Während auf die rechnerischen Verfahren dabei ausführlich eingegangen wurde, trifft das auf die Meßverfahren nicht zu. Es werden daher nachfolgend die Verfahren der Eigenspannungs- und Verzugsmessung dargestellt, zumal diese einen eigenständigen Teilbereich der allgemeinen Spannungs- und Formänderungsmessung [226, 243] bilden. Schließlich werden elementare Modellgesetze für Versuchsschweißungen im verkleinerten oder vergrößerten geometrischen Maßstab angegeben.

Aus den vorangegangenen Ausführungen geht hervor, daß die theoretischen Modelle und rechnerischen Lösungen ungewöhnlich starke Vereinfachungen beinhalten, um den Aufwand zu begrenzen. Die Vorgänge werden trotz relativ hohem Berechnungsaufwand nur in den wichtigsten Zügen angenähert. Es ist daher unabdingbar, im Versuch die möglichen Vereinfachungen zu prüfen und die Wirklichkeitsnähe der rechnerischen Lösung zu kontrollieren. Vielfach werden auch Versuch und Messung ohne Begleitrechnung aus Zeit- und Aufwandsgründen bevorzugt, obwohl die so gewonnenen Informationen viel weniger übertragbar und verallgemeinerbar sind.

3.6.2 Dehnungs- und Verschiebungsmessung während des Schweißens

Da die größten Dehnungen beim Schweißen im Hochtemperaturbereich der Schweißverbindung auftreten, besteht hier bevorzugt Meßbedarf. Demzufolge sind bei hoher Temperatur ausführbare Dehnungsmeßverfahren erforderlich. Die Füße mechanisch angebrachter Dehnungsgeber müssen gekühlt werden, bei langsamen Vorgängen ist wiederholt kurzzeitiges Aufsetzen des ungekühlten Dehnungsgebers auf die Meßstreckenmarkierung möglich. Allgemein sind Hochtemperaturdehnungsmeßstreifen verbreitet. Die Anordnung der Meßfüße quer und längs zur Naht zeigt Bild 162a, b, die Meßstreckenmarkierung durch Kugeln Bild 162c.

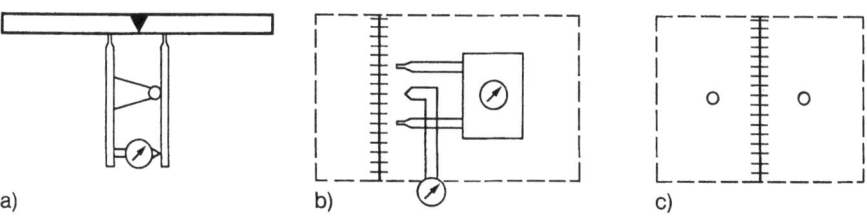

Bild 162. Quer- und Längsdehnungsmessung an Schweißnaht über Meßfüße (**a, b**) oder Meßkugeln (**c**) und kombiniert mit Thermoelement (**b**); nach [8]

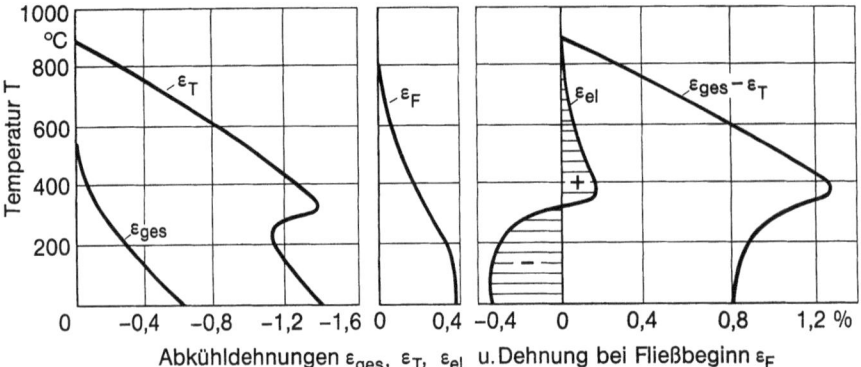

Bild 163. Abkühldehnungsverlauf an Schweißnaht ε_{ges} und im Dilatometer ε_T, Temperaturabhängigkeit der Dehnung ε_F bei Fließbeginn, elastischer Dehnungsverlauf an Schweißnaht ε_{el}; nach [8]

Zur Unterscheidung der Dehnungsanteile und zum Rückschluß auf die Spannungen wird die Temperatur am Ort der Dehnung mitgemessen (Thermoelement in Bild 162b) und die Wärme- und Umwandlungsdehnung über die Dilatometerkurve bestimmt. Die elastische Spannung folgt aus der gemessenen Gesamtdehnung ε_{ges} nach Abzug der Wärme- und Umwandlungsdehnung ε_T gemäß Hookeschem Gesetz mit temperaturabhängigem Elastizitätsmodul, wobei aber zu beachten ist, daß die temperaturabhängige Fließgrenze σ_F nicht überschritten werden kann. Dieser Vorgang ist in Bild 163 veranschaulicht. Die Kurve $\varepsilon_{ges} - \varepsilon_T$ folgt aus der Abkühlkurve ε_{ges} und der Dilatometerkurve ε_T. Beim anfänglichen Anstieg von $\varepsilon_{ges} - \varepsilon_T$ wird die (Zug-)Fließgrenzendehnung $\varepsilon_F = \sigma_F/E$ nicht überschritten. Beim darauffolgenden Abfall von $\varepsilon_{ges} - \varepsilon_T$, verursacht durch den Beginn der Umwandlung, tritt elastische Entlastung auf, bei der im vorliegenden Fall die Druckfließgrenzendehnung nicht erreicht

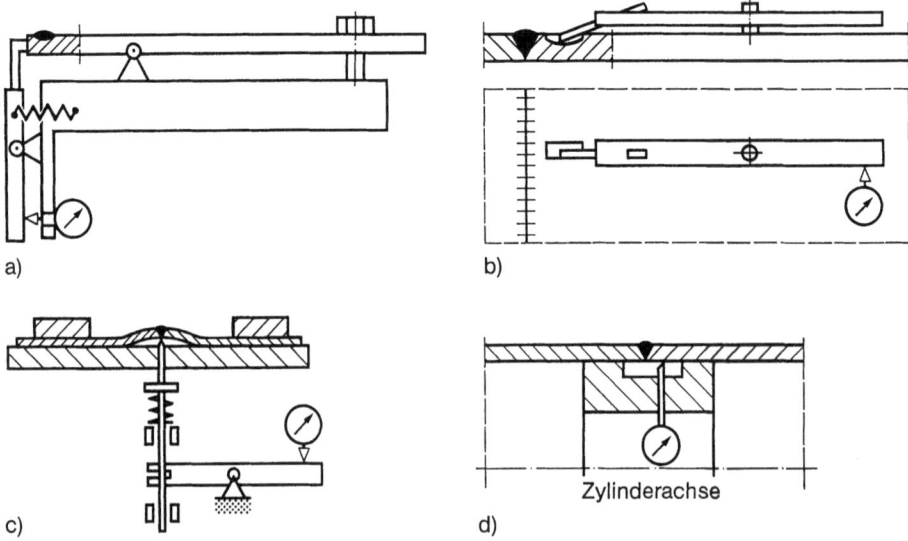

Bild 164. Quer- und Längsverschiebungsmessung (**a, b**) sowie Durchbiegungsmessung (**c, d**) an Schweißnaht; nach [8]

wird. Aus dem so bestimmten elastischen Dehnungsverlauf ε_{el} über der Temperatur folgt der entsprechende Spannungsverlauf $\sigma = E\varepsilon_{el}$. Dieses alte, auf Okerblom [2,3] zurückgehende Verfahren für einachsige Spannungen läßt sich unter Einsatz modernerer Meß- und Auswertetechnik auf zweiachsige Oberflächenspannungen erweitern.

Die Verschiebungsmessung in einzelnen Punkten der Hochtemperaturzone relativ zu einem Bezugspunkt im kalten Bereich des Bauteils oder überhaupt außerhalb des Bauteils wird angepaßt an den Einzelfall gelöst. In Bild 164 sind die Quer- und Längsverschiebungsmessung an der Schweißnaht sowie die Vertikalverschiebungsmessung an ebener Platte und Zylinderschale (Innenring mit Meßgerät drehbar) dargestellt. Die Verschiebungsmeßgeräte wirken mechanisch, optisch, induktiv, kapazitiv oder auf Basis des ohmschen Widerstands.

3.6.3 Zerstörende Eigenspannungsmessung

Es wird zwischen zerstörenden und zerstörungsfreien Eigenspannungsmeßverfahren unterschieden [223 bis 225]. Erstere werden auch als „mechanisch", letztere als „physikalisch" bezeichnet, was sprachlich insofern unbefriedigend ist, als die Mechanik ein Teilgebiet der Physik ist. Bei den zerstörenden Verfahren ist zwischen vollständiger und teilweiser Bauteilzerstörung zu unterscheiden. Zu letzteren gehören kleine Löcher oder Ringfugen in der Bauteiloberfläche, die eine (eingeschränkte) Weiterverwendung des Bauteils gestatten.

Das Prinzip der zerstörenden (bzw. teilzerstörenden) Eigenspannungsmessung wird ausgehend von der bekannteren Lastspannungsmessung [226] erklärt. Die Lastspannungsmessung ist relativ einfach, soweit elastischer Werkstoff vorausgesetzt werden kann und nur die Bauteiloberfläche zu erfassen ist, was in der Praxis vielfach ausreicht. Es wird die Längung bzw. Kürzung einer kleinen Meßstrecke auf der Bauteiloberfläche bei Be- oder Entlastung des Bauteils gemessen. Zur vollständigen Bestimmung des zweiachsigen Spannungszustandes ist die Messung in mindestens drei Richtungen notwendig. Aus den gemessenen Verschiebungen ergeben sich, bezogen auf die Meßstrecke, die Dehnungen, aus den Dehnungen über das Hookesche Gesetz die Spannungen. Zur Messung werden in der Praxis hauptsächlich Dehnungsmeßstreifen, Setzdehnungsgeber und Oberflächenspannungsoptik eingesetzt. Die Meß- und Auswertetechnik vereinfacht sich bei bekannter Hauptbeanspruchungsrichtung, zu deren Ermittlung beispielsweise Reißlack dienen kann.

Die Eigenspannungen lassen sich ebenso wie die Lastspannungen durch Entlasten des Bauteils bestimmen, allerdings nicht durch Entlasten von äußeren Kräften (definitionsgemäß sind Eigenspannungen innere Kräfte ohne äußere Kräfte), sondern durch Entlasten des mit der Meßstrecke verbundenen örtlichen Werkstoffvolumens. Es wird die Rückdehnung oder Rückfederung des vollständig oder teilweise herausgetrennten Teils oder des Restkörpers gemessen. Im ersteren Fall sollte ein hinreichend großes, möglichst homogen beanspruchtes Teilvolumen verfügbar sein. Die Eigenspannung ergibt sich aus der Rückdehnung nach dem Hookeschen Gesetz. Im letzteren Fall wird an Balken, Platten oder Rundstäben, auch in Sacklöchern Werkstoff schichtweise abgetragen und aus bestimmten örtlichen Rückdehnungen bzw. Rückfederungen des Restkörpers auf die beim Abtragen freigesetzte Eigenspannung sowie auf die ursprünglich an diesem Ort befindliche Eigenspannung zurückgerechnet. Die Möglichkeit der Rückrechnung besteht nur für Körper relativ einfacher Geometrie, für deren elastisches Verhalten praktikable Lösungen verfügbar sind (zum Beispiel Balken, Platte, Hohlzylinder).

Bei allen Eigenspannungsmeßverfahren ist Temperaturkonstanz unabdingbare Voraussetzung für genaue Ergebnisse. Besondere Maßnahmen zur Sicherung der Temperaturkonstanz sind beim Zerlegen, Bohren oder Abtragen notwendig. Bei der Rückdehnung des Restkörpers darf die Fließgrenze nicht überschritten werden, wenn hohe Genauigkeitsansprüche gestellt werden. Das schränkt die Rückdehnungsverfahren auf Eigenspannungen deutlich unter der Fließgrenze ein.

3.6.3.1 Messung einachsiger Schweißeigenspannungen

Vielfach genügt es, die Schweißeigenspannungen unter der Voraussetzung einer überwiegend einachsigen Wirkung zu bestimmen. Im allgemeinen ist diese Eigenspannung inhomogen über den Bauteilquerschnitt verteilt, beispielsweise die Nahtlängseigenspannung im I-Träger mit Halsnaht oder die Umwandlungsspannung am geraden Brennschnitt.

Beim Zerlegeverfahren nach Bild 165, das durch Thürlimann [227] breiter bekannt wurde, wird das Bauteil in Richtung x der zu messenden Eigenspannung in eine größere Zahl kleinerer Stäbchen zerlegt, aus deren Rückdehnung die Spannung folgt:

$$\sigma_x = -E\varepsilon_x. \tag{170}$$

Das Zerlegen erfolgt im Sägeschnitt. Die Rückdehnung wird über Setzdehnungsgeber oder Dehnungsmeßstreifen gemessen. Die robusten Setzdehnungsgeber wirken über Meßkugeln, die am Ende der Meßstrecke in die Bauteiloberfläche eingelassen sind. Die Meßlänge ist mit 100 bis 250 mm verhältnismäßig groß, was relative Konstanz der Eigenspannung über diese Länge als wünschenswert erscheinen läßt. Die empfindlicheren Dehnungsmeßstreifen mit den beim Zerlegen störenden Anschlußdrähten lassen kürzere Meßlängen zu. Zu beachten ist, daß schon beim Querschneiden des Bauteils die Rückdehnung teilweise ausgelöst wird, und zwar um so mehr, je schmäler der in Stäbchen weiter zu zerlegende Abschnitt ist. Gelegentlich werden die Stäbchen auch einseitig am Querschnitt stehen gelassen (kammartiges Aufschneiden).

Beim Biegepfeilverfahren nach Stäblein [228], Bild 166, werden Flachstäbe mit meist inhomogener Verteilung der als einachsig angenommenen Längseigenspannung in ebener Aufspannung schichtweise abgearbeitet (Hobeln, Schleifen, Funkenerosion, auch Quersägeschnitte). Zwischen den Abarbeitungsgängen wird abgespannt und die sich rückfedernd einstellende Stabkrümmung über die auf der Abarbeitungsgegenseite gemessene Durchbiegung (Biegepfeil) oder Rückdehnung bestimmt. Die Ausgangseigenspannungen σ_x in Stabrichtung über der Stabhöhenrichtung z werden ausgehend von der Balkenbiegelehre, nach der ursprünglich von Treuting/Read [229] angegebenen Beziehung berechnet:

$$\sigma_x = \frac{E}{3l^2}\left[h^2\frac{dw}{dh} + 4hw - 2\int_h^{h_0} w(z)\,dz\right]. \tag{171}$$

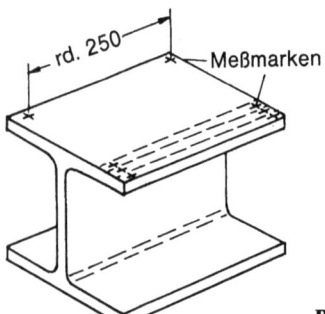

Bild 165. Stäbchen-Zerlegeverfahren am I-Träger; nach [227]

3.6 Eigenspannungs- und Verzugsmessung, Modellgesetze

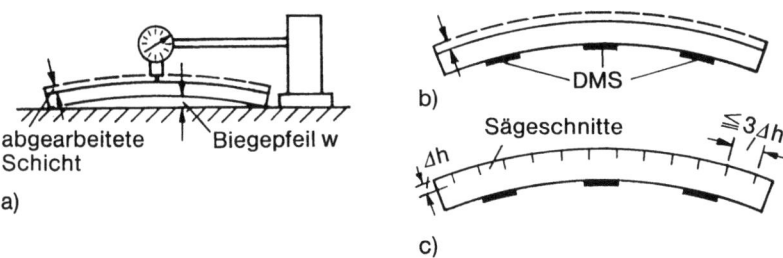

Bild 166. Biegepfeilmeßverfahren, Krümmungsmessung über Meßuhr (**a**) oder Dehnungsmeßstreifen (DMS) (**b, c**), Entspannen durch Abtragen (**a, b**) oder Sägeschnitte (**c**); nach [228]

Hierin sind h_0 die Anfangshöhe des Stabes und h seine veränderliche Höhe nach dem Abtragen von Schichten, l die Stablänge, über der sich die Durchbiegung w ausbildet, und E der Elastizitätsmodul. Demnach ergeben sich die Ausgangseigenspannungen im Abstand h von der Meßseite durch Differenzieren und Integrieren der auf der Meßseite nach dem Abtragen von Schichten gemessenen Durchbiegungen w. Alternativ kann statt von den Durchbiegungen w von den Rückdehnungen ε auf der Meßseite ausgegangen werden. Der Zusammenhang zwischen w und ε ist durch elementare Formeln der Balkenbiegelehre gegeben.

Die für die Praxis besonders bedeutsame Randspannung σ_{x0} folgt aus Gl. (171) mit $h = h_0$ und $w = w_0 = 0$:

$$\sigma_{x0} = \frac{E}{3}\left(\frac{h_0}{l}\right)^2 \left(\frac{dw}{dh}\right)_{h=h_0}. \tag{172}$$

Die Differentiation und Integration in Gl. (171) wurde ursprünglich grafisch [228, 229], später numerisch [207] durchgeführt. Eine wesentliche Genauigkeitssteigerung wird durch Ausgleichs- bzw. Interpolationspolynome erzielt (numerische Glättung nach [207]).

Das Biegepfeil-Meßverfahren wurde zur Bestimmung der Eigenspannungen in Brennschnittflächen besonders erfolgreich eingesetzt [207, 208].

3.6.3.2 Messung zweiachsiger Schweißeigenspannungen

Etwas aufwendiger ist die Bestimmung zweiachsiger Schweißeigenspannungen. Im einfachsten Fall sind die orthogonalen Richtungen x und y der gesuchten Normalspannungen σ_x und σ_y vorgegeben (das können, müssen aber nicht die Hauptspannungen sein) und diese Spannungen über die Plattendicke relativ konstant (zutreffend bei Dünnblech). Die Meßstrecken bzw. Dehnungsmeßstreifen werden meist auf beiden Seiten der Platte angebracht. Anschließend wird die Platte in Viereckklötzchen (etwa 30×30 mm^2) zerlegt [8, 230], Bild 167. Die Eigenspannungen σ_x und σ_y ergeben sich aus den Rückdehnungen ε_x und ε_y:

$$\sigma_x = -\frac{E}{1-v^2}(\varepsilon_x + v\varepsilon_y), \tag{173}$$

$$\sigma_y = -\frac{E}{1-v^2}(\varepsilon_y + v\varepsilon_x). \tag{174}$$

Zur Bestimmung des vollständigen ebenen Spannungszustands sind mindestens drei Meßrichtungen (Dehnungsmeßstreifenrosetten) erforderlich [223]. Das Verfahren wurde

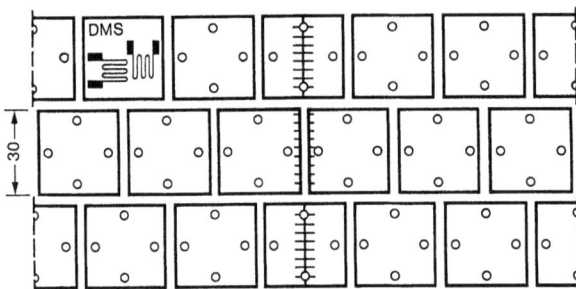

Bild 167. Klötzchen-Zerlegeverfahren an Stumpfnaht; nach [8]

unter anderem zum Nachweis der Wirksamkeit von Entspannungsmaßnahmen an Großbehältern eingesetzt.

Nach einem anderen bereits genormten [233] Verfahren, dem Bohrlochverfahren nach [231 bis 234], wird die radiale Rückdehnung beim Einbringen einer kleinen durchgehenden Bohrung ausgewertet, Bild 168 (auf die Erweiterung zum Sacklochverfahren wird später eingegangen). Die Meßstrecken reichen über das Bohrloch hinweg oder sind außerhalb des Bohrlochs angebracht.

In der ursprünglichen Form des Verfahrens werden die Verschiebungen der Bohrlochränder (Bohrlochdurchmesser d_0) über Meßstrecken, die das Bohrloch überbrücken (Endpunkte auf Kreis mit Durchmesser d), mit Setzdehnungsgebern gemessen. Von den Verschiebungen Δx und Δy wird auf die Ausgangsspannungen σ_x und σ_y zurückgerechnet [242]:

$$\frac{E}{2(1+\nu)}\frac{2\Delta x}{d} = \left\{(1-\nu)\left(\frac{d_0}{d}\right)^2 + \frac{1}{4}\left[1-\left(\frac{d_0}{d}\right)^2\right]\left(\frac{d_0}{d}\right)^2\right\}\sigma_x -$$
$$- \left\{\frac{1-2\nu}{2}\left(\frac{d_0}{d}\right)^2 + \frac{1}{4}\left[1-\left(\frac{d_0}{d}\right)^2\right]\right\}\sigma_y, \quad (175)$$

$$\frac{E}{2(1+\nu)}\frac{2\Delta y}{d} = \left\{(1-\nu)\left(\frac{d_0}{d}\right)^2 + \frac{1}{4}\left[1-\left(\frac{d_0}{d}\right)^2\right]\left(\frac{d_0}{d}\right)^2\right\}\sigma_y -$$
$$- \left\{\frac{1-2\nu}{2}\left(\frac{d_0}{d}\right)^2 + \frac{1}{4}\left[1-\left(\frac{d_0}{d}\right)^2\right]\right\}\sigma_x. \quad (176)$$

Mit $d_0 = 12$ mm, $d = 16$ mm und $\nu = 0{,}3$ folgen die Spannungen σ_x und σ_y aus Gln. (175) und (176) zu

$$\sigma_x = E\left(0{,}9892\frac{2\Delta x}{d} + 0{,}3781\frac{2\Delta y}{d}\right), \quad (177)$$

$$\sigma_y = E\left(0{,}9892\frac{2\Delta y}{d} + 0{,}3781\frac{2\Delta x}{d}\right). \quad (178)$$

Zur vollständigen Bestimmung eines unbekannten zweiachsigen Eigenspannungszustands sind mindestens drei Meßrichtungen erforderlich.

In der heutigen Form des Verfahrens sind die Meßstrecken radial außerhalb des Bohrlochs angeordnet, und der Setzdehnungsgeber ist durch Dehnungsmeßstreifen ersetzt. Der Zusammenhang zwischen der radialen Rückdehnung ε_r an der Meßstelle (auf Kreis mit Durchmeser d

3.6 Eigenspannungs- und Verzugsmessung, Modellgesetze

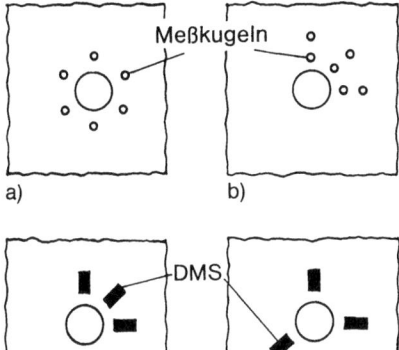

Bild 168. Bohrlochverfahren mit Meßkugeln (**a, b**) oder Dehnungsmeßstreifen (DMS) (**c, d**)

unter Winkel α relativ zur x-Achse) außerhalb des Bohrlochs (Bohrlochdurchmesser d_0) und den innerhalb des Bohrlochs ausgelösten Eigenspannungen folgt aus der elastizitätstheoretischen Lösung für die unendlich ausgedehnte Scheibe mit Loch unter zweiachsiger Grundbeanspruchung σ_x und σ_y (als Hauptspannungen aufgefaßt):

$$\varepsilon_r = (A + B \cos\alpha)\sigma_x + (A - B \cos\alpha)\sigma_y, \tag{179}$$

$$A = -\frac{1+\nu}{2E}\left(\frac{d_0}{d}\right)^2, \tag{180}$$

$$B = -\frac{1+\nu}{2E}\left[\frac{4}{1+\nu}\left(\frac{d_0}{d}\right)^2 - 3\left(\frac{d_0}{d}\right)^4\right]. \tag{181}$$

In [225] werden identische Gleichungen für die die Bohrung überbrückende Meßstrecke angegeben. Diese Identität ist unzutreffend.

Zur vollständigen Bestimmung eines unbekannten zweiachsigen Eigenspannungszustands (zwei Hauptspannungen σ_1 und σ_2 und die Hauptspannungsrichtung β) ist die Messung der Radialdehnung ε_r in mindestens drei Meßstellen bzw. Meßeinrichtungen (Dehnungsmeßstreifenrosetten) erforderlich.

Für die außenseitige Meßstellenanordnung [233] mit α=0°, α=45° und α=90° (zugehörig ε_{00}, ε_{45} und ε_{90}) nach Bild 169 (das diagonale Meßelement links unten kann auch rechts oben angeordnet werden) gilt:

$$\sigma_{1/2} = \frac{\varepsilon_{90} + \varepsilon_{00}}{4A^*} \pm \frac{\sqrt{2}}{4B^*}\sqrt{(\varepsilon_{90} - \varepsilon_{45})^2 + (\varepsilon_{45} - \varepsilon_{00})^2}, \tag{182}$$

$$\tan 2\beta = \frac{\varepsilon_{00} - 2\varepsilon_{45} + \varepsilon_{90}}{\varepsilon_{00} - \varepsilon_{90}}. \tag{183}$$

Eine alternative Form von Gl. (182) ist

$$\sigma_{1/2} = \frac{\varepsilon_{90} + \varepsilon_{00}}{4A^*} \pm \frac{1}{4B^*}\sqrt{(\varepsilon_{90} - \varepsilon_{00})^2 + (2\varepsilon_{45} - \varepsilon_{90} - \varepsilon_{00})^2}. \tag{184}$$

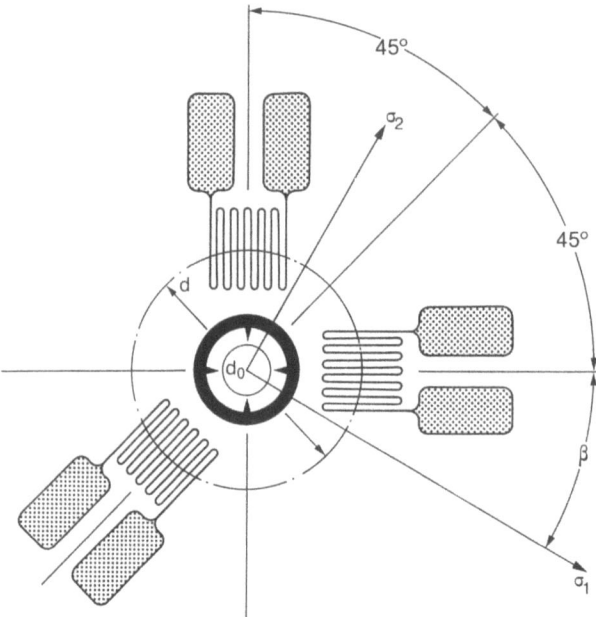

Bild 169. Dehnungsmeßstreifenrosette zum Bohrlochverfahren, Winkel- und Durchmesserlage; nach [233]

Die Konstanten A^* und B^* wären bei punktförmig wirkenden Meßelementen mit A und B nach Gln. (180) und (181) identisch. Tatsächlich sind Länge und Breite der Meßelemente in A^* und B^* mit zu berücksichtigen, wofür beispielsweise in [233, 234] die Formeln angegeben sind. Die Konstanten A^* und B^* können auch aus einer experimentellen Eichung der Meßanordnung im einachsigen Zugversuch gewonnen werden.

Die Meßempfindlichkeit des Bohrlochverfahrens ist um so größer, je näher an den Lochrand heran die Meßelemente gebracht werden können. Meßkugeln können in 1 mm Abstand vom Rand angebracht werden. Dehnungsmeßstreifen können mit $2{,}5 < d/d_0 < 3{,}4$ appliziert werden.

Die Bohrlochgröße richtet sich nach der Größe der Meßelemente (Durchmesser d_0 von 1,5 bis 3,0 mm sowie Meßelementlängen um 1,5 mm sind üblich). Die Dehnungsmeßstreifen sind als Rosetten, die sich am Bohrloch genau ausrichten lassen, erhältlich.

Die Genauigkeit des Bohrlochverfahrens wird beeinträchtigt, wenn das Bohrloch in der Nähe von Bauteilrändern oder von anderen Bohrlöchern angebracht wird, denn das Verfahren ist an den Verhältnissen in der unendlich bzw. weit ausgedehnten Scheibe geeicht. Ebenso können plastische Formänderungen das Meßergebnis verfälschen. Sie treten bei Eigenspannungen nahe der Fließgrenze oder bei unsachgemäßer Bohrtechnik auf.

Eine Variante des Bohrlochverfahrens [8] ermittelt den rotationssymmetrischen, inhomogenen, über die Plattendicke konstanten Eigenspannungszustand (beispielsweise in einer Punktschweißverbindung) durch Aufbohren mit schrittweise zunehmendem Durchmesser innerhalb der Meßstrecke (Anordnung nach Bild 168a). Ähnlich wie beim Biegepfeilverfahren ist eine komplizierte Rückrechnung von den Längenänderungen der Meßstrecke auf die Eigenspannungen im Ausgangszustand erforderlich. Das Verfahren wird mit dem Ausbohrverfahren für Rundkörper identisch, wenn anstelle der Meßstrecke über der Bohrung ein tangential angeordneter Dehnungsmeßstreifen weiter außen tritt, der bei Kreisscheiben auf der äußeren Stirnfläche angebracht wird.

3.6 Eigenspannungs- und Verzugsmessung, Modellgesetze 173

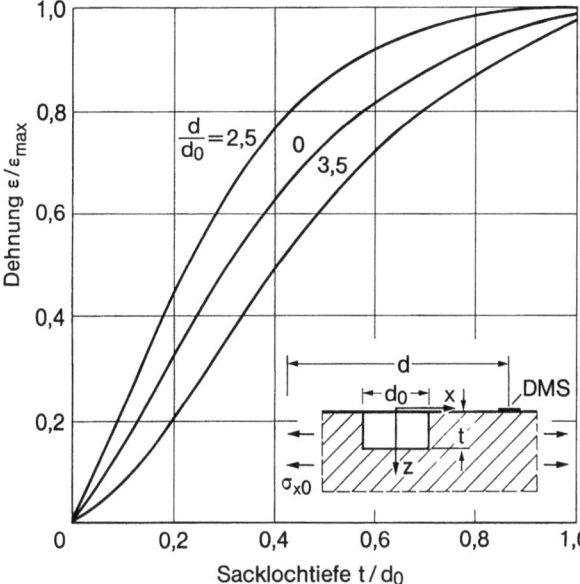

Bild 170. Eichkurven für Spannungsauslösung durch Sackloch im homogenen Zugspannungsfeld; nach [236]

Das Bohrlochverfahren läßt sich auf überlagerte Plattenbiegespannungen erweitern, indem die Rosetten beidseitig angebracht und ausgewertet werden [223].

Das Bohrlochverfahren läßt sich auch bei größeren Wanddicken und bei massiven Bauteilen mit tiefenkonstanten oder tiefenveränderlichen Eigenspannungen anwenden. Unter der Annahme, daß der Eigenspannungszustand an der Bauteiloberfläche sich mit der Tiefenkoordinate z nicht oder nur wenig ändert (nach Betrag, Mehrachsigkeit und Richtung), ist das Bohrlochverfahren mit nur geringfügiger Änderung der Konstanten A^* und B^* in den Auswertegleichungen auch mit Sacklöchern durchführbar. Die Sacklochtiefe sollte etwas größer als der Sacklochdurchmesser sein, $t = 1{,}2\, d_0$. Es ergibt sich die über die Sacklochtiefe gemittelte Eigenspannung.

Aber auch die Änderung der Eigenspannungshöhe über der Tiefenkoordinate z bei stärkeren Spannungsgradienten ist bestimmbar [235, 236]. Dazu wird der Rückdehnungsverlauf $\varepsilon = f(z)$ am Bauteil mit tiefenveränderlicher Spannung mit jenem am Zugmodell bzw. an der Zugprobe mit tiefenkonstanter Spannung, Eichkurve $\varepsilon_0 = f_0(z)$ nach Bild 170, verglichen. Das Verhältnis der Gradienten $(d\varepsilon/dz)/(d\varepsilon_0/dz)$ bei gleichem z/d_0 und d/d_0 ergibt direkt die in der betrachteten Tiefe des Bauteils gerade ausgelöste Spannung relativ zur Spannung in der Eichprobe. Es ist näherungsweise richtig, diese Spannung am Sacklochboden der ursprünglichen Eigenspannung gleichzusetzen.

Eine Alternative zum Bohrlochverfahren ist das Trepanierverfahren nach Gunnert [4] bzw. Kunz [230], bei dem die Rückdehnung von aus dünnen Platten herausgeschnittenen Zylinderklötzchen mit Setzdehnungsgebern bzw. Dehnungsmeßstreifen bestimmt wird. Für tiefenunabhängige und tiefenabhängige Eigenspannungen in massiven Bauteilen wird alternativ zum Sacklochverfahren das Ringfugeverfahren eingesetzt, Bild 171. Die Ringfuge hinreichender Tiefe (in Bild 171 angegeben) löst den Spannungszustand an der Oberfläche innerhalb der Ringfuge vollständig aus. Weiter vergrößerte Ringfugentiefe verändert das Meßsignal nicht mehr. Für die Meßstreckenanordnung innerhalb der Ringfuge nach Bild 171a

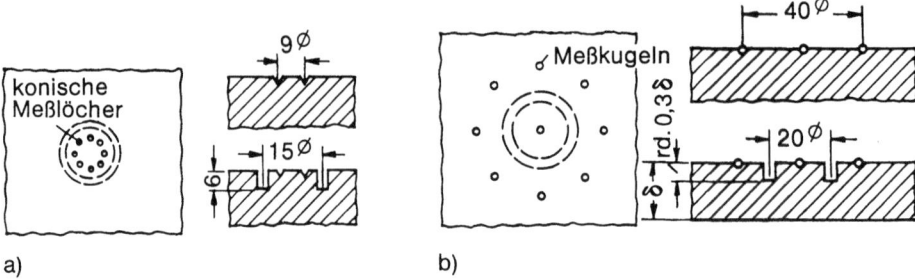

Bild 171. Ringfugeverfahren (Trepanierverfahren) nach Gunnert (a) und nach Kunz (b); nach [4, 230]

gilt gemäß Hookeschem Gesetz (Indizierung von ε entsprechend Neigungswinkel der Meßstrecke gegenüber der Waagerechten in Bild 169):

$$\sigma_1 + \sigma_2 = -\frac{E}{2(1-\nu)}(\varepsilon_{00} + \varepsilon_{45} + \varepsilon_{90} + \varepsilon_{135}), \tag{185}$$

$$\sigma_1 - \sigma_2 = \frac{E}{1+\nu}\sqrt{(\varepsilon_{00} - \varepsilon_{90})^2 + (\varepsilon_{45} - \varepsilon_{135})^2}, \tag{186}$$

$$\tan 2\beta = \frac{\varepsilon_{135} - \varepsilon_{45}}{\varepsilon_{00} - \varepsilon_{90}}. \tag{187}$$

Die Ringfuge in Verbindung mit der Meßstreckenanordnung über der Fuge nach Bild 171b wirkt wie ein Sackloch. Es gelten daher Beziehungen ähnlich Gln. (182) bis (184), modifiziert entsprechend der veränderten Zahl und Lage der Meßstrecken, wenn außenseitige Dehnungsmeßstreifen verwendet werden. Die in [225] für die die Ringfuge überbrückenden Meßstrecken angegebenen identischen Auswertegleichungen sind unzutreffend.

Bohrloch-, Sackloch-, Trepanier- und Ringfugeverfahren sind in der Praxis verbreitet, ersteres unterstützt durch die Anwendungsnorm [233]. Aber auch wissenschaftliche Untersuchungen werden damit durchgeführt [107].

Für zweiachsige, homogene, tiefenveränderliche Schweißeigenspannungen ist das vom Balken auf die Platte erweiterte Biegepfeilverfahren besonders geeignet. Allerdings ist die Kenntnis des Biegepfeils allein bei der zweiachsigen Problemstellung unzureichend. Es wird daher mit Dehnungsmeßstreifenrosetten gearbeitet, die den vollständigen zweiachsigen Rückdehnungszustand beim schichtweisen Abtragen anzeigen. Auswertegleichungen sind von Treuting/Read [229] für homogene Platten und von Schimmöller [191] für geschichtete Platten (im Hinblick auf plattierte Bleche) angegeben worden. Die Sorgfaltsanforderungen sind bei der Platte noch höher als beim Balken. Kräftefreies Abtragen durch Funkenerosion und Glättung der Meßergebnisse durch Ausgleichsrechnung sind unabdingbar. Da mit fortschreitender Abtragung die Aufspannkräfte anwachsen und damit auch die Gefahr der Fließgrenzenüberschreitung, empfiehlt es sich, nur bis etwa Plattenmitte abzutragen, also den Abtrag- und Meßvorgang an zwei identischen Platten von der einen und der anderen Oberfläche ausgehend durchzuführen. Das Verfahren wird in [204] auf plattierte Bleche angewendet.

3.6.3.3 Messung dreiachsiger Schweißeigenspannungen

Die Messung dreiachsiger (Schweiß-)Eigenspannungen stößt auf die grundsätzliche Schwierigkeit, daß das zugehörige, zu entspannende Werkstoffvolumen relativ unzugänglich im Innern des Bauteils liegt. Dennoch sind bestimmte Verfahren auch hier anwendbar, wenn die Hauptrichtungen des Eigenspannungszustands vorab bekannt sind, beispielsweise mit den Hauptrichtungen der Geometrie des Körpers zusammenfallen. Diese Verfahren werden nachfolgend dargestellt:

Der einfachste Schritt zur Bestimmung des dreiachsigen Eigenspannungszustands besteht darin, beim Zerlegeverfahren die Dickenänderung mitzumessen. Aus ihr kann auf die „mittlere" Spannung senkrecht zur Plattenebene geschlossen werden [8].

Ein anderes Verfahren [8] (ohne Mitteilung über die gesamte Plattendicke) besteht darin, dünne, tiefe Bohrungen an den Ort der zu messenden Eigenspannung heranzubringen, je ein miniaturisiertes Längsdehnungsmeßelement in ihnen zu positionieren und anschließend das zugehörige Werkstoffvolumen mit Bohrungen und Meßelementen herauszutrennen und dabei zu entspannen, Bild 172.

Die Richtung der drei Bohrungen fällt mit den drei Hauptrichtungen des Eigenspannungszustands zusammen. Wenn die zwei Bohrungen in Plattenebene unpraktikabel lang werden, werden statt dessen Schrägbohrungen vorgesehen, Bild 172b, aus deren Schrägdehnungen ε_{yz}, ε_{xz} die Waagerechtdehnungen ε_x, ε_y bei bekannter Senkrechtdehnung ε_z bestimmt werden:

$$\varepsilon_{xz} = \frac{1}{2}(\varepsilon_x + \varepsilon_z), \tag{188}$$

$$\varepsilon_{yz} = \frac{1}{2}(\varepsilon_y + \varepsilon_z). \tag{189}$$

Die Bohrungsenden mit den Meßelementen sollten einerseits möglichst nahe beieinander liegen, um auch in einem inhomogenen Spannungsfeld die drei Rückdehnungen einem einzigen Spannungszustand zuordnen zu können. Sie sollten andererseits aber nicht zu nahe liegen, weil sie sich sonst wechselseitig entlasten. Zur Begrenzung dieses Interaktionseffekts sollte der

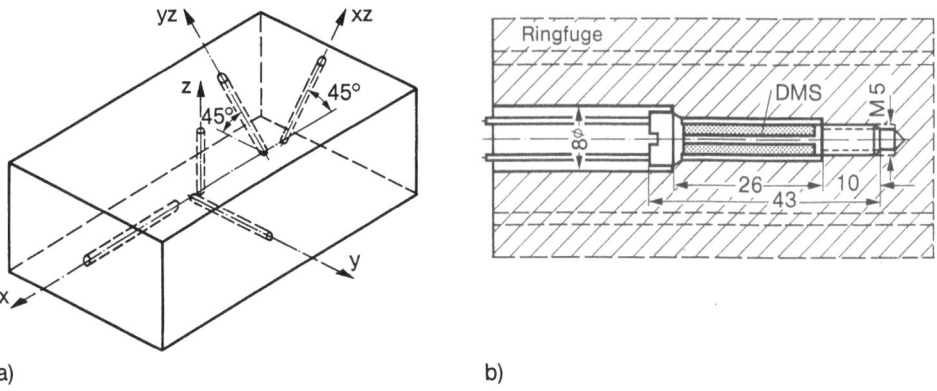

Bild 172. Messung des dreidimensionalen Eigenspannungszustands im Bauteilinnern über Bohrungen (a) mit Dehnungsgebern (b) und Entspannen durch Ringfuge; nach [8]

Abstand der Bohrungsenden das etwa Zehnfache des Bohrungsdurchmessers betragen [8]. Als Meßelement kommt eine leicht vorgespannte Schraube mit Meßschaft und Meßstreifen in Frage, augenscheinlich nach Bild 172b. Aufbohren und Schraubenanzug verursachen Meßfehler, die durch Eichung bzw. Vergleichsauswertung klein zu halten sind.

Es ist auch versucht worden, statt der drei Bohrungen nur eine einzige zu verwenden und an Boden und Wand der Bohrung Dehnungsmeßstreifenrosetten zu applizieren [8].

Nach dem von Ueda et al. [237, 238] angegebenen Verfahren werden die Eigenspannungsquellen als Anfangsdehnungen durch Zerlegen des Bauteils bestimmt, um aus ihnen die Eigenspannungen mittels Finit-Element-Verfahren elastisch zurückzurechnen. Für den Sonderfall des Schweißeigenspannungszustands im Mittelteil einer zentrischen, doppelsymmetrischen Stumpfnaht zwischen Plattenstreifen (Eigenspannungen nahtlängskonstant, Eigenspannungen symmetrisch zur Nahtmitte und zur Plattenmitte, Nahtlängseigenspannungen unter ebener Dehnung) werden die Anfangsdehnungen entkoppelt in einer Schnittfläche senkrecht zur Naht und in Schnittflächen parallel zur Naht(oberfläche) ermittelt. Die quer zur Naht herausgelöste dünne Scheibe wird unter Messung der Rückdehnung weiter zerlegt. Aus dem ebenen Spannungszustand der Scheibe ergeben sich die entsprechenden Spannungen unter ebener Dehnung nach Division durch $1-v^2$. Zusätzlich ergibt sich ein Nahtlängsspannungsanteil durch die Dehnungsunterdrückung. Die längs zur Naht und parallel zur Plattenoberfläche herausgelösten dünnen Scheiben werden nahtlängszerlegt, um aus der Rückfederung den Grundanteil der Nahtlängseigenspannungen zu bestimmen. Das in dieser Form auch durch Messungen verifizierte Verfahren geht in der allgemeineren Formulierung [237] von der unzutreffenden Annahme aus, die den Eigenspannungszustand bestimmenden „effektiven" Anfangsdehnungen (das sind die nach elastischem Ausgleich wirksamen Anfangsdehnungen) blieben beim Herauslösen der Quer- bzw. Längsscheiben unverändert.

Die Eigenspannungen in langen Voll- und Hohlzylindern (Stangen, Wellen, Rohre) können unter der Annahme der Rotationssymmetrie und der Axialunabhängigkeit nach dem Ausbohr- bzw. Abdrehverfahren nach Heyn/Baur [239], Mesnager [240] und Sachs [241] bestimmt werden, Bild 173. Auf der Innen- bzw. Außenseite des Zylinders wird der Werkstoff schichtweise abgetragen. Auf der der Abtragseite gegenüberliegenden Meßseite werden die Rückdehnungen in Umfangs- und Axialrichtung mit Dehnungsmeßstreifen gemessen. Die Ausgangseigenspannungen werden aus den Meßwerten nach den Grundgleichungen der elastischen Zylinderbeanspruchung zurückgerechnet. Dieses relativ genaue und befriedigende Meßverfahren für dreiachsige Eigenspannungen ist bisher bei Schweißverbindungen nur bei den zweiachsigen Eigenspannungen in einer Kreisplatte (Bild 7) angewendet worden. Die Verfahrensvariante für Platten wurde im vorhergehenden Abschnitt 3.6.3.2 erwähnt (Aufbohren mit schrittweise zunehmendem Duchmesser).

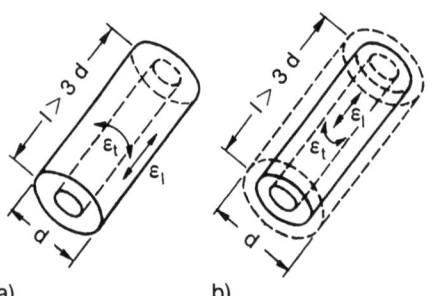

Bild 173. Aufbohrverfahren (a) und Abdrehverfahren (b) mit Messung der tangentialen und longitudinalen Dehnungen auf der Außen- bzw. Innenfläche

3.6.4 Zerstörungsfreie Eigenspannungsmessung

Zerstörungsfrei können Eigenspannungen mittels Röntgenstrahlen gemessen werden. Röntgenstrahlen werden an Metallgittern gebeugt und rufen Interferenzerscheinungen hervor, von denen ausgehed auf den Netzebenenabstand des Gitters geschlossen werden kann. Aus der Veränderung des Netzebenenabstandes gegenüber dem spannungsfreien Zustand ergibt sich die (Last- bzw.) Eigenspannung.

In der Praxis wird nach dem Rückstrahlverfahren gearbeitet [223, 245 bis 249], Bild 174. Ein auf die Werkstückoberfläche fallender Röntgenstrahl erzeugt nach Reflexion Interferenzen, die auf einem geschwenkten Film (nach Debye-Scherrer) als Interferenzring erscheinen. Modernere Geräte verwenden statt des Films einen Szintillationszähler. Die Interferenzlinie (erster Ordnung) genügt der Braggschen Beziehung (mit n=1)

$$2d \sin \vartheta = n\lambda, \tag{190}$$

nach der der „Glanzwinkel" ϑ vom Netzebenenabstand d der Atome im Kristallgitter und von der Wellenlänge λ der Röntgenstrahlung (praktikabel 0,002...2Å, 1Å=10^{-7} mm) abhängt. Der Winkel ϑ ist aus dem Radius r des Interferenzrings und dem Abstand a zwischen Probe und Film bestimmbar:

$$\vartheta = \frac{1}{2} \arctan \frac{r}{a}. \tag{191}$$

Der zweiachsige Spannungszustand an der Oberfläche wird aus der Radiusänderung des Interferenzrings unter drei Azimutwinkeln φ (zum Beispiel φ, $\varphi + \pi/4$, $\varphi + \pi/2$) und den röntgenografischen Elastizitätskonstanten bestimmt. Dabei wird jeweils unter verschiedenen Neigungswinkeln ψ (relativ zur Oberflächennormalen) eingestrahlt und die Gitterdehnung über $\sin^2 \psi$ linear gemittelt (nach Macherauch/Müller). Nach dem $\sin^2 \psi$-Verfahren (Grundgleichung der röntgenografischen Spannungsmessung [223]) ergeben sich neben der Hauptspannungssumme die Einzelkomponenten. Gleichzeitig sind die Eigenspannungen erster Art von jenen höherer Art trennbar. Es kann auch zwischen den Spannungen in den verschiedenen Phasen des Gefüges unterschieden werden.

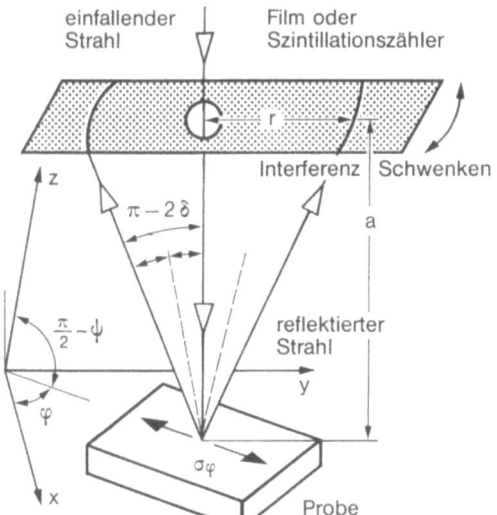

Bild 174. Röntgenografische Eigenspannungsmessung mittels Rückstrahlverfahren, Glanzwinkel ϑ, Azimutwinkel φ, Kippwinkel ψ; nach [225]

178   3 Eigenspannungen und Verzug beim Schweißen

Die erfaßte Meßfläche beträgt 0,1 bis 1 mm², die Meßtiefe etwa 10 µm. Durch schichtweises Abtragen der Oberfläche kann auch der Spannungsverlauf in größerer Tiefe näherungsweise erfaßt werden. Moderne „Diffraktometer" sind transportabel und mittelpunktfrei. Sie erlauben Messungen „vor Ort" zumindest unter Laborbedingungen.

Der Hauptvorteil der röntgenografischen Eigenspannungsmessung ist deren zerstörungsfreies Vorgehen. Ein Anwendungsschwerpunkt bei Schweißverbindungen sind Oberflächenmessungen mit höchstmöglicher örtlicher Auflösung, insbesondere Messungen in unmittelbarer Umgebung der Schweißnähte (siehe beispielsweise Bild 103). Meßprobleme können bei Werkstoffen mit starker Textur auftreten (beispielsweise durch Kaltumformung hervorgerufen).

Weitere zerstörungsfreie Eigenspannungsmeßverfahren sind das Ultraschallverfahren und das Magnetostriktionsverfahren. Beide Verfahren befinden sich in Entwicklung und sind noch nicht für breitere Anwendung reif. Das Ultraschallverfahren beruht auf der (allerdings sehr geringen) Geschwindigkeitsabhängigkeit des Ultraschalls vom Spannungszustand. Es werden Laufzeitmessungen mit zwei Transversalwellen vorgenommen, die orthogonal polarisiert sind. Das erforderliche Meßvolumen ist aus Genauigkeitsgründen relativ groß. Meist wird die mittlere Spannungsdifferenz über die Bauteildicke ausgewertet. Beim Magnetostriktionsverfahren wird vom Wert der örtlichen Magnetisierungsbehinderung auf den Spannungszustand geschlossen. Auch Härtemessungen enthalten Informationen über Eigenspannungen. Zugspannungen vermindern die Härte proportional, Druckspannungen lassen sie unverändert [223].

3.6.5 Verzugsmessung

Die Verzugsmessung im abgekühlten Zustand nach dem Schweißen erfolgt mit den industrieüblichen Längen- und Winkelmeßverfahren, ohne daß eine schweißspezifische Anpassung

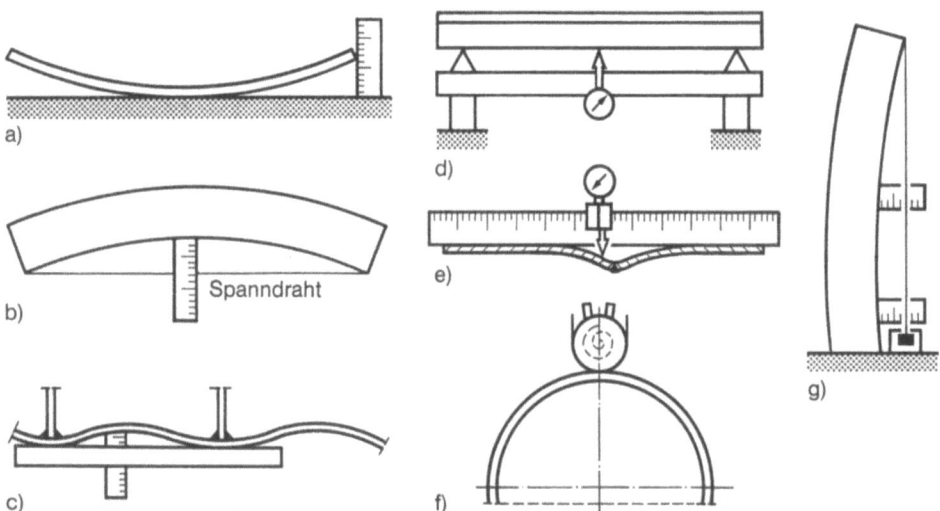

Bild 175. Verzugsmessung: Biegeschrumpfungsmessung auf Meßplatte (**a**) oder mit Spanndraht (**b**), Winkelschrumpfungsmessung mit Meßlineal (**c**), kontinuierliche Durchbiegungsmessung (**d**, **e**), Einschnürungsmessung (**f**), Neigungsmessung (**g**); nach [8]

3.6 Eigenspannungs- und Verzugsmessung, Modellgesetze

nötig ist. Anwendungsbeispiele zeigt Bild 175. Die Quer- und Längsschrumpfung wird am einfachsten mit dem Bandmaß bestimmt. Biege- bzw. Winkelschrumpfung kann auf einer Meßplatte, über einen Spanndraht (wegen des Durchhängens des Drahtes in Horizontalebene auszuführen) oder über ein aufgelegtes Meßlineal gemessen werden, Bild 175a, b, c. Die Durchbiegung kann auch kontinuierlich abgefahren werden, um das Biegeverzugsprofil zu bestimmen, Bild 175d, e. An vertikal ausgedehnten Bauteilen wie Säulen, Stützen, Tankwänden werden Neigung und Durchbiegung über genau senkrecht hängende Drähte, deren Spanngewicht zur Schwingungsdämpfung in Flüssigkeit eintaucht, gemessen, Bild 175g. Umfangsmessungen an Kugel- und Zylinderschalen erfolgen mittels eines den Baukörper umspannenden Drahtes oder Blechstreifens, der mittels zweier gegeneinander verdrehbarer Spannrollen allseitig dicht angelegt wird, Bild 175f. Aus der Verdrehung der Spannrollen am Bauteil mit Schweißnaht gegenüber dem Bauteil ohne Schweißnaht folgt die Umfangsänderung, aus der auf die Durchbiegung zurückgerechnet wird.

3.6.6 Modellgesetze

Bei sehr großen und dickwandigen Bauteilen kann es wirtschaftlich sein, die Schweißversuche am verkleinerten Modell durchzuführen. Auch der umgekehrte Fall tritt auf, daß bei sehr kleinen und dünnwandigen Bauteilen die Schweißversuche am vergrößerten Modell ausgeführt werden, um den Vorgang besser handhaben zu können. In beiden Fällen wird nach dem Modellgesetz für Kräfte und Verschiebungen, Spannungen und Dehnungen während und nach dem Schweißen bei geometricher Ähnlichkeit von Modell und Realausführung aus identischem Werkstoff gefragt.

Das Modellgesetz wird nachfolgend gemäß [8] für identische Temperaturfelder (also identischen Temperaturen an zugehörigen Punkten) abgeleitet. Es wird in Kauf genommen, daß sich die zeitlichen Temperaturfeldänderungen unterscheiden. Das bedeutet, daß die Kriech- und Relaxationseffekte sowie die Umwandlungsvorgänge, soweit sie von der Abkühlgeschwindigkeit bzw. der Verweilzeit abhängen, unterschiedlich auftreten. Kriechen und Relaxation ist zumindest beim Einlagenschweißen ohne weiteres vernachlässigbar. Anders verhält es sich mit den abkühlgeschwindigkeitsabhängigen Umwandlungsvorgängen. Das Modellgesetz ist nur für solche Werkstoffe gültig, für die letztere ausgeschlossen werden können. Dazu gehören die austenitischen Stähle, die Stähle mit niedrigem Kohlenstoffgehalt sowie viele Aluminium- und Titanlegierungen.

Zunächst werden (Hochleistungs-)Schweißvorgänge auf massiven Körpern betrachtet, bei denen die Wärmeübertragung an die Umgebung vernachlässigbar ist. Ausgehend von Gl. (30) für das Temperaturfeld einer wandernden Punktquelle auf dem Halbkörper müssen bei identischen Temperaturfeldern in Realausführung (ohne Index) und Modell (Index m) folgende Gleichungen erfüllt sein:

$$\left(\frac{q}{2\pi\lambda R}\right)_m = \frac{q}{2\pi\lambda R}, \qquad (192)$$

$$\left(\frac{vR}{2a}\right)_m = \frac{vR}{2a}. \qquad (193)$$

Als Maßstabsfaktor α_m des geometrisch ähnlichen Modells wird

$$\alpha_m = \frac{R_m}{R} = \frac{x_m}{x} = \frac{y_m}{y} = \frac{z_m}{z} = \frac{\delta_m}{\delta} \qquad (194)$$

eingeführt. Daraus und aus Gln. (192) bzw. (193) folgen die Ähnlichkeitsbeziehungen:

$$\frac{q_m}{q} = \alpha_m, \tag{195}$$

$$\frac{v_m}{v} = \frac{1}{\alpha_m}. \tag{196}$$

Die Verweilzeiten Δt sind nach Gl. (95) der Streckenenergie $q_s = q/v$ proportional. Daraus folgt

$$\frac{\Delta t_m}{\Delta t} = \alpha_m^2. \tag{197}$$

Für den Schweißnahtquerschnitt F_n (Fugenquerschnitt beim Einlagenschweißen, Lagenquerschnitt beim Mehrlagenschweißen) gilt:

$$\frac{F_{nm}}{F_n} = \alpha_m^2. \tag{198}$$

Für die Elektrodenvorschubgeschwindigkeit v_e ist bei ähnlich verändertem Elektrodenquerschnitt

$$\frac{v_{em}}{v_e} = \alpha_m. \tag{199}$$

Die Spannungen σ ergeben sich identisch, die Verschiebungen u dagegen verzerrt (bei jedoch identischen Drehwinkeln):

$$\sigma_m = \sigma, \tag{200}$$

$$u_m = \alpha_m u. \tag{201}$$

Bei Schweißvorgängen geringerer Leistung an Platten, insbesondere auch beim Elektroschlackeschweißen, spielt der Wärmeaustausch mit der Umgebung eine größere Rolle und ist im Modellgesetz zu beachten. Ausgehend von Gl. (32) für die wandernde Linienquelle in der Scheibe gilt zusätzlich zu den Gln. (192) und (193):

$$\left(\frac{br^2}{a}\right)_m = \frac{br^2}{a}. \tag{202}$$

Mit $b = 2(\alpha_k + \alpha_s)/c\varrho\delta$ folgt bei gleicher Wärmeaustauschzahl $\alpha_k + \alpha_s$ in Modell und Realausführung und $r_m/r = \alpha_m$:

$$\frac{\delta_m}{\delta} = \alpha_m^2. \tag{203}$$

Bei Änderung der Bauteilabmessungen mit α_m muß also die Plattendicke mit α_m^2 geändert werden. Die Wärmeleistung q_m folgt der Dicke:

$$\frac{q_m}{q} = \alpha_m^2. \tag{204}$$

Die übrigen Gln. (196) bis (201) bleiben gültig.

3.6 Eigenspannungs- und Verzugsmessung, Modellgesetze

Die Anwendung der vorstehenden Ähnlichkeitsbeziehungen auf die Spannungs- und Formänderungsanalyse beim Elektroschlackeschweißen ist in [8] (dort S. 215) dargestellt. Die nach Gln. (195) bzw. (204) veränderte Wärmeeinbringung bedingt im allgemeinen unterschiedliche Schweißverfahren an Modell und Realausführung. Im vorliegenden Fall wurde das Modell mit auf I-Fuge aufliegendem Zusatzdraht wolframinertgasgeschweißt.

4 Verminderung von Schweißeigenspannungen und Schweißverzug

4.1 Notwendigkeit und Art der Maßnahmen

Schweißeigenspannungen wirken sich je nach Art, Vorzeichen, Richtung und Verteilung negativ oder positiv auf die Festigkeit des Bauteils aus. Dreiachsige Zugeigenspannungen im Verbund mit rißartigen Fehlstellen begünstigen den Sprödbruch. Ein- oder zweiachsige Zugeigenspannungen vermindern die Korrosionsfestigkeit und erhöhen die Instabilitätsgrenze, Druckeigenspannungen verbessern die Schwingfestigkeit. Einzelheiten dazu werden in Kapitel 5 und in [362] (dort Abschnitt 2.3.2 und 3.4) mitgeteilt. Bauteile mit Schweißeigenspannungen können sich während nachfolgender Bearbeitung, Auslagerung und Betriebsbelastung verziehen. Besonders störend ist das Rückfedern beim spanenden Bearbeiten. Schweißverzug vermindert Schwingfestigkeit und Traglast. Auch vorgeschriebene Fertigungstoleranzen können durch Schweißverzug überschritten werden. Es ist daher notwendig, Schweißeigenspannungen und Schweißverzug klein zu halten bzw. nach bestimmten Gesichtspunkten (soweit möglich) zu steuern.

Eine grundsätzliche Schwierigkeit dabei besteht darin, daß Schweißeigenspannungen und Schweißverzug sich in hohem Maße gegenläufig verhalten. Ein durch Festspannen beim Schweißen relativ formgenau hergestelltes Bauteil weist hohe Eigenspannungen auf. Wird es dagegen frei geschweißt, ist der Verzug groß und die Eigenspannung relativ kleiner. Es ist daher nicht ohne weiteres möglich, ein zugleich eigenspannungs- und verzugsarmes Bauteil herzustellen, wie es in der Praxis vielfach erwünscht wäre. Demnach ist zwischen Maßnahmen zu unterscheiden, die die Eigenspannungen niedrig halten (zum Beispiel Entspannungsverfahren) und solchen, die den Verzug klein halten (zum Beispiel Richtverfahren). Manche Maßnahmen Beziehen sich im Sinne eines Kompromisses auf Eigenspannungen und Verzug gleichzeitig.

Die grundsätzliche Schwierigkeit reicht möglicherweise noch weiter. Auch Längs- und Quereigenspannungen einer Schweißnaht verhalten sich gegenläufig, wenn nämlich die verbreitete Ansicht (siehe zum Beispiel [5]) zutrifft, daß steilere Temperaturgradienten beim Schweißen höhere Eigenspannungen zur Folge haben. Diese Ansicht kann sich ja nicht auf die (globalen) Quereigenspannungen einer Schweißnaht beziehen, denn diese sind infolge der niedrigeren, aber konzentrierteren Wärmeeinbringung sicher vermindert. Andererseits erreichen die Nahtlängseigenspannungen bei Ausschluß von Umwandlungsspannungen mit ihrem Größtwert immer die Fließgrenze oder liegen infolge der Dehnungsverfestigung darüber, egal mit welcher Temperaturkonzentration geschweißt wird. Die höhere Temperaturkonzentration bewirkt allerdings größere plastische Dehnungen im abkühlenden Nahtbereich, so daß hier höhere Anforderungen an Verformungsfähigkeit und Alterungsunempfindlichkeit gestellt werden. Auch ist bei der höheren Temperaturkonzentration mit größeren Schwankungen der Eigenspannungen in Nahtdickenrichtung und damit gekoppelt in Nahtquerrichtung zu rechnen, so daß zumindest lokal erhöhte Spannungen und Mehrachsigkeitsgrade denkbar sind (in [198] für den umwandelnden Stahl 20 MnMoNi 55 nicht bestätigt). Zu hohe Temperaturkonzentration ist aber nicht wegen möglicherweise lokal erhöhten Eigenspannungen zu vermeiden, sondern wegen unerwünschter Gefügeänderungen, die mit dem zeitlichen Temperaturgradienten zusammenhängen.

Eine weitere Schwierigkeit des Abbaus von Schweißeigenspannungen und Schweißverzug besteht darin, daß dabei die Verformungsfähigkeit des Werkstoffs in Anspruch genommen wird. Dadurch kann das entspannte oder gerichtete Bauteil näher der Versagensgrenze liegen als das eigenspannungs- und verzugsbehaftete Bauteil. Derart kritische Verhältnisse treten vorzugsweise am Grund von scharfen Kerben und rißartigen Fehlstellen auf. Hier konzentrieren sich lokal Spannungen und Dehnungen, sowohl die durch den Schweißvorgang als auch die durch die äußere Belastung hervorgerufenen Vorgänge. Nur die Kornneubildung durch Normalglühen macht derartige lokale Schädigungen ganz rückgängig.

Die Maßnahmen zur Verminderung von Schweißeigenspannungen bzw. Schweißverzug können des weiteren in solche vor, während und nach dem Schweißen eingeteilt werden. Vor dem Schweißen wird über konstruktive und werkstofftechnische Maßnahmen entschieden. Es kann vorverformt, auf- oder festgespannt werden. Die Schweißfolge und die Verfahrensparameter werden spezifiziert. Während des Schweißens kann vorgewärmt oder gekühlt werden. Nach dem Schweißen wird entspannt oder gerichtet. Die nachfolgenden Abschnitte ordnen sich nach konstruktiven, werkstofftechnischen und fertigungstechnischen Maßnahmen. Letztere unterteilen sich nach Maßnahmen vor und während des Schweißens und solchen nach dem Schweißen.

Die Verminderung der Schweißeigenspannungen umfaßt folgende Möglichkeiten:

— Verkleinerung der Eigenspannungshöhe, insbesondere der Zuggrößtwerte,
— Verkleinerung der Bereiche bzw. Volumina mit hohen Eigenspannungen,
— Abbau hoher Zugmehrachsigkeitsgrade.

Mit Verminderung des Schweißverzuges ist Verkleinerung der augenfälligsten bleibenden Formänderungen gemeint.

4.2 Konstruktive Maßnahmen

Die konstruktive Gestaltung von Schweißkonstruktionen hat so zu erfolgen, daß Schweißeigenspannungen und Schweißverzug für die Fertigung handhabbar bleiben. Die Herstellbarkeit durch Schweißen wird dadurch gesichert. Als konstruktive Maßnahmen werden solche Festlegungen bezeichnet, die ausschließlich der Verantwortung des Konstrukteurs unterstehen. Dazu gehören die Gestaltung und Dimensionierung der Konstruktion und ihre Unterteilung durch Schweißnähte, die Wahl der Stoßart (Stumpfstoß, Überlappstoß- Kreuz- und T-Stoß, Eckstoß, Schrägstoß, Stirnstoß) und die Festlegung der Nahtdicke (sofern unabhängig von der Plattendicke wählbar). Alle weitergehenden Entscheidungen, insbesondere auch die zur Fugenform und Schweißfolge sowie die Wahl zwischen durchgehender und unterbrochener Naht, werden der Fertigung zugeordnet. Diese Abgrenzung wird nicht immer den organisatorischen Vereinbarungen in den Unternehmen entsprechen.

Die wichtigsten konstruktiven Maßnahmen zur Begrenzung von Schweißeigenspannungen und Schweißverzug sind:

— kleinstmögliche Schweißnahtlänge,
— kleinstmögliche Wanddicke,

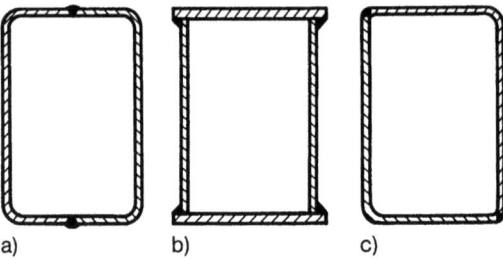

Bild 176. Kleinstmögliche Nahtlänge beim Kastenträger: geringer Verzug mit 2 symmetrisch angeordneten Stumpfnähten (**a**), stärkerer Verzug mit 4 symmetrisch angeordneten Kehlnähten (**b**), starker Verzug mit 2 unsymmetrisch angeordneten Ecknähten (**c**); nach [5]

— kleinstmögliche Nahtdicke,
— unterbrochene Naht günstiger als durchgehende Naht,
— die Kehlnaht günstiger als die Stumpfnaht,
— große Dehnlänge der Anschlußteile zur Stumpfnaht,
— günstige Unterteilung in Baugruppen.

Für kleinstmögliche Schweißnahtlänge steht der bekannte Slogan: „Die beste Schweißkonstruktion ist die, an der gar nicht geschweißt wird".

Eine konkrete Nutzanwendung des Grundsatzes kleinstmöglicher Nahtlänge zeigt Bild 176. Den geringsten Verzug weist der aus zwei U-Profilen und zwei Stumpfnähten gebildete Träger (a) auf, während der aus Gurt- und Stegblech mit vier Kehlnähten gefügte Träger sich stärker verzieht, jedoch durch die Möglichkeit ausgezeichnet ist, die Gurtdicke gegenüber der Stegdicke zu erhöhen. Der Träger (c) aus zwei Winkelblechen ist wegen unsymmetrischen Verzugs weniger geeignet.

Als besonders schädlich werden Nahtanhäufungen und Nahtkreuzungen angesehen. Bei parallel angehäuften Nähten addieren sich gleichgerichtete Schweißeigenspannungen und plastifizierte Bereiche bis zu einem gewissen Grade. Bei sich kreuzenden Nähten bauen sich in zwei Richtungen hohe Eigenspannungen auf. In beiden Fällen kann der zweifach aufgebrachte thermomechanische Zyklus die Verformungsfähigkeit des Werkstoffs örtlich beispielsweise an Kerben und Fehlstellen, überschreiten. Eine Gegenmaßnahme ist die versetzte Anordnung der Quernähte bei durchgehenden Längsnähten, beispielsweise bei Plattenfeldern, Bild 177a, oder beim I-Trägerstoß (Versatz von Gurt- und Stegnaht), Bild 177c. Die Versatzlänge sollte das mindestens Zwanzigfache der Plattendicke betragen. Eine andere Gegenmaßnahme ist das Freischneiden der Nahtkreuzungsstellen so, daß das kreuzende Überschweißen vermieden wird, Bild 177b. Derartige Ausschnitte sind allerdings hinsichtlich der Ermüdungsfestigkeit nicht unbedenklich.

Die kleinstmögliche Wanddicke wird gefordert, um Höhe und Ausdehnung der sprödbruchauslösenden dreiachsigen Zugspannungen zu begrenzen. Nur bei größerer Wanddicke kann die dritte Hauptspannung in Wanddickenrichtung größeres Ausmaß erlangen. Deshalb wird im Regelwerk ab einer bestimmten Wanddicke vielfach Spannungsarmglühen verlangt. Als Gegenmaßnahme können aber auch dicke Gurte durch Lamellenpakete und dickwandige zylindrische Behälter durch mehrlagige Bauweise ersetzt werden. Im letzteren Fall werden Blechringpakete durch eine gemeinsame Umfangsnaht aneinandergefügt.

Die Nahtdicke ist bei Kehlnähten frei wählbar, während sie bei Stumpfnähten der Wanddicke gleich ist. Die Kehlnahtdicke sollte nicht größer als aufgrund statischer Berechnung notwendig sein, denn mit der Nahtdicke steigt die Schweißwärmeeinbringung und damit die Schrumpfkraft und der Verzug.

4.2 Konstruktive Maßnahmen

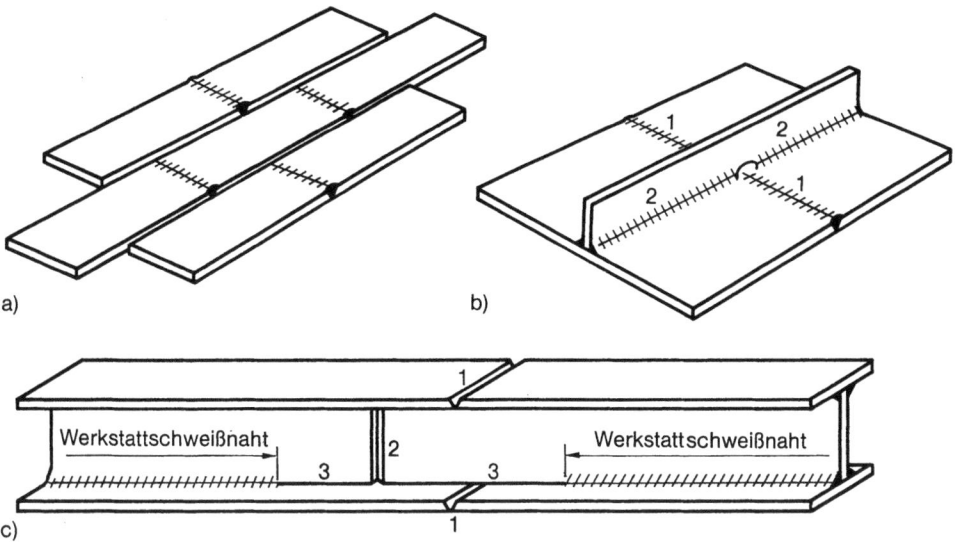

Bild 177. Vermeiden von Nahtkreuzungen und günstige Schweißfolge: Plattenfeld mit versetzt angeordneten Quernähten (zuerst schweißen) und durchgehenden Längsnähten (zuletzt schweißen) (a); Platte mit Aussteifung mittels Rippenstab, erst die Quernaht, dann die Längsnaht schweißen, Nahtkreuzung durch Freischnitt vermeiden (b); I-Trägerstoß mit versetzt angeordneten Gurt- und Stegnähten, erst die abgesetzten Quernähte, dann die durchgehenden Längsnähte schweißen (c); nach [5]

Befestigungsnähte (das sind Nähte, die nicht einer konstruktiv vorgesehenen direkten Kraftübertragung dienen) können unterbrochen gelegt werden, um die Wärmeeinbringung zu reduzieren. Die Nahtabschnitte können bei der Doppelkehlnaht gegeneinander versetzt angeordnet sein. Bei Korrosionsgefahr werden die Nahtabschnitte durch Ausschnitte hindurch geschlossen. Unterbrochene Nähte und Ausschnitte sind hinsichtlich der Ermüdungsfestigkeit nicht unbedenklich und daher auch nur bei Befestigungsnähten zulässig. Eine weitere verzugsarme Befestigungsart, beispielsweise für Versteifungsrippen ist die (Lang-)Lochschweißung (auch als Punktschweißung ausführbar). Die erwähnte Lochschweißung ist in Bild 178 der Ausführung mit unterbrochenen Kehlnähten gegenübergestellt.

Die Kehlnaht im Kreuz-, T-, Eck- und Überlappstoß ist der Stumpfnaht hinsichtlich der Eigenspannungen und des Verzuges überlegen (nicht so hinsichtlich der Ermüdungsfestigkeit). Der Spalt und die Kraftumlenkung bei der Kehlnaht erhöhen die

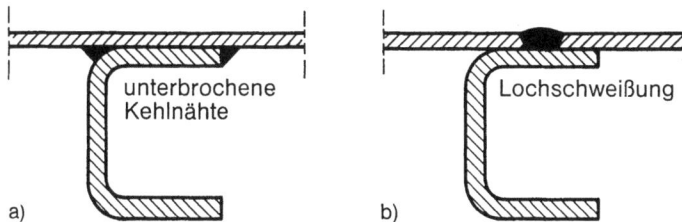

Bild 178. Verzugsminderung bei Befestigungsnähten: Bodenplatte auf U-Träger, starker Verzug bei Verbindung über unterbrochene Kehlnähte (a), geringer Verzug bei Verbindung über Lochschweißung (b); nach [5]

186 4 Verminderung von Schweißeigenspannungen und Schweißverzug

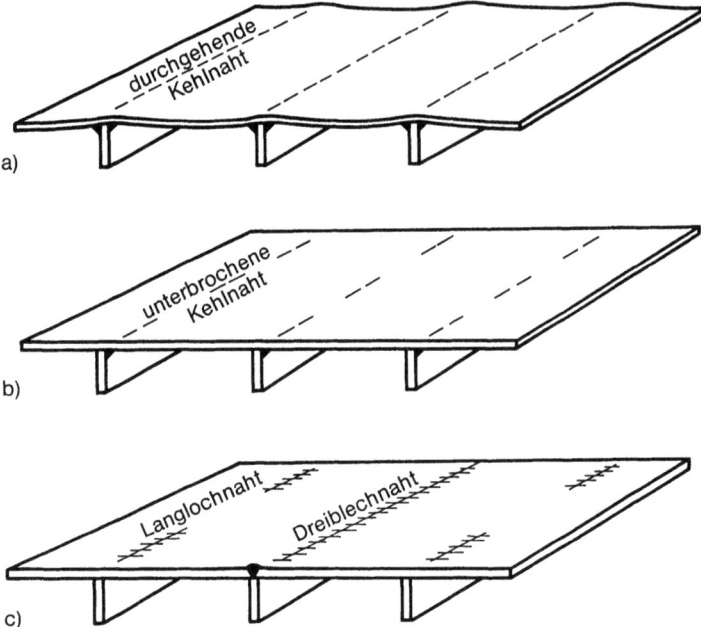

Bild 179. Verzugsminderung bei Platte mit Aussteifung mittels Rippenstäben: starker Verzug (Knicke) bei durchgehenden Kehlnähten (**a**), weniger Verzug bei unterbrochenen Kehlnähten (**b**), geringer Verzug bei Dreiblechnaht und Langlochnaht (**c**); nach [5]

Nachgiebigkeit des Stoßes, so daß sich die Quereigenspannungen weniger hoch aufbauen. Besonders im älteren Schrifttum wird die Stumpfnahtkonstruktion als „monolithischer" und daher sprödbruchgefährdeter bezeichnet. Nachträgliche Flicken werden mit Rücksicht auf obigen Sachverhalt besser nicht bündig eingeschweißt, sondern überlappend aufgeschweißt. Die Kehlnaht ist auch hinsichtlich der erforderlichen Maßhaltigkeit der Ausgangsteile der Stumpfnaht überlegen. Quer- und Winkelversatz sind in höherem Maße zulässig als bei der Stumpfnaht, deren Fuge besonders genau auszurichten ist (was in der Praxis zu vorspannendem Herausdrücken, Heranziehen usw. führt). Dem Steifigkeitsnachteil der Stumpfnaht kann durch hinreichend große Einspannlänge quer zur Naht („Dehnlänge") konstruktiv gegengesteuert werden. Hinsichtlich der Winkelschrumpfung beim T-Stoß ist die Dreiblechnaht der gängigeren Doppelkehlnaht weit überlegen, Bild 179, allerdings auf Kosten höherer stumpfnahtähnlicher Quereigenspannungen.

Schließlich ist die besonders aus dem Schiffbau und Brückenbau bekannte Unterteilung der Konstruktion in maßhaltig vorzufertigende Baugruppen (oder Sektionen) eine besonders wirksame Maßnahme zur Beherrschung von Schweißeigenspannungen und Schweißverzug in der Gesamtkonstruktion (außerdem verkürzt sich die Bauzeit durch Parallelfertigung). Die Maßhaltigkeit der Baugruppen verbürgt die Maßhaltigkeit der Gesamtkonstruktion. Zusätzlich sind die Baugruppen in der Werkhalle fertigbar, und nur die Gesamtkonstruktion wird im Freien geschweißt. Im Brückenbau und Hochbau wird auf das Schweißen der Baustellenstöße möglichst ganz verzichtet. Die Baustellenstöße werden mit hochfesten Schrauben gefügt. Die möglichst weitgehende Symmetrisierung der Baugruppen und damit der Nahtlagen in der Gesamtkonstruktion ist in jedem Fall anzustreben.

4.3 Werkstofftechnische Maßnahmen

4.3.1 Ausgangslage

Der Werkstoff für Schweißkonstruktionen sollte in hohem Maße nach schweißtechnischen Gesichtspunkten gewählt werden. Er sollte unter den jeweiligen konstruktiven und fertigungstechnischen Gegebenheiten schweißgeeignet sein, daß heißt, die sich ergebenden Schweißverbindungen sollten sich als hinreichend rißfrei, bruchfest und verformungsfähig für die nachfolgenden Betriebsbelastungen erweisen. Die Festigkeit ist eingeschränkt, wenn sich unter den metallurgischen und thermischen Vorgängen des Schweißens Risse bilden (Heiß- oder Kaltrisse) oder das Rißbildungspotential bei anschließender Belastung drastisch erhöht wird. Bei Rißbildung und Rißbildungspotential spielen Schweißeigenspannungen eine wesentliche Rolle. Druckeigenspannungen behindern die Rißbildung, Zugeigenspannungen, besonders solche mehrachsiger Art, begünstigen sie.

Infolge der besonderen theoretischen und experimentellen Schwierigkeit, die Schweißeigenspannungen im konkreten Anwendungsfall hinreichend sicher zu bestimmen, tauchen die Schweißeigenspannungen bei entsprechenden Sachdiskussionen und Prüftechniken kaum explizit und quantifiziert auf. Sie sind in den Festlegungen zur Probengröße, Probengeometrie und Schweißwärmeeinbringung bei den Heiß- und Kaltrißprüfverfahren lediglich implizit und unquantifiziert enthalten. Dieser Sachverhalt bedingt die mangelnde Übertragbarkeit der Prüfergebnisse an der Heiß- oder Kaltrißprobe auf das Bauteil. Am überzeugendsten für eine günstige Festigkeitsprognose wirkt noch der gelegentlich anzutreffende meßtechnische Nachweis von Druckeigenspannungen in der Probenschweißnaht, wobei aber auch hier die Frage der Übertragbarkeit offen bleibt. Es ist jedoch zu erwarten, daß mit der fortschreitenden Verbesserung der rechnerischen Schweißeigenspannungsanalyse hier eine grundsätzliche Verbesserung der Lage eintritt. Dennoch sind die Schweißeigenspannungsfelder besonders bei Umwandlungseinfluß so komplex, daß Allgemeinaussagen schwierig und nur Einzelfälle detailliert analysierbar sein werden.

Es war bisher nicht möglich, die für die Schweißeignung aus Sicht der Schweißeigenspannungen und des Schweißverzuges wesentlichen Werkstoffparameter eindeutig und quantifiziert anzugeben, ganz abgesehen von der noch schwierigeren Frage nach der Rißbildung und Rißvergrößerung. Dagegen steht, daß sich Längs- und Quereigenspannungen bzw. Längs- und Querverzug nach unterschiedlichen Mechanismen ausbilden, daß der Vorgang stark nichtlinear verläuft, daß die thermomechanischen Werkstoffkennwerte stark temperaturabhängig sind und daß neben den Wärmedehnungen die Umwandlungsvorgänge eine wesentliche Rolle spielen können.

4.3.2 Werkstoffkennwerte in den Feldgleichungen

Für die linearelastischen Grundmodelle instationärer Wärmebeanspruchung beim Schweißen sind jedoch Feldgleichungen bekannt, aus denen die maßgebenden Werkstoffkennwerte insoweit ersichtlich sind, als die linearelastische Lösung die tatsächlich stark nichtlinearen elastoplastischen Verhältnisse mitbestimmt. Letzteres ist der Fall, weil der Schweißvorgang hochgradig lokalisiert und elastisch gestützt abläuft. Nachfolgend werden bekannte Scheibenlösungen ausgewertet und als repräsentativ auch für kompakte Stäbe (mit Stumpfstoß) und massive Körper (mit Auftragnaht) angesehen, was nicht streng zutrifft. Die für instationäre

Wärmeleitvorgänge maßgebende Temperaturleitzahl a ist dabei formal einheitlich auch dort zu setzen, wo kürzer die Wärmeleitzahl λ stehen könnte ($a = \lambda/c\varrho$).

Für das instationäre Temperaturfeld in der unendlichen Scheibe mit momentaner Linienquelle senkrecht zur Scheibenebene (Modell für Punktschweißen) nach Gl. (24) (mit $T_0 = 0$, $b = 0$) ist die Radialspannung nach Gl. (100) bekannt. Für das quasistationäre Temperaturfeld um die gleichförmig und geradlinig in der unendlichen Scheibe bewegte Linienquelle senkrecht zur Scheibenebene (Modell für Nahtschweißen) nach Gl. (32) (mit $T_0 = 0, b = 0$) gilt für die Längsspannung Gl. (102) und für die (mittlere) Längsschrumpfung Gl. (156). Die maximale Querverschiebung des Randes der halbunendlichen Scheibe mit darauf gleichförmig bewegter Linienquelle senkrecht zur Scheibenebene (Modell für die offene Schweißfuge) ist durch Gl. (150) gegeben. Mit der elastischen Einspannlänge folgt daraus die Querspannung nach Gl. (135).

Aus den vorstehenden Gleichungen gehen zwar Werkstoffkenngrößen hervor, die für Schweißeigenspannungen und Schweißverzug maßgebend sind, die Lage ist aber dennoch unübersichtlich, weil die Verfahrenskennwerte Q bzw. $q_s = q/v$ (Streckenenergie) in nicht unerheblichem Maß von Werkstoffkennwerten bestimmt werden.

Der Einfluß des Werkstoffs auf Q bzw. q sei zunächst geklärt. Die Schweißwärme dient dazu, Grund- und Zusatzwerkstoff aufzuschmelzen. Dabei wird auch Wärme in den umgebenden Grundwerkstoff geleitet, an die Umgebungsluft übertragen und an die Umgebung abgestrahlt. Wenn Q bzw. q als nahtwirksame Wärme aufgefaßt wird, bleibt der Umgebungsverlust (5 bis 75 % je nach Schweißverfahren, siehe Tabelle 1) außer Betracht. Die nahtwirksame Wärme wird zum größten Teil abgeleitet und dient zum kleineren Teil (bis zu 48 %, siehe Abschnitt 2.3.1.4) dem Aufschmelzen. Der schmelzwirksame Teil von Q bzw. q kann $c\varrho T_s$ proportional gesetzt werden (T_s Schmelztemperatur, $c\varrho$ gemittelt zwischen 0 °C und T_s), wenn die latente Schmelzwärme sowie Werkstücktemperaturen unter oder über 0 °C zunächst unberücksichtigt bleiben. Der Wärmeleitungsteil von Q bzw. q kann andererseits in erster Näherung $ac\varrho T_s$ proportional gesetzt werden (Gln. (24) und (32) mit $T = T_s$ und $T_0 = 0$). Für eine pauschale Abschätzung der Schweißeignung mag es genügen, die gesamte nahtwirksame Wärme proportional $ac\varrho T_s$ zu setzen. In den Gln. (100), (102), (156), (150) und (135) tritt dann anstelle von $Q/c\varrho$ bzw. $q/c\varrho$ der Ausdruck aT_s (abgesehen vom Proportionalitätsfaktor). Aus den so umgeformten Gleichungen geht hervor, daß α, E, a und T_s die maßgebenden Werkstoffkenngrößen sind und nicht α, E, λ und c, wie es nach der ursprünglichen Form der Gleichungen den Anschein hatte.

Da den Ableitungen zu den vorstehenden Spannungs- und Formänderungsgleichungen elastisches Werkstoffverhalten zugrunde liegt, tritt der für die Eigenspannungen kennzeichnende mechanische Werkstoffkennwert, die Fließgrenze σ_F, noch nicht auf. Er ist obigen Kennwerten hinzuzufügen.

4.3.3 Herkömmliche Betrachtung des Werkstoffeinflusses

Der Einfluß des Werkstoffs auf Schweißeigenspannungen und Schweißformänderungen läßt sich im wesentlichen durch die gängigen Werkstoffkennwerte T_s, a, α, E, σ_F (siehe Tabelle 4) vergleichsweise abschätzen, wobei die Temperaturabhängigkeit von a, α, E, σ_F zunächst unberücksichtigt bleibt.

Die Schmelztemperatur T_s wirkt gleichsinnig auf Schweißeigenspannung und Schweißformänderung. Höhere Schmelztemperatur ergibt höhere Spannung bzw. Formänderung.

4.3 Werkstofftechnische Maßnahmen

Gleiches gilt für die volumenspezifische Schmelzwärme. Aluminium wäre aus Sicht von T_s relativ schweißgeeignet, Titan relativ schweißungeeignet.

Die Temperaturleitzahl a, die die Geschwindigkeit des Wärmeausgleichs bei instationärer Wärmeleitung kennzeichnet, wirkt ebenfalls gleichsinnig, wobei in a die Wirkung von λ, c und ϱ zusammengefaßt ist. Kleines λ bei hohem $c\varrho$ wäre aus Sicht von a besonders günstig, was für Stahl oder Titan und gegen Aluminium oder Kupfer spricht. Hohe Temperaturkonzentration ist anzustreben, soweit nicht unerwünschte Gefügeänderung dem entgegensteht.

Die Wärmeausdehungszahl α wirkt besonders ausgeprägt gleichsinnig, was allerdings beim Auftreten entgegengerichteter Umwandlungsdehnungen eingeschränkt wird. Titan wäre aus Sicht von α relativ schweißgeeignet, Aluminium relativ schweißungeeignet.

Der Elastizitätsmodul E unter Einschluß der weniger variierenden Querkontraktionszahl v wirkt gleichsinnig auf die Eigenspannungen und gegensinnig auf die Formänderung. Besonders Instabilitätserscheinungen (Verwerfungen) werden durch hohen Elastizitätsmodul behindert. Aluminium wäre aus dieser Sicht eigenspannungsarm und formänderungsreich. Stahl, Titan und Kupfer wären eigenspannungsreicher und formänderungsärmer.

Die Fließgrenze σ_F unter Einschluß der Verfestigungskennzahlen wirkt ebenfalls gleichsinnig auf die Eigenspannungen und gegensinnig auf die Formänderungen. Höhere Fließspannung ermöglicht höhere Eigenspannungen, sowohl hinsichtlich der Spitzenwerte als auch hinsichtlich des Spannungsniveaus. Die in der Schweißkonstruktion gespeicherte Formänderungsenergie kann dadurch sprödbruchbegünstigend ansteigen. Andererseits wird die Formänderung (einschließlich Fugenbewegung vor der Schweißstelle) durch die kleinere und weniger ausgedehnte Plastifizierung vermindert. Die vorstehenden Aussagen gelten auch hinsichtlich einer Fließgrenzenerhöhung bei erhöhter Temperatur (zum Beispiel bei warmfesten Stählen). Letztere vergrößert die Rißgefahr bei erhöhter Temperatur. Ihr muß durch Warmverformungsfähigkeit (Schmiedbarkeit) entgegengewirkt werden. Gußeisen ist wegen fehlender Warmverformungsfähigkeit wenig schweißgeeignet.

4.3.4 Ableitung neuartiger Schweißeignungszahlen

Aus der vorhergehenden Diskussion der für Schweißeigenspannungen und Schweißformänderungen wesentlichen Werkstoffkenngrößen nach Tabelle 4 gehen teilweise widersprüchliche Tendenzen hervor. So ist beispielsweise Aluminium aus Sicht von T_s relativ schweißgeeignet, aus Sicht von a und α relativ schweißungeeignet und schließlich aus Sicht von E und σ_F je nach Anforderung (niedrige Eigenspannungen oder geringe Formänderung) unterschiedlich zu bewerten. Eine Gesamtwertung kann über die Schweißeignungszahlen λ_σ (für Eigenspannungen relativ zum Sprödbruch) und λ_ε (für Formänderung) erfolgen, die eine multiplikative Überlagerung der Einzelkennwerte relativ zu einem Vergleichswerkstoff (mit Stern gekennzeichnet) beinhalten [253]:

$$\lambda_\sigma = \frac{T_s^* a^* \alpha^* E^* K_{Ic}}{T_s a \alpha E K_{Ic}^*}, \qquad (205)$$

$$\lambda_\varepsilon = \frac{T_s^* a^* \alpha^* E \sigma_F}{T_s a \alpha E^* \sigma_F^*}. \qquad (206)$$

Bei λ_σ ist mit $T_s a \alpha E$ der werkstoffseitig bestimmende Faktor für die Eigenspannungshöhe eingeführt, der ins Verhältnis zu σ_F gesetzt werden muß, weil bei höherer Fließgrenze höhere Eigenspannungen ertragbar sein sollten. Die höhere Fließgrenze ist allerdings nur dann ohne

Tabelle 4. Werkstoffkennwerte (bei 0 °C) für Schweißeignung aus Sicht der Schweißeigenspannungen (relativ zum Sprödbruch) und der Schweißformänderungen nach dem Schweißen; Schweißeignungszahlen aus den Mittelwerten der Werkstoffkennwerte berechnet; nach [253]

	Schmelztemperatur T_s [°C]	Temperaturleitzahl a [mm²/s]	Wärmeausdehnungszahl α [1/°C]	Elastizitätsmodul E [kN/mm²]	Fließgrenze σ_F [N/mm²]	Rißzähigkeit K_{Ic} [N/mm$^{3/2}$]	Schweißeignungszahlen λ_σ [–]	λ_ε [–]
Stahl, niedriglegiert	1520	7,5...9,5	$11 \cdot 10^{-6}$	210	200...700	> 800	1,0	1,0
Stahl, hochlegiert	1400	5,0...7,5	$16 \cdot 10^{-6}$	200	250...550	> 800	1,07	0,86
Aluminiumlegierung	600	75...100	$24 \cdot 10^{-6}$	65	80...280	> 600	0,28	0,01
Titanlegierung	1800	6	$8,5 \cdot 10^{-6}$	110	500...700	> 2200	8,13	1,08
Kupferlegierung	1080	120	$18 \cdot 10^{-6}$	130	30...420	> 800	0,10	0,02
Nickellegierung	1435	15	$13 \cdot 10^{-6}$	215	120...630	> 800	0,49	0,43

Sprödbruch ausnutzbar, wenn die Rißzähigkeit K_{Ic} (oder bei weniger spröden Werkstoffen die kritische Rißöffnungsverschiebung δ_c) im gleichen Verhältnis steigt. Daraus folgt in Gl. (205) der Faktor $\sigma_F/\sigma_F^*[(K_{Ic}/K_{Ic}^*)(\sigma_F^*/\sigma_F)] = K_{Ic}/K_{Ic}^*$. Bei λ_ε ist mit $T_s a\alpha$ der werkstoffseitig bestimmende Faktor für die Formänderungshöhe genannt, der bei eigenspannungsbehafteten Bauteilen durch die Werkstoffelastizität E und die Fließgrenze σ_F gegensinnig modifiziert wird. Bei den Angaben für λ_σ und λ_ε in Tabelle 4 ist der niedriglegierte Stahl mit $\sigma_F = 450$ N/mm² als Bezugswerkstoff gewählt. Bei den bereichsweise angegebenen Kennwerten wird jeweils der Mittelwert in λ_σ und λ_ε verwendet. Die Schmelztemperaturen T_s bzw. T_s^* sind gegenüber 0 °C Arbeitstemperatur eingeführt.

Es ist zu beachten, daß λ_σ und λ_ε die Schweißeignung nur aus Sicht der Schweißeigenspannungen (relativ zum Sprödbruch) und der Schweißformänderungen nach dem Schweißen kennzeichnen. Die zum Heiß- oder Kaltriß bzw. zu störender Fugenbewegung führenden Vorgänge bei erhöhter Temperatur während des Schweißens, die für die Schweißeignung ebenfalls wichtig sind, sind mit obigen Schweißeignungszahlen noch nicht erfaßt. Es ist allerdings vorstellbar, daß die temperaturabhängige Auftragung von λ_σ und λ_ε (mit T_s relativ zur jeweils betrachteten Temperatur) weitergehende Aussagen erlaubt. Umwandlungseinflüsse sind in λ_σ und λ_ε (noch) nicht erfaßt. Aufhärtung und Alterung können dagegen in den eingeführten Festigkeitswerten berücksichtigt werden.

Aus Tabelle 4 ist ersichtlich, daß die Aluminium- und Kupferlegierungen im Mittel als weniger schweißgeeignet anzusehen sind, während die Titanlegierungen als besonders schweißgeeignet erscheinen (die mögliche Versprödung des Titans durch Gasaufnahme ist dabei nicht erfaßt). Hochlegierter Stahl ist im Mittel ebenso schweißgeeignet wie niedriglegierter Stahl (die mögliche Versprödung durch Wasserstoff, Alterung oder Aufhärtung ist dabei nicht erfaßt). Die Nickellegierungen sind im Mittel deutlich weniger schweißgeeignet als Stahl. Von den in Tabelle 4 aufgenommenen Mittelwerten kann die einzelne Legierung aber stark abweichen.

Mittels der Schweißeignungszahlen läßt sich auch der Einfluß des Vorwärmens auf Eigenspannungen und Verzug quantifizieren, siehe Abschnitt 4.4.2.4.

Die Schweißeignungszahlen λ_σ und λ_ε, die die Schweißeignung der Werkstoffgruppe hinsichtlich Eigenspannungen und Verzug kennzeichnen, ergänzen die bei Stahl hinsichtlich der Aufhärtung in der Wärmeeinflußzone verwendeten Schweißbarkeitszahlen bzw. Härteäquivalente [254].

4.4 Fertigungstechnische Maßnahmen

4.4.1 Ausgangslage

Die Palette möglicher fertigungstechnischer Maßnahmen zur Verminderung von Schweißeigenspannungen und Schweißverzug ist groß, jedoch in ihrer Anwendbarkeit und Wirksamkeit begrenzt. Konstruktive oder werkstofftechnische Fehlentscheidungen sind fertigungstechnisch nicht oder nur teilweise auffangbar. Andererseits werden aber die konstruktiven und werkstofftechnischen Möglichkeiten durch geschickte Fertigungstechnik erheblich ausgeweitet.

Ebenso wie die Schweißeigenspannungen bereits während des Schweißprozesses eine die Schweißbarkeit mitbestimmende Rolle spielen, trifft das auch auf den Schweißverzug zu. Wenn sich die Flanken der Schweißfuge durch Verzug zu stark gegeneinander verschieben (öffnen, schließen, versetzen), kann die Herstellbarkeit eingeschränkt oder unmöglich gemacht sein. Die nachfolgend dargestellten Maßnahmen beziehen sich demnach nicht nur auf Eigenspannungen und Verzug in der fertiggestellten Schweißkonstruktion, sondern ebenso auf Eigenspannungen und Verzug während des Fertigungsprozesses.

Zunächst wird der organisatorische Formalismus der fertigungstechnischen Maßnahmen betrachtet. Bei Schweißkonstruktionen, deren Eigenspannungen und Verzug durch eingespielte Fertigungsmaßnahmen beherrscht werden, genügt ein Schweißplan mit beispielsweise folgenden tabellarischen Angaben (nach [5]):

— Schweißverfahren,
— Nahtformen,
— Werkstatt- oder Montagenähte,
— Grundwerkstoffe,
— Zusatzwerkstoffe,
— Prüfverfahren,
— Wärmebehandlung.

Bei schwieriger zu fertigenden Konstruktionen mit zahlreichen sich gegenseitig beeinflussenden Nähten ist ein Schweißfolgeplan zu ergänzen, der beispielsweise folgende zusätzliche Angaben enthält (nach [5]):

— Vorfertigen der Teile,
— Maßkontrolle der Teile,
— Richten der Teile,
— Heften oder Spannen der Teile,
— Lagenfolge im Nahtquerschnitt,
— Schweißfolge über die Nahtlänge,
— Schweißrichtung in den Nahtabschnitten,
— Pilgerschrittschweißen,
— Reihenfolge der Nähte,
— Einsatz von Vorrichtungen,
— Einsatz mehrerer Schweißer gleichzeitig.

Schweißplan und Schweißfolgeplan werden vom Konstrukteur und Schweißfachingenieur gemeinsam aufgestellt.

Nachfolgend wird die Vielzahl der insgesamt möglichen fertigungstechnischen Maßnahmen im einzelnen erläutert. Dabei wird nach Maßnahmen vor und während des Schweißens und Maßnahmen nach dem Schweißen unterschieden. In der Fertigungspraxis ist diese Aufteilung nur bedingt richtig, weil die Schweißfertigung mehrfach gestaffelt abläuft: Halbzeug wird zu Bauteilen gefügt, Bauteile zu Baugruppen, Baugruppen zu Konstruktionen. Die Angabe „vor und während des Schweißens" bzw. „nach dem Schweißen" kann sich daher immer nur auf den jeweils betrachteten Fertigungsschritt beziehen.

4.4.2 Maßnahmen vor und während des Schweißens

4.4.2.1 Übersicht

Die wichtigsten fertigungstechnischen Maßnahmen vor und während des Schweißens werden zunächst aufgezählt, anschließend zu Unterabschnitten zusammengefaßt, im einzelnen

4.4 Fertigungstechnische Maßnahmen

erläutert und schließlich an drei konkreten Anwendungsbeispielen (Trägerstoß, Plattenfeld, Flickenschweißung) demonstriert:

- Vorfertigung
- Maßhaltigkeit,
- Fugenquerschnitt und Fugenform,
- Mehrlagenschweißen und Lagenfolge,
- Nahtfolge,
- Pilgerschrittschweißen,
- symmetrisch gleichzeitiges Schweißen,
- Heften,
- Vorwärmen,
- Parallelkühlen,
- Zurichten,
- Vorverformen,
- Aufspannen,
- Festspannen.

4.4.2.2 Allgemeine Maßnahmen

Die *Vorfertigung* von Baugruppen oder Sektionen, die anschließend zur Gesamtkonstruktion gefügt werden (siehe Abschnitt 4.2), verbürgt über die Beherrschung der Eigenspannungen und der Maßhaltigkeit an der Baugruppe die Eigenspannungs- und Verzugsbegrenzung an der Gesamtkonstruktion. Die Bauzeit wird durch Parallelfertigung verkürzt. Die Baugruppen sind in der Werkhalle fertigbar.

Die *Maßhaltigkeit* der durch Schweißen zu fügenden Teile ist Voraussetzung für die Begrenzung von Eigenspannung und Verzug. Bei fehlender Maßhaltigkeit der Teile wird vor dem Schweißen meist gedrückt und gespannt, bis die Schweißnaht in der gewünschten Weise gelegt werden kann. Dadurch entstehen Vorspannungen und Vorverformungen, die sich den Schweißeigenspannungen und dem Schweißverzug überlagern. Zur Festlegung der zulässigen Maßabweichungen bei Schweißkonstruktionen kann die Norm DIN 8570 [255] herangezogen werden, die unterschiedliche Genauigkeitsklassen für die Fertigung festlegt.

4.4.2.3 Nahtspezifische Maßnahmen

Der *Fugenquerschnitt* sollte möglichst knapp dimensioniert sein, um kleinstmögliche Wärmeeinbringung mit möglichst stark wärmekonzentrierten Schweißverfahren zu ermöglichen (analog zur knappen Dimensionierung der Kehlnaht in Abschnitt 4.2). Dadurch bleiben Schmelzzone und plastifizierte Bereiche klein, was Eigenspannungen und Verzug vermindert. Die gewählte *Fugenform* hat auf den Fugenquerschnitt erheblichen Einfluß. Die I-Fuge ermöglicht den kleinstmöglichen Fugenquerschnitt. Die U-Form ist günstiger als die V-Form. Symmetrische Nahtfugen vermindern die Winkelschrumpfung bei erhöhten Eigenspannungen. Aus diesem Grund kann beispielsweise die Stumpfnaht-X-Fuge anstelle der Stumpfnaht-V-Fuge (oder Y-Fuge) angewendet werden. Analog kann die doppelseitige Kehlnaht anstelle der einseitigen Kehlnaht gewählt werden. Die Winkelschrumpfungsminderung wird aber nur dann voll realisiert, wenn die Nähte beidseitig gleichzeitig gelegt werden oder wechselseitige Mehrlagenschweißung möglich ist.

Das primär wegen begrenzter Wärmeleistung der Schweißverfahren bei dickwandigen Bauteilen angewendete *Mehrlagenschweißen* hat gegenüber dem Einlagenschweißen aus Sicht

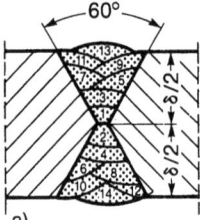 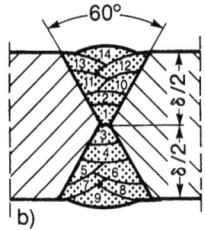 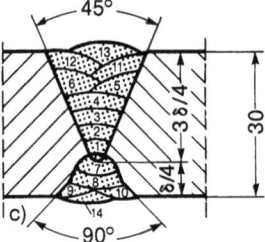

Bild 180. Winkelschrumpfungsminderung durch wechselseitiges Schweißen von X-Nähten: Wenden nach jeder Lage (**a**), zweimaliges Wenden bei symmetrischer X-Fuge (**b**), zweimaliges Wenden bei unsymmetrischer Fuge und ausgearbeiteter Wurzel (**c**); nach [5]

der Eigenspannungen den Vorteil, daß sich in Wanddickenrichtung keine nennenswerten Zugeigenspannungen aufbauen, was der Sprödbruchsicherheit zugute kommt. Quereigenspannungen bzw. Quer- und Winkelverzug werden dagegen durch Mehrlagenschweißen im allgemeinen erhöht. Die Längseigenspannungen der zuerst gelegten Lagen werden durch die darüber gelegten Lagen jedoch entspannt. Beim Mehrlagenschweißen in unsymmetrischer V- oder Y-Fuge hängen die Quereigenspannungen erheblich davon ab, ob Winkelschrumpfung zugelassen wird oder nicht. Bei zugelassener Winkelschrumpfung treten an der Nahtwurzel hohe Querzugeigenspannungen auf. Beim Mehrlagenschweißen in symmetrischer X-Fuge kann die Winkelschrumpfung durch beidseitig-einlagig-gleichzeitiges Schweißen klein gehalten werden. Außerdem ist die dabei erzielte bessere Wärmeausnutzung vorteilhaft (wichtig besonders beim Gasschweißen von Aluminium und Kupfer). Beidseitig abwechselnde Lagenfolgen werden auch zur Verminderung der Winkelschrumpfung angewendet, setzen aber einfach zu handhabende Wendevorrichtungen für das Bauteil voraus. Praktisch bewährte Lagenfolgen bei X-Nähten sind in Bild 180 dargestellt. Die unsymmetrische X-Fuge wird bei auszufugender Nahtwurzel angewendet. Beim T-Stoß mit beidseitiger Kehlnaht neigen sich die Anschlußteile in Richtung der zuerst geschweißten Naht. Die Naht auf der Gegenseite kann die Schiefstellung, die durch die erste, bereits erkaltete Naht erzeugt wird, nur teilweise rückgängig machen. Entgegengesetztes Zurichten vor dem Schweißen ist angebracht. Beim Eckstoß mit Innen- und Außenkehlnaht ist die Schiefstellung durch die Innennaht größer als die durch die Außennaht. Dadurch, daß die Außennaht zuerst geschweißt wird, wird daher gute Formtreue erreicht. Die Längsschrumpfung ist beim Mehrlagenschweißen gegenüber dem Einlagenschweißen vermindert, die Quer- und Winkelschrumpfung dagegen erhöht.

Die *Nahtfolge* kann Eigenspannungen und Verzug erheblich beeinflussen. Sie wird deshalb bei hochwertigen Schweißkonstruktionen im Schweißfolgeplan genau festgelegt. Oberster Grundsatz ist, bei Stumpfnähten ein „freies Querschrumpfen" bzw. „große Dehnlängen" sicherzustellen. Bei Plattenfeldern mit zur Vermeidung von Nahtkreuzungen versetzt angeordneten Quernähten, Bild 177a, werden zuerst die abgesetzten Stumpfnähte und dann die durchgehenden Längsnähte geschweißt. An zylindrischen Behältern werden in gleicher Weise erst die Längsnähte, dann die Umfangsnähte ausgeführt. Bei Plattenfeldern mit Versteifungen sollen erst die Stumpfnähte zwischen den Platten und zwischen den Versteifungen, dann die Kehlnähte zwischen Platte und Versteifung geschweißt werden, Bild 177b. Bei den für Außenmontage vorgefertigten Trägern wird im Stoßbereich ein Stück Längsnaht zunächst unverschweißt gelassen, um vorstehenden Grundsatz wenigstens teilweise zu befolgen, Bild 177c. Die unverschweißten Trägerplatten wirken als verfügbare „Dehnlänge".

4.4 Fertigungstechnische Maßnahmen

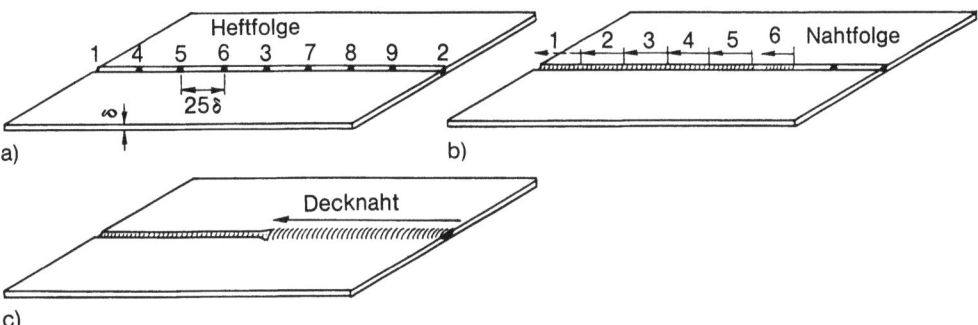

Bild 181. Querschrumpfungsminderung und verzugsarmer Fugenspalt durch Pilgerschrittschweißen, anwendbar nur beim Lichtbogenschweißen, Heftfolge (**a**), Nahtfolge in erster Lage (**b**) und Decknaht (**c**); nach [5]

Das *Pilgerschrittschweißen* ist eine Maßnahme gegen das keilförmige Auseinander- oder Zusammengehen der Schweißfuge vor der Schweißstelle, das bei langen Nähten und geringer Schweißgeschwindigkeit besonders ausgeprägt auftreten kann. Wird die Fugenbewegung durch Vorheften oder feste seitliche Einspannung unterdrückt, dann kann es zu einem bleibenden dachförmigen Aufwölben des Schweißstoßes kommen. Eine praktisch bewährte Lagenfolge beim Pilgerschrittschweißen ist in Bild 181 dargestellt. Zunächst werden kurze Heftnähte der Länge $l \approx 2{,}5\delta$ im Abstand $d^* \geqq 25\delta$ gelegt (um so enger, je langsamer geschweißt wird, um die Fugenbewegung sicher zu verhindern). Dann wird die erste Schweißlage im Pilgerschritt von Heftstelle zu Heftstelle entgegen der globalen Nahtrichtung gelegt. Schließlich werden die weiteren Lagen durchgehend mit wechselnder Richtung aufgebracht. Das Pilgerschrittschweißen vermindert auch die Quer- und Längsschrumpfung des Schweißstoßes insgesamt. Die Schweißeigenspannungen bleiben begrenzt, wenn ohne vollständige Zwischenabkühlung hintereinander geschweißt wird. Dies ist ein wesentlicher Vorteil gegenüber dem abschnittweisen Verbinden der Konstruktion mit (unvermeidlich) vollständigem Abkühlen der geschweißten Abschnitte, bevor die verbliebenen Fugenöffnungen geschlossen werden. Das Pilgerschrittschweißen ist bei großflächigen Konstruktionen wie Schiffen oder Behältern verbreitet.

Symmetrisch-gleichzeitiges Schweißen vermindert den Verzug. Symmetrisch im Bauteil liegende Schweißnähte vermindern den Verzug nur dann, wenn sie weitgehend gleichzeitig gelegt werden. So werden die Umfangsnähte großer Behälter oder Rohre von mehreren Schweißern symmetrisch-gleichzeitig ausgeführt (erste Lage im Pilgerschrittverfahren). Da zylindrische Teile der betrachteten Art nicht örtlich weich, sondern nur als Ganzes steif nachgeben, würde ungleichzeitiges Schweißen zum Abreißen der ersten Lage und zu störendem Versatz führen. An den Gurtstößen von I-Großträgern (besonders bei Profilträgern ohne Dehnlänge durch unverschweißte Längsnähte) werden je zwei Schweißer oben und unten eingesetzt, um symmetrisch-gleichzeitig zu schweißen. Wenn der untere Gurt überkopf geschweißt wird, müssen wegen der geringeren Arbeitsgeschwindigkeit unten zwei gegenüber oben einem Schweißer eingesetzt werden. Die symmetrisch gegenüberliegenden Längsnähte schlanker Träger werden zur Verminderung des Verzugs gleichzeitig geschweißt. Die durch eine einseitige Längsnaht hervorgerufene Trägerkrümmung wird durch eine anschließend geschweißte gegenüberliegende Naht nur teilweise rückgängig gemacht. Bei Fugenquerschnitten entsprechender Symmetrie (zum Beispiel X-Naht) sollen symmetrisch zur Plattenmitte angeordnete Lagen ebenfalls gleichzeitig geschweißt werden. Dies schließt Winkelschrumpfung aus und verbessert die Wärmeausnutzung.

Das vorstehend beim Pilgerschrittschweißen bereits erwähnte *Heften* der ausgerichteten Teile einer Konstruktion vor dem eigentlichen Nahtschweißen bezweckt eine besonders form- und abmessungsgenaue Fertigung. Das Heften muß aber mit Bedacht angewendet werden. Zunächst darf nicht dort geheftet werden, wo durch freies Heranschrumpfen hohe Quereigenspannungen vermieden werden können. Sodann müssen die Heftnähte genügend lang sein, um die in jedem Fall auftretenden Schrumpfkräfte sicher zu übertragen. Eine Nahtlänge gleich dem Zwei- bis Dreifachen der Plattendicke wird empfohlen, siehe [5]. Da die relativ kleinvolumigen Heftnähte an relativ großvolumigen Bauteilen angebracht werden, sind die beim Heften auftretenden Abkühlgeschwindigkeiten groß und daher Aufhärtung und Rißbildung häufige Begleiterscheinungen. Durch Vorwärmen beim Heften kann diesen unerwünschten Begleiterscheinungen entgegengewirkt werden. Schließlich sind beim Überschweißen der Heftnähte Riß- und Fehlerbildung möglich. Die beim Mehrlagenschweißen gängigen Maßnahmen wie Vorwärmen, Schlackenentfernung, Fehlstellenbeseitigung sind auch beim Heften angebracht.

4.4.2.4 Thermische Maßnahmen

Durch *Vorwärmen* können Schweißeigenspannungen (Höhe und Ausdehnung) und Schweißverzug vermindert werden. Daß dem so ist (bei Vernachlässigung von Umwandlungseinflüssen und unbeeinflußt vom zeitlichen Temperaturgradienten, siehe Abschnitt 4.1), geht am klarsten aus den Schweißeignungszahlen λ_σ und λ_ε nach Gln. (205) und (206) hervor, in denen statt der Schmelztemperatur T_s die Temperaturdifferenz $T_s - T_v$ mit Vorwärmtemperatur T_v einzuführen ist. Auch die übrigen Werkstoffkennwerte (ohne Stern) sind bei Vorwärmtemperatur anzugeben, verändern sich aber relativ zu $T_s - T_v$ weniger stark. Auf diese Weise vergrößern sich λ_σ und λ_ε um so mehr, je höher T_v und je niedriger T_s liegt. Eingebrachte Schweißwärme und Schmelzzone werden verkleinert. Das Vorwärmen ist unter diesem Gesichtspunkt wichtig bei Werkstoffen mit hoher Temperaturleitzahl wie Aluminium- und Kupferlegierungen (Vorwärmtemperatur $\leq 200\,°C$ bzw. $\leq 700\,°C$). Das Vorwärmen kann auch zwingend sein zur Eigenspannungsminderung bei erhöhter Temperatur während des Schweißens bei Werkstoffen mit geringer Warmverformungsfähigkeit (Gußeisen, Leichtmetall-Gußlegierungen). Die vorstehende Betrachtung ist aber nur für globale Vorwärmung mit zwangfreier Abkühlung richtig. Lokales Vorwärmen kann mit zusätzlichen Eigenspannungen und zusätzlichem Verzug verbunden sein (beispielhaft dargestellt für die vorgewärmte Umfangsnaht eines Rohres von Köppel/Reuschling [310]). Es gilt die Empfehlung, möglichst großflächig vorzuwärmen, also breitbandig auf beiden Seiten der Naht. Unerforscht sind vorerst die Verhältnisse beim Hinzutreten von Einflüssen der Gefügeumwandlung. Das lokale Vorwärmen kann daher aus Sicht der Schweißeigenspannungen und des Schweißverzuges nicht uneingeschränkt als vorteilhaft bezeichnet werden.

Vorwärmen kann dagegen bei Stahl aus metallurgischen Gründen notwendig sein [268]. Es geht dabei sowohl um die gefügeverbessernde Verringerung der Abkühlgeschwindigkeit in der Wärmeeinflußzone als auch um die Herabsetzung der kaltrißbegünstigenden Wasserstoffdiffusion (Wasserstoff beispielsweise aus feuchter Elektrodenumhüllung).

Die Wärmeeinflußzone niedriglegierter ferritischer höherfester Baustähle (sie enthalten festigkeitssteigernde Legierungselemente einschließlich CMn und werden zum Teil wärmebehandelt angeliefert) ist durch Kaltrisse gefährdet, die in martensitisch aufgehärteten Bereichen unter Mitwirkung von diffusiblem Wasserstoff entstehen und zum Sprödbruch führen können.

4.4 Fertigungstechnische Maßnahmen

Eine häufige Erscheinungsform der Kaltrisse sind die Unternahtrisse. Aufhärtung und Wasserstoffdiffusion lassen sich durch Vorwärmen herabsetzen. Vorwärmen verlangsamt die Abkühlung. Geringere Abkühlgeschwindigkeit bedeutet weicheres Gefüge. Erwünscht sind Härtegrade $\leq 350\,\text{HV}$. Die Vorwärmtemperatur (bis zu 300°C) wird abhängig vom Kohlenstoffäquivalent und vom Verhältnis (einlagige) Nahtdicke zu Wanddicke (oder einem genaueren Abkühlmaß) gewählt. Zur Verminderung der Sprödbruchgefahr wird allgemein auf mindestens 20°C vorgewärmt, wenn die Arbeitstemperatur unter 5°C liegt. Vorwärmen aus den vorstehenden Gründen ist bei austenitischen Stählen nicht erforderlich.

Das Vorwärmen des Nahtbereichs erfolgt lokal mit Gasbrennern, Heizmatten oder Induktionsspulen. Asbestmatten werden zum Herabsetzen der Wärmeverluste und zum Schutz der Schweißer eingesetzt. Die erwünschte Vorwärmtemperatur wird mit Thermofarbstiften oder Haftthermometern kontrolliert. Auch globales Vorwärmen in einem Ofen ist gelegentlich üblich. Die Regelwerksangaben zum Vorwärmen sind in [262], die Begriffe und Verfahren in [257] zusammengefaßt.

Das Gasschweißen kann gegenüber dem Lichtbogenschweißen aufgrund der großflächigeren Wärmeeinbringung als Verfahren mit einer Art lokaler Vorwärmung aufgefaßt werden. Eigenspannungen treten dadurch weniger ausgeprägt auf.

Kühlung parallel zur Schweißerwärmung wird angewendet, um die Schmelzzone zu begrenzen. Beim Elektroschlackeschweißen wird die Nahtoberfläche durch wassergekühlte Kupferbügel geformt. Beim Abbrennstumpfschweißen wird das Werkstück von ebensolchen Ringen auf kurzer Arbeitslänge gefaßt. Beim Widerstandpunktschweißen werden wassergekühlte Kupferelektroden verwendet. Das Schweißen auf wurzelformender Kupferschiene geschieht auch unter dem Gesichtspunkt der Wärmeableitung. Die Verkleinerung des Schmelzbades wirkt sich auf Eigenspannungen und Verzug positiv aus. Allerdings tritt bei dickwandigen Bauteilen der dreiachsige Zugspannungszustand verstärkt auf. Auch unerwünschte Aufhärtung kann gegen die Kühlung sprechen.

4.4.2.5 Mechanische Maßnahmen

Verzugskompensierendes *Zurichten* vor dem Schweißen ist in gewissem Umfang hinsichtlich der Winkelschrumpfung möglich. So kann dem Kippen des Gurtes mit nacheinander geschweißten, beidseitig zum Steg angeordneten Längskehlnähten durch Schiefstellen des Gurts relativ zum Steg vor dem Schweißen gegengewirkt werden. Ebenso kann bei Eckstößen mit ein- oder zweiseitiger Kehlnaht vorgegangen werden. Mit V-Längsnaht verbundene Plattenstreifen können dachförmig zugerichtet werden, um Winkelschrumpfung zu kompensieren. Auch das keilförmige Zurichten des Spaltes in der Schweißfuge und das Steuern dieses Spaltes durch einen fortschreitend herausgezogenen Keil am Fugenende, das ein Offenhalten der Schweißfuge gewährleistet, gehört zu den verzugsmindernden Maßnahmen. Diese Arbeitsweise ist bei nicht zu langen Nähten mit querbeweglicher Fuge anwendbar. Es ist beim Gasschweißen von Kupfer und Aluminium verbreitet, und zwar anstelle des Pilgerschrittschweißens, das hier wegen zu hoher Wärmeverluste unangebracht ist. Die verschiedenen Zurichtmaßnahmen sind in Bild 182 dargestellt.

Das *Vorverformen* wird als Vorknicken von Trägergurten angewendet, um deren Winkelschrumpfung auszugleichen. Den durch Winkelschrumpfung entstehenden und nach innen gerichteten „Herzknicken" an den Längsnähten (V-Fuge nach außen offen) zylindrischer Großtanks wird am einfachsten dadurch begegnet, daß die Enden der Blechplatten beim Runden eben gelassen werden. Dem „Hineinziehen" von mit Ringnaht in Behälter oder Rohre

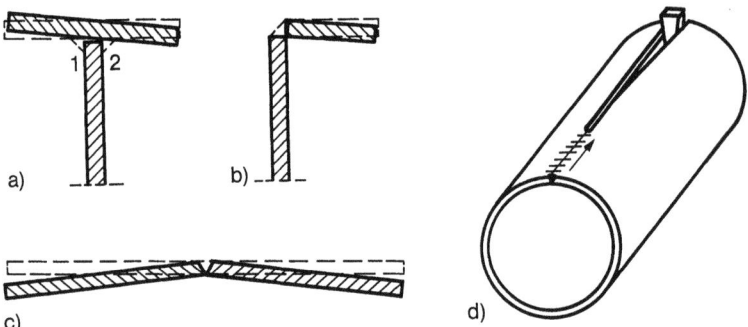

Bild 182. Schrumpfungsausgleich durch Zurichten bei Trägern (**a, b**) und Platten (**c**), Ausgangslage durchgehend liniert, Endlage gestrichelt liniert; Sichern des Fugenspaltes über einen Keil beim einlagigen Gasschweißen (**d**); nach [5]

eingesetzten Flicken, Blockflanschen oder Stutzen kann durch entgegengesetztes Vorverformen (das heißt Ausbauchen) der Zylinder- oder Kugelschale gegengewirkt werden. Auch lokales Vorwärmen kann in diesem Sinne wirken. Rohrenden können am Umfangsnahtstoß etwas ausgebaucht werden, um nach dem Schweißen die (innenströmungsgünstige) glatte Form ohne Knick nach innen zu geben. Dem Nahtversatz nach außen bei Umfangsnähten zwischen Zylinderschale und Zylinderboden kann durch Einziehen des Schalenendes begegnet werden. Die verschiedenen Vorverformmaßnahmen sind in Bild 183 dargestellt. Sie werden bei relativ dünnwandigen Konstruktionen angewendet. Hier tritt Schrumpfung verstärkt auf. Andererseits sind die erforderlichen (Kalt-)Vorverformkräfte noch mit gängigen Werkstattpressen erzeugbar.

Das elastisch-formschlüssige *Aufspannen* wird bei Hohlträgern mit einseitigen Längsnähten angewendet, um die Biegeschrumpfung auszugleichen, Bild 184. Größe und Richtung der Ausbiegung werden so gewählt, daß der Träger nach dem Schweißen in die gerade Form

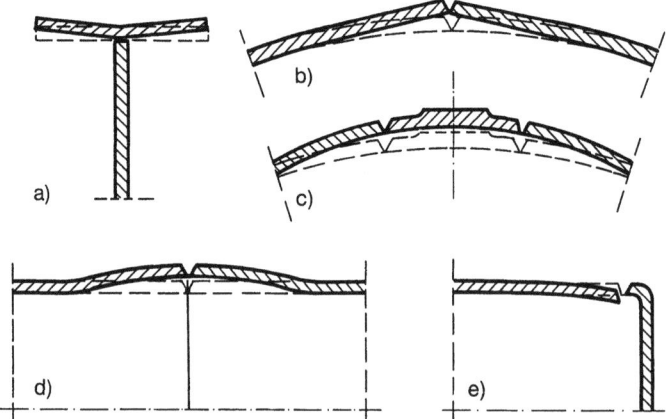

Bild 183. Schrumpfungsausgleich durch Vorverformen, Ausgangsform durchgehend liniert, Endform gestrichelt liniert: vorgeknickter Gurt (**a**), ungerundete Enden von Zylinderschalen (**b**), ausgebauchte Kugelschale mit Blockflansch (**c**), ausgebauchtes Rohr mit Umfangsnaht (**d**), eingezogenes Rohr am Flachboden (**e**); nach [5, 8]

4.4 Fertigungstechnische Maßnahmen

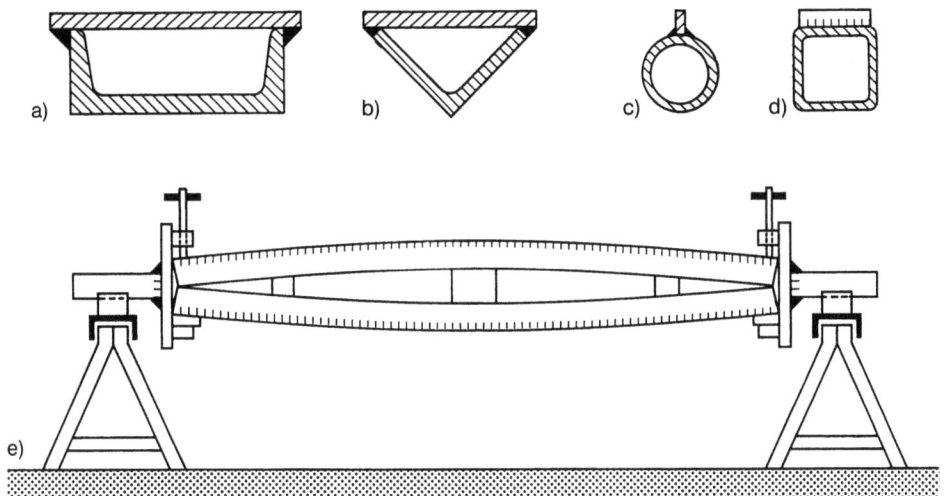

Bild 184. Aufspannen von Hohlträgern mit einseitigen Längsnähten (**a, b, c**) oder Quernähten (**d**) zum Schweißen in Wendevorrichtung (**e**); nach [5]

zurückfedert. Die Schweißnaht wird auf der konvexen Trägerseite gelegt. Das Ausbiegen unter Formschluß ist notwendig, weil der Trägerquerschnitt während des Schweißens „aufgeweicht" wird. Die Ausbiegung muß etwas größer gewählt werden als die beim nicht aufgespannten Träger zu erwartende Biegeschrumpfung. Das Aufspannen kann durch Gegenspannen zweier Träger in einer Drehvorrichtung zum Aufbringen einer geeigneten Lagenfolge in Wannenlage besonders wirtschaftlich verwirklicht werden. Das Aufspannen auf gewölbter Unterlage wird auch zum Ausgleich von Winkelschrumpfung angewendet, beispielsweise bei Blechplatten mit aufgeschweißten Versteifungsrippen (im Schiffbau). Den durch Winkelschrumpfung bedingten und nach innen gerichteten „Herzknicken" an den Längsnähten (V-Fuge nach außen offen) zylindrischer Großtanks wird unter anderem mit Spannmaßnahmen an der Fuge begegnet. Bei überlappend oder stumpf geschweißten dünnen Blechplatten hat das Aufspannen auf leicht gewölbter Unterlage den Zweck, Wellenbildung in Nahtrichtung und entsprechenden Fugenversatz beim Schweißen zu vermeiden.

Das *Festspannen* der durch Schweißen zu verbindenden Teile in einem möglichst starren Rahmen ist als Gegenmaßnahme zur Winkel- und Biegeschrumpfung wirksam. Vielfach genügt die Gewichtsbelastung durch anschließende Teile ohne besondere Spannelemente. Allerdings lassen sich die nach Freigabe des Bauteils rückfedernd auftretenden Schrumpfungen durch Festspannen nur relativ wenig verringern (Näherungsbetrachtung in [8]). Das Aufwölben dünner Blechplatten an der Schweißstelle wird durch fugennahes Festspannen klein gehalten. Weitgehend unbrauchbar ist Festspannen hinsichtlich der Quer- und Längsschrumpfung. Die hierbei entstehenden sehr großen Kräfte übersteigen schnell die Reibschlußgrenze der Spannelemente. Die Fugenquerbewegung wird besser durch Fugenspalteinlegestücke als durch Festspannen klein gehalten.

4.4.2.6 Anwendungsbeispiele

Als erstes konkretes Anwendungsbeispiel wird der *I-Profilträgerstoß* nach Bild 185 betrachtet (nach [5]). Da der Profilquerschnitt auch beim Schweißen kürzerer Nahtabschnitte immer

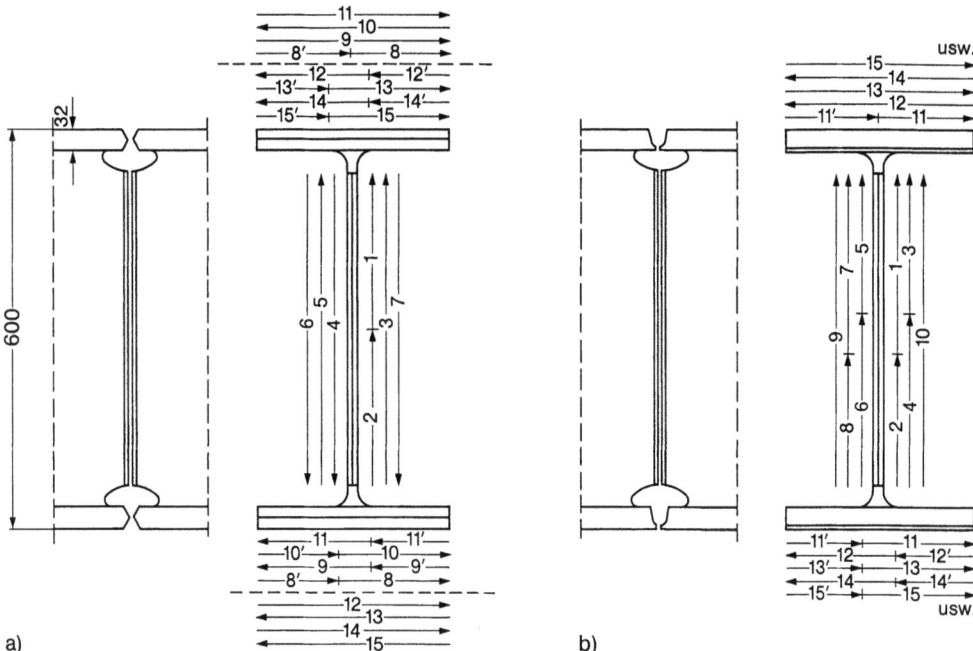

Bild 185. Fugenausbildung und Schweißfolge beim I-Trägerstoß: mit Wendevorrichtung (**a**) und ohne Wendevorrichtung (**b**); nach [5]

als Ganzes und damit sehr steif wirkt, kommt es darauf an, die Nähte so weit wie möglich gleichzeitig zu legen. Zuerst wird der Steg, dann werden die Gurte verbunden. Da der Stegquerschnitt wesentlich kleiner als der Gurtquerschnitt ist, ist die vom Steg auf die Gurte ausgeübte Schrumpfbehinderung nicht allzu groß. Die Gurtnähte oben und unten werden dagegen von zwei Schweißern weitgehend gleichzeitig gelegt (Zahlen ohne und mit Strich in Bild 185 für die Lagenfolge). Die dargestellten zwei Ausführungsarten unterscheiden sich in der Fugenform der Gurtnähte. Die Form (a) mit X-Fuge setzt eine Drehvorrichtung (Drehung um die Achse des Trägers) voraus, um die horizontale Schweißposition durchweg zu ermöglichen. Die Form (b) mit U-Fuge ist für Stöße ohne Drehmöglichkeit vorgesehen. Die horizontale Schweißposition ist mit Ausnahme der Wurzellagen gesichert. In beiden Fällen ist zwischen Steg- und Gurtnaht ein gerundeter Ausschnitt vorgesehen, der fehlerfreies Schweißen über die gesamte Gurtbreite sichern soll. Die Ausschnitte wirken sich aber negativ auf die Ermüdungsfestigkeit aus, so daß es ratsam sein kann, auch den Übergang zwischen Steg und Gurt auszufugen und zu verschweißen. Bei gedrungenen I-Querschnitten können auch die Gurtnähte zuerst geschweißt werden, siehe Bild 177c. Die dadurch quer zur Gurtnaht auftretenden Druckeigenspannungen erhöhen deren Ermüdungsfestigkeit. Statisch druckbeanspruchte Walzträgerstöße werden günstiger mit Zwischenplatte und Kehlnähten hergestellt, Bild 186. Die Kehlnaht ist leichter fehlerfrei herstellbar, und die Querschrumpfungen bzw. Quereigenspannungen sind weniger ausgeprägt. Eine bestimmte Schweißfolge muß nicht eingehalten werden.

Als zweites konkretes Anwendungsbeispiel wird das Herstellen großer *Plattenfelder* von Tankböden, Schiffsdecks oder Schiffsschotten betrachtet (nach [5]). Der Zuschnitt der

4.4 Fertigungstechnische Maßnahmen

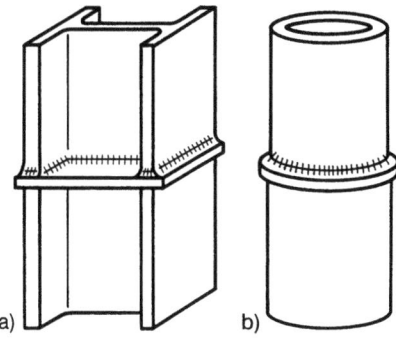

Bild 186. Kehlnahtstoß mit Zwischenplatte bei druckbeanspruchtem I-Träger (**a**) und Rohr (**b**); nach [5]

Blechplatten einschließlich Nahtfugen muß sehr maßgenau erfolgen. Die Platten müssen frei von Wellen oder Beulen sein. In rechteckigen Böden oder Wänden werden die Platten so verlegt, daß die Längsnähte parallel zu den langen Rändern verlaufen, während die Quernähte versetzt angeordnet werden (siehe Bild 177a), um das Kreuzen der Nähte mit besonders ungünstiger Überlagerung der Zugeigenspannungen zu vermeiden. Die Form und Anordnung der Blechplatten und die Schweißfolge bei einem Tankboden zeigt Bild 187. Die Quernähte werden zuerst geschweißt. Die Außenplatten erhalten Radialnähte, die zunächst halb gefüllt und erst nach Ausführung der Mantelkehlnähte ganz gefüllt werden. Sie sind dicker als die Innenplatten, um Verwerfungen zu mindern und um den unteren Mantelrand zu verstärken. Auch die den Stumpfnähten untergelegten Flachstäbe dienen neben der Badsicherung der Aussteifung. Bei schwach kegeligen Böden verlaufen die Längsnähte ausschließlich radial. Sie neigen infolge der Längseigenspannungen zur radialen Wellenbildung. Mit den auch hier unterlegten Flachstäben wird dem entgegengewirkt. Der Einsatz von Hochleistungsschweißverfahren empfiehlt sich, um Quer- und Winkelschrumpfung relativ klein zu halten. Bei der in

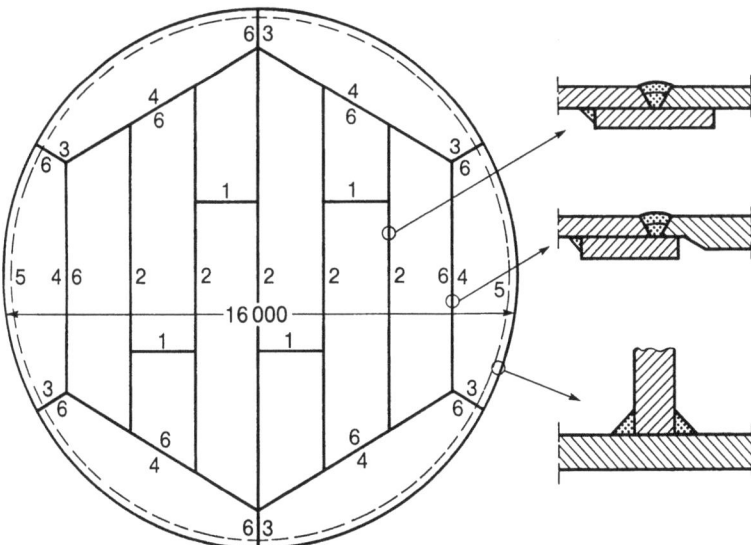

Bild 187. Stoßausbildung und Schweißfolge bei einem Tankboden; nach [5]

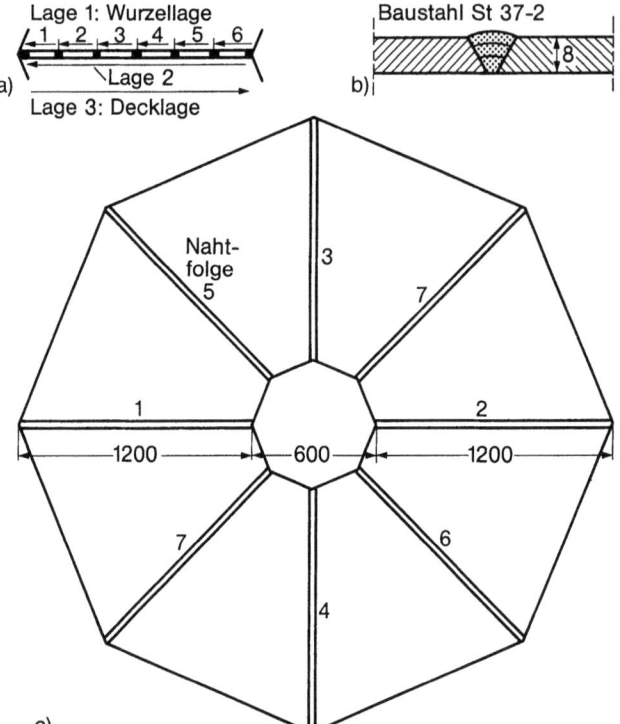

Bild 188. Lagenfolge (**a**), Stoßausbildung (**b**) und Schweißfolge (**c**) bei einer Segmentplatte; nach [5]

Bild 188 mit Nahtfolge gezeigten Ringplatte wird je eine Radialnaht fertiggeschweißt, bevor die nächste Naht geheftet und im Pilgerschritt geschweißt wird. So ist freies Querschrumpfen möglich. Sofern durch Winkel- und Längsschrumpfung Verwerfungen auftreten, können diese durch Hämmern der Naht beseitigt werden, bevor die nächste Platte angeschlossen wird. Dünne Platten ($\delta \leq 3$ mm) neigen stärker als dicke Platten zum Verwerfen. Randnähte erzeugen Beulen im Innern, Innennähte erzeugen Wellen am Rand. Dünne Platten werden zum Schweißen zweckmäßigerweise auf leicht gewölbter Unterlage aufgespannt. Hämmern nach dem Schweißen ist angebracht. Schweißen über wurzelformender Kupferschiene hat sich bewährt.

Als drittes konkretes Anwendungsbeispiel wird das *Flickenschweißen* betrachtet, bei dem maßgenauer Zuschnitt und günstige Schweißfolge eine wichtige Rolle spielen (nach [5]). Flicken werden ein- oder aufgesetzt, um Ausschnitte zu schließen, die als Montageöffnung, als Folge einer Konstruktionsänderung oder durch Wegnahme fehlerhaften Materials entstanden sind. Überlappend aufgesetzte Flicken, die hinsichtlich Verzug und Eigenspannungen unproblematisch sind, haben den Nachteil geringer Ermüdungsfestigkeit, sind durch Spaltkorrosion gefährdet und unterbrechen die glatte Wandfläche. Bündig eingesetzte Flicken verlangen dagegen eine durchdachte Schweißfolge, wenn Eigenspannungen und Verzug beherrschbar bleiben sollen. Grundprinzip ist, den Flickenumfang in zwei Hälften zu unterteilen, die nacheinander, jede im Pilgerschritt, fertiggeschweißt werden. Damit wird relativ unbehindertes Querschrumpfen der ersten Umfangshälfte ohne störendes Verdrehen des Flickens sichergestellt. Die Heftstellen der Gegenseite sollen das Querschrumpfen durch Abreißen anzeigen. Geeignete Schweißfolgen für runde und rechteckige Flicken sind in Bild

4.4 Fertigungstechnische Maßnahmen

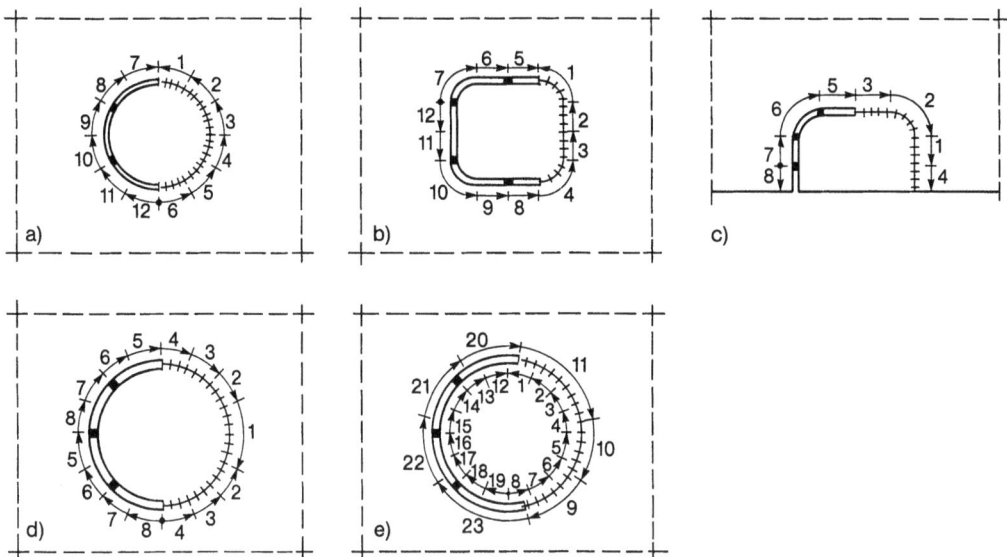

Bild 189. Schweißfolge beim Flickenschweißen: runder und rechteckiger Innenflicken (**a**, **b**), rechteckiger Randflicken (**c**), runder Flicken bei Einsatz von zwei Schweißern (**d**) und runder Flicken mit mehrlagiger Naht (**e**); nach [5]

189 dargestellt. Größere Flicken werden vorteilhaft von zwei Schweißern gleichzeitig geschweißt (Bild 189d). Dickere Flicken werden in der ersten Lage mit kleinem Pilgerschritt, in den weiteren Lagen mit größerem Pilgerschritt in abwechselnder Richtung geschweißt (Bild 189e). Bei X-Nähten wird erst eine Seite der Umfangshälfte fertiggestellt. Rechteckige Flicken werden an den Ecken gut ausgerundet, um stetiges Umschweißen zu ermöglichen. Das gelegentlich angewendete schwache Ausbauchen des Flickens (Polderung) bringt nicht den angestrebten Nachgiebigkeitsgewinn. Strecken der Nahtzone durch Hämmern ist bei verformungsfähigem Werkstoff ein brauchbares Mittel zum Eigenspannungsabbau. Lokales Glühen bringt dagegen keine Besserung.

4.4.3 Maßnahmen nach dem Schweißen

4.4.3.1 Übersicht

Mögliche fertigungstechnische Maßnahmen nach dem Schweißen zur Verminderung von (makroskopischen) Zugschweißeigenspannungen und von Schweißverzug sind:

- Spannungsarmglühen,
- Kaltrecken,
- Flammentspannen,
- Vibrationsentspannen,
- Hämmern,
- Walzen,
- Preßpunkten,
- Wärmepunkten,

- Warmrichten,
- Kaltrichten,
- Flammrichten.

Zur Behandlung des (Makro- und Mikro-) Eigenspannungsabbaus aus mehr metallkundlicher Sicht und nicht beschränkt auf Schweißeigenspannungen wird auf [15] verwiesen. Eine anregende Übersicht über Entspannungsmaßnahmen bietet [260].

4.4.3.2 Warmentspannen (Spannungsarmglühen)

4.4.3.2.1 Praxis des Warmentspannens und Regelwerk

Schweißeigenspannungen lassen sich unter Gefügeverbesserung abbauen, Verzugs- und Rißgefahr mindern (Stabilisierung), indem das Bauteil auf über Rekristallisationstemperatur erwärmt wird [258 bis 269]. Elastizitätsmodul und Fließgrenze sind bei dieser Temperatur stark erniedrigt und es setzen Kriechvorgänge in größerem Umfang ein. Die Rekristallisationstemperatur beträgt etwa die Hälfte der Schmelztemperatur, gemessen in [K]. Zuggebiete werden beim Erwärmen durch Fließen gereckt und Druckgebiete entsprechend gestaucht. Beim anschließenden Glühen tritt Spannungsrelaxation durch Kriechen bei nur noch geringer Formänderung und Spannungsumverteilung ein. Für den Spannungsabbau durch Fließen ist wesentlich, daß die Fließgrenze beim Erwärmen stärker als der Elastizitätsmodul abnimmt, was bei Annäherung an die Rekristallisationstemperatur eintritt, damit die Temperaturdehnungen sich nicht direkt in elastische Entlastung umsetzen, denn dieser rein thermoelastische Prozeß ist bei Abkühlung reversibel. Unter vorstehender Bedingung sind die Eigenspannungen nicht nur für die Dauer des Glühvorgangs, sondern auch nach Abkühlung erniedrigt.

Erwärmen und Abkühlen müssen langsam erfolgen, um größere Temperaturunterschiede zwischen Oberfläche und Innerem des Bauteils zu vermeiden. Zugehörige Wärmespannungen können sonst Risse verursachen und den angestrebten Eigenspannungsabbau durch Bildung neuer Eigenspannungen verhindern. Auch der zugehörige Verzug würde stören. Eine längere Durchwärm- und Haltezeit wiederum ist notwendig, um die Spannungsrelaxation genügend gleichmäßig und weit fortschreiten zu lassen. Durch Warmentspannen werden neben den betrachteten Makroeigenspannungen auch Mikroeigenspannungen abgebaut. Die Eigenspannungen in stark heterogenem Werkstoff (zum Beispiel Brennschnittfläche oder Plattierung) lassen sich nicht ohne weiteres durch Glühen abbauen, siehe Abschnitt 3.4.4.

Wärmenachbehandlung mit Entspannen und Gefügeerholung bzw. Rekristallisation erfolgt bei unlegierten und niedriglegierten Stählen im Temperaturbereich $450 \leq T \leq 700\,°C$ mit Glühzeiten $\Delta t_g = 1 \ldots 3\,h$. Die Erwärmungsgeschwindigkeit wird wanddickenabhängig gewählt, zum Beispiel $5\,°C/min$ bei $10\,mm$ und $1\,°C/min$ bei $50\,mm$ Wanddicke. Die Abkühlgeschwindigkeiten sollten nur halb so groß sein. Legierte austenitische Stähle können höhere Temperaturen (bis $1\,050\,°C$) bei kürzerer Glühzeit und schnelles Erwärmen und Abkühlen erfordern, um genügend Relaxation und günstige Gefüge ohne Rißbildung zu erzeugen. Das trifft insbesondere auf die warmfesten Stähle zu, die erst bei höherer Temperatur relaxieren und vorher durch Ausscheidungen verspröden können. Warmaushärtende Aluminiumlegierungen (zum Beispiel vom Typ AlMgSi) werden erst bei $500\,°C$ lösungsgeglüht und dann bei $150\,°C$ gealtert.

Die Wärmebehandlung nach dem Schweißen kann am nicht zu großen Bauteil global im Glühofen oder bei darüber hinausgehender Bauteilgröße lokal für den Nahtbereich mit Gasbrennern, Heizmatten oder Induktionsspulen nebst Asbestmatten zur Wärmedämmung erfolgen [261]. Großbehälter können durch Wärmeeinbringung unter Außenisolation global

4.4 Fertigungstechnische Maßnahmen

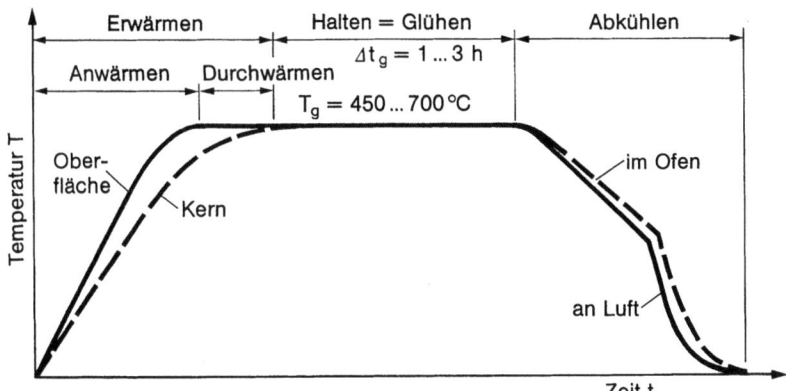

Bild 190. Temperaturablauf der Wärmenachbehandlung von Schweißverbindungen (schematisch)

geglüht werden. Lokales Glühen wird auch bei kleineren Bauteilen nach Reparatur- und Montageschweißungen angewendet. Der erwünschte Temperaturablauf am Bauteil beim globalen bzw. lokalen Glühen ist in Bild 190 schematisch dargestellt. Zuverlässige Temperaturkontrolle durch Thermoelemente oder Pyrometer ist notwendig. Beim Mehrlagenschweißen werden die tieferen Lagen durch das Überschweißen wärmenachbehandelt, zugehörige Temperaturabläufe sind in Abschnitt 2.4.3 dargestellt.

Bei der globalen Wärmenachbehandlung lassen sich die Eigenspannungen, deren Maximalwerte an oder über der Fließgrenze liegen, günstigstenfalls auf etwa 15 % ihres Ausgangswertes, also auf etwa die Höhe der Warmfließgrenze bei Glühtemperatur, vermindern. Diese Minderung ist für die Praxis ausreichend, zumal die zulässigen Lastspannungen Spielraum bis zur Fließgrenze lassen. Für die nur begrenzte Entspannung sind die begrenzte Glühzeit und Glühtemperatur, der hohe Mehrachsigkeitsgrad des Spannungszustands, die ungleichmäßige Abkühlung und die elastische Rückfederung verantwortlich. Wenn eine Schweißverbindung artverschiedene Werkstoffe aufweist, können allein dadurch erhebliche Abkühlspannungen nach dem Spannungsarmglühen neu aufgebaut werden. Wenn bei artgleichen Werkstoffen nur die Kalt- und Warmfließgrenzen in Naht und Wärmeeinflußzone sich unterscheiden (beispielsweise durch Aufhärtung) sind dagegen die Abkühlspannungen nicht überhöht.

Bei der lokalen Wärmenachbehandlung lassen sich die Eigenspannungen bei weitem nicht auf den vorgenannten günstigen Wert von etwa 15 % erniedrigen. Was im Einzelfall erreichbar ist, hängt von den Konstruktions-, Werkstoff- und Verfahrensparametern ab. Während im allgemeinen großflächiges Glühen empfohlen wird, wird in [307] zugunsten konzentrierter Wärmeeinbringung bei künstlicher Kühlung der Umgebung argumentiert.

Im Sinne des großflächigen Glühens ist eine Mindestbreite $2b_g$ der erwärmten Zone mit anschließendem allmählichem Temperaturübergang einzuhalten, beispielsweise ein Vielfaches der Wanddicke δ oder bei Umfangsnähten von Rohren und Behältern ein Vielfaches des Zylinderradius R und der Wanddicke δ [262, 267]:

$$2b_g \geq 5\sqrt{R\delta}. \tag{207}$$

Bekanntlich ist die Umfangsnaht nach dem Schweißen durch die Biegezugspannungen quer zur Nahtwurzel gefährdet. Die Wärmenachbehandlung nur der schmalen Nahtzone

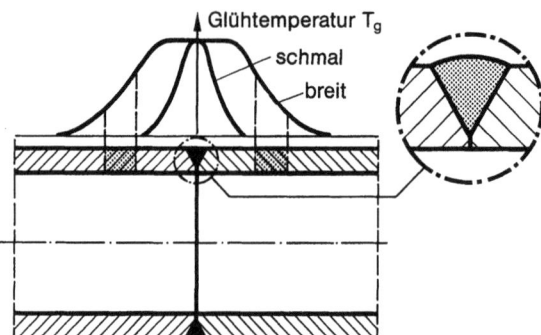

Bild 191. Lokale Wärmenachbehandlung mit schmaler und breiter Glühzone bei Rohrumfangsnaht; nach [8]

würde nach Abkühlung einen ähnlichen Spannungszustand wie das Schweißen selbst hervorrufen. Wird die Wärmenachbehandlungszone jedoch breit gewählt, verlagern sich die hohen Querbiegespannungen in Bereiche neben der Naht, wo der Temperaturübergang auftritt, Bild 191. Bei lokaler Wärmenachbehandlung an allen mehrfach zusammenhängenden Strukturen ist möglichst symmetrisch zu erwärmen und abzukühlen, um hohe und ausgedehnte Abkühlspannungen zu vermeiden.

Der Wert der lokalen Wärmenachbehandlung gründet sich also in einer gewissen Steuerbarkeit des Eigenspannungszustands und in der Gefügeverbesserung. Die lokale Wärmenachbehandlung wird zur Verminderung der Sprödbruchgefahr im Nahtbereich durchgeführt. Sie ist zur Erhöhung der Formstabilität wegen der meist nur verlagerten Eigenspannungen weniger geeignet.

Zum globalen und lokalen Warmentspannen werden seiner großen praktischen Bedeutung entsprechend im deutschen und ausländischen Regelwerk bindende Angaben gemacht, beispielsweise in den Stahl-Eisen-Werkstoffblättern des VDEh und des VdTÜV, in DIN-Stahlnormen, in AD-Merkblättern, in den Technischen Regeln für Dampfkessel, Behälter und Rohre, in DVS-Merkblättern, in den Vorschriften des Germanischen Lloyd für Schiffe und in den KTA-Regeln für Kernreaktorkomponenten [258, 262]. Das Regelwerk schreibt abhängig von Werkstoff, Werkstoffzusammensetzung, Wanddicke und Betriebstemperatur vor, wann Wärmenachbehandlung erforderlich ist, und macht Angaben zu Glühzeit und Glühtemperatur, Erwärmungs- und Abkühlgeschwindigkeit sowie Glüh- und Isoliermindestbreiten. Die Glühtemperatur liegt in den deutschen Vorschriften zwischen 530 und 800 °C, die Glühzeit bei mindestens 15 bis 60 Minuten. Erwärm- und Abkühlgeschwindigkeit werden wanddickenabhängig angegeben. Es ist aber unbegründet, die Glühzeit (nach Abzug der Durchwärmzeit) von der Wanddicke abhängig zu machen, wie es in manchen ausländischen Vorschriften geschieht (zum Beispiel im ASME-Code).

Abnahme und Überwachungsorgane sehen sich vielfach vor die Frage gestellt, wann in Grenzfällen auf die Wärmenachbehandlung verzichtet werden kann. Für Anforderungen des Behälterbaus wurde ein Bewertungsschema [265] vorgeschlagen, nach dem folgende Gegebenheiten einen Verzicht auf Wärmenachbehandlung begünstigen: Kohlenstoffgehalt bzw. Kohlenstoffäquivalent klein, Ausgangsteile normalgeglüht, Wanddicke klein, Konstruktion nachgiebig, Schweißstelle vorgewärmt, Fehlerprüfung optimal, Werkstoff besonders verformungsfähig.

4.4.3.2.2 Spannungsrelaxationsversuche

Genauere Einblicke in die Entspannungswirkung abhängig von Werkstoff, Ausgangsspannung, Glühtemperatur und Glühzeit (identisch mit Haltezeit) lassen sich ausgehend von

4.4 Fertigungstechnische Maßnahmen

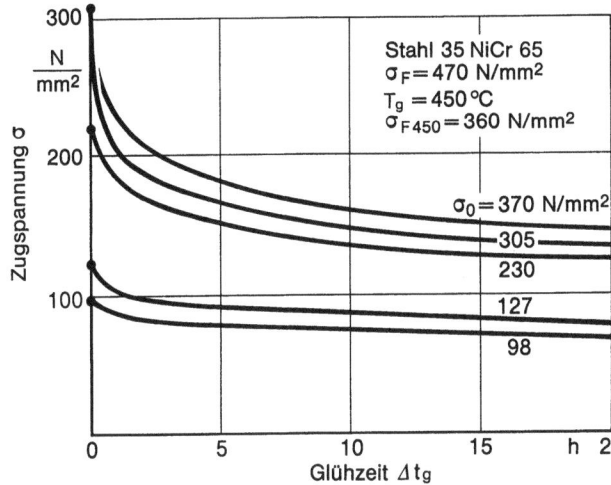

Bild 192. Isothermer Zugrelaxationsversuch (Dauerstandversuch), NiCr-legierter Stahl, Glühtemperatur T_g, unterschiedliche Ausgangsspannung σ_0; nach [272]

Spannungsrelaxationsversuchen in stabartigen Proben gewinnen. Die untersuchten besonderen Beanspruchungsarten (Zug, Torsion, Biegung) erfordern ein Übertragungsverfahren auf die andersartigen Beanspruchungsverhältnisse in der Schweißkonstruktion. Wenn Grobschätzungen nicht ausreichen, sind Berechnungen nach Abschnitt 4.4.3.2.6 notwendig.

Der Spannungsrelaxationsversuch wird im einfachsten Fall als Dauerstandversuch unter einachsiger Beanspruchung (Zugprobe) bei der für die Konstruktion vorgesehenen Glühtemperatur isotherm durchgeführt [272]. Für unterschiedliche Ausgangsspannungen ergeben sich bei fixierter Gesamtdehnung unterschiedliche Spannungsrelaxationskurven über der (Glüh-)Zeit, Bild 192. Der Spannungsabfall bezeichnet die Umsetzung von elastischer Dehnung in viskoplastische Dehnung.

Der vorstehend beschriebene isotherme Dauerstandversuch ist zur Beurteilung des Warmentspannens insofern nicht voll befriedigend, als die Ausgangsspannung erst nach Erreichen der Glühtemperatur aufgebracht wird, während in der Konstruktion die Ausgangsspannung bereits während der Erwärmung abnimmt. Die Messung der Spannungsabnahme während der Erwärmung ist jedoch insofern schwierig, als die gleichzeitig auftretende Wärmedehnung eliminiert werden muß. Die nachfolgend beschriebenen anisothermen Versuchsarten überwinden diese Schwierigkeit in jeweils charakteristischer Weise, wobei Übereinstimmung der Ergebnisse festgestellt wurde [259, 277].

Im anisothermen Zugrelaxationsversuch [274, 278 bis 280, 303] wird die elastoviskoplastische Gesamtdehnung in der belasteten Prüfprobe, ausgehend von einer parallelgeschalteten unbelasteten Kompensatorprobe, mittels Extensometer und Servomechanismus konstant gehalten, Bild 193. Die Wärmedehnungsverschiebung der Kompensatorprobe regelt die Spindeldrehung am lastaufbringenden Querhaupt. Die Temperatur an den Proben muß mit einer Genauigkeit von $\pm 1\,°C$ einstellbar sein, um auch noch nach starker Relaxation brauchbare Ergebnisse zu erzielen. Die Vorteile dieses Versuchs sind die Homogenität der Probenbeanspruchung und die Eindeutigkeit der Spannungs- und Dehnungsermittlung.

Im anisothermen Torsionsrelaxationsversuch [269, 273, 276] dient die wärmedehnungsunbeeinflußte Schubbeanspruchung als Versuchsgrundlage. Die Schubbeanspruchung wird in einem Torsionsstab (normalerweise Vollstab, im Sonderfall auch Hohlstab) verwirklicht, dessen Wärmedehnung nur als (unbehinderte) Längsverschiebung auftritt, Bild 194. Der mechanische Antrieb A erzeugt eine bestimmte Verdrehung der zunächst kalten Probe P,

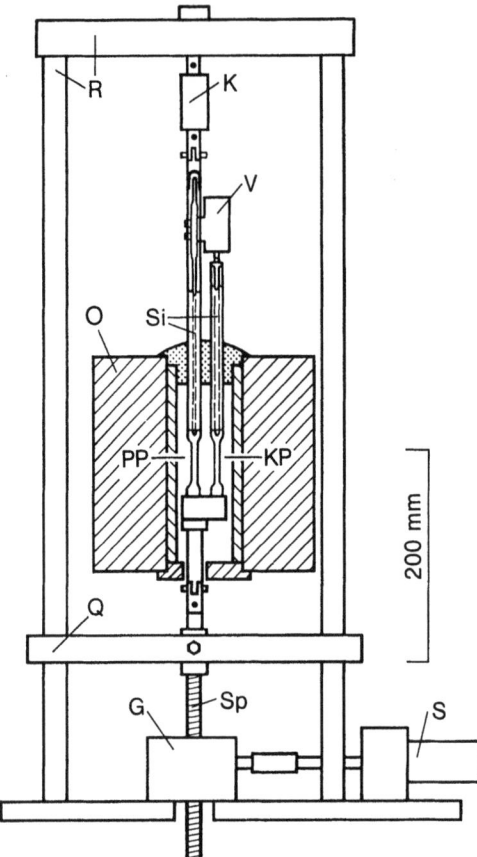

Bild 193. Anisothermer Zugrelaxationsversuch: Prüfprobe PP, Kompensatorprobe KP, Ofen O, Siliziumstäbe Si, Verschiebungsgeber V (Extensometer), Kraftmeßglied K, Rahmen R, Querhaupt Q, Servomotor S, Getriebe G, Spindel Sp; nach [280]

wobei die Schubhöchstspannung τ_{max} unterhalb der Schubfließgrenze τ_F bleibt, $\tau_{max} \approx 0{,}75\tau_F$. Diese Verdrehung steht kräftemäßig mit der Auslenkung eines Gewichtspendels G im Gleichgewicht. Die einmal eingestellte Auslenkung wird während des Versuchs (Erwärm-, Glüh- und Abkühlphase) durch einen Meßdraht M konstant gehalten, dessen Spannung ein Maß für das Entlastungsmoment ist. Das pendelseitige Probenende ist auf einem Schlitten längsverschieblich gelagert, um unbehinderte Wärmedehnung zu ermöglichen. Der Versuchsaufwand beim dargestellten Torsionsversuch ist gering, soweit Vollstäbe verwendet werden. Nachteilig ist, daß die Torsionsspannung nicht genügend eindeutig aus dem Torsionsmoment berechenbar ist. Je nach angenommenem Spannungsanstieg über dem Mittenabstand (elastisch linear bis plastisch konstant möglich) ergeben sich etwas unterschiedliche Werte. Hohlstäbe mit eindeutiger Spannungsberechnung erhöhen andererseits den Versuchsaufwand erheblich, so daß dann der Zugversuch zu bevorzugen ist. Die Relaxationskurven von Voll- und Hohlstab unterscheiden sich nach [273] nur wenig.

Im (veralteten) ansiothermen Biegerelaxationsversuch werden zwei Biegestäbe um ein bestimmtes Maß querkraftbiegeverspannt und in diesem Zustand der Glühbehandlung unterworfen. Nach Abschluß derselben wird die verbleibende Rückfederung gemessen. Aus den Durchbiegungen bzw. Rückfederungen vorher und nachher werden Biegespannungen berechnet, deren Verteilung über die Querschnittshöhe als linear angenommen wird (wie im

4.4 Fertigungstechnische Maßnahmen

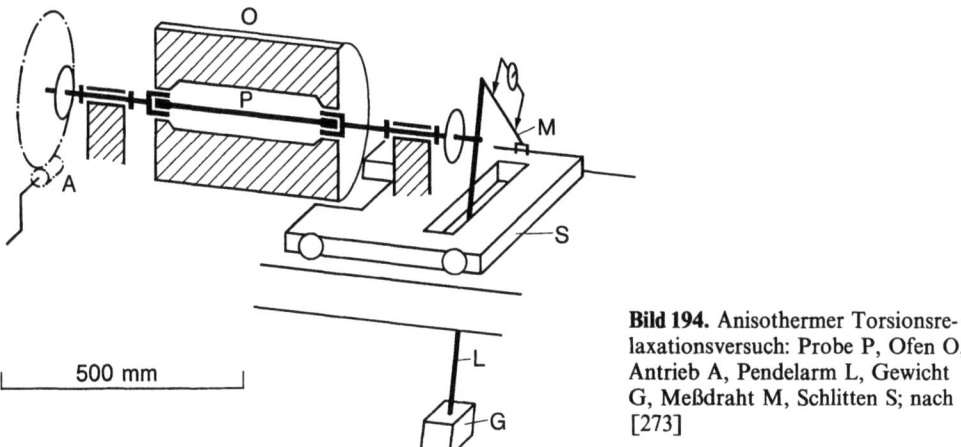

Bild 194. Anisothermer Torsionsrelaxationsversuch: Probe P, Ofen O, Antrieb A, Pendelarm L, Gewicht G, Meßdraht M, Schlitten S; nach [273]

rein elastischen Bereich). Die Differenz dieser Spannungen bezeichnet die durch Glühen ausgelösten Spannungen. Der sehr einfache Versuch hat den Nachteil fehlender Meßmöglichkeit während des Versuchs und ungenauer Spannungsermittlung.

Zwei im anisothermen Zugrelaxationsversuch gewonnene Relaxationskurven eines Feinkornbaustahls zeigt Bild 195. Ausgehend von der (niedrigeren oder höheren) Ausgangsspannung wird auf eine (niedrigere oder höhere) Glühtemperatur erwärmt. Die Glühtemperatur wird ein Stunde lang aufrecht erhalten, dann wird entlastet. Die Ausgangsspannung wird mit zunehmender Erwärmung zunächst wenig (entsprechend der Temperaturabhängigkeit des Elastizitätsmoduls), dann nach Erreichen der (Warm-)Fließgrenze stärker (entsprechend der Temperaturabhängigkeit der Fließgrenze) abgebaut. Der Abfall kann durch Umwandlungsvorgänge verstärkt sein [280]. Der Abfall der Ausgangsspannung σ_0 auf die Endspannung σ_T gemäß Elastizitätsmodul E_{20} bei 20 °C und E_T bei T [°C] folgt der Beziehung

$$\sigma_T = \sigma_0 \frac{E_T}{E_{20}}. \tag{208}$$

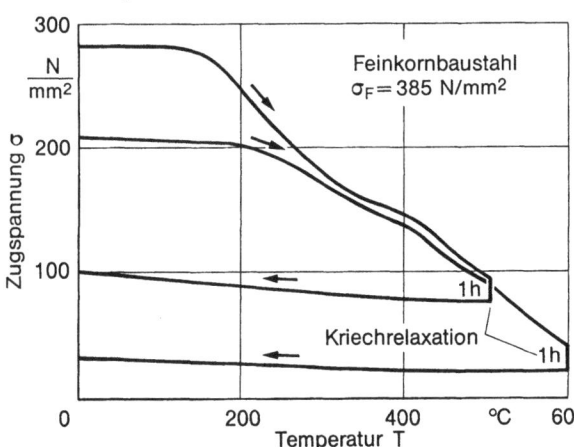

Bild 195. Anisotherme Spannungsrelaxation für einen Feinkornbaustahl; nach [274]

210 4 Verminderung von Schweißeigenspannungen und Schweißverzug

Dabei ist ab etwa 200 °C in E_T ein kleiner Abzug für Langzeitrelaxation zu berücksichtigen, wenn E_T im Kurzzeitversuch ermittelt wurde. Nach dem Spannungsabfall gemäß Elastizitätsmodul und Fließgrenze folgt der eigentliche viskoplastische Spannungsabfall, der bei der hier gewählten niedrigen Glühtemperatur und Glühdauer relativ klein ist. Der Wiederanstieg der Spannung bei der Rückkühlung ist im vorliegenden Fall ebenfalls relativ klein und entspricht nicht ganz der Temperaturabhängigkeit des Elastizitätsmoduls bei Erwärmung. Eine zu hohe

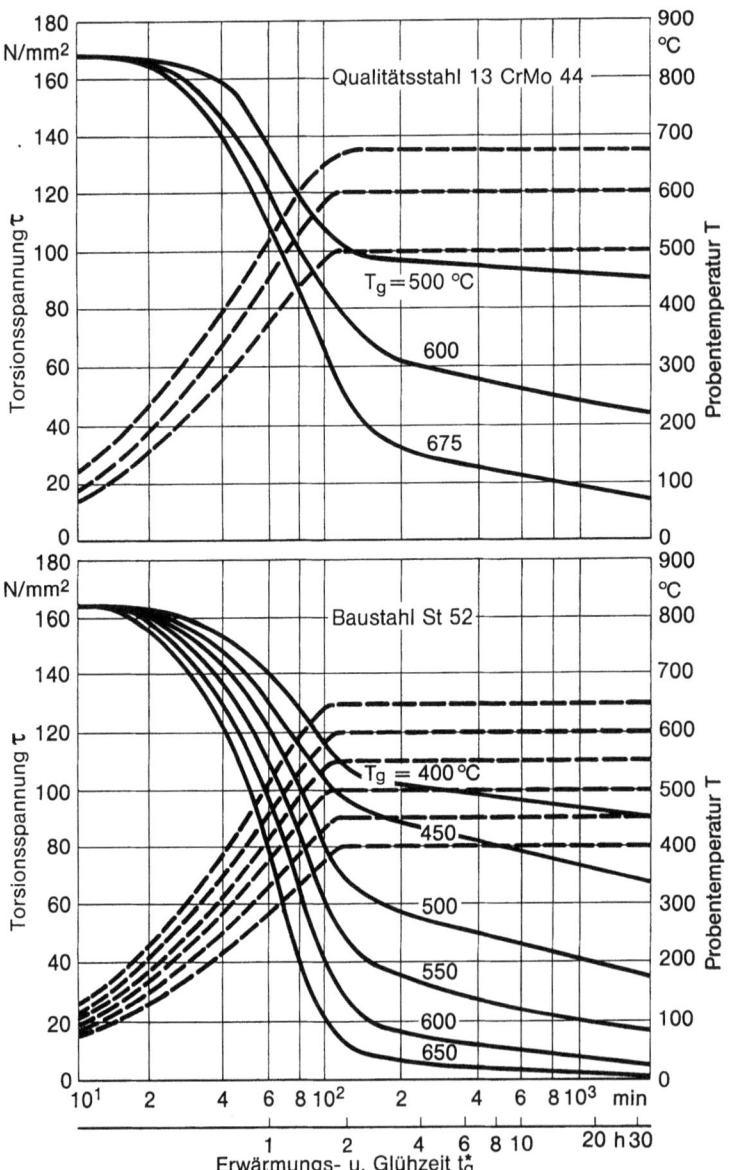

Bild 196. Spannungsrelaxation torsionsbeanspruchter Rundstäbe bei fixiertem Drehwinkel unter wärmenachbehandlungstypischem Temperaturablauf (gestrichelte Kurven); nach [275]

4.4 Fertigungstechnische Maßnahmen

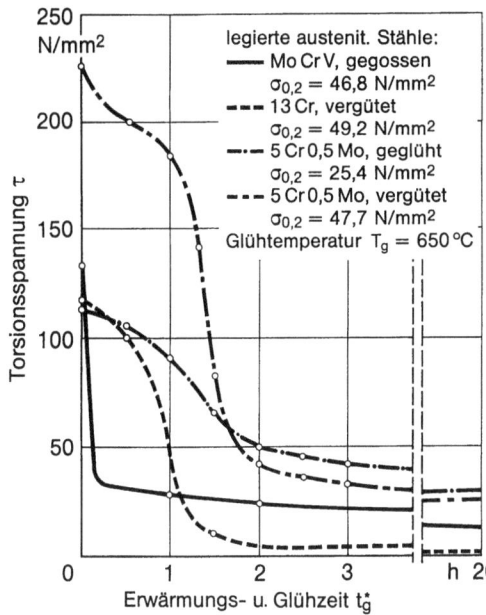

Bild 197. Spannungsrelaxation torsionsbeanspruchender Rundstäbe bei fixiertem (zum Teil unterschiedlichem) Drehwinkel beim Erwärmen und Glühen; nach [259]

Rückkühlungsspannung wird andererseits in [279] gemessen. Dieselbe Temperaturabhängigkeit des Elastizitätsmoduls bei Erwärmung und Abkühlung muß aber nach herkömmlicher Auffassung gefordert werden.

Im anisothermen Torsionsrelaxationsversuch ermittelte Relaxationskurven nach [259, 275] für unterschiedliche Stähle zeigen die Bilder 196 und 197 (siehe auch [273, 274]). Aus Bild 196 geht der zunehmende Spannungsabbau mit Glühtemperatur und Glühzeit hervor. In Bild 197 sind einzelne Kurven aus [259] für Erwärmen und Glühen bei zum Teil unterschiedlicher Ausgangsspannung dargestellt. Unterschiedliche Stähle derselben Stahlgruppe können demnach unterschiedliches Relaxationsverhalten aufweisen. Für die Beurteilung der Höhe der Ausgangsspannung relativ zur Fließgrenze ist die Umrechnung der Dehngrenzen $\sigma_{0,2}$ in $\tau_{0,4}$ von Interesse. Hier wird folgende Formel verwendet:

$$\tau_{0,4} = 0{,}59 \sigma_{0,2} \,. \tag{209}$$

Eine weitere Schar von im Torsionsrelaxationsversuch gewonnener Relaxationskurven für einen russischen Baustahl [8], die in der rechnerischen Simulation des Warmentspannens weiterverwendet wurden, zeigt Bild 200a.

Aus den Bildern 195, 196, 197 und 200 ist ersichtlich, daß beim Erwärmen Spannungsabbau hauptsächlich durch Verminderung von Elastizitätsmodul und Fließgrenze eintritt und beim Glühen dann hauptsächlich durch Kriechen. Bei begrenzter Glühzeit und Glühtemperatur ist vollständiger Spannungsabbau nicht möglich. Nach 1 h Glühzeit bei 600 °C Glühtemperatur ist bei gängigen Stählen die Spannung aber bereits stark abgebaut.

4.4.3.2.3 Gefügeänderung beim Warmentspannen

Das beschriebene Verfahren ist als Warmentspannen im Unterschied zum in Abschnitt 4.4.3.3 behandelten Kaltentspannen bezeichnet. Seine gängige Bezeichnung ist Spannungsarmglühen (früher unzutreffend Spannungsfreiglühen). Die Bezeichnung ist insofern zu eng gewählt, als das Warmentspannen mit Gefügeerholung (bei $T \approx 0{,}5T_s$) oder sogar Gefügeneubildung (bei $T \gtrsim 0{,}5T_s$) verbunden ist und dieser Effekt wichtiger sein kann als der des Entspannens. Im Englischen wird daher umfassender von Wärmenachbehandlung (post weld heat treatment) gesprochen. Im Deutschen wird bei einseitiger Ausrichtung auf die Gefügeveränderung auch der Name Rekristallisationsglühen verwendet. In Wirklichkeit ist Rekristallisationsglühen auch immer mit Entspannen verbunden. Aus den angeführten Gründen wird das Spannungsarmglühen hier unter dem allgemeinen Gesichtspunkt der Wärmenachbehandlung betrachtet.

Zweck der Wärmenachbehandlung ist die Eigenspannungsminderung und die Gefügeveränderung in günstiger Richtung einschließlich des Abbaus der Mikroeigenspannungen, der Härte, der Reckalterung und des Wasserstoffgehalts in der Schweißnaht (bei ferritischem Stahl). Durch die (Zug-)Eigenspannungs-, Härte-, Alterungs- und Wasserstoffminderung werden Sprödbruchfestigkeit, Zeitstandfestigkeit und (Spannungsriß-)Korrosionsfestigkeit erhöht. Gleichzeitig wird die Formstabilität des geschweißten Bauteils bei Bearbeitung und Betriebsbelastung gesichert. Durch die Gefügeänderung kann die Zähigkeit unlegierter und niedriglegierter Stähle nach Kaltverformung mit Reckalterung zurückgewonnen werden, beispielsweise an Rissen und Fehlstellen in der Wärmeeinflußzone oder an Abkantungen und anderen Kaltumformbereichen. Bei höherlegierten Stählen gilt die Gefügeänderung dem Zähigkeitsrückgewinn in den aufgehärteten Zonen bzw. dem Härtespitzenabbau. Bei der Elektroschlackeschweißung wird Grobkorn durch (normalisierende) Wärmebehandlung beseitigt. Die angestrebte Gefügeverbesserung wird hinsichtlich der Sprödbruchgefahr vielfach höher bewertet als die erzielte Eigenspannungsminderung [264].

Den positiven Wirkungen der Wärmenachbehandlung sind aber auch Grenzen gesetzt, und bei unüberlegtem Einsatz des Verfahrens tritt anstelle der angestrebten Verbesserung eine Verschlechterung der Schweißverbindung. Die Eigenspannungsminderung kann bei dreiachsigen Zugspannungen oder auch bei Behinderung des Abkühlverzugs gering sein. Zu hohe Glühtemperatur bzw. zu lange Glühzeit verschlechtern andererseits die mechanischen Werkstoffkennwerte besonders bei den niedriglegierten CMn-Stählen. Zugfestigkeit und Fließgrenze von C- und CMn-Stählen werden um bis zu 10 % vermindert, die Übergangstemperatur im (ISO-V-)Kerbschlagversuch um bis zu 30 °C erhöht [284]. Bei höherlegierten Stählen, besonders bei molybdän- und vanadinhaltigen warmfesten Stählen, können durch Glühen in der Wärmeeinflußzone Ausscheidungen auftreten, die zum Zähigkeitsverlust der Körner führen und die Verformung in die Korngrenzen verlagern mit Gefahr interkristalliner Rißbildung (Relaxations- oder Zeitstandversprödung, reheat or stress relief cracking).

4.4.3.2.4 Gleichwertigkeit von Glühtemperatur und Glühzeit

In der Praxis ist die mögliche Glühzeit aus Wirtschaftlichkeitsgesichtspunkten begrenzt, andererseits darf die Glühtemperatur wegen der genannten Negativwirkungen aber auch nicht zu hoch liegen. Hinsichtlich des Eigenspannungsabbaus sind Glühzeit und Glühtemperatur in einem bestimmten Bereich empfohlener Glühtemperaturen gleichwertige Größen [56, 60, 61]. Bei niedrigerer Temperatur muß wesentlich länger als bei höherer Temperatur geglüht werden, um eine vergleichbare Entspannung zu erzielen. Dabei ist es gleichgültig, ob in einem Durchgang oder in mehreren Etappen geglüht wird, die Gesamtglühzeit ist maßgebend [279].

Die in Bild 198 nach [266] dargestellten Kurven gelten für Zugproben aus CMn-Stahl ($\sigma_{0,1} = 215 \text{ N/mm}^2$, $\sigma_Z = 426 \text{ N/mm}^2$), die nach Erwärmung auf Temperaturen zwischen 500 und 650 °C einer fixierten Dehnung von 0,15 % unterworfen und dann der Relaxation überlassen wurden. Die Ausgangsspannung lag zwischen 146 N/mm² bei 500 °C und 43 N/mm² bei 650 °C. Es wurde unterstellt, daß die nach mehrstündiger Relaxation im

4.4 Fertigungstechnische Maßnahmen

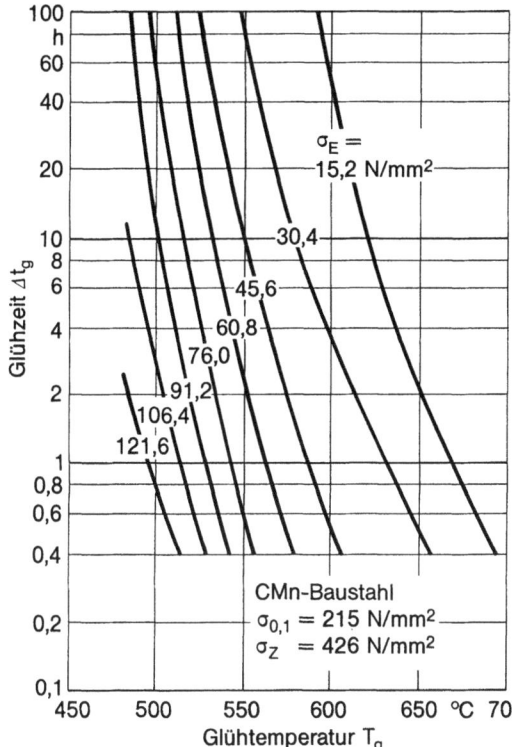

Bild 198. Austauschbarkeit von Glühzeit und Glühtemperatur zur Spannungsrelaxation auf den Wert σ_E; nach [266]

Warmzustand erreichte Spannung weitgehend unabhängig von der Wahl der Dehnungs- bzw. Ausgangsspannungshöhe ist. Die nach Relaxation im Warmzustand erreichte Spannung wurde über die Temperaturabhängigkeit des Elastizitätsmoduls auf die Eigenspannung im Kaltzustand zurückgerechnet. Aus dem Diagramm ist ersichtlich, daß Entspannung beispielsweise auf 38 N/mm² alternativ erreicht werden kann für 600°C/1 h, 575°C/4,5 h oder 550°C/22 h. Die erforderliche Glühzeit steigt also progressiv mit fallender Glühtemperatur und ist unterhalb 575°C unwirtschaftlich hoch. Es ist aber zu beachten, daß in der eigenspannungsbehafteten Konstruktion die Erwärmung auf Temperaturen um 500°C allein durch erniedrigte Fließgrenze entspannend wirkt.

Als weiteres Zahlenbeispiel sei die Gleichwertigkeit von 575°C/3 h und 625°C/0 h für den CMn-Stahl in [298] angeführt.

Die Gleichwertigkeit von Glühtemperatur T_g und Glühzeit Δt_g hinsichtlich der Entspannungswirkung wird auch durch die Holloman-Jaffe-Zahl H_p wiedergegeben [284, 298], wobei in Δt_g je ein Zuschlag für die Erwärmungs- und Abkühlphase nach Eriksson (Angabe in [287]) zu berücksichtigen ist (dT/dt [K/h], T_g [K], Δt_g [h]), Bild 199:

$$H_p = T_g(20 + \log \Delta t_g) 10^3, \qquad (210)$$

$$\Delta t_g = \frac{T_g}{2{,}3 \, dT/dt \, (20 - \log dT/dt)}. \qquad (211)$$

Die Holloman-Jaffe-Zahl H_p wurde in [286] zur Beschreibung der Härteänderung durch Wärmebehandlung bei einer Gruppe von Kohlenstoffstählen verwendet. Später wurden

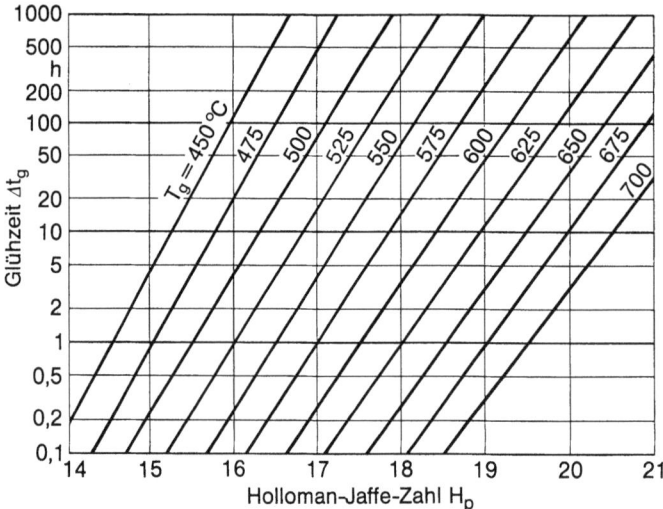

Bild 199. Gleichwertigkeit von Glühzeit und Glühtemperatur gemäß der Holloman-Jaffe-Zahl H_p

Versuchsergebnisse zum Warmentspannen abhängig von dieser Zahl dargestellt [287]. Schließlich konnte die Korrelation mit der Verminderung von Fließgrenze, Zugfestigkeit und Kerbschlagzähigkeit durch Glühen nachgewiesen werden [284]. Härteabbau und Eigenspannungsabbau haben in der Praxis vergleichbare Bedeutung.

Die Gleichwertigkeit von Glühtemperatur und Glühzeit wird hinsichtlich des Sprödbruchs von Großplatten mit quergekerbter Längsnaht in [264] nicht bestätigt. Allein die Höhe der Glühtemperatur bestimmte die Verminderung der Sprödbruchübergangstemperatur, wobei nicht die Eigenspannungs-, sondern die Härteminderung den Ausschlag gab.

4.4.3.2.5 Kriechgesetze und Kriechtheorien zum Warmentspannen

Als Kriechen werden die bei vorgegebener Spannung mit der Zeit sich vergrößernden bleibenden Dehnungen bzw. die bei vorgegebener (Gesamt-) Dehnung mit der Zeit auf Kosten der elastischen Dehnung sich vergrößernden bleibenden Dehnungen (Spannungsrelaxation) bezeichnet. Kriechen ist somit eine Art von Viskosität fester Körper. Bei metallischen Werkstoffen tritt Kriechen in größerem Umfang nur oberhalb der Rekristallisationstemperatur auf. Man kann Kriechen (überwiegend bei hoher Temperatur) als Vorgang mit zeitabhängiger bleibender Dehnung im Unterschied zum Fließen (überwiegend bei niedriger Temperatur) als Vorgang mit zeitunabhängiger bleibender Dehnung sehen. Während beim Kriechen die viskose Dehngeschwindigkeit durch die Schubspannung gesteuert wird, ist beim Fließen direkt die plastische Dehnung von der Schubspannung abhängig. Dabei kann der momentane Kriech- bzw. Fließvorgang von der gesamten Beanspruchungsvorgeschichte beeinflußt sein (Werkstoffgedächtnis), was in den vereinfachten Kriechtheorien vernachlässigt wird. In letzteren werden die Kriechvorgänge allein von den momentanen Zustandsgrößen abhängig gemacht.

Der enge Zusammenhang zwischen Kriechen und Fließen kommt zum Ausdruck, wenn Kriechen erst nach Überschreiten der Fließgrenze auftritt, Kriechen unterhalb der Fließgrenze also ausgeschlossen wird (untypisch für das Warmentspannen). Die zugehörigen Formänderungen werden als viskoplastisch bezeichnet. Während die plastische Formänderung unver-

4.4 Fertigungstechnische Maßnahmen

züglich eintritt, benötigt viskose Formänderung dafür Zeit. Bei Beginn der Erwärmung zum Warmentspannen überwiegt die plastische Formänderung, beim eigentlichen Glühen liegt ausschließlich viskose Formänderung vor [297]. In den Kriechtheorien können plastische und viskose Dehnungen getrennt geführt werden (mit Fließgesetzen einerseits und Kriechgesetzen andererseits), sie können aber auch zu viskoplastischen Dehnungen vereint werden (mit Fließkriechbedingung, Fließkriechgesetz und Fließkriechverfestigungsgesetz). Für das Warmentspannen wird die temperaturabhängige Form der genannten Gesetze benötigt.

Die Kriechgesetze und Kriechtheorien sind ursprünglich für Entwurf und Auslegung kriechverformungs- und kriechbruchgefährdeter Bauteile aus Metall (bei hoher Temperatur), Beton und Kunststoff entwickelt worden [290 bis 294]. Im Vordergrund steht daher das Werkstoffverhalten bei vorgegebener (konstanter oder veränderlicher) Spannung. Als Ausgangsbasis dienen die bei unterschiedlicher konstanter Spannung σ zeitabhängig ermittelten Kriechkurven $\varepsilon_k = f(t, \sigma)$. Für die Anwendung auf das Warmentspannen eignen sich aber mehr die bei unterschiedlicher fixierter Dehnung ε aufgenommenen Spannungsrelaxationskurven $\sigma = f(t, \varepsilon)$, [1].

Kriechgesetze für einachsige Spannung σ werden in Verbindung mit dem Stabelementmodell auf Entspannungsvorgänge angewendet [301]. Bei konstanter einachsiger Spannung gilt im einfachsten Fall

$$\varepsilon_k = f(\sigma) g(t) h(T) \tag{212}$$

oder alternativ

$$\dot{\varepsilon}_k = f(\sigma) \dot{g}(t) h(T). \tag{213}$$

Beispielsweise wird nach Norton

$$f(\sigma) = B\sigma^n, \tag{214}$$

nach Bailey

$$g(t) = Ft^m \quad (1/3 \leq m \leq 1/2) \tag{215}$$

bzw. nach McVetty

$$g(t) = G(1 - e^{-qt}) + Dt \tag{216}$$

und nach Arrhenius

$$h(T) = Ce^{-\Delta H/RT} \tag{217}$$

gesetzt (Werkstoffkennwerte B, F, G, D, C, n, m, q, Kriechaktivierungsenergie ΔH, Gaskonstante R). Die Konstanten B, F und C werden in Gl. (212) auch zu

$$K = BFC \tag{218}$$

zusammengezogen. Für den hochfesten Stahl HT80 ist bei $500 \leq T \leq 600$ °C $n = 2{,}4 \ldots 3{,}0$ und $m = 0{,}4 \ldots 0{,}5$ [303]. Für den bei Flugtriebwerken eingesetzten Chromstahl AMS 5616 ist bei $500 \leq T \leq 560$ °C $K = 1{,}29 \cdot 10^{-14}$, $n = 2{,}4$ und $m = 0{,}31$ [307]. Die Werkstoffkennwerte weiterer Werkstoffe sind in [295] zu finden.

Der Temperatureinfluß wird meist nicht nach Gl (212) separiert, sondern tritt als Temperaturabhängigkeit der Werkstoffkennwerte auf. Bei einachsiger veränderlicher Spannung σ stellt sich die Frage, wie der Übergang zwischen den (abhängig von σ

unterschiedlichen) Kriechkurven zu erfolgen hat, bei gleichem t („zeitverfestigend"), bei gleichem ε_k („dehnungsverfestigend") oder nach andersartiger Hypothese.

Kriechgesetze für mehrachsige Spannung werden bei Anwendung der Finit-Element-Methode auf das Warmentspannen benötigt. Am häufigsten wird das (fließunabhängige) Kriechgesetz nach Norton verwendet:

$$\dot{\varepsilon}_{k\,ij} = \frac{3}{2} B \sigma_{GEH}^{n-1} \sigma_{d\,ij}. \tag{219}$$

In diesem Potenzgesetz wird die Kriechgeschwindigkeit $\dot{\varepsilon}_k = d\varepsilon_k/dt$ von der Deviatorspannung σ_d abhängig gesetzt [107, 112, 297, 298, 304] (Vergleichsspannung σ_{GEH}, Werkstoffkennwerte B, n). Ein entsprechendes Exponentialgesetz (verwendet bei Baustahl für $T \leq 550\,°C$, [67]; Werkstoffkennwerte A, a) lautet:

$$\dot{\varepsilon}_{k\,ij} = \frac{3}{2\sigma_{GEH}} A e^{a\sigma_{GEH}} \sigma_{d\,ij}. \tag{220}$$

Die einachsige Fassung von Gl. (219) ist mit Gl. (214) identisch, die von Gl. (220) lautet:

$$\dot{\varepsilon}_k = A e^{a\sigma}. \tag{221}$$

Ein vollständiges mehrachsiges Fließkriechgesetz auf Basis des Bingham-Modells wird in [175] verwendet.

Aus den Fließ- und Kriechgesetzen folgt, daß die Entspannung vom deviatorischen Spannungsanteil gesteuert wird und daher direkt nur deviatorische Spannungen abgebaut

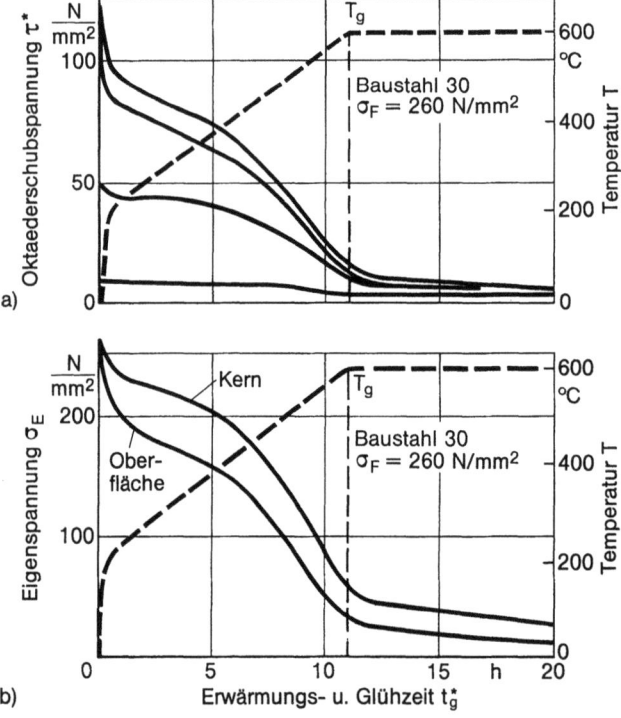

Bild 200. Spannungsrelaxation beim Warmentspannen des russischen Baustahls 30, Oktaederschubspannung τ^* (einachsige Spannung $\sigma = 2{,}12\tau^*$) (a), Spannung σ an Oberfläche einachsig und im Kern dreiachsig (b); Berechnungsergebnis nach [8]

4.4 Fertigungstechnische Maßnahmen

werden. Nur indirekt, über die mit dem Abbau der Deviatorspannungen einhergehende Spannungsumverteilung werden auch die volumetrischen Spannungen in deutlich geringerem Ausmaß vermindert. Letztere treten als dreiachsige Zugspannungen bekanntlich nur im inhomogenen Spannungsfeld auf, insbesondere vor Rißspitzen beispielsweise aber auch inmitten der Elektroschlackeschweißnaht. Die Entlastung des globalen deviatorischen Spannungszustands bedeutet daher auch Entlastung des lokalen volumetrischen Spannungszustands. Dieser Sachverhalt wird durch das Berechnungsergebnis [8] für den dreiachsigen Zugspannungszustand in der Mitte einer Elektroschlackeschweißnaht bestätigt, Bild 200. Die dreiachsigen volumetrischen Spannungen im Innern sind nach Abschluß der (relativ langen) Glühbehandlung um den Faktor 2 bis 2,5 höher als die überwiegend deviatorischen einachsigen Spannungen an der Oberfläche der Schweißnaht. Ein direkter Abbau der volumetrischen Spannungen wird zwar nach den erwähnten Fließ- bzw. Kriechgesetzen der Theorie ausgeschlossen, er ist aber im Vielkristall der Wirklichkeit dennoch in geringem Umfang vorstellbar. Diesbezügliche Grundlagenuntersuchungen fehlen vorerst.

Aus der Betrachtung des vorstehenden Absatzes kann auch gefolgert werden, daß das Entspannen nur in grober Näherung unter gleichbleibender lokaler Gesamtdehnung (und damit unterdrückter globaler Verformung) simuliert werden kann, wie es gelegentlich vorgeschlagen wird. Das eigentliche Ziel des Warmentspannens, nämlich der Abbau der lokalen dreiachsigen Zugspannungszustände, wird nur über die Spannungsumverteilung (verbunden mit lokaler und globaler Verformung) erreicht. Eine sinngemäße Feststellung gilt für die in [304] beobachtete Konstanz des Verhältnisses der beim Entspannen auf der Fließfläche liegenden lokalen Spannungskomponenten.

4.4.3.2.6 Berechnungsbeispiele zum Warmentspannen

Die Berechnung der thermischen und viskoplastischen Vorgänge beim Warmentspannen erfolgt mittels finiter Elemente und zeitinkrementell linearisierten Algorithmen [101, 290]. Ausgangsbasis ist wie beim Schweißen das Temperaturfeld. Gegenüber der bekannteren plastischen Berechnung mit nur formal zeitabhängigen Lastinkrementen ist für die viskoplastische Berechnung die Steuerung über echte Zeitschritte wesentlich. Die Modellierung folgt den beim Schweißvorgang dargestellten Möglichkeiten: Stabelemente, Ringelemente, Scheibenelemente. Derartige Berechnungen können die Festlegungen zu Glühtemperaturen und Glühzeit in der Praxis mitbegründen.

Mit dem Stabelementmodell [301] wird der Abbau der Nahtlängseigenspannungen im austenitischen nichtrostenden Stahl 304 und im ferritischen hochfesten Stahl HY−130 verfolgt. Der Erwärmungs- und Abkühlphase wird allein (elasto-)plastische Verformung zugeordnet, der Glühphase allein (elasto-)viskose Verformung. Ein exponentiell zeitabhängiges, einachsiges Kriechgesetz wird vorgegeben. Nach mehrstündigem Glühen bei 593 °C wird bei dem relativ warmfesten Stahl rechnerisch nur mäßige Entspannung festgestellt (die Messung weist mehr aus).

Das elastoplastische Warmentspannen einer Zylinderschale wird in [306] mittels geschichteter Ringschalenelemente simuliert. Die Grundsatzuntersuchung bezieht sich nur indirekt auf Schweißeigenspannungszustände. Tatsächlich wird der inhomogene Eigenspannungszustand in einem Zylinder endlicher Länge, der durch Entfernen eines Längsstreifens und erneutes Zusammenfügen verspannt wurde, betrachtet. Es wird nachgewiesen, daß die Eigenspannung nach dem Entspannen 10 bis 20 % höher als die Fließgrenze bei der erreichten Höchsttemperatur liegt.

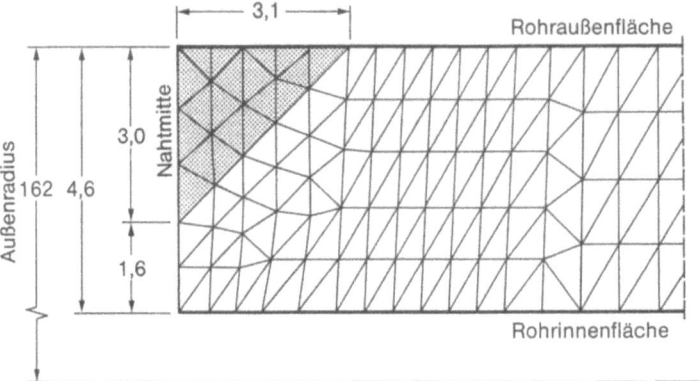

Bild 201. Einlagen-Umfangsnaht an Rohr aus CMn-Stahl, symmetrisiertes Finit-Element-Modell; nach [298]

Mit einem Ringkörpermodell wurden die Eigenspannungen in der ein- und mehrlagigen Umfangsnaht eines Rohres aus mikrolegiertem CMn-Stahl von Josefson [297 bis 299] untersucht (Werkstoffkennwerte ähnlich Bild 80, $\sigma_F = 360$ N/mm², im 50-%-martensitischen Teil der Wärmeeinflußzone bis auf 640 N/mm² ansteigend). Die Vorgänge beim Schweißen werden (elasto-)plastisch mit Umwandlung ($\Delta t_{8/5} = 13$ s) simuliert, die beim Glühen

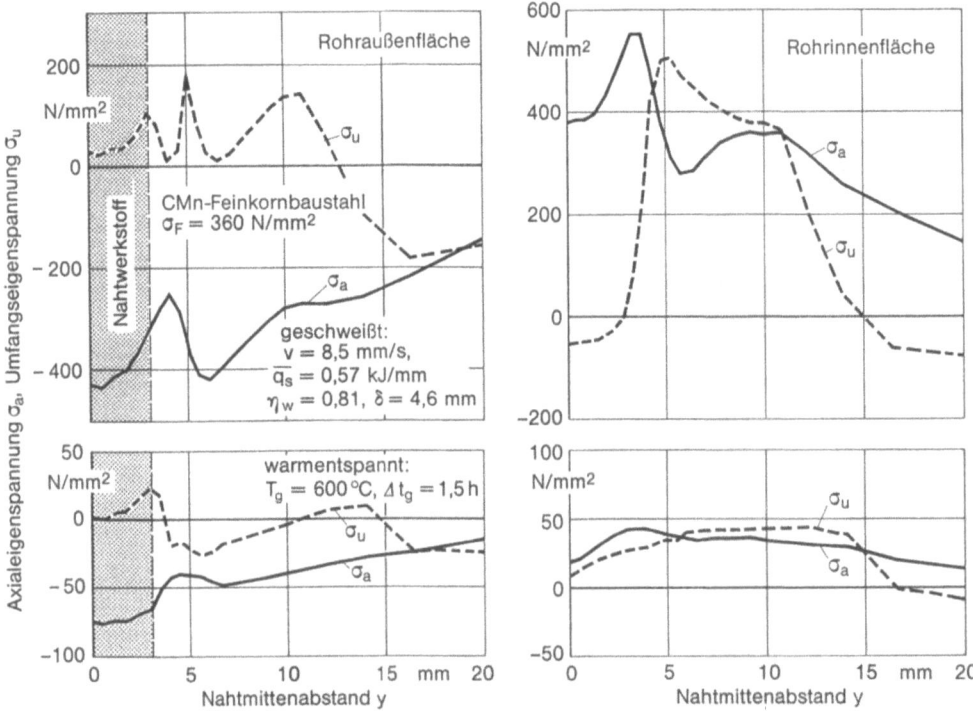

Bild 202. Schweißeigenspannungen σ_a (axial) und σ_u (in Umfangsrichtung) in der Außen- und Innenfläche eines Rohres aus CMn-Stahl, im Schweißzustand und nach dem Warmentspannen; in Anlehnung an [298]

4.4 Fertigungstechnische Maßnahmen

(elasto-)viskos (mit Kriechgesetz nach Norton [292]). Nahtprofil und Finit-Element-Modell für die Einlagenschweißung zeigt Bild 201, die Eigenspannungen nach dem Schweißen und nach dem Glühen Bild 202. Bemerkenswert ist die gute Übereinstimmung der Ergebnisse mit [163, 164] (Schrumpfkraftmodell) in den umwandlungsfreien Querschnittsbereichen. Nahtprofil und symmetrisiertes Finit-Element-Modell für die Mehrlagenschweißung zeigt Bild 203. Die Eigenspannungen im Nahtmittenschnitt nach dem Schweißen und nach globalem bzw. lokalem Glühen sind in Bild 204 aufgetragen. Die Eigenspannungsverteilung ist gegenüber dem Einlagenschweißen grundlegend verändert. Hohe Zugeigenspannungen treten in mittleren Lagen auf. Sie sind nach globalem Glühen (Glühtemperatur 575 °C, Glühdauer 2 h) deutlich erniedrigt. Sie sind nach lokalem Glühen auf Breite $2b_g = 2 \cdot 50$ mm beidseitig der Naht (Glühhöchsttemperatur außen in Nahtmitte 600 °C, Glühdauer 0,5 h) weniger stark vermindert. Bemerkenswert ist die relativ starke Spannungsänderung während des Abkühlens. Die auf den Stahl A 508 ($\sigma_F = 460$ N/mm², in Wärmeeinflußzone bis 1 060 N/mm², Stahl als relaxationsversprödend bekannt) ausgedehnte Untersuchung berechnet auch die lokale Schädigung (nach der Kriechbruchtheorie von Kachanov abhängig von Vergleichsspannungen eingeführt). Gemäß Berechnungsergebnis tritt die Schädigung zuerst in der martensitischen Schicht der Wärmeeinflußzone auf, bei lokaler plastischer Dehnung von etwa 0,1 %. Hohe Erwärmungsgeschwindigkeit und hohe Glühtemperatur erweisen sich laut Vergleichsrechnung als günstig.

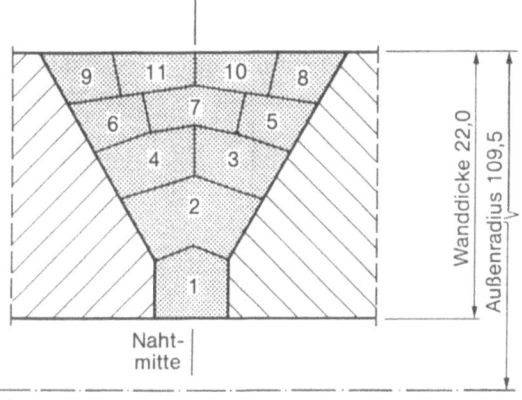

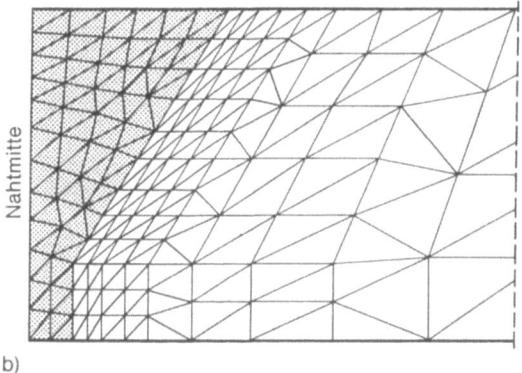

Bild 203. Mehrlagen-Umfangsnaht an Rohr aus CMn-Stahl (**a**) und symmetrisiertes Finit-Element-Modell (**b**); nach [297]

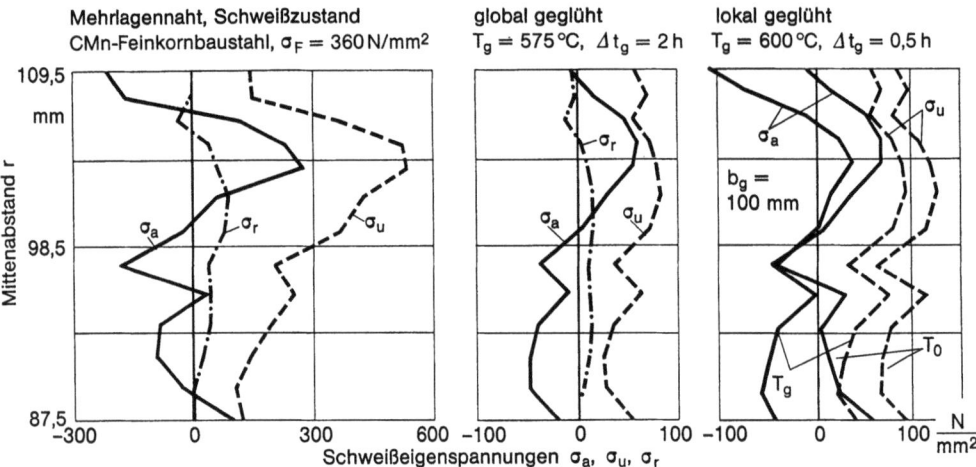

Bild 204. Schweißeigenspannungen σ_a, σ_u, σ_r in Nahtmitte in Mehrlagen-Umfangsnaht an Rohr aus CMn-Stahl, Schweißzustand (**a**), global geglüht (**b**) und lokal geglüht (**c**) (Glühtemperatur T_g, Umgebungstemperatur T_0); nach [297]

Von Ueda [172, 304, 305] ist schon sehr früh (um 1976) die Finit-Element-Berechnung für ein- und mehrlagiges Schweißen und anschließendes Warmentspannen an dickwandigem CrMo-legiertem Stahl durchgeführt worden (unter Einschluß von Umwandlungsdehnung und Kriechrelaxation), Bild 205. Auf austenitischen Stahl bezieht sich die Untersuchung von Fidler [302], in der die Kriechrelaxation mit dem langzeitigen Glühen verbunden wird.

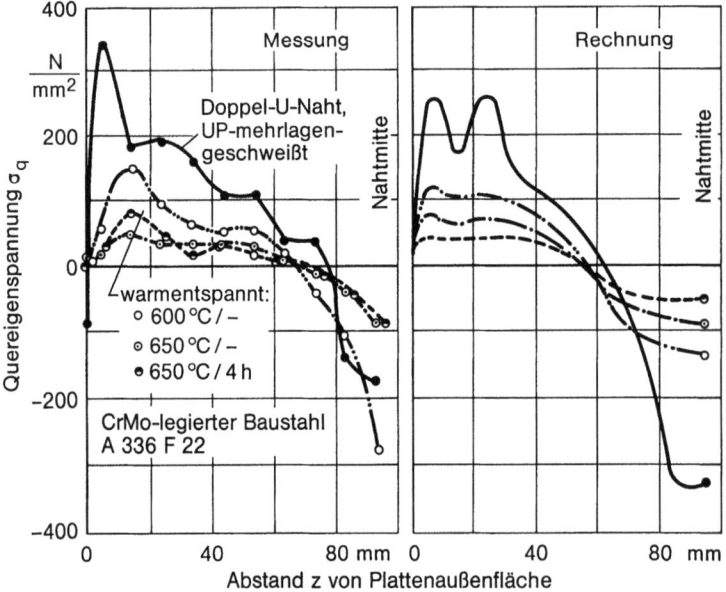

Bild 205. Nahtquereigenspannung in Mehrlagenschweißnaht, CrMo-legierter Baustahl (A 336 F 22), Plattendicke 200 mm; nach [172, 196]

4.4.3.3 Kaltentspannen (Kaltrecken, Flamm- und Vibrationsentspannen)

4.4.3.3.1 Stabelementmodelle für Kaltrecken

Während beim Warmentspannen die Theorie ausgehend von der Praxis erörtert wurde, wird beim Kaltentspannen in umgekehrter Reihenfolge verfahren. Der Grund dafür ist die Routiniertheit des Warmentspannens gegenüber einer gewissen Problematik des Kaltentspannens. Dem Kaltentspannen werden das Kaltrecken (mechanisches Kaltentspannen), das Flammentspannen (thermisches Kaltentspannen) und das Vibrationsentspannen zugerechnet. Die Darstellung beginnt mit theoretischen Vorstellungen zum Kaltrecken.

(Schweiß-)Eigenspannungen lassen sich durch (genügend hohe) Belastung des Bauteils speziell durch Überbelasten verändern, im (häufig) günstigen Fall werden sie abgebaut, im (seltener) ungünstigen Fall aber auch neu aufgebaut (mechanisches Kaltentspannen, Kaltrecken). So weist ein eigenspannungsbehaftetes Bauteil nach Belastung im allgemeinen eine Verminderung zumindest der Eigenspannungshöchstwerte auf, ein vorher eigenspannungsfreies Bauteil dagegen an den Kerbstellen neue lokale Eigenspannungen. Neue Eigenspannungen können sich auch bei inhomogen verteilter Fließgrenze neu aufbauen (Härteschichten, Plattierungen).

Die (Schweiß-)Eigenspannungsminderung kann wie folgt veranschaulicht werden. Überlagert sich dem inhomogenen Eigenspannungsfeld das Lastspannungsfeld, dann wird an Stellen besonders hoher Eigenspannung bei gleichsinniger Lastspannungsüberlagerung die Fließspannung vorzeitig erreicht (das heißt zeitiger als ohne Eigenspannungen). Der Werkstoff verformt sich an diesen Stellen elastoplastisch. Die Fließzonen vergrößern sich mit steigender Last. Nach Entlastung aus dem elastoplastischen Zustand sind die Eigenspannungen im allgemeinen reduziert. Die Ursache der Reduktion läßt sich an den Eigenspannungsquellen anschaulich erklären, die man sich im Bereich der Eigenspannungshöchstwerte vorzustellen hat. Durch das vorzeitige Fließen dieser Bereiche wird die Stärke dieser Quellen verkleinert oder (anders ausgedrückt) die Kompatibilität des Kontinuums erhöht.

Die genauere quantitative Verfolgung des Vorgangs des Kaltentspannens geht zunächst von einem einachsig wirksamen Stabelementmodell aus, das im einfachsten Fall aus einem Verbund dreier gegeneinander verspannter Stäbe aus gleichem verfestigungsfreiem Werkstoff besteht (nach Rühl [313], Soete [314] und Erker [315]). Entsprechend dem Typus der Nahtlängseigenspannungen bei umwandlungsfreien Stählen wird im mittleren Stab hoher Zug σ_z, in den beiden Außenstäben halb so hoher Druck σ_d eingestellt, Bild 206d. Bei äußerer Belastung des Stabverbundes durch die Zugspannung σ wird im Zugstab bald die Fließgrenze erreicht, während die Spannung in den Druckstäben weiter elastisch ansteigen kann (ebenfalls bis zur Fließgrenze), Bild 206a. Nach Entlastung vor Erreichen der Fließgrenze im Zugstab tritt der Eigenspannungszustand unverändert auf. Nach Entlastung aus dem Fließzustand in allen drei Stäben sind die Eigenspannungen vollständig abgebaut. Im Zwischenbereich wird die Zugeigenspannung direkt und die Druckeigenspannung indirekt (durch Wegfall der Zugeigenspannung) abgebaut (auf σ_z^* bzw. σ_d^*). Der Stabverbund mit Eigenspannungen reagiert mit Einsetzen des Fließens weicher als der Stabverbund ohne Eigenspannungen. Nach Spannungsabbau bleibt eine Restdehnung zurück.

Der vorstehend beschriebene Vorgang des Entspannens kann auch in einem Diagramm beschrieben werden, in dem die Stabspannungen über der mittleren Lastspannung σ (äußere Last bezogen auf Gesamtquerschnitt) aufgetragen sind, Bild 207 [314], allerdings auf Kosten der Dehnungsinformation.

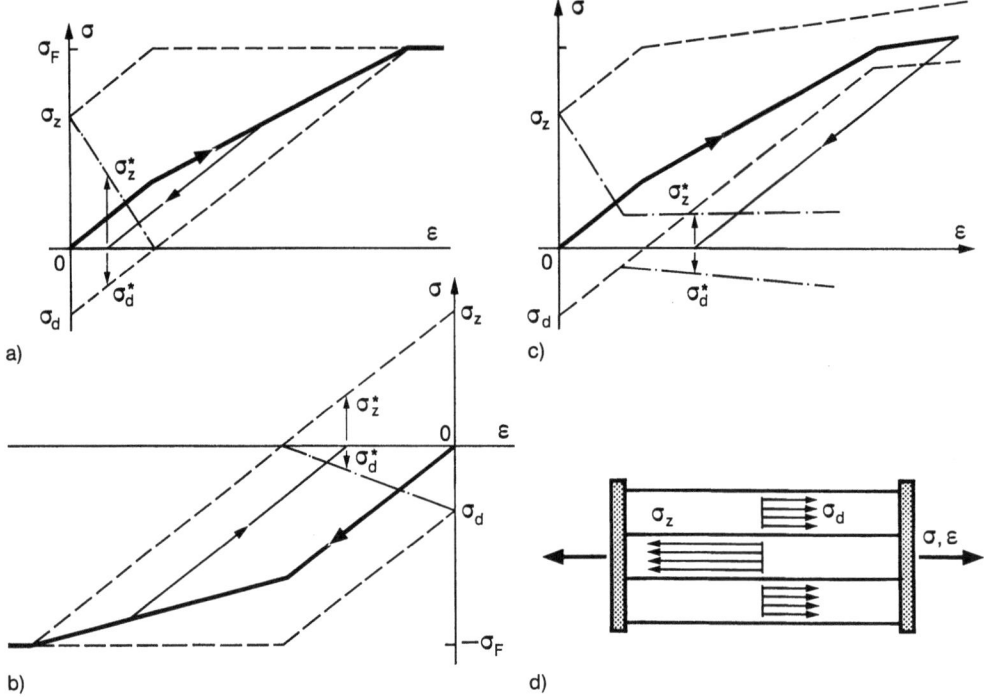

Bild 206. Dreistabverbund, schweißnahtähnlich vorgespannt (Eigenspannungen σ_z und σ_d) und anschließend belastet (Lastspannung σ, Dehnung ε) (**d**), Zug- bzw. Druckbelastung und Entlastung mit Eigenspannungsabbau (Eigenspannungen σ_z^* und σ_d^*) (**a**, **b**), Verhältnisse bei Verfestigung mit unterschiedlicher Fließgrenze (**c**); in Anlehnung an [318]

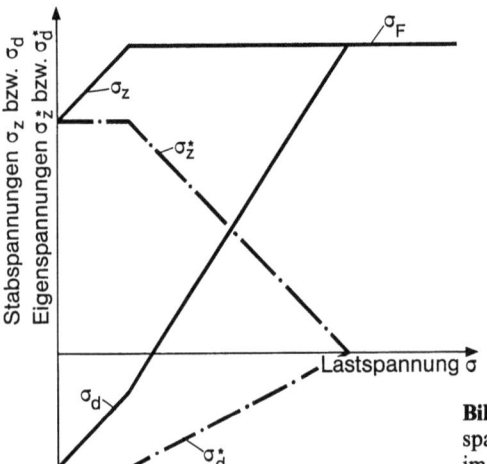

Bild 207. Dreistabverbund, schweißnahtähnlich vorgespannt, be- und entlastet gemäß Bild 206a, dargestellt im Spannungsdiagramm nach [314]

4.4 Fertigungstechnische Maßnahmen

An dem betrachteten verspannten Stabverbund lassen sich weitere Effekte verfolgen, die in der Praxis eine Rolle spielen. Bei Belastung des Verbundes durch eine Druckspannung σ fließen zuerst die Druckstäbe (bei relativ hoher äußerer Last), und die Zugeigenspannung wird indirekt (durch Wegfall der Druckeigenspannung) abgebaut, Bild 206b. Daraus folgt, daß Stauchen ebenso wie Recken einen Eigenspannungsabbau bewirkt. Ordnet man andererseits dem zugebelasteten Stabverbund in den Stäben unterschiedliche Fließgrenze und unterschiedliche Verfestigungsvermögen zu (in Annäherung der Verhältnisse in Naht und Wärmeeinflußzone), dann ist vollständiges Entspannen durch Kaltverformen nicht mehr möglich, Bild 206c. Unterschiedliche Fließgrenzen können durch unterschiedliche Werkstoffe, Werkstoffzustände und Spannungsmehrachsigkeit bedingt sein. Das Kaltentspannen führt daher in der Praxis ebenso wie das Warmentspannen niemals zur vollständigen Beseitigung der Eigenspannungen.

Nach dem Dreistabverspannprinzip aufgebaute Plattenproben mit Quer- oder auch Längsnaht im mittleren Stab (die Quernahtprobe wird der Anordnung der Schnittfugen entsprechend auch H-Probe genannt) sind bei Untersuchungen zum Kalt- und Warmentspannen bzw. zur Kalt- und Heißrißneigung gebräuchlich [303, 187].

Der praktisch bedeutsame Einfluß der Heterogenität des Werkstoffs auf die Spannungsumlagerung durch Fließen bei den zwei unterschiedlichen Belastungsrichtungen, nämlich quer oder längs zur Naht, kann wie folgt dargestellt werden, Bild 208. Es sei das Verhalten einer Platte mit Stumpfnaht unter Belastung quer und längs zur Naht einachsig vereinfacht betrachtet. Die Fließgrenze der Naht σ_{FN} liege höher als die Fließgrenze des Grundwerkstoffs σ_{FG}. Verfestigung und Wärmeeinflußzone werden vernachlässigt. Zunächst wird die Nahtlängseigenspannung σ_E gleich Null gesetzt. Bei Beanspruchung quer zur Naht tritt dieselbe Spannung σ in Naht- und Grundwerkstoff auf. Der Grundwerkstoff fließt schließlich, während der Nahtwerkstoff elastisch bleibt. Nach Entlastung bleiben keine Eigenspannungen zurück. Der Bruch ist im Grundwerkstoff zu erwarten. Bei Beanspruchung längs zur Naht tritt dieselbe Dehnung in Naht- und Grundwerkstoff auf. Der Grundwerkstoff fließt zuerst, es genügt aber eine relativ kleine plastische Dehnung, um auch im Nahtwerkstoff Fließen zu verursachen. Dabei ist die Spannung im Nahtwerkstoff gegenüber dem Grundwerkstoff

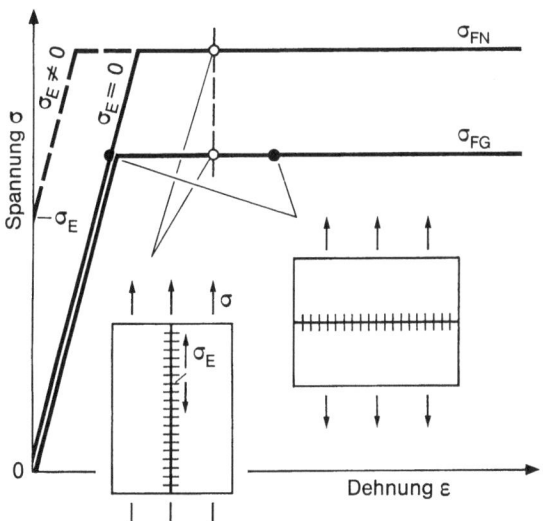

Bild 208. Spannung-Dehnung-Verhalten einer Platte mit Quer- bzw. Längsnaht, unterschiedliche Fließgrenze in Grund- und Nahtwerkstoff

erhöht. Nach Entlastung aus dem teil- oder vollplastischen Zustand bleiben Eigenspannungen (in Nahtrichtung) zurück. Der Bruch ist aufgrund der höheren Spannung im Nahtwerkstoff zu erwarten. Nunmehr seien die Nahtlängseigenspannungen (hoher Zug im Nahtwerkstoff, niedrigerer Druck im Grundwerkstoff) zusätzlich berücksichtigt. Bei Querzugbelastung ändert sich nichts an dem Vorgang, es findet auch kein Eigenspannungsabbau statt. Bei Längszugbelastung fließt zuerst der Nahtwerkstoff und dann der Grundwerkstoff, mit Eigenspannungsabbau auf die Werte der ursprünglich eigenspannungsfreien Platte. Die vorstehende einfache Betrachtung ist auch auf Brennschnittflächen und Plattierungen anwendbar.

Es liegt nahe, das Entspannen verwickelter (einachsiger) Nahtlängsspannungsverläufe in stabartigen Bauteilen durch einen Verbund vieler Stabelemente (anstelle von nur drei Stäben) fein gestuft anzunähern. Die im Abschnitt 3.2.2 zur Berechnung der Nahtlängseigenspannungen dargestellten Verfahren sind dann auf die wesentlich vereinfachten Bedingungen beim Kaltentspannen (Temperaturkonstanz) anwendbar. Der Belastungsvorgang wird rechnerisch schrittweise vollzogen (inkrementelle Verfahren), in einfacheren Fällen auch in einem einzigen Schritt. Gleichgewicht der Stabelementkräfte, Verträglichkeit der Stabelementdehnungen und Erfüllung des Werkstoffgesetzes (im einfachsten Fall elastoplastisch ohne Verfestigung) wird über funktionsanalytische, grafische und numerische Verfahren erreicht.

Mit dem grafisch-numerischen Verfahren von Tesar [316] gelingt es, den Nahtlängseigenspannungsabbau (auch mit von Stabelement zu Stabelement veränderlicher Fließspannung, aber zunächst ohne Verfestigung) zuverlässig zu beschreiben, wie durch Vergleich mit Meßergebnissen nachgewiesen wird. Das verwendete einachsige Modell wird unter Einführung der Fließhypothese nach Guest-Mohr auch für den (angenommenerweise) zweiachsigen Schweißeigenspannungszustand der Wirklichkeit als aussagefähig angesehen. Als verallgemeinerbares Ergebnis wird herausgestellt, daß die Eigenspannungen im Fließbereich auf den Wert "Fließspannung σ_F minus Lastspannung σ_L" erniedrigt und im angrenzenden elastischen

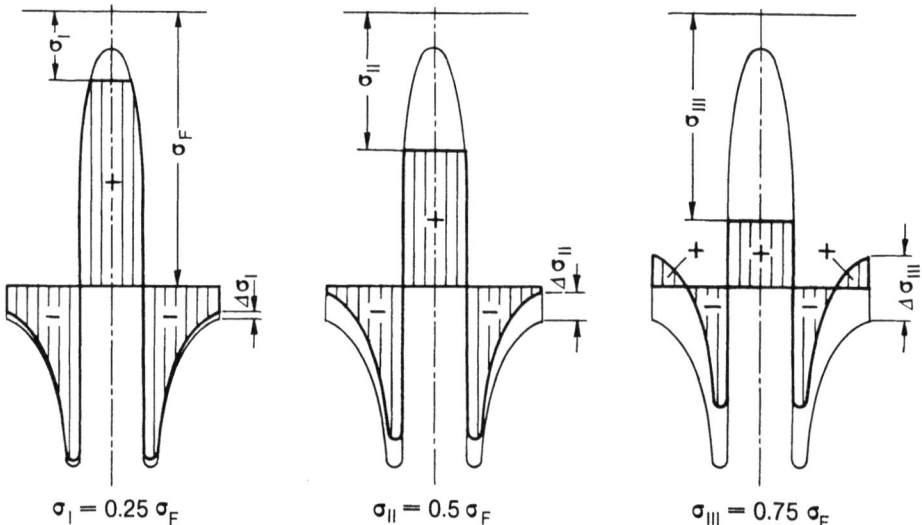

Bild 209. Eigenspannungsabbau auf „Fließspannung σ_F minus Lastspannung σ_L" ($\sigma_L = \sigma_I$, σ_{II}, bzw. σ_{III}) im Fließbereich bzw. um $\Delta\sigma_L$ ($\Delta\sigma_L = \Delta\sigma_I$, $\Delta\sigma_{II}$ bzw. $\Delta\sigma_{III}$) im elastischen Bereich; nach [316]

4.4 Fertigungstechnische Maßnahmen 225

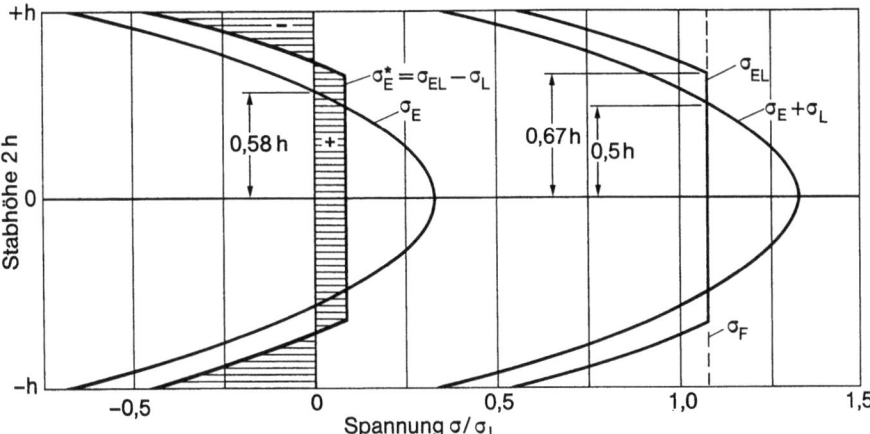

Bild 210. Parabolische Eigenspannungsverteilung über Stabhöhe $2h$, Eigenspannung σ_E vor Belastung, elastische Überlagerung mit Lastspannung σ_L, elastoplastischer Spannungsausgleich σ_{EL}, Entlastung auf Eigenspannung σ_E^*; nach [317]

Bereich um den ortsunabhängigen Wert $\Delta\sigma$ (Größe abhängig von Fließentlastung) erhöht werden, Bild 209. Die früher übliche Annahme geometrischer Ähnlichkeit zwischen Ausgangs- und Endspannungszustand ist unzutreffend.

Eine (genauere) numerische Lösung bietet Schimmöller [317] für den Sonderfall der parabolischen Eigenspannungsverteilung σ_E im Querschnitt, Bild 210. Der Druckhöchstwert am Stabrand ist doppelt so groß wie der Zughöchstwert in Stabmitte. Die überlagerte Zugbeanspruchung σ_L erreicht den dreifachen Wert der Zughöchstspannung $\sigma_{E\,max}$. Sie liegt damit knapp unterhalb der Fließspannung σ_F ($\sigma_L = 12/13\,\sigma_F$). Aus den Ergebnissen nach Bild 210 ist der (stärkere) Zug- und (geringere) Druckeigenspannungsabbau ersichtlich. Hervorzuheben ist die Verlagerung des Nulliniendurchstoßpunktes der Eigenspannungskurve in Richtung Rand mit zunehmender Entspannung, was in der Lösung [316] nicht berücksichtigt ist.

Werden die vorstehenden Stabelementmodelle auf Biege- statt auf Zugbelastung angewendet, dann zeigt sich, daß keineswegs immer ein Eigenspannungsabbau stattfindet. Beispielsweise werden in einer eigenspannungsfreien Platte durch Biegeüberlastung Eigenspannungen aufgebaut. Allerdings können hohe Eigenspannungen nahe der Fließgrenze nur abgebaut werden.

4.4.3.3.2 Kerb- und Rißmechanik beim Kaltrecken

Trotz ihrer Differenziertheit sagen die vorstehenden Stabelementmodelle zu wenig zur praktischen Problemstellung aus, die durch das Vorhandensein konstruktiver Kerben und fertigungstechnischer Fehler (unter anderem Poren, Lunker, Risse) gekennzeichnet ist. Der übliche Vorbehalt der vorstehenden theoretischen Ableitungen „sofern beim Entlasten die Fließspannung in Gegenrichtung nicht erreicht wird" ist an Kerben bzw. Rissen nicht erfüllt. Was geschieht beim Kaltentspannen an derartigen, mehr oder weniger scharfen Kerben? Der elastoplastische Beanspruchungszustand am Kerb- bzw. Rißgrund ist Gegenstand funktionsanalytischer und finit-numerischer Untersuchungen gewesen. Besonders die Rißbruchmechanik hat sich um den dreiachsigen Zugspannungszustand vor der Rißspitze im dickwandigen

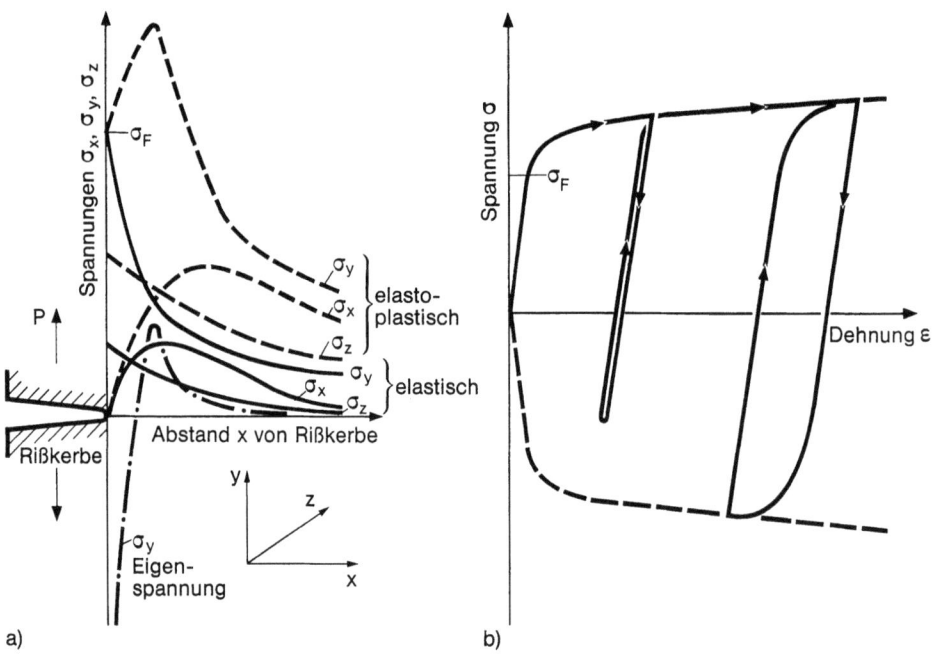

Bild 211. Spannungzustand an Rißspitze im elastischen Zustand ($\sigma \leq \sigma_F$), im elastoplastischen Zustand und nach Entlastung (Eigenspannung σ_y) (**a**), Hystereseschleifen der Beanspruchung für kerbgrundfernen und kerbgrundnahen Bereich (**b**); nach [321]

Bauteil bemüht. Leider gibt es keine derartigen Untersuchungen im Hinblick auf das Kaltentspannen, insbesondere auch keine Finit-Element-Lösungen, so daß dieser Komplex vorerst als unzureichend geklärt gelten muß. Nachfolgend werden ein paar grundsätzliche und unquantifizierte kerb- und rißbruchmechanische Überlegungen angestellt.

Der Spannungszustand unter einer scharfen, rißartigen Kerbe hat den in Bild 211a gezeigten prinzipiellen Verlauf im elastischen (mit Höchstspannung gleich Fließgrenze) bzw. elastoplastischen Zustand. Infolge dreiachsiger Zugbeanspruchung unterhalb des Kerbgrundes kann die Spannung hier weit über die einachsige Fließgrenze ansteigen (beim Riß auf maximal $2{,}8\sigma_F$ bei großer Wanddicke). Bei Entlastung aus dem elastoplastischen Zustand ist zunächst der rein elastische Kerbspannungszustand mit umgekehrtem Vorzeichen entlastungswirksam. Am Kerbgrund bauen sich nach Zugbelastung Druckeigenspannungen auf, die bei entsprechender Kerbschärfe mit elastoplastischem Druckfließen verbunden sind. Im Spannung-Dehnung-Diagramm nach Bild 211b ist die Entlastung und Wiederbelastung aus dem schwach plastifizierten kerbgrundfernen und aus dem stark plastifizierten kerbgrundnahen Bereich dargestellt. Im ersteren Fall tritt rein elastische Wiederbelastung auf (festigkeitsgünstiges Verhalten), im letzteren Fall wird eine ausgeprägte Hystereseschleife mit Bauschingereffekt (das ist der vorzeitige Fließbeginn bei gegensinniger Belastung) durchlaufen (festigkeitsungünstiges Verhalten). Die starke Plastifizierung am Kerbgrund bewirkt auch (unter Zug) eine gewisse (festigkeitsgünstige) Vergrößerung des Kerbradius.

Aus vorstehender Betrachtung geht hervor, daß Bauteile mit Kerben bzw. Rissen, die zunächst eigenspannungsfrei waren, nach Belastung mit lokalem, elastisch gestütztem Fließen und darauf folgender Entlastung im Kerbgrundbereich Eigenspannungen aufweisen. Es ist also das Gegenteil einer Entspannung eingetreten. Selbst wenn das Fließen bei höherer Belastung den Gesamtquerschnitt erfaßt und weitgehender Spannungsausgleich stattgefunden hat, kommt beim Entlasten wieder die elastische Kerbwirkung voll zur Geltung, so daß auch dann Kerbeigenspannungen zurückbleiben. Als positiv ist dagegen zu werten, daß scharfe Kerben durch plastische (Zug-)Verformung besser gerundet werden.

Eigenspannungsbehaftete Bauteile bilden an den Kerbstellen besondere Kerbeigenspannungen aus. Ihnen überlagern sich beim Belasten die herkömmlichen Kerbspannungen. Je nach Vorzeichen und Größe der überlagerten Spannungen tritt vorzeitig oder verzögert lokales Fließen auf. Nach Entlastungen bleiben Eigenspannungen zurück, die vergrößert oder verkleinert sein können. Bei erneuter Belastung tritt nur bei schwacher Kerbwirkung das günstige elastische Verhalten ohne schädigende Hysterese auf.

Die Verhältnisse am Kerbgrund sind vor allem auch unter dem Gesichtspunkt des dreiachsigen Zugspannungszustands zu bewerten. Er tritt unterhalb des Kerbgrundes bzw. vor der Rißspitze im hier stark inhomogenen Last- bzw. Eigenspannungsfeld auf (besonders bei großer Wanddicke). Er kann aber auch im kerb- und rißfreien Kontinuum durch Eigenspannungen bedingt sein (zum Beispiel im Innern einer Elektroschlackeschweißnaht). Die Dreiachsigkeit der Spannungen bewirkt die lokale Spannungserhöhung über die Fließgrenze im Innern des Fließbereichs (bis auf $2{,}8\sigma_F$ beim Riß in großer Wanddicke). Dreiachsigkeit und Überhöhung der Spannungen zusammen sind der Grund für die Rißgefährdung (Kaltriß bzw. Sprödbruch). Die Entspannungsmaßnahmen müssen daher vor allem auf die Beseitigung des dreiachsigen Zugspannungszustands ausgerichtet sein. Offenbar kann der dreiachsige Zugspannungszustand aber nur indirekt abgebaut werden, nämlich durch Verminderung der Gleichgewichtsspannungen geringeren Mehrachsigkeitsgrads im Umfeld (weil hoher Mehrachsigkeitsgrad das direkte Fließen behindert; die Situation ist diesbezüglich beim Kaltentspannen ähnlich wie beim Warmentspannen). Kleine Wanddicke ist dem Abbau förderlich.

Zusammenfassend ist festzustellen, daß das Kaltentspannen zwar am eindimensionalen Modell zuverlässig quantifiziert werden kann, daß aber für das gekerbte und möglicherweise rißbehaftete Bauteil vorerst nur sehr unsichere Aussagen möglich sind. Insbesondere bleiben die Verhältnisse vor einem Riß in großer Wanddicke unklar. Die beim Kaltrecken an Eigenspannungsspitzen auftretende plastische Dehnung wirkt zwar im allgemeinen entspannend, es können aber auch an zunächst eigenspannungsfreien Kerbstellen ungünstige Eigenspannungen aufgebaut werden.

4.4.3.3.3 Praxis des Kaltreckens

Für die Bewertung des Kaltentspannens aus praktischer Sicht reichen die vorstehenden theoretischen Untersuchungen und Überlegungen nicht aus. Sie vereinfachen zu stark und quantifizieren zu wenig. Insbesondere ist die Abhängigkeit des dreiachsigen Zugspannungszustands von den Fließ- und Verfestigungseigenschaften des Werkstoffs, den geometrischen Parametern und den Beanspruchungsbedingungen einschließlich seiner Festigkeitsgrenzwerte unbekannt. Der Praktiker muß daher, ausgehend vom empirischen Wissen aus herkömmlicher Werkstoff- und Sprödbruchprüfung, urteilen, wobei er theoretische Überlegungen unterstützend heranziehen wird. Er wird auch nicht nur die Veränderung der Eigenspannungen durch die elastoplastische Verformung, sondern ebenso die dabei auftretende Veränderung der mechanischen Werkstoffeigenschaften (Festigkeit, Verformungsfähigkeit, Rißzähigkeit) beachten. Die von ihm zu treffende Entscheidung betrifft neben Beanspruchungsart und Beanspruchungshöhe vor allem die Arbeitstemperatur beim Kaltrecken. Außerdem stehen Fehler und Rißprüfungen vor und nach dem Vorgang zur Diskussion.

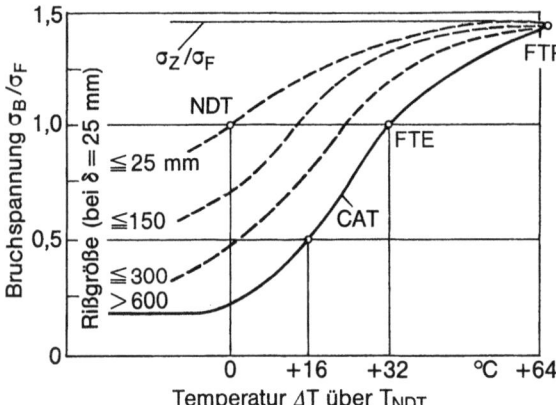

Bild 212. Sprödbruchdiagramm nach Puzak/Pellini [325], Erläuterung im Text

Der Temperatureinfluß ist besonders bei den Werkstoffen mit ausgeprägter Temperaturversprödung (und gleichlaufender Schlagversprödung) zu beachten. Letztere tritt nur bei kubisch-raumzentrierter Kristallitstruktur auf, die außerdem mit den Phänomenen der ausgeprägten Fließgrenze und der Reckalterung verbunden ist. Die gängigen ferritischen Baustähle gehören zu dieser Werkstoffgruppe.

Will man einen temperaturversprödenden Werkstoff bruchsicher (kalt-) verformen, dann darf die Übergangstemperatur nicht unterschritten werden, die außer vom Werkstoff und Gefügezustand von Bauteilgeometrie, Bauteilgröße (speziell Wanddicke), Riß- und Fehlerart (einschließlich deren Größe und Kerbschärfe) sowie von Beanspruchungsgeschwindigkeit und Eigenspannungszustand abhängt. Die Übergangstemperatur des Bauteils ist meist unbekannt, weil entsprechende Bruchversuche unpraktikabel sind. Die Übergangstemperatur wird dagegen für unterschiedliche Proben und (Sprödbruch-) Prüfverfahren ermittelt. Das Problem besteht dann darin, von der Übergangstemperatur der Probe auf die (meist höhere) Übergangstemperatur des Bauteils zu schließen.

Die diesbezüglich weitestgehenden Aussagen sind dem Sprödbruchdiagramm von Puzak/Pellini [325, 326, 330] zu entnehmen, Bild 212. Die mittels bestimmter Proben und Prüfverfahren (Schlagbeanspruchung) temperaturabhängig ermittelten Bruchnennspannungen sollen auf die Konstruktion übertragbar sein, etwa gleiche Wanddicke von Probe und Bauteil vorausgesetzt. Die Kurven sind nach der Rißgröße gestuft. Entsprechend ausgeprägt erscheint die Temperaturversprödung, wobei große (Durch-) Rißgröße eine relativ hohe Übergangstemperatur und relativ niedrige Bruchspannungen unterhalb der Übergangstemperatur (Niederspannungsbrüche) bedingt. Die zum Zeichnen des Diagramms benötigten Bezugspunkte sind durch Großbuchstabenkombinationen gekennzeichnet, die auf das zugehörige Prüfverfahren verweisen. Am wichtigsten und sichersten sind der Bezugspunkt NDT (Nil Ductility Transition) und die Bezugslinie CAT (Crack Arrest Temperature).

Die NDT-Temperatur wird im Drop-Weight-Test gemäß ASTM-Norm [327, 330] ermittelt. Eine Stahlplatte ohne oder mit Verbindungsschweißnaht, in jedem Fall aber mit durch Auftragschweißung versprödetem halbkreisförmigem Sägeschnitt auf der Zugseite, wird durch ein Fallgewicht schlagartig durchgebogen. Die Durchbiegung wird durch einen Anschlag so begrenzt, daß an der Plattenoberfläche gerade die Fließgrenze erreicht wird. Ausgewertet wird die höchste Temperatur, bei der der als Anriß wirkende Sägeschnitt spröde durchschlägt (NDT-Temperatur). Das Versuchsergebnis gibt daher an, unterhalb welcher

4.4 Fertigungstechnische Maßnahmen

Temperatur sich kleine Risse bei Grundbeanspruchung nahe der Fließgrenze spröde vergrößern.

Die CAT-Linie wird im Robertson-Test [328 bis 330] ermittelt. In einer querzugbeanspruchten länglichen Großprobe ohne oder mit Schweißnaht wird ein Riß längs der Probe und quer zur Beanspruchung zum Laufen gebracht. Der Riß läuft (im Gradientenversuch) ausgehend vom unterkühlten einen Probenende mit Anriß ($-196\,°C$) zum umgebungswarmen (oder auch zusätzlich erwärmten) anderen Probenende in Richtung ansteigender Temperatur. Die Temperatur an der vordersten Spitze des aufgefangenen Risses (er läuft im Innern voraus und bildet so eine „Zunge") ist die Crack Arrest Temperature (CAT). Sie wird üblicherweise bei großer Wanddicke und Querbeanspruchung bei 2/3 der Fließgrenze ermittelt. Die CAT-Linie im Sprödbruchdiagramm ergibt sich durch Versuchsdurchführung bei unterschiedlicher Querbeanspruchung oder mittels Schätzung ausgehend von der Beobachtung einer (angeblich) nicht unterschreitbaren minimalen Bruchspannung. Die CAT-Linie gibt an, bei welcher Temperatur lange (Durch-)Risse aufgefangen werden.

Der FTE- und FTP-Punkt des Diagrams (Fracture Transition Elastic bzw. Fracture Transition Plastic) werden in besonderen, von Pellini angegebenen Großproben-Kerbschlagversuchen bzw. Großproben-Explosionsversuchen ermittelt [325, 326, 330].

Das Sprödbruchdiagramm wird normalerweise für den (möglicherweise gealterten) Grundwerkstoff mittels Proben ohne (Verbindungs-)Schweißnaht aufgestellt. Es ist aber auch für die gegebenenfalls versprödete oder gealterte Wärmeeinflußzone ermittelbar. Kurvenfeld und Übergangstemperaturen sind bei Versprödung bzw. Alterung in Richtung höherer Temperatur verschoben.

Ausgehend von der CAT-Linie des beschriebenen Diagramms wird für die betrachtete Gruppe der temperaturversprödenden Stähle empfohlen, eine je nach Beanspruchungshöhe festgelegte Temperaturdifferenz ΔT zur NDT-Temperatur T_{NDT} während dieser Beanspruchung einzuhalten. Für Beanspruchung im Bereich der Fließgrenze und nur kleiner plastischer Dehung wird $\Delta T = 32\,°C$ empfohlen. Für Beanspruchung oberhalb der Fließgrenze und großer plastischer Dehnung wird $\Delta T = 64\,°C$ empfohlen. Diese Werte gelten, wenn mit großen Rissen zu rechnen ist und diese sicher aufgefangen werden sollen. Wenn durch zerstörungsfreie Fehlerprüfung große Fehler sicher ausgeschlossen werden, genügt für Beanspruchung nahe der Fließgrenze ein kleinerer ΔT-Wert.

Diese Angaben lassen sich direkt auf das Kaltentspannen anwenden. Wird nur mäßig überbelastet, um die Traglast nachzuweisen oder um Eigenspannungsgrößtwerte durch örtliches Fließen abzubauen, dann genügt je nach größtmöglicher Fehlergröße $\Delta T \leq 32\,°C$ zuzüglich eines Zuschlags für die Versprödung oder Alterung der Wärmeeinflußzone. Wird stärker kaltgereckt, etwa zur Formverbesserung, dann muß ein doppelt so hoher ΔT-Wert zuzüglich Zuschlag vorgesehen werden. Die NDT-Temperatur hängt von der Stahlgruppe und der Stahlgüteklasse ab, Tabelle 5. Feinkörniges Gefüge ist vorteilhaft. Großbauteile können ungünstiger liegen. Aus den angegebenen T_{NDT}- und ΔT-Werten sowie den empfohlenen Temperaturzuschlägen geht hervor, daß das Kaltentspannen vielfach unter Vorwärmung durchgeführt werden sollte. Selbstverständlich sollte die Beanspruchung langsam aufgebracht werden.

Die temperaturversprödenden Stähle gelten als alterungsempfindlich, das heißt nach Kaltverformung und Auslagerung tritt Kaltverfestigung unter Abnahme der Bruchdehnung auf. Alterung ist als positiv zu werten, wenn erneute Überbelastung (und ebenso andersartige Belastung) ausgeschlossen werden kann, weil durch die alterungsbedingte Fließspannungserhöhung weitere plastische Formänderungen unterdrückt werden. Alterung ist als negativ zu

Tabelle 5. NDT-Temperaturen für Baustähle; Entwurfswerte nach Pellini [326]

Werkstoff	Zustand	NDT-Temperatur
Niedrig- und mittelfeste Stähle, niedriglegiert	unbehandelt normalisiert	$-20\ldots+20\,°C$ $-50\ldots-10\,°C$
Hochfeste Stähle, höherlegiert	unbehandelt vergütet	$-70\ldots-40\,°C$ $-100\ldots-60\,°C$

werten, wenn mit erneuter Überbelastung (bzw. andersartiger Belastung) zu rechnen ist, weil die Rißauffangfähigkeit des Werkstoffs durch Alterung vermindert ist (die CAT-Linie ist zu höherer Temperatur verschoben).

Wesentlich anders ist das Kaltentspannen bei den nur schwach temperaturversprödenden Werkstoffen zu bewerten. Die hochfesten Stähle gehören zu dieser Gruppe. Hier wird durch Temperaturerhöhung keine wesentlich höhere Rißauffangsicherheit erreicht. Kaltentspannt werden kann in dieser Werkstoffgruppe nur unter dem Risiko des katastrophalen Bruchs. Ist das Bauteil beim Kaltentspannen nicht gebrochen und wird im Betrieb nicht höher oder andersartig belastet, ist die Betriebssicherheit nachgewiesen. Zur Verschärfung dieses Sicherheitsnachweises wird vielfach bei besonders tiefer Temperatur überbelastet. In der vorstehend betrachteten Gruppe der hochfesten (und meist relativ spröden) Werkstoffe lassen sich die Verhältnisse an rißartigen Fehlstellen beim Kaltentspannen rißbruchmechanisch verfolgen, besonders wirkungsvoll in Verbindung mit zerstörungsfreier Fehlerprüfung.

Die Überbelastung mit Kaltentspannungswirkung kann in der Praxis unterschiedliche Zielsetzungen haben [320 bis 322]:

— Überbelastung als Kontrollverfahren dient als Traglastnachweis. Fehlstellen machen sich als anormal große lokale Verformung, ungünstigstenfalls auch als Riß oder Bruch bemerkbar. Die Betriebsbelastung bleibt in gewissem Sicherheitsabstand davon. Es kommt darauf an, die möglicherweise kritischen Betriebslastfälle vollständig zu erfassen, das heißt neben der Hauptbeanspruchung auch gewissen Zusatzbeanspruchungen. Der Grad der bei der Überbelastung erzielten Entspannung ist nebensächlich. Die Druckprobe bei Behältern gehört zu dieser Art von Überbelastung.

— Überbelastung als Teil des Fertigungsprozesses dient der Festigkeitssteigerung. Durch örtliches Fließen wird lokale Verfestigung und Abbau der Eigenspannungen erreicht. Bei Betriebsbelastung finden dann keine oder nur noch geringe plastische Formänderungen statt. Es muß darauf geachtet werden, daß eine ausreichende Restverformungsfähigkeit erhalten bleibt.

— Hohe Überbelastung als Teil des Fertigungsprozesses dient der Formanpassung (Richten) oder der Formerzeugung (Umformen). Verfestigung und Spannungsabbau sind verstärkt. Hohe Verformungsfähigkeit ist Voraussetzung, wozu im allgemeinen vorgewärmt wird. Nur weitgehend kerbfreie Bauteile sind für solche Behandlung geeignet. Behälterunrundheiten können beseitigt oder auch Mehrlagenbehälterelemente so angepaßt werden.

Über praktische Erfahrungen mit dem Kaltrecken berichten [319 bis 321]. Das Verfahren ist in Deutschland nur eingeschränkt zugelassen [258, 322].

4.4 Fertigungstechnische Maßnahmen

4.4.3.3.4 Flammentspannen

Die hohen Nahtlängseigenspannungen lassen sich vorteilhafter durch thermisches als durch mechanisches Kaltentspannen vermindern. Das gängige thermische Kaltentspannen ist als *Flammentspannen* bekannt [338].

Das Flammentspannen wurde in den USA entwickelt und zunächst dort im Schiff- und Großbehälterbau eingesetzt (um 1950). Die mit dem Verfahren erzielbare Eigenspannungsminderung wurde in Deutschland genauer untersucht [339 bis 342]. Das Verfahren verbreitete sich auch hier besonders im Schiff- und Großbehälterbau [242 bis 245, 258].

Die zu entspannende ebene oder gewölbte Platte mit Stumpfnaht (typische Plattendicke 20 bis 40 mm) wird auf beiden Seiten der Naht in je einem 100 bis 150 mm breiten Streifen durch Gasflammen aus stetig fortbewegten Reihenbrennern (Brennerabstand 120 bis 270 mm) auf 150 bis 200 °C erwärmt, Bild 213. Die Temperatur des Nahtbereichs erhöht sich dabei auf 50 bis 100 °C. Auf der Plattenrückseite sind die Temperaturen 20 bis 30 °C niedriger und entgegen der Brennerbewegung versetzt. Im Abstand 150 bis 200 mm hinter den Reihenbrennern folgt eine Reihenbrause, deren Wasser die Platte auf Ausgangstemperatur zurückkühlt. Brenner und Brause werden mit 1 bis 10 mm/s bewegt.

Durch Brenner und Brause werden beidseitig zur Naht allseitig umschlossene Wärmebereiche erzeugt, deren Wärmeausdehnung dem Nahtbereich Längszug und Querdruck (ausreichende Querabstützung der Platte vorausgesetzt) aufprägt. Dabei wird die Fließgrenze überschritten, die Naht plastisch gedehnt und die Eigenspannung nach dem Abkühlen abgebaut. Der Spannungsabbau ist an der behandlungsseitigen Plattenoberfläche sehr gut, Bild 214, auf der Gegenseite aber erheblich schlechter.

In der Praxis müssen die Verfahrensparameter auf die Bedingungen des jeweiligen Einzelfalls abgestimmt werden, um gute Ergebnisse zu erzielen. Die Maßnahmen sollten durch Eigenspannungsmessungen kontrolliert werden.

Das Flammentspannen weist gegenüber dem mechanischen Kaltentspannen einen entscheidenden Vorteil auf, durch den die beim Kaltrecken angesprochene Problematik weitgehend entfällt. Das Flammentspannen findet bei ausreichender Quereinspannung unter Querdruck statt, während das Kaltrecken, etwa bei der Innendruckaufweitung eines Behälters,

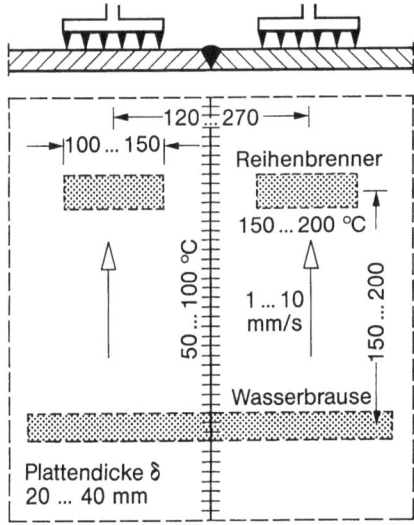

Bild 213. Flammentspannen von Stumpfnaht: Anordnung und Bewegung von Brenner und Brause, Abmessungen und Temperaturen

232   4 Verminderung von Schweißeigenspannungen und Schweißverzug

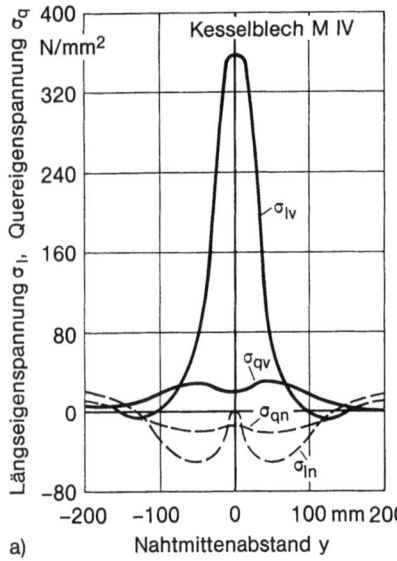
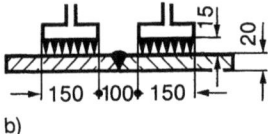

Bild 214. Eigenspannungsabbau an Stumpfnaht durch Flammentspannen, Eigenspannungen σ_l und σ_q (Index v: vorher, Index n: nachher) (**a**), Abmessungen im Querschnitt (**b**); nach [341]

unter Querzug eintritt. Das Flammentspannen erfolgt bei mäßig erhöhter Temperatur, während das Kaltrecken im allgemeinen bei niedrigerer Betriebstemperatur durchgeführt wird. Rißbildung und Rißvergrößerung während des Flammentspannens können selbst bei geringer Verformungsfähigkeit und hoher Alterungsempfindlichkeit ausgeschlossen werden, denn plastische Formänderungen treten unter Querdruck bei wesentlich kleinerer Zugspannung als unter Querzug auf. Die zur Rißbildung und Rißvergrößerung notwendige Mindestzugspan-

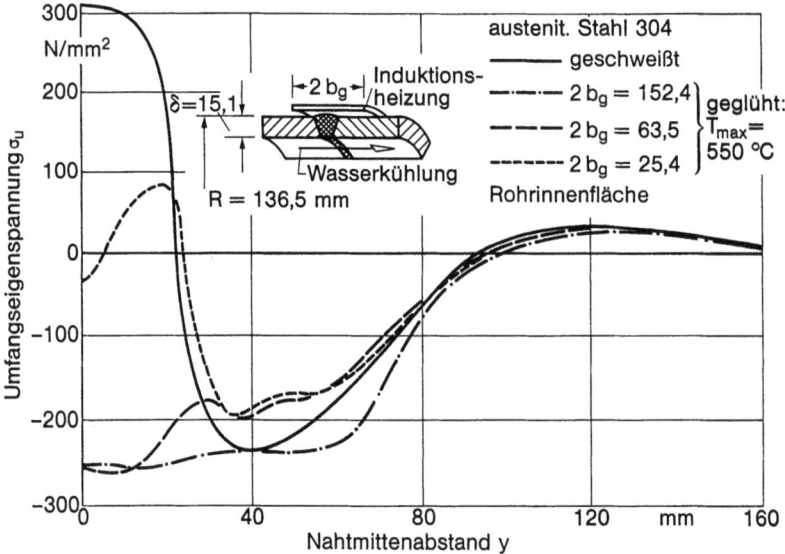

Bild 215. Umfangseigenspannung in Innenfläche eines Rohres mit Umfangsnaht, Rohr außenseitig induktionserwärmt (unterschiedliche Erwärmungsbreiten), Rohr innenseitig wassergekühlt; nach [346]

4.4 Fertigungstechnische Maßnahmen

nung wird dann nicht erreicht. Die Sprödbruchsicherheit wird daher auch bei Werkstoffen mit knapper Verformungsfähigkeit bzw. Alterungsunempfindlichkeit durch Verminderung der Eigenspannungen ohne zusätzliche Werkstoffschädigung zuverlässig vermindert.

Das Flammentspannen weist gegenüber dem Warmentspannen den Nachteil auf, daß keine Rekristallisation eintritt.

Als *Induktionsentspannen* wird ein Verfahren bezeichnet, bei dem der Umfangsnahtbereich eines Rohres außenflächig kurzzeitig induktiv aufgewärmt und gleichzeitig innenflächig mit Wasser gekühlt wird. Bei entsprechender Wahl der Verfahrensparameter lassen sich mit diesem Verfahren die anrißbegünstigenden Querspannungen an der Nahtwurzel abbauen bzw. in Querdruckspannungen umwandeln. Dies wird von Rybicki/McGuire [346] in Fortsetzung der Beiträge [147, 148] mittels Finit-Element-Berechnung für den austenitischen Stahl 304 nachgewiesen, Bild 215. Da die hohen Temperaturen nur kurzzeitig erreicht werden, ist die Vernachlässigung der Kriechdehnungen im Rechenmodell gerechtfertigt. Da die Entspannung an der kritischen Stelle (der Nahtwurzel) im kalten Zustand eintritt (mit oder ohne plastische Dehnung hier), ist das Induktionsentspannen eine Sonderform des thermischen Kaltentspannens.

4.4.3.3.5 Vibrationsentspannen

Das *Vibrationsentspannen*, auch Rütteln genannt, wird in der Praxis gelegentlich zum Eigenspannungsabbau für die Formstabilisierung bei anschließender spanender Bearbeitung eingesetzt. Das nach dem Schweißen erkaltete (manchmal auch noch warme) Bauteil wird auf einem Schwingtisch oder mittels angesetzter Vibratoren in Nähe höherer Eigenfrequenzen des Bauteils (10 bis 100 Hz) 5 bis 20 min lang bei relativ kleiner Schwingamplitude gerüttelt, wobei die Bauteildämpfung, gemessen über die Stromaufnahme des Vibrators abnimmt. Das Verfahren ist umstritten, weil die Grundlagen nur unzureichend geklärt sind und widersprüchliche Ergebnisse publiziert wurden. Das Schrifttum und die Ergebnisse wurden von Gnirß [351] zusammengefaßt (siehe auch [352 bis 357]).

Für die vielfach nachgewiesene Formstabilisierung ist ein Abbau der makroskopischen Eigenspannungen (Eigenspannungen erster Art) Voraussetzung. Der Abbau ist nur dann möglich, wenn die Fließgrenze zumindest lokal überschritten wird. Die Fließgrenzenüberschreitung wird durch folgende Einflüsse begünstigt:

- hohe Eigenspannungen, überlagert von gleichgerichteten Lastspannungen,
- lokale Überhöhung von Last- und Eigenspannungen durch Kerben, Risse und Fehlstellen,
- temporäre Lastspannungserhöhung in bestimmten Bereichen durch Resonanzanregung,
- Fließen ab der 0,1-Dehngrenze, die sowohl durch mikroskopische Eigenspannungen (Eigenspannungen zweiter und dritter Art) als auch durch das Rütteln (zumindest bei zyklisch entfestigenden Werkstoffen) wesentlich erniedrigt sein kann.

Spannungen in Nähe der zyklischen 0,1-Dehngrenze müssen offensichtlich mindestens erreicht werden, um die makroskopischen (und mikroskopischen) Eigenspannungen wirksam abzubauen. Relaxationsvorgänge sonstiger Art, zu denen im Schrifttum spekuliert wird (zum Beispiel besondere Versetzungsmechanismen nach [356]) sind, sofern sie tatsächlich auftreten, in der lokal erniedrigten 0,1-Dehngrenze bereits enthalten. Der Eigenspannungsabbau ist in den ersten Schwingspielen am stärksten und flacht danach schnell ab. Eine hohe Gesamtschwingspielzahl ist wegen dann einsetzender Ermüdungsschädigung zu vermeiden.

Globales Rütteln komplexer geschweißter Bauteile ohne Kenntnis und Kontrolle der zu entspannenden und der sich einstellenden Eigenspannungsfelder ist wenig erfolgversprechend. Zusätzlich erfolgerschwerend bei geschweißten Bauteilen sind aufgehärtete Bereiche der Wärmeeinflußzone, in denen die 0,1-Dehngrenze stark heraufgesetzt ist. Dennoch mag der praktische Einsatz des Verfahrens in der Serienfertigung aufgrund empirisch abgesicherter Befunde im Einzelfall möglich sein.

Soweit Vibrationsentspannen erfolgreich ist, hat es gegenüber dem Warmentspannen zahlreiche Vorteile: geringer Zeit- und Energieaufwand, fehlender Wärmeverzug, Zunderfreiheit, unveränderte mechanische Werkstoffkennwerte.

4.4.3.4 Hämmern, Walzen, Preß- und Wärmepunkten

Bei hinreichend (kalt- und warm-) verformungsfähigen Werkstoffen ist das Strecken der (Stumpf-)Naht durch *Hämmern* (in Schweißrichtung fortschreitend) im kalten oder noch warmen Zustand eine wirksame Maßnahme zum Rückgängigmachen der Längs- und Biegeschrumpfung. Gleichzeitig wird durch Abbau der Zugeigenspannungen die Rißgefahr vermindert [333]. Das Hämmern erfolgt lagenweise. Es wird mit nahtformangepaßtem Meißelhammer (elektrisch oder pneumatisch) oder aber mit flachem Setzhammer (von Hand) durchgeführt. Bei bündig eingeschweißten Flicken (Montage und Reparatur) oder bei Füllschweißungen (Fehlstellenausbesserung) kann Hämmern ausschlaggebend für die Durchführbarkeit der Maßnahmen sein. Unter radialem Randdruck stehende Blechbeulen lassen sich durch tangentialstreckendes Hämmern des Randbereichs beseitigen. Bei weniger verformungsfähigen Werkstoffen wirkt Hämmern jedoch rißfördernd. Die Rißeinleitung wird durch die inhomogene, lokal hohe und schlagartige Beanspruchung begünstigt. Die Kaltverformungsfähigkeit des Werkstoffs kann daher bereits vor der ersten Betriebsbeanspruchung ausgeschöpft sein. Als Gegenmaßnahme wird das Vorwärmen bzw. die Zwischenlagentemperatur beim Hämmern empfohlen. Das Hämmern der Schweißnähte ist beispielsweise im Schiffbau verbreitet [258].

Die Verwerfungen und Eigenspannungen an Dünnblechplatten mit Stumpfnaht werden schonender durch *Kaltwalzen* als durch Kalthämmern vermindert. Die Druckbeanspruchung unter den relativ schmalen Stahlwalzen (etwa 10 mm breit) wirkt gleichmäßiger und weniger schlagartig. Der erste Walzgang erfolgt auf der Naht, weitere Walzgänge werden bei breiter Wärmeeinflußzone neben und entlang der Naht durchgeführt. Die durch das Walzen unter Dickenminderung erzeugte Streckung wirkt hauptsächlich der Längs- und Biegeschrumpfung sowie den Längseigenspannungen entgegen. Die optimale Anpreßkraft P_w der Walze hängt von Walzendurchmesser d_w, von der Plattendicke δ sowie von Fließgrenze σ_F und Elastizitätsmodul E des Werkstoffs ab. Der Einfluß der Walzenbreite b_w auf P_w ist in der Praxis vernachlässigbar. Eine Näherungsformel nach [8] lautet:

$$P_w = \sqrt{\frac{10 d_w \delta \sigma_F^3}{E}} \,. \tag{222}$$

Kleine Dünnblechbauteile können auch in einer Presse zwischen Flach- oder Formplatten formkorrigiert werden.

Durch *Kugelstrahlen* kann in der Nahtübergangskerbe ein günstiger Druckeigenspannungszustand erzeugt werden, der die Schwingfestigkeit der Schweißverbindung nachhaltig erhöht [334, 335]. Ein ähnlicher Effekt wird durch lokales Drücken des Kerbgrundes erzielt.

Durch Pressen einer Platte zwischen zwei Stempeln mit Kreisquerschnitt (*Preßpunkten*) entsteht der in Bild 216 dargestellte rotationssymmetrische (bei unendlich ausgedehnter

4.4 Fertigungstechnische Maßnahmen

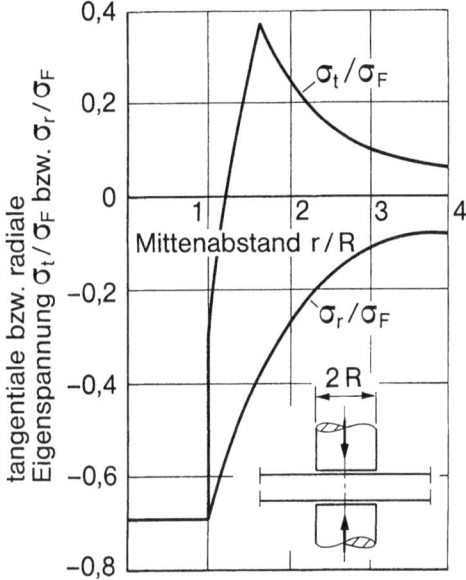

Bild 216. Eigenspannung um Preßpunkt (σ_F Fließgrenze, R Radius der Preßfläche); nach [362, 335]

Platte) Eigenspannungszustand mit durchgehendem Radialdruck. Das Verfahren ist zur Absicherung von Nahtenden bei Schwingbruchgefahr geeignet [335], Bild 217 jedoch kaum praxiserprobt. Nur Längsnähte, nicht Quernähte sind so verbesserbar. Beim Punktschweißen ist dieses Verfahren als „Nachdrücken" bekannt. Eine sehr wirksame Verfahrensverbesserung besteht darin, die Stempel zwischen Niederhalteringen wirken zu lassen, die ein Aufdicken neben den Stempeln verhindern und dadurch höheren Querdruck im Preßpunkt ermöglichen. Die Dauerschwingfestigkeit von Punktsschweißstößen ist so bis auf den vierfachen Wert steigerbar.

Kurzzeitiges Flammerwärmen eines Kreisbereichs (*Wärmepunkten*) in der Platte bis über Rekristallisationstemperatur erzeugt Druckfließen und nach Abkühlung rotationssymmetrisch (bei unendlich ausgedehnter Platte) radiale Zugeigenspannungen (infolge Kontraktion des erwärmten Bereichs) und tangentiale Druckeigenspannungen (infolge Abstützung der radialen Zugspannungen), Bild 218. Die tangentialen Druckeigenspannungen lassen sich zur Erhöhung der Schwingfestigkeit von Nahtenden einsetzen [335], wenn Abstand und Lage des Wärmepunkts vom Nahtende günstig gewählt werden. Der günstigste Abstand läßt sich bei Stahl über den roten Anlauffarbring (280 °C) einstellen. Gute Erfahrungen wurden mit 10 bis

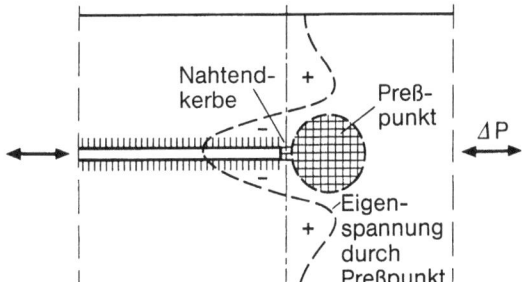

Bild 217. Preßpunkt am Längsnahtende, Eigenspannungen in Nahtrichtung; nach [362, 335]

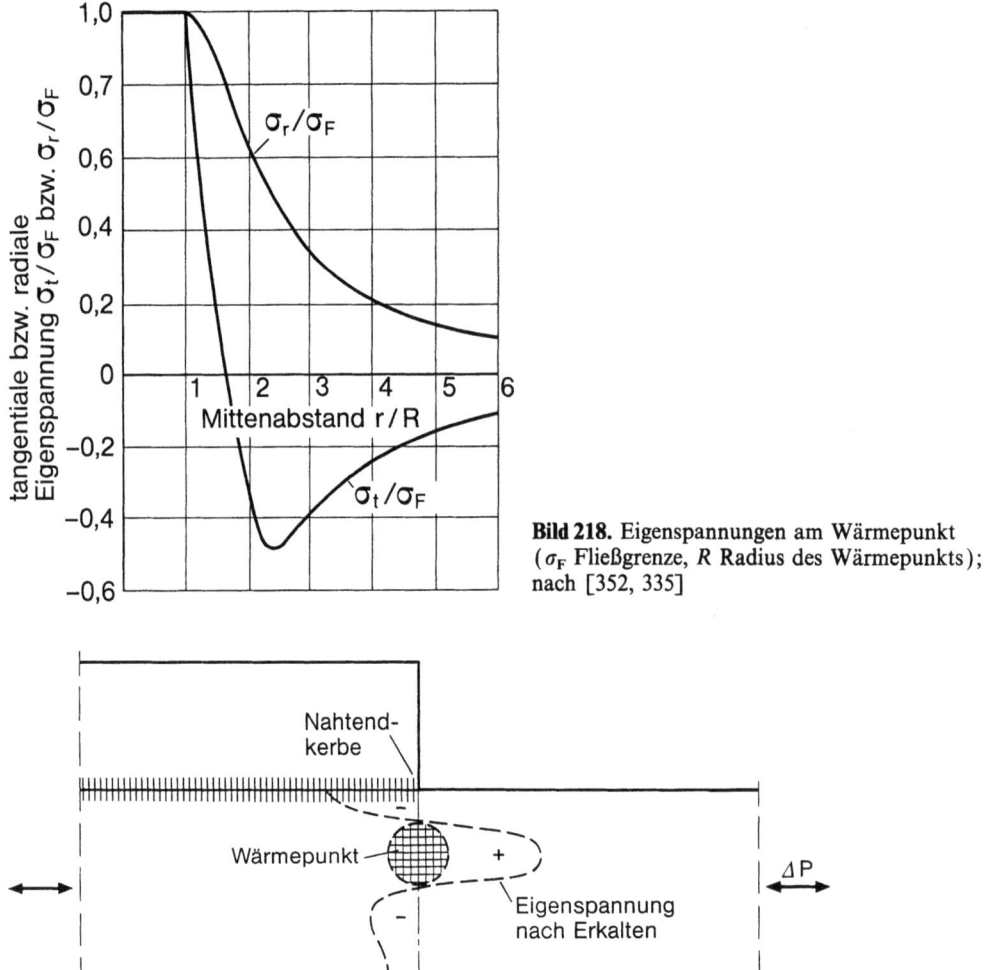

Bild 218. Eigenspannungen am Wärmepunkt (σ_F Fließgrenze, R Radius des Wärmepunkts); nach [352, 335]

Bild 219. Wärmepunkt am Längsnahtende, Eigenspannungen in Nahtrichtung; nach [362, 335]

20 mm Nahtendabstand von diesem Ring gemacht. Der Wärmepunkt ist im Gegensatz zum Preßpunkt relativ zur Zugrichtung quer zum Nahtende anzuordnen, um die tangentiale Druckspannung wirksam werden zu lassen, Bild 219. Die gleichzeitig auftretende radiale Zugspannung wirkt dabei nicht im günstigen Sinn. Einstellversuche für Spitzentemperatur, Erwärmungsgeschwindigkeit, Erwärmungsfläche und Nahtendenabstand sind bei diesem kaum praxiserprobten Verfahren unabdingbar. Der Einsatz des Wärmepunktes zur Beseitigung von Biegeverzug an Dünnblechplatten (Flammrichten) ist in Abschnitt 4.4.3.5 dargestellt.

4.4.3.5 Warm-, Kalt- und Flammrichten

Das *Warmrichten* im schmiedewarmen Zustand des Werkstoffs wird bei anormal großen Formabweichungen angewendet, beispielsweise bei Richtarbeiten nach Schadensfällen. Dabei

4.4 Fertigungstechnische Maßnahmen

ist großflächiges lokales Erwärmen zur Beseitigung von Knicken oder Falten im allgemeinen ausreichend.

Das *Kaltrichten* erfolgt unter Zugbeanspruchung (Kaltrecken) oder Biegebeanspruchung (zum Kaltrecken siehe Abschnitt 4.4.3.3.3). Das Richten unter Zugbeanspruchung wird gelegentlich bei Profilstäben mit Längsnaht eingesetzt. Das Biegerichten nach dem Schweißen ist dagegen sehr verbreitet. Es wird auf ortsfesten Richtpressen oder mittels ortsbeweglicher Winden oder Druckstöcke durchgeführt. Das Bauteil wird biegedruckseitig gestaucht und biegezugseitig gedehnt. Infolge der Rückfederung muß über die Sollform hinaus gebogen werden. Das Kaltrichten setzt hinreichend gute Kaltverformungsfähigkeit des Werkstoffs in der Schweißverbindung voraus. Die Eigenspannungen nach dem Biegerichten können je nach Ausgangszustand erniedrigt oder erhöht sein. Bei anschließender Bearbeitung tritt störender Verzug auf. Kaltgerichtete Bauteile neigen auch zu späterem allmählichem Verziehen. In beiden Fällen werden Eigenspannungen freigesetzt.

Dem Kaltrichten ist auch das Hämmern und Walzen zuzurechnen (siehe Abschnitt 4.4.3.3.4).

Beim *Flammrichten* [338, 347, 348] werden punkt-, strich- oder keilförmig eng begrenzte Bereiche (Wärmestellen) des verzugsbehafteten Bauteils mit der Flamme auf Rotglut erwärmt, dabei örtlich gestaucht und während des Abkühlens dementsprechend verkürzt Bild 220. Werden die Wärmestellen so angeordnet, daß sie dem Schweißverzug entgegenwirken, so kann letzterer ganz oder teilweise durch die Schrumpfung der Wärmestellen kompensiert werden. Das Flammrichten ist thermomechanisch nichts anderes als eine besondere Form des Schweißerwärmens und Schweißabkühlens. Gelegentlich werden auch Auftragschweißnähte ohne sonstige Funktion nur zur Schrumpfkompensation vorgesehen.

Hauptanwendungsgebiete des Flammrichtens sind Dünnblechbeulen und biegeverzogene Träger oder Stäbe. Dünnblechbeulen lassen sich durch relativ kleine Wärmepunkte oder relativ große kreis- oder ellipsenförmige Wärmeringe beseitigen, gelegentlich unterstützt durch Ebenklopfen im warmen Zustand. Biegeverzogene Träger oder Stäbe können durch außenseitige Wärmestriche in Stabrichtung oder durch Wärmekeile senkrecht dazu formkorrigiert werden. Das Flammrichten hat den Vorzug nur geringer oder gänzlich fehlender zusätzlicher Kaltverformung in der verzugsverursachenden Schweißnaht. Der dortige Schweißeigenspannungszustand bleibt erhalten. Es ist außerdem auch bei großen Bauteilen und Bauwerken anwendbar, bei denen mechanische Formkorrekturen nicht möglich sind.

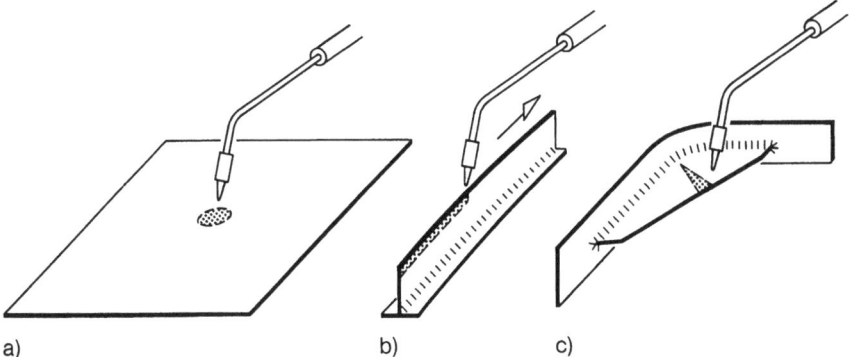

Bild 220. Flammrichten mit punktförmigem (a), strichförmigem (b) und keilförmigem (c) Erwärmungsbereich; nach [5]

Voraussetzung für erfolgreiches Flammrichten ist das schnelle und örtlich möglichst scharf begrenzte Aufheizen der Wärmestellen auf eine Temperatur, bei der die Fließgrenze stark erniedrigt ist (600 bis 800 °C bei unlegiertem, 800 bis 900 °C bei niedriglegiertem Stahl), so daß der erwärmte Werkstoff zwischen seinem kalten Umfeld unter Plattendickenzunahme in Plattenebene gestaucht wird. Die Abkühlung der Wärmestellen kann demgegenüber langsam und mit Temperaturausgleich zum Umfeld erfolgen.

Die Erwärmung durch die (Acetylen-)Flamme entspricht der Forderung nach schneller und konzentrierter Erwärmung nur unvollkommen, elektrische Wärmequellen wären diesbezüglich optimaler. Die Flamme hat jedoch den Vorteil flexibler Wärmesteuerung, visueller Temperaturkontrolle (helle Rotglut) und erträglicher Gefügeänderung (was andersartige Wärmequellen in der Zukunft nicht ausschließt). Die Flammerwärmung kann zur Steigerung der Wärmekonzentration mit entsprechend perforierten Abschirmblechen durchgeführt werden.

Theoretisch fundierte Näherungsansätze zum Flammrichten liegen nur in geringer Zahl vor. Beispielsweise stellt sich beim Rückgängigmachen von Dünnblechbeulen die Frage, ob Wärmepunkte oder Wärmestriche bei gleicher Wärmeeinbringung wirksamer sind. Nach [8] (dort S. 282) wird die Frage anhand der Schrumpfflächen beantwortet, die ausgehend vom Eigenspannungsfeld an einem Wärmepunkt (Näherungslösung) und ausgehend von der Quer- und Längsschrumpfung einer Wärmelinie nach Gln. (150) bzw. (157) und (125) berechnet werden. Der Wärmestrich ist nach dieser Rechnung etwa 2,5 mal so wirksam wie der Wärmepunkt, wobei die Querschrumpfung überwiegt. Die Erklärung für die größere Wirksamkeit des Wärmestrichs ist in dessen größerer Querschrumpfung sowie im geringeren Mehrachsigkeitsgrad des zugehörigen Eigenspannungsfelds zu suchen. Es muß dahingestellt bleiben, inwieweit der Wärmering um eine Blechbeule diesen Vorteil gegenüber dem Wärmepunkt beibehält.

Für biegeverzogene Träger stellt sich zunächst die Frage, ob trägerparallele oder trägersenkrechte Wärmestriche wirkungsvoller sind, Bild 221a und b. Die Frage wird nach [8] (dort S. 285) ausgehend von Gln. (158) und (160) für den Biegewinkel φ mit P_s nach

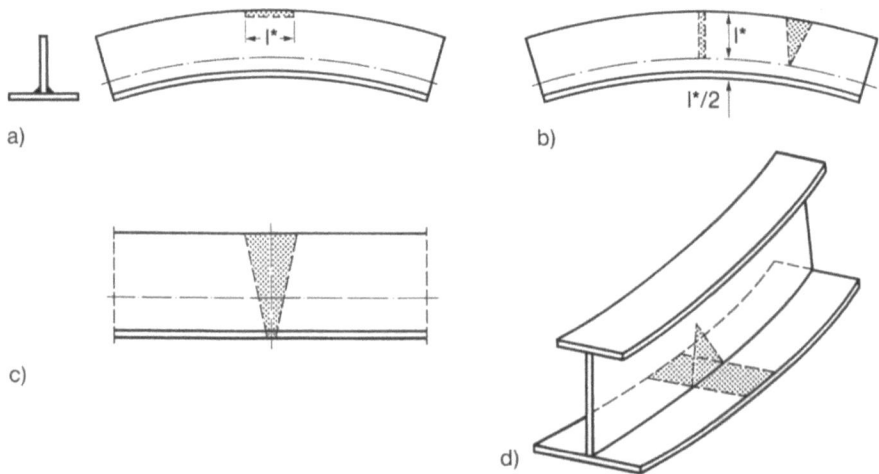

Bild 221. Flammrichten mit unterschiedlich angeordneten Wärmestrichen (**a, b**) und Wärmekeilen (**c, d**); nach [8]

4.4 Fertigungstechnische Maßnahmen

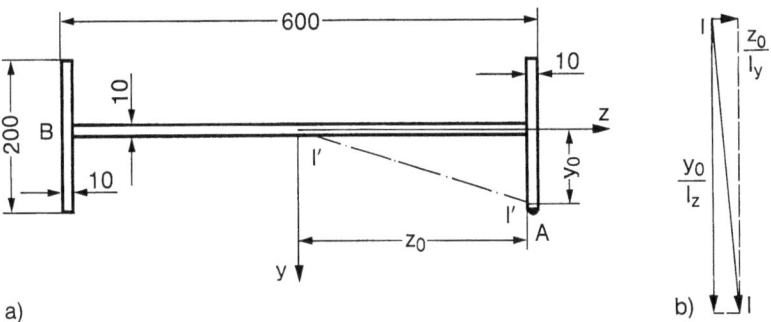

Bild 222. Flammrichten eines I-Trägers (**a**) mit Wärmestrich an Flanschkante A (Träger aus Platzgründen liegend dargestellt), Biegewirkung in Ebene I–I (**b**); nach [8]

Gl. (125) und Δq nach Gl. (150) sowie mit Wärmestrichschwerpunktsabstand $e = l^*$ beim Längswärmestrich bzw. $e = l^*/2$ beim Querwärmestrich beantwortet. Bei gleicher Wärmeeinbringung ist der Querwärmestrich etwa 1,5 mal so wirksam wie der Längswärmestrich und erfährt außerdem die geringere Kaltverformung. Dieses in der Praxis bestätigte Verhalten erklärt sich aus der relativ großen und weniger behinderten Querschrumpfung des Querwärmestrichs. Die Wirksamkeit des Querwärmestrichs wird durch keilförmige Ausbildung erhöht, weil der Keilschwerpunkt gegenüber $e = l^*/2$ nach außen verlagert ist. In der Praxis sind auch Wärmekeile nach Bild 221c und d anzutreffen. Der zu erwärmende Werkstoffbereich, also der optimale Keilwinkel, wird durch Probieren bestimmt.

Die Biegeschrumpfung unter einem Längswärmestrich ist nach Gl. (159) abschätzbar. Bei asymmetrischer Lage des Wärmestrichs am doppelsymmetrischen I-Profil (Punkt A am Flanschrand) tritt Biegeschrumpfung proportional y_0/I_z und z_0/I_y in den beiden Hauptrichtungen y und z auf und überlagert sich vektoriell, Bild 222. Die resultierende Biegeebene I–I fällt nicht, wie vielfach behauptet, mit der Verbindungsebene I'–I' zwischen Wärmestrich und Trägerachse näherungsweise zusammen. Soll ein bestimmter Biegeverzug rückgängig gemacht werden (Richtung I–I vorgegeben), so folgt daraus rückrechnend der Abstand y_0 auf dem Flansch. Wird dabei die Flanschbreite überschritten und der Wärmestrich ersatzweise thermisch verstärkt auf die Flanschkante gelegt, dann wird der Biegeverzug in Stegrichtung überkompensiert. Er kann durch eine weitere Wärmequelle im linken Flansch-Steg-Schnittpunkt B rückgängig gemacht werden. Voraussetzung für die Richtigkeit der Näherungsrechnung nach der Balkenbiegelehre, Gl. (159), ist, daß der Trägerquerschnitt unverformt bleibt, also Flansche und Steg nicht eigene Verformungswege gehen. Bei Trägern mit allgemeiner asymmetrischer Querschnittskontur ist zunächst die Hauptachsenrichtung zu bestimmen, auf die sich dann die weiteren Berechnungen beziehen.

Das Flammrichten wird hauptsächlich an unlegierten und niedriglegierten Baustählen eingesetzt. Auch an rostfreien, legierten Stählen ist es durchführbar, soweit deren Korrosionsfestigkeit dadurch nicht beeinträchtigt wird. Der erwünschten Anwendung bei Aluminiumlegierungen stehen die Tendenz des Aluminiums zur Gasaufnahme bei höherer Temperatur sowie die besonders starke Wärmeableitung dieses Werkstoffs entgegen. Eine andersartige Wärmequelle könnte die Situation ändern.

5 Festigkeitsauswirkungen des Schweißens (Übersicht)

Das als Schweißen bezeichnete unlösbare Verbinden bzw. Beschichten von Bauteilen bzw. Werkstoffen hat ausreichende Festigkeit der Verbindung zum Ziel. Unter Festigkeit versteht der Ingenieur den Widerstand des Bauteils gegenüber funktionsstörenden Versagensmöglichkeiten wie mangelnde Steifigkeit, lokales oder globales Fließen oder Kriechen, Instabilitätserscheinungen (Knicken, Kippen, Beulen, Durchschlagen), Rißbildung (Heiß- und Kaltrisse), Bruchvorgänge (Zähbruch, Sprödbruch, Kriechbruch, Ermüdungsbruch), Verschleiß und Korrosion [361].

Die übliche methodische Vorgehensweise bei der Festigkeitsanalyse ist durch die Trennung der spannungs- und werkstoffmechanischen Einflüsse gekennzeichnet. Im englischen Sprachraum ist daher die Unterteilung in „strength of structures" und „strength of materials" eingeführt. Für die Festigkeitsbetrachtung am Bauteil sind Spannungs- und Formänderungsanalysen auf Basis von Kontinuums- und Tragwerkstheorien kennzeichnend, in die Elastizitäts-, Fließ-, Kriech- und Verfestigungskenngrößen des Werkstoffs als experimentell zu ermittelnde Hilfsgrößen eingehen. Festigkeitsgrenzen werden durch kritische (Bruch- oder Instabilitäts-) Spannungen ausgedrückt, sofern nicht die Traglast aus einer Instabilitätsbedingung direkt folgt. Für die Festigkeitsbetrachtung am Werkstoff ist die Ermittlung von Werkstoffkennwerten in (meist) genormten Prüfverfahren und deren Erklärung aufgrund werkstoffphysikalischer Theorien (zum Beispiel Versetzungstheorie) kennzeichnend. Das Schweißen beeinflußt die Bauteilfestigkeit über die Eigenspannungen (erster Art) und den Verzug und die Werkstoffestigkeit über die Gefügeänderungen (einschließlich der Fehlstellen). Im Begriff der Schweißbarkeit einschließlich zugehöriger Prüfung wird die Trennung in spannungs- und werkstoffmechanische Einflußgrößen allerdings nicht oder nur teilweise vollzogen.

Die Festigkeitsanalyse der Schweißverbindungen und Schweißkonstruktionen wird aus Gründen der inhaltlichen Systematik nicht hier, sondern in den Büchern [362, 363], unterteilt nach Ermüdungsfestigkeit und statischer Festigkeit, also nach Festigkeit bei wiederholter und einmaliger Belastung dargestellt. Hier kann nur ein kurzer Überblick gegeben werden. Die eigenständige Darstellung der Festigkeitsfragen ist nicht nur wegen deren Umfang geboten. Die Eigenspannungen (erster Art) wirken auf die Festigkeit lokal gleichartig wie Lastspannungen, so daß sich auch aus diesem Grund eine gemeinsame Abhandlung anbietet [365]. Abweichender Meinung kann man hinsichtlich der Heiß- und Kaltrisse sein, die ausschließlich durch die Eigenspannungen, Form- und Gefügeänderungen beim Schweißen verursacht werden. In einer kurzgefaßten Übersicht läßt sich die Wirkung des Schweißens auf die Festigkeit unter dem Gliederungsgesichtspunkt der Riß- und Brucherscheinungen wie folgt zusammenfassen.

5 Festigkeitsauswirkungen des Schweißens (Übersicht)

Heiß- und Kaltrisse

Heiß- und Kaltrisse sind relativ kurze, unter Umständen in großer Zahl auftretende Risse, die während oder unmittelbar nach dem Schweißen, aber auch anläßlich der Wärmenachbehandlung in der Schmelz- und Wärmeeinflußzone auftreten können [364].

Heißrisse treten in der Schmelzzone als Längs- und Querrisse und in der Wärmeeinflußzone, ausgehend von der Schmelzgrenzfläche als Querrisse auf. Sie entstehen interkristallin im Bereich der Solidustemperatur, wenn das Gemenge aus fester und flüssiger Phase den durch Schrumpfung verursachten Dehnungen bzw. Dehngeschwindigkeiten nicht mehr gewachsen ist.

Kaltrisse treten in der Schmelzzone und in der Wärmeeinflußzone, hier überwiegend als Längsriß (Wurzel-, Nahtübergangs- und Unternahtriß) im Bereich zwischen Schmelz- und Umgebungstemperatur auf. Kaltrisse werden durch Wasserstoffdiffusion im Gefüge sowie Aufhärtung der Wärmeeinflußzone sehr gefördert. Sie können auch noch Stunden nach vollständiger Abkühlung eintreten (verzögerte Risse). Für das Entstehen der Kaltrisse sind die Schweißeigenspannungen wesentlich. Es gibt eine werkstoff- und gefügezustandsabhängige kritische Zugspannung, oberhalb der die Kaltrisse auftreten. Kaltrisse an Stählen werden begünstigt, wenn die Umwandlung des Austenits in Martensit oder Zwischenstufengefüge auf tiefe Temperaturen verschoben wird ($\leq 300\,°C$), was bei hoher Abkühlgeschwindigkeit der Fall sein kann.

Die vielen einschlägigen Prüfverfahren („Schweißversuche") lassen sich meist nicht eindeutig einer der beiden Rißarten zuordnen: Einspannschweißversuch (Rigid Restraint Cracking Test, RRC-Test), zugkraftkontrollierter Schweißversuch (Tensile Restraint Cracking Test, TRC-Test). Schlitzprobenschweißversuch (Rechteckplatte oder Kreuzstabprobe), Aufschweißversuch auf Fingerprobe (Plattenstreifenpaket), Ringfugenschweißversuch, Auftragringnahtversuch, Implant-Test, Doppelkehlnahtschweißversuch, Kehlnahtschweißversuch an Laschenplatte (Controlled Thermal Severity Test, CTS-Test), Überlappkreuzstabprobe, Doppelrundstabschweißversuch, Biegestabschweißversuch (Varestrain), Anschmelzversuche [364]. Die Probenbeanspruchung wird teils durch den Schweißvorgang (self restraint), teils durch äußere Last oder Formänderung aufgebracht.

Neben diesen „Schweißversuchen" stehen Schweißsimulationsversuche an kleinen, einachsig beanspruchten Stabproben, denen der Temperatur- und Beanspruchungszyklus der jeweils betrachteten Stelle der Schmelz- oder Wärmeeinflußzone aufgeprägt wird. Die Härtbarkeitsprüfung und das daraus abgeleitete Kohlenstoffäquivalent ergänzen die Heiß- und Kaltrißprüfung.

Heiß- und Kaltrisse werden durch werkstoff- und fertigungstechnische Maßnahmen vermieden (Zusammensetzung von Grund- und Zusatzwerkstoff, Wärmevor- und Wärmenachbehandlung, Mehrlagenschweißen).

Zähbruch

Als Zähbruch wird die im Zugversuch an glatten Proben aus verformungsfähigem Werkstoff beobachtbare lokale Einschnürung mit nachfolgendem Durchreißen bezeichnet. Dem Bruch gehen große Formänderungen voraus.

Bei hoher Verformungsfähigkeit des Werkstoffs in der geschweißten Konstruktion ist der Einfluß der Schweißeigenspannungen auf die (Zähbruch-)Festigkeit vernachlässigbar klein, zumal die hohe Verformungsfähigkeit vielfach durch Wärmenachbehandlung verbürgt wird, die gleichzeitig Eigenspannungen abbaut. Die Eigenspannungen markieren sich zwar in einer „weicheren" Last-Formänderung-Linie bei Erstbelastung (die Konstruktion „setzt sich"), unmittelbar vor dem Zähbruch sind die Eigenspannungen jedoch abgebaut und ohne Einfluß auf die Bruchlast. Darin liegt die Begründung für die Vernachlässigung der Eigenspannungen in den Berechnungsvorschriften der Regelwerke. Die Festigkeitsproblematik geschweißter Konstruktionen wird damit aber nur auf den Nachweis der Verformungsfähigkeit verlagert, bei temperaturversprödenden Werkstoffen in Form der Einhaltung einer Mindestbetriebstemperatur oberhalb bestimmter Übergangstemperaturen der Sprödbruchprüfung. Im Normalfall der Praxis ist die Verformungsfähigkeit des Werkstoffs in der geschweißten Konstruktion begrenzt und eine Betriebstemperaturgrenze nicht sicher einhaltbar, so daß die Eigenspannungen eben doch in die Festigkeitsanalyse einbezogen werden müssen (siehe Sprödbruch).

Sprödbruch

Als Sprödbruch wird das verformungslose bzw. verformungsarme Durchreißen bezeichnet, das an scharf gekerbten sowie an schweißeigenspannungsbehafteten Proben und Bauteilen beobachtet werden kann. Derartige Sprödbrüche können unter bestimmten Bedingungen auch bei Lastnennspannungen weit unterhalb der Fließgrenze auftreten (Niederspannungsbrüche). Sprödbrüche sind auch schon vor der ersten Betriebsbelastung allein unter Wirkung der Eigenspannungen möglich. Der Sprödbruch geht im allgemeinen von Anrissen oder Fehlstellen aus, die während der Fertigung oder im Betrieb entstanden sind (Heiß- oder Kaltrisse, Ermüdungsanrisse, rißartige Schweißfehler).

Die als Sprödigkeit bezeichnete unzureichende Verformungsfähigkeit des Werkstoffs in der (geschweißten) Konstruktion ist kein Werkstoffkennwert im üblichen Sinn, sondern hängt von Beanspruchungs- und Werkstoffparametern ab. Der Werkstoff verhält sich je nach Beanspruchungszustand verformungsfähig (zäh, duktil) oder verformungsunfähig (spröde). Die Ursachen der Sprödigkeit werden daher als beanspruchungs- und werkstoffbedingt unterschieden.

Notwendige Beanspruchungsbedingung für den Sprödbruch ist der dreiachsige Zugspannungszustand hinreichender Höhe und Ausdehnung. Derartige Spannungszustände können an Rissen und scharfen Kerben, besonders aber auch als Schweißeigenspannung nach allseitig behinderter Abkühlung auftreten. Große Wanddicke ermöglicht größere Ausdehnung und begünstigt dadurch den Sprödbruch. Geringere Mehrachsigkeitsgrade, besonders aber Druckspannungskomponenten begünstigen die plastische Verformung. Der Sprödbruch wird vermieden oder geht in einen Zähbruch über.

Bei Werkstoffen mit kubisch-raumzentriertem Gitter und ausgeprägter Fließgrenze — die unlegierten Stähle gehören zu dieser Werkstoffgruppe — hängt die Sprödigkeit ausgeprägt von der Temperatur und von der Beanspruchungsgeschwindigkeit ab. Bei sinkender Temperatur wird ein Steilabfall der Zähigkeit beobachtet (Temperaturversprödung). Mit zunehmender Beanspruchungsgeschwindigkeit nimmt die Sprödigkeit zu (Schlagversprödung).

Sprödbruchbegünstigende Werkstoffbedingungen sind andererseits Grobkörnigkeit, Aufhärtung, Wasserstoff im Gefüge und Alterung. Derartige Werkstoffzustände können bevorzugt in der Wärmeeinflußzone von Schweißverbindungen auftreten, so daß in Kombination mit den hier wirkenden Schweißeigenspannungen erhöhte Sprödbruchgefahr besteht. Als besonders kritisch gilt die Nahtlängsbeanspruchung (bei der Umfangsnaht ist das die Umfangsspannung), die die aufgehärtete, ungünstigstenfalls querrißbehaftete Aufhärtezone durch Eigenspannungen und Lastspannungsumlagerung überbeanspruchen kann.

Die Sprödbruchgefährdung geschweißter Bauteile und Konstruktionen wird mittels Sprödbruchprüfung an vereinfachten Proben kontrolliert. Die herkömmlichen Verfahren mit geschweißter oder auch ungeschweißter (fragwürdig) Probe (am verbreitetsten Kerbschlag-

und Aufschweißbiegeversuch, Drop-Weight-Test, Robertson-Test, Wide-Plate-Test) erlauben, ausgehend von den jeweiligen Übergangstemperaturen bei temperaturversprödenden Werkstoffen grobe Abschätzungen zu praxisnahen Problemstellungen. Die moderne Rißbruchmechanik ermöglicht darüber hinaus auch quantitative Aussagen zum Sprödbruchverhalten des Bauteils oder der Konstruktion, ausgehend vom Prüfergebnis an relativ kleinen angerissenen Proben. In die rißbruchmechanische Analyse gehen neben den Lastspannungen die Eigenspannungen voll bruchauslösend ein. Selbstverständlich ist nur die rißöffnende Zugbeanspruchung als kritisch anzusehen.

Die Sprödbruchgefahr kann durch eine Vielzahl konstruktiver, vor allem aber werkstoff- und fertigungstechnischer Maßnahmen niedrig gehalten werden. Die Verminderung der Schweißeigenspannungen und die so bewirkte Absenkung der Übergangstemperatur des Bauteils ist dabei eine wichtige Teilmaßnahme. Schweißverzug ist dagegen ohne Einfluß auf die Sprödbruchgefahr.

Lamellenbruch

Als Lamellenbruch (oder Terrassenbruch) wird das verformungsarme Aufreißen von Blechplatten in der Plattenebene entlang ausgewalzter nichtmetallischer Einschlüsse (Sulfide, Silikate, Oxide) verstanden. Der Bruch erfolgt unter den Last- und Eigenspannungen senkrecht zur Plattenebene (Zug) und wird durch Wasserstoff im Gefüge sowie durch Alterung begünstigt. Zugspannungen senkrecht zur Plattenebene treten besonders bei T- und Kreuzstößen auf. Gegen den Lammellenbruch wirken konstruktive Maßnahmen (Abbau der Zugspannung senkrecht zur Plattenebene), höhere Werkstoffreinheit (ohne ausgewalzte Einschlüsse), Vermeidung der Wasserstoffdiffusion und der Alterung.

Kriechbruch

Bei hoher Betriebs- oder Versuchstemperatur (im Bereich der Rekristallisationstemperatur) setzt Kriechen bei vorgegebener Last bzw. Relaxation bei vorgegebener Formänderung ein. Primäres und sekundäres Kriechen erfolgen stabil bei abnehmender, allenfalls gleichbleibender Verformungsgeschwindigkeit. Im anschließenden Bereich tertiären Fließens nimmt die Verformungsgeschwindigkeit bei gleichbleibender Last zu, und es kommt zum Kriechbruch. Auch beim Kriechbruch kann beanspruchungs- und werkstoffbedingt Versprödung eintreten. Zu den werkstoff- und fertigungsbedingten Versprödungsvorgängen bei hoher Temperatur gehören insbesondere Ausscheidungsvorgänge im Gefüge (Anlaßversprödung, Zeitstandversprödung, Relaxationsversprödung). Als besonders kritisch bei Schweißverbindungen gelten Anrisse, Kerbstellen, Querschnittsübergänge, Nahtlängsbeanspruchung durch Last- und Eigenspannungen (im Einklang mit den Verhältnissen beim Sprödbruch).

Ermüdungsbruch

Als Ermüdung bezeichnet man bei Schwingbelastung die Rißeinleitung in zyklisch plastifizierten Bereichen des Bauteils mit anschließender stabiler Rißverzögerung unter den weiteren Schwingspielen und abschließendem instabilem Restbruch. Die Ermüdungsfestigkeit eines Bauteils wird primär von den Spannungserhöhungen an Kerbstellen und Querschnittsübergängen bestimmt, wobei deren Schwingbreite maßgebend ist. Erst sekundär spielt die statisch wirkende Mittel- oder Vorspannung eine Rolle. Sie kann sowohl durch äußere Last als auch durch Eigenspannung hervorgerufen und an den Kerbstellen und Querschnittsübergängen ebenfalls erhöht sein. Während die durch äußere Last gegebene Mittelspannung im allgemeinen schwingspielunabhängig erhalten bleibt, kann die Eigenspannung durch Überlasten des Bauteils, durch die Schwingbelastung selbst und aus anderer Ursache verändert werden (Umlagerungs- und Relaxationsprozesse). Es gilt die Regel, daß Zugeigenspannungen ungünstig, Druckeigenspannungen günstig auf die Ermüdungsfestigkeit wirken.

Hinsichtlich des Schweißeigenspannungseinflusses lassen sich drei Gruppen von Bauteilen unterscheiden [363]:

— Bauteile im Schweißzustand mit hohen Zugeigenspannungen (beispielsweise Nahtlängseigenspannungen),
— Bauteile im entspannten Zustand (beispielsweise durch Wärmenachbehandlung),
— Bauteile im oberflächenbehandelten Zustand mit hohen Druckeigenspannungen (beispielsweise durch Kugelstrahlen).

Bauteile mit hohen Zugeigenspannungen und gleichsinniger Überlagerung der Lastspannungen weisen im gesamten Lastmittelspannungsbereich niedrige, annähernd gleich hohe Ausschlagfestigkeit (das ist der ermüdungsfest ertragene Spannungsausschlag) auf. Die Eigenspannungsverminderung bringt nur bei Druck-Lastmittelspannungen eine wesentliche Erhöhung der Ausschlagfestigkeit. Durch Oberflächenbehandlung eingebrachte Druckeigenspannungen erhöhen andererseits die Ausschlagfestigkeit im gesamten Lastmittelspannungsbereich.

Die vorstehenden Angaben gelten für die Langzeit- und Dauerschwingfestigkeit. Im Zeit- und Kurzzeitfestigkeitsbereich können Eigenspannungen beanspruchungsbedingt durch lokales Fließen abgebaut werden, so daß eine Annäherung an das Festigkeitsverhalten des eigenspannungsfreien Bauteils eintritt.

Unter dem Gesichtspunkt der Gefügeänderung durch Schweißen kann die Ermüdungsfestigkeit des Werkstoffs lokal erniedrigt oder erhöht sein. Eine Erniedrigung tritt durch Mikrofehlstellen am Rand der Schmelzzone oder durch wärmebedingte Aufhebung von Verfestigungen unterschiedlicher Art ein. Mäßiges Aufhärten in der Wärmeeinflußzone ($HV \lesssim 350$) erhöht andererseits lokal die Ermüdungsfestigkeit.

Da die praxisnahen Vergleichsuntersuchungen zwischen Bauteilen im Schweißzustand und spannungsarmgeglühten Bauteilen meist bei Zugmittellast im Zeitfestigkeitsbereich durchgeführt werden, sind die ermittelten Festigkeitsunterschiede relativ klein.

Stärker als durch die Schweißeigenspannungen kann die Ermüdungsfestigkeit geschweißter Bauteile durch deren Verzug vermindert sein. Dies ist der Fall, wenn die Tiefe der Biege- und Winkelschrumpfung oder der Schrumpfbeulen die Plattendicke erreicht. Die Exzentrizität der verzogenen Platte verursacht unter vorgegebener Schwingzug- bzw. Schwingdruckbeanspruchung überlagerte Biegespannungsamplituden, die zu vorzeitiger Schädigung und Rißeinleitung führen. In gleicher Weise wirkt Fugenflankenversatz, der durch Verzug beim Schweißen hervorgerufen sein kann.

Die Ermüdungsfestigkeit geschweißter Bauteile läßt sich primär durch konstruktive Maßnahmen erhöhen, die sich am Lastspannungsfeld orientieren. Sekundär spielen auch fertigungstechnische Maßnahmen eine Rolle (Freiheit von Schweißfehlern, Kerbgrundbehandlung).

Forminstabilität

Unter Forminstabilität wird das elastische oder elastoplastische Ausweichen von Stäben, Platten oder Schalen verstanden, das bereits bei Lastnennspannungen unterhalb der

5 Festigkeitsauswirkungen des Schweißens (Übersicht)

Fließgrenze eintreten kann: Knicken von Stäben, Kippen von Trägern, Beulen von Platten und Schalen, Durchschlagen von Schalen. Bei dünnen Blechplatten genügen die Schweißeigenspannungen, um die Instabilität auszulösen. Bei dickeren Blechplatten sowie bei Stäben und Trägern beeinflussen die Schweißeigenspannungen die Höhe der kritischen Last.

Die Instabilitätsgrenze von Stäben, Platten und Schalen kann durch die Druckeigenspannungen im Umfeld der Längsschweißnähte vermindert sein. In den Querschnittsbereichen mit den Druckeigenspannungen wird die Druckfließgrenze vorzeitig erreicht, wodurch die elastischen übrigen Querschnittsbereiche überproportional höher beansprucht werden. Längsnahtgeschweißte I-Träger oder Kastenträger knicken vorzeitig, weil das effektive Trägheitsmoment, das die Knicklast bestimmt, dem Spannungsabfall in den plastifizierten Querschnittsteilen entsprechend zu verkleinern ist. Trotz der verringerten Knicklast sollte aber die Traglast bei hinreichend verformungsfähigem Werkstoff unverändert bleiben, weil die Eigenspannungen während des Ausknickens abgebaut werden. Bei Stäben und Platten mit Längsnaht unter Längsdruck sowie bei Zylinderschalen mit Umfangsnaht unter Axialdruck beträgt die Abminderung der Knicklast durch die Schweißeigenspannungen bis zu 10 % [366]. Die Instabilitätsgrenze kann andererseits durch Zugeigenspannungen erhöht sein. So wird das Schubbeulen randversteifter Blechfelder durch Wärmepunkte verzögert.

Stärker als durch die Schweißeigenspannungen kann die Instabilitätsgrenze durch den Schweißverzug herabgesetzt sein. Durch Schweißverzug vorgekrümmte Stäbe, Platten und Schalen weichen vorzeitig aus. Besonders schädlich wirken der Biegeverzug an Stäben und das Einschnüren der Umfangsnaht an Zylinderschalen.

Die Instabilitätsgrenze geschweißter Bauteile läßt sich hauptsächlich durch konstruktive Maßnahmen erhöhen. Daneben spielt die Fertigungsgenauigkeit eine nicht unerhebliche Rolle. Im Sonderfall mag auch die Verminderung der Eigenspannungen Wirkung zeigen.

Korrosion und Verschleiß

Korrosion ist die unerwünschte chemische, genauer elektrolytische Reaktion der Bauteiloberfläche mit dem umgebenden Medium, die zur Abtragung oder Rißbildung an der Oberfläche führt. Durch hohe Zugspannungen in der Oberfläche wird, verstärkt durch Wasserstoffdiffusion, Spannungsrißkorrosion ausgelöst. Bei Gefahr von Spannungsrißkorrosion sind daher Zugschweißeigenspannungen in der Bauteiloberfläche schädlich. Sie sollten bei Korrosionsgefahr beseitigt oder durch Druckeigenspannungen ersetzt werden.

Verschleiß ist die unerwünschte mechanische Abtragung der Bauteiloberfläche durch Losbrechen kleiner Teilchen oder auch nur durch bleibende Verformung. Verschleiß wird durch Zugspannungen in der Oberfläche gefördert. Zugschweißeigenspannungen in der Oberfläche sollten bei Verschleißgefahr vermieden werden.

Literaturverzeichnis[1]

Monografien zu Temperaturfeldern, Eigenspannungen und Verzug durch Schweißen:
(siehe auch [212, 268, 347, 348, 362, 363])

 1 Rykalin, N.N.: Berechnung der Wärmevorgänge beim Schweißen. Berlin: VEB Verlag Technik 1957
 2 Okerblom, N.O.: Schweißspannungen in Metallkonstruktionen. Halle: VEB Marhold 1959 (Original: Svarochnye napryazheniya i metallokonstruktsii. Moskau: Mashgiz 1955)
 3 Okerblom, N.O.: The calculation of deformations of welded metal structures. London: H. M. Stationary Office 1958 (Original: Raschet deformatsii metallokonstruktsii pri svarke. Moskau: Mashgiz 1955)
 4 Gunnert, R.: Residual welding stresses. Stockholm: Almqvist & Wiksell 1955
 5 Malisius, R.: Schrumpfungen, Spannungen und Risse beim Schweißen. Düsseldorf: DVS-Verlag 1960
 6 Hänsch, A.; Krebs, J.: Eigenspannungen und Schrumpfungen in Schweißkonstruktionen. Berlin: VEB Verlag Technik 1961
 7 Hänsch, A.: Schweißeigenspannungen und Formänderungen an stabartigen Bauteilen, Berechnung und Bewertung. Berlin: VEB Verlag Technik u. Düsseldorf: DVS-Verlag 1984
 8 Vinokurov, V.A.: Welding stresses and distorsion. Wetherby: British Library 1977 (Original: Svarochnye deformatsii i napryazheniya: metody ikh ustraneniya. Moskau: Mashinostroeniu 1968)
 9 Neumann, A.; Röbenack, K.D.: Verformungen und Spannungen beim Schweißen. Düsseldorf: DVS-Verlag 1979
10 Masubuchi, K.: Analysis of welded structures. New York: Pergamon Press 1980

Tagungsberichte zu (Schweiß-)Eigenspannungen:

11 Kihara, H.; Watanabe, M.; Masubuchi, K.; Satoh, K.: Researches on welding stress and shrinkage distortion in Japan. 60th Anniversary Series, Bd. 4. Tokio: Soc. of Nav. Archit. of Jap. 1959
12 – : Residual stresses in welded construction and their effects. Abington, Cambr.: Welding Institute 1977
13 – : Residual stresses and their effects. Abington, Cambr.: Welding Institute 1981
14 Kula, E.; Weiss, V. (Hrsg.): Residual stress and stress relaxation. 28 Sagamore Army Materials Res. Conf. Proc.. New York: Plenum Press 1982
15 Macherauch, E.; Hauk, V. (Hrsg.): Eigenspannungen, Entstehung - Messung - Bewertung. Oberursel: Deutsche Gesellschaft für Metallkunde 1983
16 Macherauch, E.; Hauk, V. (Hrsg.): Residual stresses in science and technology. Oberursel: Deutsche Gesellschaft für Metallkunde 1987
17 Sevcuk, O.N.; Pekurovskij, V.J.(Hrsg.): Mathematische Methoden beim Schweißen (russ.). Kiew: Nauk. dumka, 1981

---

[1] Numerierung erstellungsbedingt mit einzelnen Leerstellen; der DVS-Verlag hieß bis 1987 Deutscher Verlag für Schweißtechnik; IIW-Documents erhältlich über DVS-Verlag, Düsseldorf.

Temperaturfeld und elektrisches Feld, Grundlagen:
(siehe auch [1, 8, 101])

21 Carslaw, H.S.; Jaeger, J.C.: Conduction of heat in solids. Oxford: University Press 1973
22 Richter, F.: Die wichtigsten physikalischen Eigenschaften von 52 Eisenwerkstoffen. Stahleisen-Sonderberichte, H. 8.. Düsseldorf: Verlag Stahleisen 1973
23 Bowden, R.P.; Williamson, J.B.P.: Electrical conduction in solids, Teil 1, Influence of the passage of current on the contact between solids. Proc. Roy. Soc. (Lond.), Ser. A, 246 (1958) July, S. 1–12
24 Greenwood, J.A.; Williamson, J.B.P.: Electrical conduction in solids, Teil 2, Theory of temperature-dependent conductors. Proc. Roy. Soc. (Lond.), Ser. A, 246 (1958) July, S. 13–31
25 Wilson, E.L.; Bathe, K.J.; Peterson, F.E.: Finite element analysis of linear and nonlinear heat transfer. J. Nucl. Engng. a. Design 29 (1974) S. 110–124
26 Bathe, K.J.; Khoshgoftaar, M.R.: Finite element formulation and solution of nonlinear heat transfer. J. Nucl. Engng. a. Design 51 (1979) S. 389–401

Temperaturfeld beim Nahtschweißen:
(siehe auch [1, 8, 21, 76, 106, 107, 161, 175, 176, 177])

27 Goldak, J.; McDill, M.; Oddy, A.; House, R.; Chi, X.; Bibby, M.: Computational heat transfer for weld mechanics. In: Advances in welding science and technology, S. 15–20. Metals Park, Ohio: ASM Int. 1987
28 Rosenthal, D.: Mathematical theory of heat distribution during welding and cutting. Weld. J., Res. Suppl. 20 (1941) H. 5, S. 220s–234s
29 Rosenthal, D.: The theory of moving sources of heat and its application to metal treatments. Trans. ASME 68 (1946) H. 11, S. 849–866
30 Christensen, N.; Davies, L.; Gjermundsen, K.: Distribution of temperatures in arc welding. Brit. Weld. J. 12 (1965) S. 54–75
31 Friedman, E.; Glickstein, S.S.: An investigation of the thermal response of stationary gas tungsten-arc welds. Weld. J., Res. Suppl. 55 (1976) S. 408s–420s
32 Siegfried, W.; Walt, A.: Neue Möglichkeiten für die mathematische Erfassung von Schweißprozessen mit besonderer Berücksichtigung des Lichtbogenschweißens. Schweißtechn. (Zür.) 67 (1977) H. 8, S. 177–187
33 Sharir, Y.; Grill, A.; Pelleg, J.: Computation of temperatures in thin tantalum sheet welding. Metall. Trans. 11B (1980) S. 257–265
34 Kou, S.: Simulation of heat flow during the welding of thin plates. Metall. Trans. 12A (1981) S. 2025–2030
35 Hibitt, H.D.: Application of the finite element method to welding problems. Proc. U.S.-Jap. Semin. on Interdisciplinary Finite Element Analysis, Cornell Univ., Ithaca, Aug. 1978, Publ. 1981
36 Nickel, R.E.; Hibbitt, H.D.: Thermal and mechanical analysis of welded structures. Nucl. Engng. a. Design 32 (1975) S. 110–120
37 Goldak, J.; Chakravarti, A.; Bibby, M.: A new finite element model for welding heat sources. Trans. AIME 15B (1984) S. 299–305

Temperaturfeld und elektrisches Feld beim Punktschweißen:
(siehe auch [73, 76, 126 bis 131])

38 Greenwood, J.A.: Temperatures in spot welding. Brit. Weld. J. 8 (1961) Nr. 6, S. 316–322
39 Bentley, K.P.; Greenwood, J.A.; Knowlson, P.; Baker, R.G.: Temperature distributions in spot welds. BWRA Report 1963, S. 613–619
40 Ruge, J.; Hildebrandt, P.: Einfluß von Temperaturverteilung und Werkstoffeigenschaften auf das Haften der Elektroden beim Widerstandspunktschweißen von Aluminium und Aluminiumlegierungen. Schweiß. u. Schneid. 16 (1964) H. 4, S. 115–124. Ref.: Ruge, J.: Handbuch der Schweißtechnik. Berlin: Springer 1974, S. 285–288

41 Rice, W.; Funk, E.J.: An analytical investigation of the temperature distributions during resistance welding. Weld. J., Res. Suppl. 46 (1967) Nr. 4, S. 175s–186s
42 Pelli, Z.; Zoller, H.; Galli, G.: Berechnung der Temperaturverteilung beim Anschmelzen einer Platte. Schweiß. u. Schneid. 26 (1974) H. 8, S. 299–303
43 Kaiser, J.G.; Dunn, G.J.; Eager, T.W.: The effect of electrical resistance on nugget formation during spot welding. Weld. J., Res. Suppl. 61 (1982) H. 6, S. 167s–174s
44 Nied, H.A.: The finite element modeling of the resistance spot welding process. Weld. J., Res. Suppl. 63 (1984) H. 4, S. 123s–132s
45 Schwab, R.: Ein Rechenprogramm zur numerischen Temperaturfeldberechnung beim Widerstandsschweißen unter besonderer Berücksichtigung von Transformatorkennlinie, Stromflußverteilung und thermoelektrischen Effekten. Schweiß. u. Schneid. 38 (1986) H. 1, S. 22–25
46 Schwab, R.: Numerische Berechnung von Temperaturen beim Widerstandsschweißen am Beispiel des Kollektorschweißens. Schweiß. u. Schneid. 38 (1986) H. 8, S. 365–369
47 Houchens, A.F.; Page, R.E.; Yang, W.H.: Numerical modeling of resistance spot welding. In: Numerical modeling of manufacturing processes, S. 117–129. New York: ASME 1977

Schweißwärmequellen:
(siehe auch [1])

49 Lancaster, J.F. (Hrsg.): The physics of welding. Oxford: Pergamon Press 1986
50 Schellhase, M.: Der Schweißlichtbogen, ein technologisches Werkzeug. Düsseldorf: DVS-Verlag 1985
51 Ruge, J.: Handbuch der Schweißtechnik, Bd. 2: Verfahren und Fertigung. Berlin: Springer 1980
52 Killing, R.: Handbuch der Schweißverfahren, Teil 1, Lichtbogenschweißverfahren. Düsseldorf: DVS-Verlag 1984
53 Pfeifer, L.: Fachkunde des Widerstandsschweißens Essen. Girardet 1969
54 Anders, W.: Einfluß der Schweißverfahren und der Schweißbedingungen auf die Wärmeeinbringung beim Schweißen. Schweißtechn. (Berl.) 18 (1968) Nr. 7, S. 326–328
55 Dilthey, U.; Killing, R.: Beitrag zur Berechnung des Wärmeeinbringens beim Metall-Schutzgasschweißen mit Impulslichtbogen. Schweiß. u. Schneid. 39 (1987) H. 10, S. 495–497

Gefügeänderung, Wärmeeinflußzone:
(siehe auch [1])

56 Rose, A.: Die Bedeutung der Zeit-Temperatur-Umwandlungsschaubilder und ihre Anwendung in der Schweißtechnik. Schweiß. u. Schneid. 8 (1956) H. 11, S. 442–449
57 Rose, A.: Schweißbarkeit und Umwandlungsverhalten der Stähle. Forschungsberichte Nordrhein-Westfalen Nr. 1534. Köln Opladen: Westdeutscher Verlag 1965
58 Rose, A.: Schweißbarkeit der hochfesten Baustähle, Einfluß der Schweißbedingungen auf das Werkstoffverhalten. Stahl u. Eisen 86 (1966) Nr. 11, S. 663–672
59 Rose, A.; Hougardy, H.: Atlas zur Wärmebehandlung der Stähle, Bd. 2. Düsseldorf: Verlag Stahleisen 1972
60 Hofmann, W.; Müller, R.: Umwandlung und Schweißbarkeit von niedriglegierten Stählen. Schweiß. u. Schneid. 8 (1956) H. 7, S. 237–240
61 Hofmann, W.; Burat, F.: Beitrag zur Schweißbarkeit unlegierter und niedriglegierter Bau- und Vergütungsstähle. Schweiß. u. Schneid. 14 (1962) S. 289–299
62 Berkhout, C.; Leut, P.v.: Anwendung von Spitzentemperatur-Abkühlzeit (STAZ)-Schaubildern beim Schweißen hochfester Stähle. Schweiß. u. Schneid. 20 (1968) H. 6, S. 256–260
63 Ruge, J.; Gnirß, G.: Untersuchung der mechanischen Eigenschaften in der Wärmeeinflußzone von Schweißverbindungen an synthetischen Proben aus hochfestem Baustahl. Schweiß. u. Schneid. 23 (1971) H. 7, S. 255–258
64 Gnirß, G.; Ruge, J.: Simulation von Schweißtemperaturzyklen und ihre Anwendung zur Beurteilung der Schweißeignung eines Feinkornstahles. Schweiß. u. Schneid. 27 (1975) H. 6, S. 221–224
65 Hrivnak, I.; Stembera, W.; Mraz, L.: Umwandlungsschaubilder für höherfeste Baustähle und Schweißgut. Bratislava: VUZ 1980

66 Seyffarth, P.: Atlas Schweiß-ZTU-Schaubilder. Berlin: VEB Verlag Technik u. Düsseldorf: DVS-Verlag 1982
67 Siegfried, W.: Neue Gesichtspunkte für die Berechnung des Gefüges in der Wärmeeinflußzone von Schweißverbindungen. Schweiß. u. Schneid. 35 (1983) H. 12, S. 595–601
68 Tanaka, K.; Iwasaki, R.; Nagaki, S.: On T-T-T- and C-C-T-diagrams of steels, a phenomenological approach to transformation kinetics. Ing.-Arch. 54 (1984) S. 81–90
69 Ruge, J.: Handbuch der Schweißtechnik. Bd. 1: Werkstoffe. Berlin: Springer 1980
70 Watt, D.F.; Coon, L.; Bibby, M.J.; Goldak, M.J.; Henwood, C.: A reaction kinetics algorithm for modelling microstructural development in weld heat-affected zones. Acta Metall. 35 (1987)
71 Henwood, C.; Bibby, M.; Goldak, J.; Watt, D.: Coupled transient heat transfer, microstructure weld computations. Acta Metall. 35 (1987)

Streckenenergie, Abkühlgeschwindigkeit, Abkühlzeit, Verweilzeit:
(siehe auch [1])

72 Eichhorn, F.; Niederhoff, K.: Streckenenergie als Kenngröße des Wärmeeinbringens beim mechanisierten Lichtbogenschweißens. Schweiß. u. Schneid. 24 (1972) H. 10, S. 399–403
73 Röbenack, K.D.; Hüther, G.; Röhling, S.: Bestimmung des effektiven Wärmenutzungsfaktors beim Schmelzschweißprozeß. Schweißtechn. (Berl.) 27 (1977) Nr. 12, S. 562–563
74 Anders, W.: Einfluß der Schweißverfahren und der Schweißbedingungen auf die Wärmeeinbringung beim Schweißen. Schweißtechn. (Berl.) 18 (1968) Nr. 7, S. 326–328
75 Siegried, W.: Die Erfassung der Einflußgrößen des Schweißprozesses durch die Bestimmung dimensionsloser physikalischer Parameter. Schweiß. u. Schneid. 17 (1965) H. 11, S. 595–604
76 Myers, P.S.; Uyehara, O.A.; Borman, G.L.: Fundamentals of heat flow in welding. Weld. Res. Counc. Bull., Nr. 123, Juli 1967
77 Uwer, D.; Degenkolbe, J.: Temperaturzyklen beim Lichtbogenschweißen, Berechnung von Abkühlzeiten. Schweiß. u. Schneid. 24 (1972) H. 12, S. 485–489
78 Uwer, D.; Degenkolbe, J.: Temperaturzyklen beim Lichtbogenschweißen, Einfluß des Wärmebehandlungszustandes und der chemischen Zusammensetzung von Stählen auf die Abkühlzeit. Schweiß. u. Schneid. 27 (1975) H. 8, S. 303–306
79 Stahl-Eisen-Werkstoffblatt SEW 088 Beiblatt: Schweißgeeignete Feinkornbaustähle, Richtlinien für die Verarbeitung, besonders für das Schmelzschweißen, Ermittlung der Abkühlzeit $t_{8/5}$ zur Kennzeichnung von Schweißtemperaturzyklen. Düsseldorf: Verlag Stahleisen 1987
80 Uwer, D.; Degenkolbe, J.: Kennzeichnung von Schweißtemperaturzyklen hinsichtlich ihrer Auswirkung auf die mechanischen Eigenschaften von Schweißverbindungen. Schweißtechn. (Zür.) 71 (1981) H. 2, S. 45–53
81 Degenkolbe, J.; Uwer, D.; Wegmann, H.: Characterisation of weld thermal cycles with regard to their effect on the mechanical properties of welded joints by the cooling time $t_{8/5}$ and its determination. IIW-Doc. IX–1336–84
82 Inagaki, M.; Nakamura, H.; Okada, H.: Eine Untersuchung über den Abkühlungsprozeß beim Lichtbogenschweißen, verdecktes Lichtbogenschweißen und UP-Schweißen. Rep. Nat. Res. Inst. f. Met. (Tok.) 7 (1964) Nr. 4, S. 296–308
83 Inagaki, M.; Nakamura, H.; Okada, A.: Untersuchungen über Abkühlungsprozesse beim Schweißen mit umhüllten Elektroden und beim UP-Schweißen. J. Jap. Weld. Soc. (Tok.) 34 (1965) Nr. 10, S. 1064–1075
84 Inagaki, M.; Okada, A.: Über den Abkühlungsprozeß beim Lichtbogenschweißen mit örtlicher Erwärmung durch eine Flamme. Rep. Nat. Res. Inst. f. Met. (Tok.) 9 (1966) Nr. 4, S. 245–253

Elastische und inelastische Thermomechanik:

88 Melan, E.; Parkus, H.: Wärmespannungen infolge stationärer Temperaturfelder. Wien: Springer 1953
89 Parkus, H.: Instationäre Wärmespannungen. Wien: Springer 1959
90 Boley, B.A.; Weiner, J.H.: Theory of thermal stresses. New York: J. Wiley 1960
91 Nowacki, W.: Thermoelasticity. Oxford: Pergamon Press 1962
92 Ziegler, H.: An introduction to thermomechanics. Amsterdam: North-Holland 1977

Elastoplastisches Kontinuum:

95 Hill, R.: The mathematical theory of plasticity. Oxford: Clarendon Press 1950
96 Hoffman, O.; Sachs, G.: Introduction to the theory of plasticity for engineers. London: McGraw Hill 1953
97 Johnson, W.; Mellor, P.W.: Plasticity for mechanical engineers. Princetown: Van Norstrand 1962
98 Mendelsohn, A.: Plasticity, theory and application. New York: J. Wiley 1968

Elastoplastische Finit-Element-Methode:

100 Argyris, J.H.; Scharpf, D.W.; Spooner, J.B.: Die elastoplastische Berechnung von allgemeinen Tragwerken und Kontinua. Ing.-Arch. 37 (1969) H. 5, S. 326–352
101 Zienkiewicz, O.C.: Methode der finiten Elemente. München: Hanser 1975
102 Owen, D.R.J.; Hinton, E.: Finite elements in plasticity, theory and practice. Swansea, Wales: Pineridge Press 1980
103 Bathe, K.J.: Finite Element Methoden. Berlin: Springer 1985

Grundgleichungen zur Schweißeigenspannungsberechnung:
(siehe auch [8, 89, 163])

106 Argyris, J.H.; Szimmat, J.; Willam, K.J.: Computational aspects of welding stress analysis. Comput. Meth. in Appl. Mech. a. Engng. 33 (1982) S. 635–666 (=FENOMECH'81 Tagungsband)
107 Karlsson, L.: Thermal stresses in welding. In: Thermal stresses, Bd. 1 (Hrsg.: R.B. Hetnarski), S. 299–389. Amsterdam: North-Holland 1986
108 Radaj, D.: Matrizenverschiebungsmethode für temperaturabhängig elastisch-plastische Tragwerke und Kontinua. Acta Mechanica 14 (1972) S. 71–78
109 Radaj, D.: Vollständige Spannungs-Dehnungs-Temperaturänderungsbeziehung für die Schweißeigenspannungsberechnung mit finiten Elementen. Schweiß. u. Schneid. 27 (1975) H. 10, S. 394–396

Thermomechanische Werkstoffkennwerte:
(siehe auch [10, 22, 106, 129, 157, 161, 176])

112 Rammerstorfer, F.G.; Fischer, D.F.; Witter, W.; Bathe, K.J.; Snyder, M.D.: On thermo-elastic-plastic analysis of heat treatment processes including creep and phase changes. Comput. a. Struct. 13 (1981) S. 771–779
113 Greenwood, G.W.; Johnson, R.H.: The deformation of metals under small stresses during phase transformation. Proc. Roy. Soc. (Lond.), Ser. A, 283 (1965) S. 403–422

Übersichten zur Finit-Element-Schweißeigenspannungsberechnung:
(siehe auch [107])

116 Radaj, D.: Berechnung der Schweißeigenspannungen und Schweißformänderungen mit elastisch-plastischen finiten Elementen. Schweiß. u. Schneid. 27 (1975) H. 7, S. 245–249
117 Radaj, D.: Welding stress analysis with elastoplastic finite elements. Trans. 3rd Int. Conf. Struct. Mech. React. Technol., London 1975, Bd. 5, Teil M, S. 1–17
118 Masubuchi, K.: Report on the state-of-the-art of numerical analysis of stresses, strains and other effects produced by welding. IIW-Doc. X–738–74
119 Radaj, D.: Finit-Element-Berechnung von Temperaturfeld, Eigenspannungen und Verzug beim Schweißen. Schweiß. u. Schneid. 40 (1988)

Stabelementmodell:
(siehe auch [2, 8])

120 Tall, L.: Residual stresses in welded plates – a theoretical study. Weld. J., Res. Suppl. 43 (1964) H. 1, S. 10s–23s
121 Tall, L.; Feder, D.: Längsschweißung in Platten und ihr Einfluß auf die Grenzlast von geschweißten Stahlstützen. Schweiß u. Schneid. 17 (1965) H. 3, S. 99–107
122 Radaj, D.: Berechnung der Schweißeigenspannungen in Stäben mit Längsnähten. Schriftenreihe Schweiß. u. Schneid. 2 (1971) Nr. 7, S. 1–8
123 Radaj, D.: Schweißeigenspannungen und Verwerfungen. In [364], Bd. 1, S. 146–173.

Ringelementmodell für Wärme- und Schweißpunkt:
(siehe auch [38 bis 47]).

126 Gurney, T.R.: Residual stresses in a large circular disc caused by local heating and cooling at its centre. J. Strain Anal. 6 (1971) H. 2, S. 89–98
127 Watanabe, M.; Satoh, K.: Thermal stress and residual stress of circular plate heated at its center. J. Soc. Nav. Archit. Jap. 86 (1954) S. 185–197
128 Pelli, T.: Berechnung der beim Schweißen entstehenden inneren Spannungen und ihre Abhängigkeit von der Wärmeabgabe und der Form des Spannungs-Dehnungs-Diagrammes. Schweiß. u. Schneid 27 (1975) H. 5, S. 215–217
129 Lindh, D.V.; Tocher, J.L.: Heat generation and residual stress development in resistance spot welding. Weld. J., Res. Suppl. 46 (1967) H. 8, S. 351s–360s
130 Nguyen, C.T.: Eigenspannungen in Widerstandspunktschweißverbindungen. Schweiß. u. Schneid. 32 (1980) H. 1, S. 10–12
131 Schröder, R.; Macherauch, E.: Berechnung der Wärme- und Eigenspannungen bei Widerstandspunktschweißverbindungen unter Zugrundelegung unterschiedlicher mechanisch-thermischer Werkstoffdaten. Schweiß. u. Schneid. 35 (1983) H. 6, S. 270–276
132 Gorissen, E.: Schweißtemperatur und Schweißeigenspannungen bei Großrohren. Arch. f. d. Eisenhüttenw. 37 (1966) Nr. 1, S. 49–55
133 Wellinger, K.; Krägeloh, E.: Zuschriften zu [132]. Arch. f. d. Eisenhüttenw. 39 (1968) H. 4, S. 311–318

Ringelementmodell für Ringnaht und Rundstabstumpfschweißung
(siehe auch [8, 36])

137 Hibitt, H.D.; Marcal, P.V.: Numerical thermomechanical model for the welding and subsequent loading of a fabricated structure. J. Comput. a. Struct. 3 (1973) S. 1145–1174
138 Marcal, P.V.: Weld problems. In: Structural Mechanics Computer Programs, S. 191–206. Charlottesville: University Press 1974
140 Yu, H.J.: Berechnung von Abkühlungs-, Umwandlungs-, Schweiß- sowie Verformungseigenspannungen mit Hilfe der Methode der Finiten Elemente. Diss. Univ. Karlsruhe, 1977
141 Cyr, N.A.; Teter, R.D.; Stocks, B.B.: Finite element thermoelastoplastic analysis. J. Struct. Div., Proc. Am. Soc. Civ. Eng. 98 (1972) Nr. ST7, S. 1585–1603

Ringelementmodell für Umfangsnaht an Zylinder- und Kugelschale
(siehe auch [297, 298, 346])

145 Fujita, Y.; Nomoto, T.; Hasegawa, H.: Welding deformations and residual stresses due to circumferential welds at the joint between cylindrical drum and hemispherical head plate. IIW-Doc. X–985–81

146 Fujita, Y.; Nomoto, T.; Hasegawa, H.: Deformations and residual stresses in butt welded pipes and shells. Nav. Archit. a. Ocean Engng. (Soc. of Nav. Archit. of Jap.) 18 (1980) S. 164–174 u. IIW-Doc. X–963–80
147 Rybicki, E.F.; Schmueser, D.W.; Stonesifer, R.W.; Groom, J.J.; Mishler, H.W.: A finite element model for residual stresses and deflections in girth-butt welded pipes. J. Press. Vessel Technol. (ASME) 100 (1978) Nr. 10, S. 256–262
148 Rybicki, E.F.; Stonesifer, R.B.: Computation of residual stresses due to multipass welds in piping systems. J. Press. Vessel Technol. (ASME) 101 (1979) Nr. 5, S. 149–154
149 Hepworth, J.K.: Finite element calculation of residual stresses in welds. In: Proc. Int. Conf. on Numerical Methods for Non-linear Problems, S. 51–60. Swansea, Wales: Pineridge Press 1980
150 Lobitz, D.W.; McClure, J.D.; Nickell, R.E.: Residual stresses and distortions in multi-pass welding. In: Numerical modelling of manufacturing processes, ASME booklet PVP-PB-025. New York: ASME 1977

Scheibenelementmodell in Plattenebene

(siehe auch [107])

155 Karlsson, L.; Akesson, B.A.: Plane stress field induced by a concentrated heat source moving perpendicular toward free edge of semi-infinite plate. J. Appl. Mech. (ASME) 96 (1974) S. 825–827
156 Akesson, B.; Karlsson, L.: Prevention of hot cracking of butt welds in steel panels by controlled additional heating of the panels. Weld. Res. Int. 6 (1976) Nr. 5, S. 35–52
157 Karlsson, L.: Plane stress fields induced by moving heat sources in butt-welding. J. Appl. Mech. (ASME) 99 (1977) S. 231–236
158 Andersson, B.: Thermal stresses in a submerged-arc welded joint considering phase transformations. J. Engng. Mater. a. Technol. (ASME) 100 (1978) Nr. 10, S. 356–362
159 Andersson, B.; Karlsson, L.: Thermal stresses in large butt-welded plates. J. Therm. Stress. 4 (1981) Nr. 3/4, S. 491–500
160 Jonsson, M.; Karlsson, L.; Lindgren, L.E.: Deformations and stresses in butt-welding of large plates with special reference to the mechanical material properties. J. Engng Mater. Technol. (ASME) 107 (1985) Nr. 4, S. 265–270
161 Jonsson, M.; Karlsson, L.; Lindgren, L.E.: Deformations and stresses in butt-welding of large plates. In: Numerical methods in heat transfer, Bd. 3 (Ed.: Lewis, R.W.), S. 35–57. London: J. Wiley 1985
163 Fujita, Y.; Nomoto, T.: Studies on thermal stresses in welding with special references to weld cracking. In: Prepr. 1st Int. Symp. on Precaution of Cracking in Welded Structures. S. IC6.1–IC6.12. Tokio: Jap. Weld. Soc. 1971
164 Fujita, Y.; Nomoto, T.; Hasegawa, H.: Thermal stress analysis based on initial strain method. Nav. Archit. a. Ocean Engng. (Soc. of Nav. Archit. of Jap.) 17 (1979) S. 174–183

Scheibenelementmodell quer zur Plattenebene:

(siehe auch [106])

169 Ueda, Y.; Yamakawa, T.: Analysis of thermal elastic plastic behaviour of metals during welding by finite element method (jap.). J. Jap. Weld. Soc. 42 (1973) H. 6, S. 61–71
170 Ueda, Y.; Takahashi, E.; Fukuda, K.; Nakacho, K.: Transient and residual stresses in multi-pass welds. IIW-Doc. X–698–73
171 Satoh, K.; Terai, K.; Yamada, S.; Matsui, S.; Ohkuma, Y.; Kinoshita, T.: Theoretical study on transient restraint stress in multi-pass welding. Trans. Jap. Weld. Soc. 6 (1975) Nr. 1, S. 42–52
172 Ueda, Y.; Fukuda, K.; Nakacho, K.: Basic procedures in analysis and measurement of welding residual stresses by the finite element method. In [12], S. 27–37
173 Ueda, Y.; Nakacho, K.: Simplifying methods for analysis of transient and residual stresses and deformations due to multipass welding. Trans. Jap. Weld. Res. Inst. 11 (1982) S. 95–103
174 Guth, W.; Szimmat, J.: Numerical and experimental determination of residual stresses in multi-layer welds. In [16], S. 1025–1031

175 Argyris, J.H.; Szimmat, J.; Willam, K.J.: Finite element analysis of arc welding processes. In: Numerical methods in heat transfer, Bd. 3 (Hrsg. R.W. Lewis), S. 1–34. Lodon: J. Wiley 1985
176 Friedman, E.: Thermomechanical analysis of the welding process using the finite element method. J. Press. Vessel Technol. (ASME) 97 (1975) Nr. 8, S. 206–213
177 Papazoglou, V.J.; Masubuchi, K.: Numerical analysis of thermal stresses during welding including phase transformation effects. J. Press. Vessel Technol. (ASME) 104 (1982) Nr. 8, S. 198–203
178 Szimmat, J.: Eigenspannungsberechnung beim Mehrlagenschweißen mit der Methode der finiten Elemente. Inst. f. Computer-Anwendungen, Univ. Stuttgart, Bericht Nr. 16, 1987

Schrumpfkraftmodelle und Einspanngrad:
(siehe auch [2, 7, 8, 10, 199, 218])

180 Buttenschön, K.: Beulen von dünnwandigen Kastenträgern aufgrund von Schweißeigenspannungen. Schweiß. u. Schneid. 24 (1972) H. 6, S. 217–221
181 Wells, A.A.: The mechanics of brittle fracture. Weld. Res. 7 (1953) Nr. 4, S. 34r–56r
182 Vaidyanathan, S.; Todaro, A.F.; Finnie, I.: Residual stresses due to circumferential welds. J. Engng. Mater. a. Technol. (ASME) 95 (1973) S. 233–237
183 Guan, Q.; Liu, J.D.: Residual stress and distortion in cylindrical shells caused by a single pass circumferential butt-weld. IIW-Doc. X–929–79
184 Hoffmeister, H.; Nölle, P.; Schimmel, P.: Entwicklung und Aussagen eines instrumentierten Einspannschweißversuchs. Arch. Eisenhüttenw. 49 (1978) H. 3, S. 151–154
185 Watanabe, M.; Satoh, K.; Matsui, S.: Effect of restraint on root cracking of steel welds. Weld. Res. Abroard 10 (1964) H. 8, S. 63–75
186 Satoh, K.: Restraint stress strain versus cold cracking in RRC test of high strength steel. In [12], S. 283–293
187 Mar, E.; Graville, B.A.: Effects of welding procedure on contraction and reaction stress in multipass welds. Weld. Res. Int. 9 (1979) H. 3, S. 1–11
188 Ueda, Y.; Fukuda, K.; Kim, Y.C.: Restraint stress and strain due to slit weld in rectangular plate. Trans. JWRI 7 (1978) H. 1, S. 11–16

Eigenspannungsquellmodelle:
(siehe auch [11, 164])

189 Reissner, H.: Eigenspannungen und Eigenspannungsquellen. ZAMM 11 (1931) Nr. 1, S. 1–8
190 Rieder, G.: Spannungen und Dehnungen im gestörten elastischen Medium. Z. Naturforsch. 11a (1956) S. 171–173
191 Schimmöller, H.: Bestimmung von Eigenspannungen in ebenen plattierten Werkstoffen, Teil 1, Rechnerische Grundlagen. Materialprüfung 14 (1972) Nr. 4, S. 115–122
192 Schönbach, W.: Zur Ermittlung der Eigenspannungen in stab- und scheibenartigen Bauteilen infolge von Quernähten und punktförmigen Eigenspannungsquellen. Stahlbau 12 (1962) S. 365–378

Ergebnisse von Eigenspannungsmessungen:
(siehe auch [4, 7, 8, 10, 15, 16, 147, 148, 158, 181])

193 Koch, H.: Beiträge zu den Fragen der Formabweichungen und Eigenspannungen beim Schmelzschweißen. In: Schweißen und Schneiden, Fortschritte in den Grundlagen und in der Anwendung, S. 130–135. Düsseldorf: DVS-Verlag 1966
194 Klöppel, K.: Sicherheit und Güteanforderungen bei geschweißten Konstruktionen. In: Stahlbau, Bd. 1, S. 61–93. Köln: Stahlbau-Verlag 1961
195 Rappe, H.A.: Betrachtungen zu Schweißeigenspannungen. Schweiß. u. Schneid. 26 (1974) H. 2, S. 45–50

196 Wohlfahrt, H.: Schweißeigenspannungen, Entstehung – Berechnung – Bewertung. In [15], S. 85–116
197 Onoue, H.: On the reaction stress of welded butt joint. IIW-Doc. X–370–66
198 Poje, R.: Schweißeigenspannungen in Elektronenstrahl- und Unterpulver-Schweißverbindungen von Stählen bei verschiedenen Blechdicken. Diss. RWTH Aachen, 1984
199 Omar, M.: Zur Wirkung der Schrumpfbehinderung auf den Schweißeigenspannungzustand und das Sprödbruchverhalten von unterpulvergeschweißten Blechen aus StE 460 N. Forschungsber. 109, BAM Berlin, 1985
204 Schimmöller, H.: Bestimmung von Eigenspannungen in ebenen plattierten Werkstoffen, Teil 2, Eigenspannungen in warmgewalzten und sprenggeschweißten austenit-plattierten Stahlblechen. Materialprüfung 14 (1972) Nr. 11, S. 380–387 (Teil 1: [191])
205 Hillman, G.; Hofmann, W.; Schimkat, H.: Measurement of residual stresses in steel plates clad with stainless steel. In: Corrosion of reactor materials. Wien: Int. Atom. Energy Agency 1962
206 Tatsukawa, I.; Oda, I.: Residual stress measurements on explosive stainless clad steel. Trans. Jap. Weld. Soc. 2 (1971) Nr. 2, S. 26–34
207 Rao, K.N.; Ruge, J.; Schimmöller, H.: Bestimmung der durch Brennschneiden von Stahlblechen verursachten Eigenspannungen. Forsch. Ing. Wes. 36 (1970) Nr. 6, S. 192–200
208 Ruge, J.; Schimmöller, H.: Berechnung von Eigenspannungen in brenngeschnittenen Stahlblechen aus StE 36. In: DVS-Ber. Bd. 22, S. 67–71. Düsseldorf: DVS-Verlag 1971

Schweißverzug
(siehe auch [3, 5, 7, 8, 10, 157, 185, 186, 199])

212 Malisius, R.: Die Schrumpfung geschweißter Stumpfnähte. Braunschweig: Vieweg 1936
213 Spraragen, W.; Clausen, G.E.: Shrinkage distortion in welding. Weld. J., Res. Suppl. 16 (1937) H. 7, S. 29s–39s
214 Spraragen, W.; Ettinger, W.G.: Shrinkage distortion in welding. Weld. J., Res. Suppl. 29 (1950) H. 6, S. 292s–294s, H. 7, S. 323s–335s
215 Gilde, W.: Beitrag zur Berechnung der Querschrumpfung. Schweißtechn. (Berl.) 7 (1957) H. 1, S. 10–14
216 Richter, E.; Georgi, G.: Nahtquerschnitt und Schrumpfng. ZIS-Mitt. (1970) H. 2, S. 148–160
217 Leggatt, R.H.; White, J.D.: Predicting shrinkage and distortion in welded plate. In [12], S. 119–132
218 Satoh, K.; Matsui, S.: Reaction stress and weld cracking under hindered contraction. IIW-Doc. IX–574–68
219 Graville, B.A.; Beynon, G.: Free contraction in butt, T, and corner joints. Weld. Res. Int. 3 (1973) H. 2, S. 68–83
220 – : Weld distortion handbook. Columbus, Ohio: Battelle Mem. Inst. 1969 (not publ.)
221 – : Control of distortion in welded fabrication. Abington, Cambr.: Welding Institute 1968

Eigenspannungs- und Verzugsmessung, Modellgesetze:
(siehe auch [4, 8, 10, 107, 191, 204, 207])

223 Tietz, H.D.: Grundlagen der Eigenspannungen. Leipzig: VEB Deutscher Verlag für Grundstoffindustrie 1983
224 Hauk, V.; Macherauch, E. (Hrsg.): Eigenspannungen und Lastspannungen, moderne Ermittlung, Ergebnisse, Bewertung. Härterei Techn. Mitt., Beih. 1982
225 Peiter, A.: Eigenspannungen I. Art, Ermittlung und Bewertung. Düsseldorf: Triltsch 1966
226 Fink, K.; Rohrbach, C. (Hrsg.): Handbuch der Spannungs- und Dehnungsmessung. Düsseldorf: VDI-Verlag 1958
227 Thürlimann, B.: Der Einfluß von Eigenspannungen auf das Knicken von Stahlstützen. Schweiz. Arch. (1957) S. 388–404

228 Stäblein, F.: Spannungsmessungen an einseitig abgelöschten Knüppeln. Krupp. Monatsh. 12 (1931) S. 93–99
229 Treuting, R.G.; Read, W.T.: A mechanical determination of biaxial residual stress in sheet materials. J. Appl. Phys. 22 (1951) Nr. 2, S. 130–134
230 Kunz, H.G.: Ermittlung von Formänderungen und Eigenspannungen durch mechanische Feindehnungsmessungen. Industriebl. 61 (1961) S. 652–659
231 Mathar, J.: Determination of initial stresses by measuring the deformation around drilled holes. Trans. ASME 56 (1934) Nr. 4, S. 249–259
232 Rendler, N.J.; Vigness, I.: Hole-drilling strain-gage method of measuring residual stresses. Proc. SESA 23 (1966) Nr. 2, S. 577–586
233 ASTM-Standard E 837–85: Standard test method for determining residual stresses by the hole drilling strain-gage method
234 – : Measurement of residual stresses by the hole-drilling strain-gage method. Raleigh, N.C.: Measurement Groups 1986
235 Kelsey, R.A.: Measuring non-uniform residual stresses by the hole-drilling method. Proc. SESA 14 (1956) Nr. 1, S. 181–194
236 Häusler, H.; König, G.; Kockelmann, H.: On the accuracy of determining the variation with depth of residual stresses by means of the hole-drilling method. In [16], S. 257–264
237 Ueda, Y.; Fukuda, K.; Tanigawa, M.: New measuring method of three dimensional residual stresses based on the theory of inherent strain. Trans. Jap. Weld. Res. Inst. 8 (1979) Nr. 2, S. 89–96
238 Ueda, Y.; Kim, Y.C.: New measuring method of three-dimensional residual stresses using effective inherent strains as parameters. In [16], S. 199–206
239 Heyn, E.; Bauer, O.: Über Spannungen in kaltgereckten Metallen. Z. Metallogr. 1 (1911) S. 16–50
240 Mesnager, M.: Méthode de détermination des tensions existant dans un cylindre circulaire. Compt. Rond., Acad. d. Sci. 169 (1919) S. 1391–1393
241 Sachs, G.: Nachweis innerer Spannungen in Stangen und Rohren. Z. Metallkd. 19 (1927) Nr. 9, S. 352–359
242 Bollenrath, F.: Das Verhalten von Schweißspannungen in Behältern bei innerem Überdruck. Stahl u. Eisen 57 (1937) H. 15, S. 389–398
243 Peiter, A.: Spannungsmeßpraxis, Ermittlung von Last- und Eigenspannungen. Braunschweig: Vieweg 1986
245 Macherauch, E.: Grundlagen und Probleme der röntgenografischen Ermittlung elastischer Spannungen. Materialprüf. 5 (1963) S. 14–26
246 Macherauch, E.; Müller, P.: Das $\sin^2\psi$-Verfahren der röntgenografischen Spannungsmessung. Z. angew. Phys. 13 (1961) S. 305–312
247 Glocker, R.: Materialprüfung mit Röntgenstrahlen. Berlin: Springer 1958
248 Neff, H.: Grundlagen und Anwendung der Röntgen-Feinstruktur-Analyse. München: Oldenbourg 1959
249 Noyan, J.C.; Cohen, J.B.: Residual stress, measurement by diffraction and interpretation. Berlin: Springer 1987

Schweißverfahren, Schweißbarkeit, Schweißeignung, Schweißmaßhaltigkeit:
(siehe auch [51, 69])

251 DIN 1910 Teile 1–4 u. 10–12: Schweißen und Schneiden, Begriffe und Verfahren. Berlin: Beuth 1977–1983
252 DIN 8528 Teile 1 u. 2.: Schweißbarkeit. Berlin: Beuth 1973 u. 1975. Auch: Euronorm EN 45–1974 u. ISO-Empfehlung R 581–1967
253 Radaj, D.: Bewertung der Schweißeignung des Werkstoffs aus der Sicht der Schweißeigenspannungen und der Schweißformänderungen. In: DVS-Ber. 108 z. 1. deutsch.-chines. Konf. über „Neue Entwicklungen und Anwendungen in der Schweißtechnik", Beijing 1987, S. 27–29. Düsseldorf: DVS-Verlag 1987. Engl.: IIW-Doc. IX–1456–86
254 Cottrell, C.L.M.: Hardness equivalent may lead to a more critical measure of weldability. Met. Constr. 16 (1984) H. 12, S. 740–744
255 DIN 8570: Freimaßtoleranzen für Schweißkonstruktionen. Berlin: Beuth 1974–1976

Spannungsarmglühen, Vorwärmen:
(siehe auch [338])

257 DIN 32 527: Wärmen beim Schweißen, Löten, Schneiden und bei verwandten Verfahren; Begriffe, Verfahren. Berlin: Beuth 1984
258 DVS-Merkblatt 1002, Teil 2: Verfahren zur Verringerung von Schweißeigenspannungen. Düsseldorf: DVS-Verlag 1986
259 Tummers, G.E.: Summary report on stress relaxation data. Brit. Weld. J. 10 (1963) S. 292–303
260 Schimmöller, H.: Eigenspannungen. In [51], S. 277–315
261 Müller, H.H.: Stand und Entwicklungstendenzen des Wärmebehandelns von Schweißverbindungen. Schweiß. u. Schneid. 24 (1972) H. 9, S. 381–383
262 Müller, H.H.: Das internationale Regelwerk über die örtliche Wärmebehandlung von Schweißnähten. Düsseldorf: DVS-Verlag 1986
263 Alf, F.; Müler, H.H.: Örtliches Entspannen von Schweißnähten durch induktive Wärmebehandlung. Merkblatt 238 d. Beratungsst. f. Stahlverwend. Düsseldorf 1969
264 Toyooka, T.; Terai, K.: On the effects of postweld heat treatment. Weld. J. 52 (1973) Nr. 6, S. 247s–254s
265 Schaar, K.: Überlegungen zur Befreiung vom Spannungsarmglühen geschweißter Bauteile. Techn. Überwach. 9 (1968) Nr. 12, S. 410–414
266 Watson, S.I.: Stress relief of mild-steel welded structures. Brit. Weld. J. 4 (1957) S. 422–423
267 Burdekin, F.M.: Local stress relief of circumferential butt welds in cylinders. Brit. Weld. J. 10 (1963) S. 483–490
268 Burdekin, F.M.: Heat treatment of welded structures. Abington, Cambr.: Welding Institute 1969
269 Vinokurov, V.A.: Tempering of welded structures. Weld. Prod. (1967) Nr. 3, S. 7–12
272 Mailänder, R.: Die Verminderung der Eigenspannungen durch Anlassen. Stahl u. Eisen 51 (1931) Nr. 22, S. 662–671
273 Wellinger, K.: Temperatur-Spannungslinien bei gleichbleibender Verdrehung und zunehmender Temperatur zur Bestimmung von Resteigenspannungen. Mitt. d. V. G. B. (1951) Nr. 15, S. 335–338
274 Ritter, J.C.; McPherson, R.: Anisothermal stress relaxation in a carbon-manganese steel. J. Iron a. Steel Inst. 208 (1970) Nr. 10, S. 935–941
275 Lange, G.: Entspannungsversuche an Kesselbaustählen und Stahlguß. Schweiß. u. Schneid. 19 (1967) S. 454–458
276 Brozzo, P.: Quelques considérations sur les résultats d'essais de relaxation par torsion de quadre aciers typiques résistant à chaud. Soud. Tech. Conn. 16 (1962) S. 98–102
277 Tummers, G.E.: Comparison of two methods for the determination of stress relaxation in steel. Weld. in the World 4 (1966) S. 92–103
278 Leymonie, C.: Interprétation des essais de relaxation anisotherme. Mém. Sci. Rev. Mét. 71 (1974) S. 609–620
279 Leymonie, C.: Utilization of anisothermal stress relaxation tests. Int. Conf. on Engng. Aspects of Creep. Pap. C243/80. Univ. Sheffield 1980, S. 115–120
280 Murry, G.; Constant. A.: Contribution à l'étude de la relaxation des contraintes dues au soudace. Rev. Mét. 62 (1965) Nr. 2, S. 127–137
283 Lauprecht, W.; Emrich, P.; Speth, W.: Austauschbarkeit von Temperatur und Zeit beim Entspannen von Schweißverbindungen aus Stahl. Schweiß. u. Schneid. 22 (1970) H. 8, S. 321–323
284 Gulvin, T.F.; Scott, D.; Haddrill, D.M.; Glen, J.: The influence of stress relief on the properties of C- and CMn-pressure vessel plate steels. West Scotl. Iron a. Steel Inst. J. 80 (1972/73) Nr. 621, S. 149–175
285 Schaar, K.: Bedeutung der Untersuchungen über die Austauschbarkeit von Zeit und Temperatur beim Spannungsarmglühen für die Stahlnormung und die Vorschriften für überwachungsbedürftige Anlagen. Schweiß. u. Schneid. 22 (1970) H. 8, S. 323–324
286 Holloman, J.H.; Jaffe, L.D.: Time temperature relations in tempering steel. Trans. Am. Inst. Min. Met. Eng. 162 (1945) S. 223–228
287 Ulff, C.: Inverkan av avspänningsglodgning ordinära tryckkärlsstads mekaniska egenskaper. Jernkont. Annal. 154 (1970) S. 53–62. B.I.S.I.- Transl. 9098: The effects of stress relieving on the mechanical properties of ordinary pressure vessel steels
290 Mendelson, A.; Hirschberg, M.M.; Manson, S.S.: A general approach to the practical solution of creep problems. J. of Basic Engng. (ASME) 81 (1959) Nr. 12, S. 585–598

291 Oding, I.A.: Creep and stress relaxation in metals. London: Oliver & Boyd 1965
292 Penny, R.K.; Marriott, D.L.: Design for creep. London: McGraw-Hill 1971
293 Kraus, H.: Creep analysis. New York: J. Wiley 1980
294 Bloyle, J.T.; Spence, J.: Stress analysis for creep. London: Butterworth 1983
295 — : Aerospace Structural Metals Handbook. New York: Dep. of Def. 1976
297 Josefson, B.L.: Stress redistribution during annealing of a multi-pass butt-welded pipe. J. Press. Vessel Technol. (ASME) 105 (1983) S. 165–170
298 Josefson, B.L.: Residual stresses and their redistribution during annealing of a girth-butt-welded thinwalled pipe. J. Press. Vessel Technol. (ASME) 104 (1982) Nr. 8, S. 245–250
299 Josefson, B.L.: Stress redistribution during local annealing of a multi-pass butt-welded pipe. J. Press. Vessel Technol. (ASME) 108 (1986) Nr. 5, S. 125–130
300 Josefson, B.L.: Reheat cracking during stress relief annealing, a numerical approach. In: Mechanical behaviour of materials (Hrsg.: J. Carlson u. N.-G. Ohlsson), S. 191–197. Oxford: Pergamon Press 1984
301 Agapakis, J.E.; Masubuchi, K.: Analytical modeling of thermal stress relieving in stainless and high strength steel weldments. Weld. J., Res. Suppl. 36 (1984) H. 6, S. 187s–196s
302 Fidler, R.: The effect of time and temperature on residual stresses in austenitic welds. J. Press. Vessel Technol. (ASME) 104 (1982) S. 210–214
303 Tanaka, J.: Decrease of residual stress, change in mechanical properties and cracking due to stress relieving heat treatment of HT 80 steel. Weld. in the World 10 (1972) Nr. 1/2, S. 54–67
304 Ueda, Y.: Takahashi; E.; Fukuda, F.; Sakamoto, K.; Nakacho, K.: Multipass welding stresses in very thick plates and their reduction from stress relief annealing. Trans. Jap. Weld. Res. Inst. 5 (1976) Nr. 2, S. 79–89
305 Ueda, H.; Fukuda, K.: Analysis of welding stress reliefing by annealing based on finite element method. Trans. Jap. Weld. Res. Inst. 4 (1975) Nr. 1, S. 39–45
306 Cameron, I.G.; Pemberton, C.S.: A theoretical study of thermal stress relief in thin shells of revolution. Int. J. f. Numeric. Meth. in Engng. 11 (1977) S. 1423–1437
307 Niering, E.: Rechnerische Untersuchung zum örtlichen Spannungsarmglühen von Reparaturschweißungen und Verfahrensrichtlinien. Schweiß. u. Schneid. 39 (1987) H. 9, S. 451–457
310 Klöppel, K.; Reuschling, D.: Berechnung der Wärmeeigenspannungen an den Rundnähten rotationssymmetrisch vorgewärmter Kreiszylinderschalen. In: Tragfähigkeitsermittlung bei Schweißverbindungen, Bd. I, S. 98–107. Düsseldorf: DVS-Verlag 1968

Kaltrecken, Hämmern, Kugelstrahlen, Preßpunkten:
(siehe auch [258])

313 Rühl, H.: Die Tragfähigkeit metallischer Baukörper. Berlin: Ernst & Sohn 1952
314 Soete, V.: Die Schweißnaht im Übergangsgebiet der elastisch-plastischen Verformung. Schweiß. u. Schneid. 8 (1956) H. 11, S. 430–435
315 Erker, A.: Einfluß der Eigenspannungen und des Werkstoffzustandes auf die Betriebssicherheit. Schweiß. u. Schneid. 8 (1956) H. 11, S. 436–442
316 Tesar, S.: Verlagerung von Eigenspannungen durch Außenlast Schweiß. u. Schneid. 22 (1970) H. 4, S. 145–150
317 Schimmöller, H.: Rechnerische Behandlung der Verlagerung von Eigenspannungen in einem Stabmodell durch Überbelastung. Z. f. Werkstofftechn. 3 (1972) Nr. 6, S. 301–306
318 Vöhringer, O.: Abbau von Eigenspannungen. In [15], S. 49–83
319 Nichols, R.W.: Overstressing as a means of reducing the risk of subsequent brittle failure. Brit. Weldg. J. 15 (1968) H. 1, S. 21–42 u. H. 2, S. 75–84 (Ref. in [320])
320 Rädeker, W.: Anwendung einer gezielten Überbelastung zur Verringerung der Sprödbruchgefahr. Schweiß. u. Schneid. 22 (1970) S. 178–183 (Ref. v. [319])
321 Wellinger, K.; Kußmaul, K.; Krägeloh, E.: Überbelastung zur Verringerung der Sprödbruchgefahr, eine kritische Betrachtung. Schweiß. u. Schneid. 23 (1971) S. 297–301
322 VdTÜV-Merkblatt Rohrleitungen 1060: Richtlinien für die Durchführung des Stress-Tests. Herford: Maximilian-Verlag

325 Pellini, W.S.; Goode, R.J.; Puzak, P.O.; Lange, E.A.; Huber, R.W.: Review of concepts and status of procedures for fracture safe design of complex welded structures involving metals of low to ultra-high strength levels. U. S. Nav. Res. Lab. NRL Rep. 6300, S. 1–84, Washington 1965
326 Pellini, W.S.: Guidelines for fracture-safe and fatigue-reliable design of steel structures. Abington, Cambr.: Welding Institute 1983
327 ASTM Standard E 208–66 T: Conducting drop weight test to determine nil-ductility
328 Robertson, T.S.: Bittle fracture of mild steel. Engng. 71 172 (1951) Oct. 5, S. 445–448
329 Robertson, T.S.: Propagation of brittle fracture in steel. J. Iron Steel Corp. 175 (1953) H. 4, S. 361–374
330 Radaj, D.: Werkstoffgütenachweis. In [364], Bd. 1, S. 87–144
333 Reumont, G.A.v.: Einfluß des Wärmehämmerns auf die mechanischen Eigenschaften der Schweißverbindung. Schweiß. u. Schneid. 19 (1967) H. 12, S. 575–577
334 Maddox, S.J.: Improving the fatigue strength of welded joints by peening. Met. Constr. 17 (1985) H. 4, S. 220–224
335 Gurney, T.R.: Fatigue of welded structures. Cambridge: University Press 1979

Flammentspannen, Flammrichten, Wärmepunkten:

(siehe auch [257, 258, 335])

338 DIN 8522: Fertigungsverfahren der Autogentechnik, Übersicht. Berlin: Beuth 1980
339 Wellinger, K.: Möglichkeiten des Abbaus von Schweißeigenspannungen. Schweiß. u. Schneid. 5 (1953) Sonderh., S. 157s–162s
340 Pfender, M.: Ausgleich und Steuerung von Eigenspannungen durch autogenes Erwärmen. Schweiß. u. Schneid. 5 (1953) Sonderh., S. 62s–69s
341 Wellinger, K.; Eichhorn, F.; Löffler, F.: Versuche über den Abbau von Schweißeigenspannungen durch überlagerte Wärmespannungen. Schweiß. u. Schneid. 7 (1955) S. 7–14
342 Kunz, H.G.: Autogenes Entspannen im Schiffbau. Hansa 93 (1956) H. 24/25, S. 1155–1163
343 Kunz, H.G.: Die Entspannungsbehandlung von Schweißverbindungen. Industriebl. (1963) H. 4, S. 191–198
344 Kunz, H.G.: Stand und Anwendungsumfang des Flammentspannens. BEFA-Mitt. Nr. 1. Hurth: Beratungsst. f. Autogentechn. 1976
345 Bernard, P.; Schreiber, G.: Verfahren der Autogentechnik. Düsseldorf: DVS-Verlag 1973
346 Rybicki, E.F.; McGuire, P.A.: The effects of induction heating conditions on controlling residual stresses in welded pipes. J. Engng. Mater. Technol. (ASME) 104 (1982) S. 267–273
347 Pfeiffer, R.: Richten und Umformen mit der Flamme. Düsseldorf: DVS-Verlag 1983
348 Glizmanenko, D.L. (Hrsg.): Gazoplannaya obrabotka metallov (Flammbearbeitung der Metalle). M. Proftekhizdat 1962

Vibrationsentspannen:

(siehe auch [258])

351 Gnirß, G.: Rütteln und Vibrationsentspannen, Theorie und praktische Anwendung. Techn. Überwach. 28 (1986) H. 11, S. 439–442
352 Bühler, H.; Pfalzgraf, H.G.: Untersuchungen über die Verminderung von Schweißspannungen durch mechanisches Rütteln. Schweiß. u. Schneid. 16 (1964) H. 5, S. 178–183
353 Wozney, G.P.; Crawner, G.R.: An investigation of vibrational stress relief in steel. Weld. J., Res. Suppl. 33 (1968) H. 9, S. 441s–419s
354 Rich, S.: Quantitative measurement of vibratory stress relief. Weld. Engng. (1969) H. 3, S. 44–45
355 Wohlfahrt, H.: Zum Eigenspannungsabbau bei der Schwingbeanspruchung von Stählen. Härterei Techn. Mitt. 28 (1973) H. 11, S. 288–293
356 Rappen, A.; Verringerung von Schweißeigenspannungen durch Vibration zur Erzielung von Maß- und Formgenauigkeit von Maschinenteilen. DVS-Ber. Bd. 74, S. 191–202. Düsseldorf: DVS-Verlag 1982
357 Sedek, P.: Können mechanische Schwingungen das Spannungsarmglühen geschweißter Maschinenelemente ersetzen? Schweiß. u. Schneid. 35 (1983) H. 10, S. 483–486

Festigkeitsauswirkungen von Schweißeigenspannungen und Schweißverzug:
(siehe auch [335])

361 Radaj, D.: Grundzüge einer Festigkeitslehre für Schweißkonstruktionen. Schweiß. u. Schneid. 39 (1987) H. 10, S. 498–502
362 Radaj, D.: Gestaltung und Berechnung von Schweißkonstruktionen, Ermüdungsfestigkeit. Düsseldorf: DVS-Verlag 1985
363 Radaj, D.: Gestaltung und Berechnung von Schweißkonstruktionen, statische Festigkeit (Publikation geplant)
364 Radaj, D.: Festigkeitsnachweise, Bd. 1: Grundverfahren, Bd. 2: Sonderverfahren. Düsseldorf: DVS-Verlag 1974
365 Macherauch, E.; Kloos, K.H.: Bewertung von Eigenspannungen. In [224], S. 175–194
366 Bornscheuer, F.W.: Einfluß der Schweißeigenspannungen auf die Traglast von Stäben, Platten und Schalen aus Stahl. Schweiß. u. Schneid. 37 (1985) H. 8. S. 351–356

Sachverzeichnis

Abbrennstumpfschweißen 16
Abdrehverfahren 10, 176
Abkühldehnung 166
Abkühlgeschwindigkeit 7, 70, 75–84, 196, 197, 204, 206, 249
Abkühlspannung 5
Abkühltemperaturkurve 72–74
Abkühlungsdehnung 104, 105
Abkühlzeit 74–83, 86, 249
Abschmelzen 54–58, 62
Abschmelzgeschwindigkeit 57
Abschmelzleistung 56, 57
Abschmelzzahl 57, 63
Acetylenverbrauch 66
Alterung 191, 212, 228, 229, 232, 233, 242, 243
Aluminium 18, 22, 37, 38, 68, 95, 96, 103, 139, 143, 144, 189–191, 194, 196, 197, 204, 239
Anfangsdehnung 176
Anfangsformänderung 5
Anfangsspannung 5, 137
Anodenfleck 15, 50, 52
Aufhärtung 7, 84, 149–151, 191, 196, 197, 205, 241, 242, 244
Aufschmelzen 58–63
Aufschmelzfläche 58
Aufschweißbiegeprobe 144
Aufspannen 198, 199
Auftragfläche 58, 63
Auftragnaht 45, 58, 62, 75, 79, 141, 228, 237
Auftragschweißen 54, 61, 77
Auftragschweißzahl 57
Aufwärmung 122, 131
Ausbohrverfahren 10, 176
Austenit 7, 71, 72, 81, 241
Austenit-Ferrit-Umwandlung 7, 10, 143, 156
Austenit-Martensit-Umwandlung 99
Austenitspitzentemperatur 73–75, 80, 86
Austenitverweilzeit 70, 75, 81, 86
Axialeigenspannungen 110–119, 138–140

Bainit 7, 72
Baugruppen 184, 186, 192, 193
Bearbeiten, spanabhebendes 1, 6, 115

Befestigungsnaht 185
Behälter 137–140, 194, 195, 197, 198, 204, 205, 230, 231
Behälterbau 195, 206, 231
Behälterboden 118, 161, 162, 198, 201, 202
Behälterstutzen 137, 140, 162, 198
Berechnung, funktionsanalytische 22, 30–46, 87
Bernoullische Hypothese 103, 123
Beryllium 115
Beulen 12, 161–165, 202, 237, 238, 244, 245
Biegepfeilverfahren 168, 169
Biegerelaxationsversuch 208
Biegeschrumpfung 11, 151, 156–158, 198, 199, 237–239
Blaswirkung 15, 50, 58
Blockflansch 137, 140, 198
Bohrlochverfahren 125, 170–174
Bolzenplatte 115
Bolzenschweißen 1, 9, 12, 16, 110, 115
Brennschneiden 1, 17, 149–151
Brennschnitt 5, 7, 11, 149, 151, 224
Bruchspannung 228, 229
Brückenbau 186
Buckelschweißen 16

CAT-Linie 229, 230

Dauerstandversuch 207
Dehngrenze 97, 211, 233
Dehnlänge 133, 135, 184, 186, 194, 195
Dehnung, elastische 92, 93, 207
–, plastische 92–94, 125, 140, 182, 214, 227, 229
–, viskoplastische 207
Dehnungsmeßstreifen 10, 167–176
Dehnungsmeßverfahren 165–167
Dichte 21–24, 95, 96
Dicke, reduzierte 133
Differenzenrechnung 8, 30, 47, 55, 68, 69, 123
Diffraktometer 178
Diffusionsschweißen 5
Dilatometerkurve 86, 99, 166
Drop-Weight-Test 228, 243

Sachverzeichnis

Druckeigenspannung 182, 187, 244, 245
Drücken der Nahtübergangskerbe 234

Ecknaht 132
Eckstoß 132, 133, 158, 185, 194, 197
Eigendeformation 5
Eigenspannung, makroskopische 1, 4, 5, 167, 177, 204–220, 222, 225, 226, 228, 233, 240
–, mikroskopische 1, 4, 177, 204–220, 233
Eigenspannungsmessung 144, 149, 253, 254
–, röntgenografische 125, 148, 177, 178
Eigenspannungsmeßverfahren 13, 165–178
Eigenspannungsquelle 5, 88, 89, 137, 138, 141, 176
Eigenspannungsquellmodell 140–142, 253
Einschnürung 116, 138, 139, 142, 147
Einspanngrad 135, 136, 253
Eisen-Kohlenstoff-Diagramm 70, 72
Elastizitätskonstanten, röntgenografische 177
Elastizitätsmodul 6, 94–100, 108, 130, 189, 190, 204, 209
Elektrode 51, 54–56, 68
Elektrodenfleck 27, 50, 52
Elektronenstrahlschweißen 16, 18, 109, 110, 147–149
Elektroschlackeschweißen 16, 149, 181, 197, 212, 217, 227
Endkrater 58
Ermüdungsbruch 240, 243, 244
Ermüdungsfestigkeit 1, 14, 185, 200, 202, 233, 235, 240, 243, 244
Erwärmungsdehnung 104, 105
Expertensystem, schweißtechnisches 14
Extradehnung 5, 141

Fehlerprüfung, zerstörungsfreie 227, 229, 230
Feinkornbaustahl 22, 49, 95, 99, 119, 120, 124, 209, 220
Feld, elektrisches 47, 69, 247
Ferrit 7, 71–74
Fertigungsmaßnahmen 191–239
Festigkeit 1, 3, 7, 13, 182, 187, 240–245, 259
–, statische 14, 240
Festspannen 199
Finit-Element-Berechnung 14, 22, 29, 30, 44, 46–49, 87, 89, 92, 94, 101–127, 217–220, 226, 233, 250
Finit-Element-Netz 46, 48, 49, 113, 118, 119, 121, 123, 125, 126, 218, 219
Flächenquelle 25, 29, 32, 33, 38, 43, 55
Flamme 27, 63–67, 231, 238
Flammentspannen 6, 231–233, 258
Flammrichten 15, 67, 237, 258
Flammspritzen 67
Flammstrahlen 15, 16, 67
Flanschkippen 158
Flickenschweißen 186, 198, 202, 203, 234

Fließbedingung 90, 92, 93, 111, 116
Fließen 6, 204, 214, 226, 227, 240
Fließgesetz 92, 93, 116
Fließgrenze 5–7, 94–100, 103, 108, 111, 130, 131, 135, 142, 144, 188–191, 204, 209, 212, 214, 223, 225, 226, 228, 229, 233, 238, 242, 245
Fließgrenzendehnung 161, 166
Fließspannung 6, 93, 98, 224, 225
Formänderung, bleibende 5
–, ebene 123
–, plastische 5
–, viskoplastische 5
Forminstabilität 1, 244
Formstabilisierung 161, 206, 233
Fugenform 193, 200
Fugenquerbewegung 1, 3, 12, 119, 146, 151–156, 197
Fugenquerschnitt 193
Fugenversatz 1, 151, 152, 158, 195, 199, 244

Gasschweißen 16, 17, 18, 58, 66, 194, 197, 198
Gefügeänderung 204, 206, 211, 212, 240, 244, 248
Gefügeumwandlung 3, 5, 7, 47, 69–75, 99, 115, 126, 142, 143, 156
Gefügezonen 70
Geometriefaktor 80, 84, 136
Gesamtdehnung 92, 207
Gestaltänderung 5
Gestaltsänderungsenergiehypothese 93, 111
Glühen 150
Glühtemperatur 204–207, 209–214, 220
Glühzeit 204–207, 210–214, 216
Grobkorn 69, 70, 84, 229, 242
Großbehälter 170, 199
Gurtkippen 159, 160, 197
Gußeisen 189, 196

Halbkörper, unendlicher 24, 31, 33–36, 38–40, 42, 60, 62, 75–77, 80, 81, 179
Halsnaht 128, 129, 145, 159, 160, 197
Haltezeit 204–206
Hämmern der Naht 202, 203, 234, 257
Härte 70, 73, 75, 197, 212
Härteabbau 212, 214
Härteäquivalent 191
Härten 15
Härteriß 69
Heftnaht 1, 121, 135, 153, 195, 196, 202
Heißriß 119–121, 123, 124, 148, 187, 191, 223, 240, 241
Heizwert 64, 66
Herzknick 197, 199
Hochfrequenzwiderstandsschweißen 16
Hochleistungsquelle 40, 41, 60, 63, 75, 77, 80, 81, 179
Holloman-Jaffe-Zahl 213

Sachverzeichnis

Hookesches Gesetz 92
Hystereseschleife der Beanspruchung 226, 227

I-Träger 144, 145, 159, 160, 163, 168, 184, 185, 195, 198–201, 239, 245
Induktionsentspannen 233
Instabilität 1, 244, 245

Kaltentspannen 6, 221–234
Kaltpreßschweißen 5, 15
Kaltrecken 6, 149–151, 221–230, 237, 257
Kaltrichten 237
Kaltriß 69, 75, 84, 120, 121, 123, 144, 154, 187, 191, 196, 197, 223, 227, 240, 241
Kaltrißprüfung 135
Kastenträger 13, 161, 184, 199, 245
Katodenfleck 15, 50, 52
Kehlnaht 46, 79, 80, 83, 151, 159, 184–186, 193, 200, 201
Kerbbeanspruchung 225–227, 233, 244
Kerbschlagzähigkeit 214
Kippschrumpfung 159, 160, 197
Kohlenstoffäquivalent 197, 206, 241
Kollektorschweißen 47
Konstruktionsempfehlungen 183–191, 206
Konvektion 15, 16, 19, 59
Körperabmessungen, begrenzte 44–46
Körperringelement 110, 112, 115, 118, 218
Körperschicht, unendliche 24, 45, 76, 84
Korrosion 239
Korrosionsfestigkeit 1, 69, 149, 185, 202, 240, 245
Kreisflicken 162
Kreisflickenschweißen 110
Kreisgrubenschweißversuch 112, 113, 241
Kreisplatte 9, 90, 111–113, 115, 162
Kreisquelle 26–28, 38, 39, 41
Kreuzstoß 80, 85, 158, 185, 243
Kriechbruch 219, 240, 243
Kriechdehnung 215, 216
Kriechen 6, 103, 204, 211, 214–217, 240, 243
Kriechgesetz 214, 219
Kriechkurve 215, 216
Kristallitstruktur 4
Kugelschale 116, 117, 137–140, 147, 158, 198, 251
Kugelstrahlen 234, 244, 257
Kühlen 197, 205
Kupfer 37, 38, 189–191, 194, 196, 197

Lagenfolge 118, 194, 195, 200, 202, 219
Lamellenbruch 243
Längseigenspannung 6, 8–10, 88, 89, 103–110, 114, 118–133, 139, 141, 143–145, 147, 182, 187, 224, 232, 244
Längsnaht 7, 16, 103–110, 137, 141–144, 148, 151, 157, 158, 161, 164, 185, 194, 197–199, 201, 214, 223, 235, 236, 245

Längsschrumpfung 11, 151, 156–158, 194, 202
Laserstrahlschweißen 16, 18
Last-Formänderung-Linie 241
Lastspannung 1, 4, 167, 205, 221–226, 233, 240, 242–244
Lichtbogen 49–54, 58, 59, 62
Lichtbogenerwärmung 55, 56
Lichtbogenkennlinie 50
Lichtbogenplasma 50
Lichtbogenschweißen 15, 17, 51, 54–56, 58, 66, 195
Linienquelle 6, 25, 27, 29, 32, 33, 36, 37, 41, 43, 59, 62, 66, 76, 81, 87–89, 91, 180
Lochschweißen 9, 110, 185, 186
Löten 15, 16, 67

Magnetostriktionsverfahren 178
Makroversetzung 5, 141
Mantelelektrodenschweißen 18, 57, 78, 79, 130
Martensitbildung 7, 70–74, 83–85, 100, 127, 219, 241
Maßhaltigkeit 1, 3, 182, 186, 187, 193, 245, 255
Mechanik 3
Mehrlagenbehälter 230
Mehrlagennaht 7, 12, 46, 83–85, 118–120, 123, 124, 126, 127, 130, 134, 135, 143, 147–149, 154, 157, 193, 196, 205, 218–220, 241
Meridionaleigenspannung 117, 118
Meßkugel 168, 170, 171, 174
Metallkunde 3
Modellgesetz 179–181, 254
Modellvereinfachung 3, 24–30, 87, 101–104, 141, 151
Momentanquelle 31–33, 88

Nachdrücken 235
Nahtanhäufung 184
Nahtdicke 136, 160, 161, 184
Nahtende 49, 89, 119, 121, 122, 136, 142, 146, 235, 236
Nahtfolge 194, 201–203
Nahtkreuzung 184, 185, 201
Nahtlänge 183, 184, 196
Nahtschweißen 46, 47, 90, 91, 247
Nahtwurzel 194, 205, 233
NDT-Temperatur 228–230
Nickel 189–191
Nickel-Chrom-Eisen-Legierung 22, 95, 114, 125
Niederspannungsbruch 228, 242
Normalquelle 17, 26, 27, 38–41, 66

Oberflächenhärten 67
Ovaloidquelle 28, 49

Perlit 7, 72, 73
Pilgerschrittschweißen 195, 202, 203
Plasmaschweißen 15, 58

Sachverzeichnis

Platte, dicke 24, 45, 76
Plattendicke 183, 184, 204–206, 227–229, 242
Plattenfeld 184, 185, 199–201, 236, 245
Plattenstreifen 104, 105, 107, 127–129, 139, 141, 143, 164, 176, 197, 234
Plattieren 1, 5, 7, 11, 149–151
Plattierung 10, 149, 150, 224
Polderung 203
Preßpunkt 234, 235, 257
Preßschweißen 1, 5, 15
Preßstumpfschweißen 16
Punktquelle 25, 31, 33–35, 45, 59, 60, 62, 66, 75, 81, 84, 179
Punktschweißen 9, 47, 67–69, 78, 90, 110, 111, 130, 149–151, 185, 197, 235, 247

Quellanordnung, spiegelbildliche 44, 46, 89
Quelle, kontinuierliche 33–49
–, momentane 31–33
Querdehnung, nicht-thermische 120
Quereigenspannung 7, 8, 88, 89, 114, 118–121, 124–127, 133–136, 142, 146–149, 182, 187, 194, 220, 232
Querkontraktionszahl 94–100
Quernaht 7, 151–157, 185, 194, 199–201, 223
Querschnittsmodell 123, 126
Querschrumpfung 11, 133–135, 151–156, 194, 195, 201, 202, 239

Radialeigenspannung 9, 88, 90, 110–119, 235
Reaktionskraft 124, 135, 148
Reaktionsspannung 4, 7, 8, 124, 134, 136, 148
Rechteckplatte 8, 11, 48, 120, 121, 135, 141, 144
Regelwerk 193, 204–206, 230, 242
Reibschweißen 1, 16
Rekristallisationstemperatur 6, 204
Relaxation 204, 220, 244
Relaxationskurve 215, 216
Relaxationsversprödung 212, 243
Relaxationsversuch 206–211
Reparaturschweißen 205
Restdeformation 5
Restdehnung 104, 105, 132
Richten 230
Rigid-Restraint-Cracking-Test 123, 124, 135, 148, 241
Ringelementmodell 110–119, 251
Ringfugeverfahren 173–175
Ringnaht 112, 114, 137, 140, 158, 161, 197, 251
Ringplatte 114, 163
Rippenplatte 122, 184–186, 199
Rißbeanspruchung 225–227, 233
Rißbildung 30, 69, 187, 196, 204, 212, 227, 232, 234, 240, 242–244
Rißbruchmechanik 13, 243
Rißgröße 228
Rißzähigkeit 190, 191, 227
Robertson-Test 229, 243

Rohr 140, 195–198, 218, 232
Rohrschweißen 118, 137–140, 206
Rollennahtschweißen 16
Rückfederverfahren 11, 141, 142, 149, 167–176, 208
Rückstrahlverfahren, röntgenografisches 177
Rundstabstumpfschweißen 110, 115, 251
Rütteln 233

Sacklochverfahren 173
Scheibe, halbunendliche 152, 188
–, unendliche 6, 24, 28, 32, 33, 36, 39–41, 43, 60, 62, 76, 77, 80, 81, 87–89, 91, 180
Scheibenelementmodell 119–127, 252
Scheibenringelement 110
Schiffbau 186, 195, 199, 231, 234
Schlagversprödung 228, 242
Schlitznaht 121, 135, 141
Schlitzprobenschweißversuch 121, 135, 241
Schmelzschweißen 1, 15, 69
–, aluminothermisches 16
Schmelztemperatur 73, 98, 154, 188, 190, 191
Schmelztemperatur-Isotherme 59, 62, 68
Schmelzwärme 55, 57, 188
Schmelzwirkungsgrad 59, 62
Schmelzzone 4, 7, 15, 29, 49–69, 81, 159, 197, 241, 244
Schneiden, thermisches 1, 15
Schrumpfkraft 2, 127–140, 151, 156, 157, 161, 164, 165
Schrumpfkraftmodell 127–140, 219, 253
Schrumpfmoment 137, 157
Schrumpfung 1, 11
Schutzgasschweißen 15, 18, 48, 54, 78, 79, 125, 130, 181
Schweißbad 15, 29, 58–60
Schweißbarkeit 2, 3, 7, 69, 191, 240, 255
Schweißbarkeitszahl 191
Schweißeigenspannung 1–14, 86–239, 259
Schweißeigenspannungsfeld 6–11
Schweißeigenspannungsminderung 182–239, 243, 244
Schweißeignung 2, 3, 69, 187–191, 255
Schweißeignungszahl 189, 190, 196
Schweißen 1, 240
–, symmetrisches 195
– unter Last 157
Schweißfolge 194, 201–203
Schweißfolgeplan 192, 194
Schweißformänderung 1–3, 11–13, 240
Schweißgeschwindigkeit 17, 18, 40, 41, 54, 63, 66, 128, 149, 159
Schweißlinse 47, 68
Schweißmöglichkeit 2, 3
Schweißplan 192
Schweißpunkt 7, 67–69, 111, 112, 172, 251
Schweißsicherheit 2, 3

Schweißsimulationsversuch 241
Schweißverfahren 15, 18, 255
Schweißversuch 241
Schweißverwerfung 1, 11, 12, 151, 161–165, 201, 202
Schweißverzug 1, 11, 12, 86–239, 243–246, 254, 259
Schweißverzugsminderung 182–239
Schweißwärmequelle 17, 28, 248
Setzdehnungsgeber 167, 168, 170, 173
Spannung-Dehnung-Linie 91, 95, 97, 223, 226
Spannungsarmglühen 6, 150, 203–220, 256
Spannungsrelaxation 204, 220, 244
Spannungsrelaxationskurve 215, 216
Spannungsrelaxationsversuch 206–211
Spannungsrißkorrosion 245
Spritzen 16
Sprödbruch 1, 144, 186, 189–191, 194, 196, 197, 206, 212, 214, 227, 228, 233, 240, 242
Sprödbruchdiagramm 228, 229
Sprödbruchprüfung 242
Sprödigkeit 242
Stab, dünnwandiger 161, 163
–, unendlicher 24, 32, 33, 38, 43, 55
Stabelementmodell 103–110, 221, 222, 225, 251
Stahl 18, 20, 22, 83
–, austenitischer 7, 10, 22, 37, 38, 55, 86, 95, 114, 118, 143, 144, 149, 150, 197, 204, 211, 217, 220, 233
–, eutektoidischer 95
–, ferritischer 10, 22, 37, 95, 143, 149, 150, 196, 212, 228
–, hochfester 10, 47, 77, 78, 116, 125, 196, 215, 217, 230
–, hochlegierter 7, 22–24, 55, 95, 97–100, 111, 112, 143, 148, 149, 183, 191, 207, 215, 220, 230, 239
–, niedriglegierter 22–24, 55, 70, 73, 75, 77, 78, 95, 97–100, 127, 141, 144, 145, 147, 155, 159, 189–191, 204, 211–213, 218, 219, 230, 239
–, perlitischer 86
–, unlegierter 7, 8, 10, 22–24, 56, 70, 74, 90, 91, 95, 97–99, 103, 109, 112, 114, 125, 130–132, 141, 144, 145, 150, 155, 159, 216, 239, 242
–, warmfester 189, 204, 212, 217
STAZ-Schaubild 71, 74, 75, 100
Steifigkeitsfaktor 132, 153
Stoffwiderstand, elektrischer 47, 55, 67, 68
Strahlungszahl 19
Streckenenergie 17, 18, 37, 38, 54, 76–80, 83, 84, 116, 128, 130, 153, 158, 159, 180, 188, 249
Streifenquelle 26, 40, 41
Strichnaht 130, 154, 157, 161, 184–186
Stumpfnaht 58, 76, 80, 114, 119, 124, 125, 132, 133, 147, 149, 151, 153, 184, 186, 223, 231, 232, 234
Stumpfstoß 85, 158, 186

T-Stoß 80, 85, 132, 133, 158, 185, 186, 194, 243
T-Träger 129
Tangentialeigenspannung 9, 88, 90, 110–119, 149, 235
Temperaturausgleich 42–44
Temperaturfeld 3, 6, 12, 13, 15–86, 188, 246, 247
–, globales 31–49
–, lokales 49–85
Temperaturleitzahl 20–24, 189, 190
Temperaturmessung 30
Temperaturversprödung 228, 242
Temperaturzyklus 49, 71
Thermodynamik 3, 12
Thermoelement 165, 205
Thermomechanik 91, 249
Titan 22, 95, 96, 144, 189–191
Torsionsrelaxationsversuch 207–209
Torsionsverzug 151, 158–161
Torusschale 139, 158
Träger 12, 156, 157, 194, 195, 197–199
Trepanierverfahren 173, 174
Tropfenbildung 51

U-Träger 185
Überbelastung 221, 229, 230
Übergangsplattendicke 77
Übergangstemperatur 228, 229, 242, 243
Übergangswiderstand, elektrischer 16, 47, 67, 68
Überlappstoß 85, 132, 133, 158, 185
Überschleifen der Nahtübergangskerbe 11
Ultraschallverfahren 178
Umfangseigenspannung 116–118, 138–140, 232
Umfangsnaht 116–119, 137–140, 142, 147, 148, 151, 158, 161, 162, 195, 196, 198, 205, 206, 218–220, 232, 242, 245, 251
Umformen 6
Umwandlungsdehnung 5, 10, 87, 92, 97, 99, 104, 125, 140, 156, 166, 220
Umwandlungsplastizität 92, 100
Umwandlungsspannung 3, 5, 9, 11, 87
Umwandlungstemperatur 20, 72, 73, 97, 143
Umwandlungswärme 3, 24, 95
Unterpulverschweißen 15, 18, 57, 58, 77, 78, 80, 83, 109, 110, 124, 130, 149

Verfestigungsgesetz 92, 93
Verfestigungsmodul 108
Verformungsfähigkeit 75, 227, 232, 237, 241, 242
Verformungswärme 3
Vergütungsstahl 70, 114, 211
Verschiebungsmeßverfahren 165–167
Verschleißfestigkeit 240, 245
Versetzung 5, 141
Verspanndiagramm 161, 162

Sachverzeichnis

Verspannungsdiagramm 135
Verweilzeit 76–83, 249
Verwerfung 1, 11, 12, 161–165, 201, 202
Verwerfungen 1, 11, 12, 151, 161–165, 201, 202
Verzug 1, 11, 12, 86–239, 243–246, 254, 259
Verzugsmessung 165, 166, 178, 179, 254
Verzugsminderung 182–239
Vibrationsentspannen 6, 233, 234, 258
Völligkeitsgrad 59, 63
Volumenänderung 5
Vorfertigen 193
Vorverformen 197
Vorwärmen 16, 69, 143, 150, 196–198, 206, 256
Vorwärmtemperatur 37, 76, 78–80, 83, 196, 197

Wanddicke 183, 184, 204–206, 227–229, 242
Wärmeabstrahlungszahl 20
Wärmeausbreitung 19–25, 32, 33, 42, 43, 51
Wärmeausdehnungszahl 22, 86, 87, 94–100, 108, 130, 189, 190
Wärmeaustausch 21
Wärmeaustauschzahl 24, 32, 36, 37, 40, 180
Wärmebehandeln 71
Wärmebilanz 51–53, 65
Wärmedehnung 5, 86–88, 92–94, 99, 140, 154, 166, 207, 208
Wärmeeinflußzone 4, 7, 49, 54, 69–85, 119, 142, 191, 196, 205, 212, 219, 229, 234, 241, 242, 244, 248
Wärmefleck 27, 52, 58, 66
Wärmeinhalt 57, 59, 62, 65
Wärmekapazität 20–24, 95, 96
Wärmekonzentration 15, 25–29, 182, 238
Wärmeleistung 17, 18, 60, 63, 65, 66, 128
Wärmeleitgleichung 20
Wärmeleitung 18, 20
Wärmeleitzahl 19, 21–24, 37, 38, 95, 96
Wärmemenge 17, 29
Wärmenachbehandeln 16, 69, 143, 150, 204–220, 241, 244
Warmentspannen 6, 204–220
Wärmepunkt 111, 140, 162, 235, 236, 238, 245, 251, 258
Wärmequelldichte 17
Wärmequelle 15–19, 25–29, 31–69, 248
Wärmering 238
Wärmesättigung 42–44

Wärmesättigungsfunktion 42, 43
Wärmesenke 44
Wärmespannung 3, 5, 87, 88
Wärmespannungsfeld 87–91
Wärmestrahlung 15, 16, 19, 59
Wärmestrich 238, 239, 258
Wärmestrom 17, 25, 29, 61, 65
Wärmestromdichte 17, 18, 51–53, 65, 66
Wärmestromgleichung 30, 47
Wärmeübergang 19, 152
Wärmeübergangszahl 19
Wärmewirkung, lokale 49–85
Wärmewirkungsgrad 17, 18, 56, 60, 65–67
Warmfließgrenze 5, 205, 209
Warmrichten 236
Wasserstoff, diffusibler 75, 191, 196, 197, 212, 241–243, 245
Wendelnaht 16, 112
Werkstoffgesetz, thermoelastoplastisches 93
Werkstoffkennwerte 3, 21–24, 94–100, 104, 108, 187, 188, 190, 215, 218, 234, 240, 250
Wide-Plate-Test 243
Widerstand, elektrischer 47, 55, 67, 68
Widerstandserwärmung 16, 54–56, 58, 67–69
Widerstandspreßschweißen 17
Widerstandspunktschweißen 16, 17
Widerstandsstumpfschweißen 16, 115
Winkelschrumpfung 11, 134, 135, 137, 147, 151, 158–161, 193, 194, 196, 197, 199, 201, 202
Wirkungsgrad, thermischer 60, 61

Zähbruch 240, 241
Zeitstandversprödung 212, 243
Zerlegeverfahren 8, 10, 168–170, 175
Zone, plastische 2, 90, 91, 128–130, 132, 133, 138, 141, 154, 162, 164, 165
ZTU-Schaubild 71–74, 100
Zugfestigkeit 97, 100, 214
Zugrelaxationsversuch 207, 208
Zugspannungszustand, dreiachsiger 7, 115, 119, 149, 182, 197, 217, 225–227, 242
Zurichten 197, 198
Zustandsänderung 5
Zwängungsspannung 4, 7, 8, 133
Zwischenstufengefüge 71, 72, 84, 241
Zylinderschale 116, 117, 137–140, 147, 148, 158, 198, 245, 251

Mit Band 4 ist das Handbuch jetzt komplett

J. Ruge

Handbuch der Schweißtechnik

Band IV
Berechnung der Verbindungen

Unter Mitarbeit von K. Thomas
1988. 428 Abbildungen. Etwa 610 Seiten.
Gebunden DM 360,-. ISBN 3-540-17977-1

Inhaltsübersicht: Berechnung von Schweißverbindungen. – Berechnung von Lötverbindungen. – Berechnung von Klebeverbindungen. – Anwendung programmierbarer Taschenrechner. – Rechnerunterstütztes Konstruieren. – Methode der Finiten Elemente.

Dieser Band befaßt sich mit der Berechnung geschweißter und geklebter Verbindungen bei vorwiegend ruhenden und dynamisch aufgebrachten Lasten. Dabei werden ausgehend von der Festigkeitslehre die Merkmale der zu verarbeitenden Werkstoffe ebenso berücksichtigt wie der neueste Stand der Normen und anderer Berechnungsvorschriften. Umfangreiche Tabellen enthalten die maßgebenden Zahlenwerte. Zahlreiche Bilder und Beispiele erleichtern das Verständnis. Es wird nicht nach Anwendungsgebieten unterschieden, sondern eine weitgehend einheitliche Darstellung vorgelegt. Arbeitserleichterungen durch programmierbare Rechner werden aufgezeigt, ein Überblick über die CAD-Technik ebenso vermittelt wie über Möglichkeiten, die sich durch Finite Elemente für die Berechnung von Schweißverbindungen auch im Zusammenhang mit der Bruchmechanik ergeben. Ein umfangreiches Literaturverzeichnis gestattet es dem Leser, sich vertiefend mit Teilbereichen zu beschäftigen.

Springer-Verlag
Berlin Heidelberg New York
London Paris Tokyo

Band I

Werkstoffe

2., neubearbeitete Auflage. 1980. 122 Abbildungen, 132 Tabellen. XII, 292 Seiten. Gebunden DM 198,-. ISBN 3-540-09940-9

Inhaltsübersicht: Begriff der Schweißbarkeit. - Werkstoffbeeinflussung durch den Schweißprozeß. - Unlegierte Stähle. - Niedriglegierte Stähle. - Hochlegierte Stähle. - Plattierte Stähle und Schweißplattierungen. - Eisen-Gußwerkstoffe. - Nichteisenmetalle. - Nichtmetallische Werkstoffe. - Literaturverzeichnis. - Sachverzeichnis.

Band II

Verfahren und Fertigung

2., neubearbeitete Auflage. 1980. 309 Abbildungen, 69 Tabellen. XV, 412 Seiten. Gebunden DM 240,-. ISBN 3-540-09951-4

Inhaltsübersicht: Verfahren zum Schweißen von Metallen. - Verfahren zum thermischen Schneiden. - Verfahren zum Schweißen und Schneiden von Kunststoffen. - Löten. - Sonderverfahren. - Kleben von Metallen und nichtmetallischen Werkstoffen. - Technische Unterlagen für die Fertigung. - Werkstätten und Werkstatteinrichtung. - Nahtvorbereitung. - Mechanisierung und Automatisierung von Schweißprozeß und Qualitätskontrolle. - Ausbildung und Prüfung von Schweißern und Aufsichtspersonal. - Gütesicherung und Betriebszulassung. - Prüfung und Abnahme des Erzeugnisses. - Fehler, ihre Ursachen, ihre Vermeidung und ihre Beseitigung. - Arbeits- und Brandschutz. - Sonderfragen. - Wirtschaftlichkeit. - Literaturverzeichnis. - Sachverzeichnis.

Band III

Konstruktive Gestaltung der Bauteile

Unter Mitarbeit von H. Wösle

1985. 404 Abbildungen. XV, 340 Seiten. Gebunden DM 210,-. ISBN 3-540-10361-9

Inhaltsübersicht: Einführung. - Der Auftrag. - Indikationen für die geschweißte, gelötete und geklebte Konstruktion. - Gestaltung von Schweißkonstruktionen. - Detailgestaltung von Schweißverbindungen. - Detailgestaltung von Lötverbindungen. - Detailgestaltung von Klebeverbindungen. - Anwendungsbedingte Besonderheiten der Bauteilgestaltung. - Konstruktionsbedingte Schadensfälle. - Literaturverzeichnis. - Sachverzeichnis.

Aus den Besprechungen:

„... Wie bereits die erste Auflage so entspricht auch die Neubearbeitung der Zielsetzung des Autors, „konzentriert über das Gesamtspektrum der Schweißtechnik zu informieren". Nicht nur durch die umfassende Bearbeitung des Stoffgebietes, sondern auch durch das ausführliche Tabellenwerk und die zahlreichen Literaturhinweise stellen die Bücher ein Standardwerk der Fügetechnik dar. Sie sind als Lehrbücher der Universitäts- und Fachhochschulstudenten hervorragend geeignet und können auch dem in der schweißtechnischen Praxis tätigen Ingenieur als vollständiges Handbuch wärmstens empfohlen werden. Die kurze, präzise Darstellungsart des Autors und die für Lernende und Anwender gleichermaßen aktuelle Stoffauswahl sowie die sehr gute Ausstattung durch den Verlag kennzeichnen die ausgezeichneten Fachbücher als anspruchsvolles Standardwerk."

Werkstoffe und Korrosion

Springer-Verlag Berlin Heidelberg New York London Paris Tokyo

MIX
Papier aus verantwortungsvollen Quellen
Paper from responsible sources
FSC® C105338

If you have any concerns about our products,
you can contact us on
ProductSafety@springernature.com

In case Publisher is established outside the EU,
the EU authorized representative is:
**Springer Nature Customer Service Center GmbH
Europaplatz 3, 69115 Heidelberg, Germany**

Printed by Libri Plureos GmbH
in Hamburg, Germany